Fritz Leonhardt 1909–1999

Fritz Leonhardt 1909–1999
Die Kunst des Konstruierens
The Art of Engineering

herausgegeben von
edited by

Joachim Kleinmanns
Christiane Weber

Edition Axel Menges

© 2009 Edition Axel Menges, Stuttgart / London
ISBN 978-3-936681-28-4

Druck / Printing: Druckhaus Waiblingen, Waib-
lingen
Bindearbeiten / Binding: Verlagsbuchbinderei
Karl Dieringer GmbH, Gerlingen

Englische Übersetzung / English translation:
Friedrich Ragette

Design: Axel Menges
Layout: Reinhard Truckenmüller

Inhalt
Contents

Johann Josef Böker
Fritz Leonhardt im Südwestdeutschen Archiv für Architektur und Ingenieurbau

Aus Anlaß des einhundertsten Geburtstags von Fritz Leonhardt und zugleich seines zehnten Todestags veranstaltet das Südwestdeutsche Archiv für Architektur und Ingenieurbau (saai) der Universität Karlsruhe eine Ausstellung, die das Lebenswerk dieses bedeutenden Bauingenieurs in seinem vollen Umfang und in seiner Verflechtung mit dem Zeitgeschehen darzustellen und kritisch zu würdigen sucht.

Das saai fühlt sich in ganz besonderer Weise dem Werk Fritz Leonhardts verpflichtet, da es dessen umfangreichen Nachlaß bewahrt und der Erforschung zugänglich macht. Der Bestand umfaßt alle Aspekte seines vielseitigen Interesses. Dazu gehören zunächst die persönlichen Dokumente, Photoalben und Diasammlungen sowie Taschenkalender, Briefe und Gegenstände des privaten Lebens – seine Wanderschuhe dokumentieren in der Ausstellung symbolisch eine seiner liebsten Freizeitbeschäftigungen. Weiterhin gibt es seine Bibliothek, bestehend aus seinen eigenen Publikationen wie auch den Schriften über ihn oder seine Werke. Seine Lehrtätigkeit in Stuttgart ist durch seine umfangreiche Lehrmittelsammlung belegt, aber auch durch die Dokumente seiner Auseinandersetzung mit der Studentenrevolte von 1968, die in seine Zeit als Rektor fiel. Einen großen Bestand macht auch die Dokumentation seines Schaffens als Ingenieur aus, die sich in Photos, Plänen, Skizzen, Berechnungen und den objektbezogenen Schriftwechseln erhalten hat.

Fritz Leonhardt war von Anfang an mit der Entwicklung des saai verbunden. Zunächst, 1989, als Karlsruher Architekturarchiv geplant, das den zeichnerischen Nachlaß der wichtigsten Architekten der Region bewahren sollte, geht die Ausweitung auf den Ingenieurbereich und auf die stärkere Berücksichtigung der Stuttgarter Schule auf Leonhardts engagierte Stellungnahme auf der konstituierenden Beiratssitzung zurück, auf der er zugleich zum stellvertretenden Vorsitzenden des Beirats gewählt wurde. Der von ihm dabei in Vorschlag gebrachte Name »Archiv für Baukultur«, auch wenn er schließlich nicht umgesetzt wurde, vertritt dabei deutlich genug Leonhardts Auffassung, Architektur und Ingenieurbaukunst als eine kulturelle Einheit zu verstehen. Zugleich äußerte Leonhardt den Wunsch, das Archiv solle »in etwa zwei Jahren [...] von der Universität Karlsruhe losgelöst« und zu einer landesübergreifenden Institution heranwachsen (Brief vom 10. Januar 1991).

Im Laufe seiner Beiratstätigkeit setzte sich Leonhardt entsprechend wiederholt für die Aufnahme von Beständen von Ingenieuren in das Archiv ein. Noch auf der Beiratssitzung des Jahres 1994 – fünf Jahre vor seinem Tod – forderte er noch einmal vehement und nachdrücklich die gleichwertige Behandlung des Ingenieurbaus gegenüber dem reinen architektonischen Schaffen im saai und wiederholte dies in einem Brief vom 9. Februar 1994: Er habe sich bei Gründung des Archivs dafür eingesetzt, »daß nicht nur die Nachlässe von Architekten, sondern auch von Bauingenieuren, die durch schöpferische Leistungen hervorgetreten sind, berücksichtigt werden«, und daran die Hoffnung geknüpft, daß das Werk der Bauingenieure »auch in dieser Form Anerkennung

finden und in gelegentlichen Ausstellungen des Archives auf ihre Leistungen hingewiesen wird«.

Wenn das saai nun nach einer erfolgreichen Ausstellung über den Karlsruher Architekten Egon Eiermann in den Jahren 2004/2005 daher sein nächstes größeres Projekt dem Stuttgarter Ingenieur Fritz Leonhardt widmet, so geschieht dies gleichsam als Einlösung seines persönlichen Vermächtnisses. Die Ausstellung steht als ein Zeichen dafür, welche Bedeutung zum einen dem Ingenieurbau neben der Architektur zukommt, und zum anderen, wie sehr sich das saai nicht nur der Karlsruher, sondern auch der Stuttgarter Schule verpflichtet fühlt.

Schon zu Lebzeiten Leonhardts war von Prof. Dr. Rainer Graefe, Ordinarius für Baugeschichte an der Universität Innsbruck, in Zusammenarbeit mit dem saai eine Ausstellung zum Werk Fritz Leonhardts geplant, die aber nicht zustande kommen sollte. Die bevorstehende einhundertste Wiederkehr seines Geburtstags wurde daher zum Anlaß genommen, dieses Werk in einer umfassenden Ausstellung zu würdigen. Der erste Präsentationsort ist Stuttgart als der primäre Wirkungsort Leonhardts, bevor Teile der Ausstellung nacheinander in Köln, Berlin und München gezeigt werden.

Die Ausstellung wäre nicht möglich gewesen ohne das leidenschaftliche Engagement, das Ministerialdirigent Hans-Jürgen Müller-Arens, Leiter der Abteilung Hochschulen und Klinika im Ministerium für Wissenschaft, Forschung und Kunst des Landes Baden-Württemberg, schon bei einer ersten Vorstellung 2007 dem Projekt entgegengebracht hat. Von Anfang an hat auch der Wissenschaftliche Beirat des saai unser Forschungs- und Ausstellungsvorhaben unterstützt, insbesondere der Bauingenieur Dr.-Ing. Klaus Stiglat. Die Landesbank Baden-Württemberg stellte uns kostenlos ihr Forum am Stuttgarter Hauptbahnhof für die Ausstellung zur Verfügung.

Die Ausstellung entstand in einer engen Zusammenarbeit der beiden Universitäten Stuttgart und Karlsruhe. In finanzieller wie personeller Hinsicht war das Engagement der Rektorate beider Universitäten wesentlich für das Zustandekommen der Ausstellung, namentlich der Kanzlerin der Universität Stuttgart, Dr. Bettina Buhlmann, und des Kanzlers der Universität Karlsruhe, Dr. Dietmar Ertmann, sowie der Dekane der Fakultäten für Bau- und Umweltingenieurwissenschaften in Stuttgart, Prof. Dr.-Ing. Christian Miehe, und für Architektur in Karlsruhe, Prof. Dipl.-Ing. Matthias Pfeifer. Prof. Dr.-Ing. Lothar Stempniewski vom Institut für Massivbau und Baustofftechnologie der Universität Karlsruhe leistete in allen Phasen der Ausstellungsvorbereitung mit seinem Wissen und personeller Unterstützung einen wichtigen Beitrag zum Gelingen des Projekts. Seitens der Universität Stuttgart waren Prof. Dr.-Ing. Werner Sobek vom Institut für Leichtbau, Entwerfen und Konstruieren, Prof. Dr.-Ing. Hans-Wolf Reinhardt von der Materialprüfungsanstalt sowie Prof. Dr. Klaus Jan Philipp vom Institut für Architekturgeschichte mit den Kollegen Prof. Theresia Gürtler Berger und Dr.-Ing. Dietrich W. Schmidt involviert. Prof. Dr. Erwin Herzberger vom Institut für Darstellen und Gestalten in Stuttgart hat zusammen mit dem Leiter der Modellbauwerkstatt, Martin Hechinger, und den Studierenden die Modelle für die Ausstellung erarbeitet, welche für die Visualisierung der Bauten Leonhardts von großer Wichtigkeit sind. Die Photo-

werkstätten der Stuttgarter und Karlsruher Architekturfakultäten unterstützten die Publikation durch Photographien und Bildbearbeitung.

Das seinerzeit von Fritz Leonhardt gegründete Ingenieurbüro Leonhardt, Andrä und Partner in Stuttgart, vertreten durch Dipl.-Ing. Holger Svensson, Dr.-Ing. Hans-Peter Andrä, Dipl.-Ing. Wolfgang Eilzer und Dipl.-Ing. Thomas Wickbold, leistete wichtige inhaltliche und finanzielle Unterstützung. Daneben haben zahlreiche Ingenieure in Baden-Württemberg durch Spenden zum Gelingen beigetragen. Schließlich unterstützte auch das Bundesministerium für Verkehr, Bau und Stadtentwicklung »aufgrund der herausragenden Leistungen von Fritz Leonhardt für den Brückenbau an Bundesfernstraßen« die Ausstellung finanziell.

Konzept und Inhalt der Ausstellung und des vorliegenden Begleitbandes, der zum ersten Mal in diesem Umfang das Gesamtwerk Fritz Leonhardts zur Darstellung bringt, wurden von Dr. Joachim Kleinmanns und Dipl.-Ing. Christiane Weber erarbeitet und mit großem persönlichen Einsatz durchgeführt. Ihrem Engagement gilt ein besonderer Dank!

Johann Josef Böker

Fritz Leonhardt in the Südwestdeutsches Archiv für Architektur und Ingenieurwesen

On the occasion of the one hundredth birthday of Fritz Leonhardt and, at the same time, the tenth anniversary of his death, the Südwestdeutsches Archiv für Architektur und Ingenieurbau (saai) of the University of Karlsruhe organizes an exhibition, which attempts to present the lifetime achievement of this eminent civil engineer in its full magnitude, to show its interaction with his time and to evaluate it critically.

The saai feels especially indebted to the work of Fritz Leonhardt, since it houses his extensive collections and makes them accessible to the world of scholarship. The inventory covers all aspects of his wide-ranging interests. First of all there are his personal documents, photo albums, slide collections and pocket diaries, letters and objects of daily life – his hiking boots symbolically represent one of his favorite pastimes. Furthermore, there exists his library, containing his own publications as well as writings focussing on him or his work. His considerable collection of teaching aids documents his lecturing activity in Stuttgart, but also shows his involvement with the students' revolt of 1968, the time of his rectorship. A considerable portion of the documentation, of course, concerns his work as engineer, as preserved in photos, plans, sketches, calculations and related correspondence.

From the very beginning, Fritz Leonhardt associated himself with the development of the saai. Initially, in 1989, envisioned as the "Karlsruher Architekturarchiv" (Karlsruhe archive of architecture), to safeguard the graphic heritage of the most important architects of the region, Leonhardt's strongly stated opinion at the constituting session of the advisory committee intended to expand the collection policy to include engineering works, with special regard to the Stuttgart school. In consequence he became elected deputy chair of the advisory council and his proposal to create an "archive of building culture" clearly represented his belief in architecture and civil engineering as one cultural entity. At the same time Leonhardt expressed his wish, the archive should "in about two years [...] be detached from the University of Karlsruhe" and grow into an interstate institution (letter of 10 January 1991).

In the course of his advisory function, he repeatedly advocated the inclusion of engineering archives. Five years before his death, he vehemently demanded in the 1994 advisory meeting, that the saai was to give as much attention to engineering works as to purely architectural material, repeating this in a letter dated 9 February 1994: At the founding of the archive he did insist, "that not only the legacy of architects, but also of civil engineers with extraordinary creative achievements should be considered" and he adds his hope, that the work of civil engineers "be acknowledged in this way and their work be displayed in occasional exhibitions by the archive". So to say in redemption of his personal legacy, the saai dedicates its next big project to the Stuttgart engineer Fritz Leonhardt, after its successful 2004/2005 exhibition on the Karlsruhe architect Egon Eiermann. The exhibition indicates the importance of civil engineering next to architecture, and shows how committed the saai is to both the Karlsruhe and the Stuttgart schools.

Already during Leonhardt's lifetime, Prof. Rainer Graefe, professor of architectural history at Innsbruck University, had planned in cooperation with the saai an exhibition of Leonhardt's work – which, however, could not be realized. The upcoming centennial of his birthday is the occasion to acknowledge his œuvre with a comprehensive exhibition. It will be first presented at Stuttgart, his primary place of activity, before parts of it will be shown in Cologne, Berlin and Munich.

Without the fervent commitment of Ministerialdirigent Hans-Jürgen Müller-Arens, head of the section universities and clinics at the ministry of science, research and art of the state of Baden-Württemberg, since the first presentation of the project in 2007 this exhibition would not have been possible. Also from the very first planning steps, the advisory council of the saai, in particular Dr.-Ing Klaus Stiglat, has supported our research and exhibition project. Likewise, we are indepted to the Landesbank Baden-Württemberg for opening its Forum near the Stuttgart main station for the exhibition.

The exhibition represents the result of a close cooperation between the Universities of Stuttgart and Karlsruhe. Financially, as well as staffwise, the support of the chancellors of both universities, Dr. Bettina Buhlmann of the University of Stuttgart and Dr. Dietmar Ertmann of the University of Karlsruhe, was essential for the realization of the exhibition, and Prof. Dr.-Ing. Christian Miehe, dean of the faculty of building- and environmental engineering sciences in Stuttgart, and Prof. Dipl.-Ing. Matthias Pfeifer, dean of the faculty of architecture in Karlsruhe, have placed the resources of their respective faculties into the service of the exhibition. Prof. Dr.-Ing. Lothar Stempniewsky of the institute of concrete structures and building-materials technology of the University of Karlsruhe made important contributions in all phases of the exhibition's preparation, assuring with his knowledge and activity the success of the project. On behalf of the University of Stuttgart, Prof. Dr.-Ing. Werner Sobek of the institute of lightweight structures, design and construction, Prof. Dr.-Ing. Hans-Wolf Reinhardt of the institute of building materials and Prof. Dr. Klaus Jan Philipp of the institute of history of architecture, participated with his colleagues Prof. Theresia Gürtler Berger and Dr.-Ing. Dietrich W. Schmidt. Prof. Dr. Erwin Herzberger of the institute of presentation and display in Stuttgart, together with the students and with Martin Hechinger, head of the modelling workshop, has supplied the models for the exhibition, so important for the visualization of Leonhardt's buildings. The photo workshops of the Stuttgart and Karlsruhe architecture faculties supported the exhibition with photographs and their processing.

Important thematic as well as financial contributions were made by the engineering consultancy Leonhardt, Andrä und Partner in Stuttgart, established by Fritz Leonhardt himself and represented by the partners Dipl.-Ing. Holger Svensson, Dr.-Ing. Hans-Peter Andrä, Dipl.-Ing. Wolfgang Eilzer und Dipl.-Ing. Thomas Wickbold. In addition, many engineers in Baden-Württemberg contributed with their donations to the realization of the exhibition. Finally, the Bundesministerium für Verkehr, Bau und Stadtentwicklung provided funds for the exhibition "in view of the extraordinary contribution of Fritz Leonhardt in bridge construction for the federal highway system".

Dr. Joachim Kleinmanns and Dipl.-Ing. Christiane Weber have elaborated, with much personal enthusiasm, the concept and content of the exhibition and of this accompanying book, which for the first time presents Fritz Leonhardt's œuvre to such a great extent. Special thanks for their dedication!

Joachim Kleinmanns und Christiane Weber
Einführung

Der Bauingenieur Fritz Leonhardt ist in der Öffentlichkeit vor allem als »Vater« des Stuttgarter Fernsehturms bekannt. Er selbst sah sich jedoch in erster Linie als Brückenbauer, auch wenn ihm seine Türme gleichermaßen weltweit Anerkennung eingebracht haben.

Schon Leonhardts Berufseinstieg bei der Reichsautobahn war dem Brückenbau verpflichtet. Nachdem er einige kleinere Autobahnüberführungen im Schwäbischen entworfen hatte, begründete er seinen Ruf als Konstrukteur für Brücken mit der Köln-Rodenkirchener Autobahnbrücke über den Rhein. 1938 war dem gerade einmal 29jährigen Ingenieur die Bauleitung dieser ersten »echten« Hängebrücke Deutschlands übertragen worden. Begünstigt durch die Ambitionen des NS-Regimes, das die Aufwertung des Ingenieurberufs zum Ziel nationalsozialistischer Politik erklärt hatte und junge Ingenieure förderte, ergab sich für Leonhardt die Möglichkeit, eine Aufgabe zu übernehmen, für die man noch wenige Jahre zuvor eine lange Berufserfahrung hätte nachweisen müssen. Auf diese Weise nutzte das Regime die hohe Motivation der Berufsanfänger aus, eröffnete ihnen jedoch im Gegenzug einen schnellen beruflichen Aufstieg, eine Chance, die der junge Ingenieur Fritz Leonhardt selbstbewußt ergriff. Seine besonderen fachlichen Leistungen überzeugten, und in Ingenieurkreisen sah man von politischer Stellungnahme vorerst ab. Erst nachdem Leonhardt 1939 ein freies Ingenieurbüro in München gegründet hatte, das dann an Hermann Gieslers Planungen zur »Hauptstadt der Bewegung« mit zahlreichen Aufträgen beteiligt war, ließ sich der Eintritt in die NSDAP nicht länger vermeiden. Für Leonhardt und seine Mitarbeiter bedeuteten diese Prestigeplanungen bis 1943 die Freistellung vom Kriegsdienst. Und auch im Anschluß gelang es ihm, als Mitglied der Baugruppe Giesler in der Organisation Todt einem direkten Fronteinsatz zu entgehen. Erst im Sommer 1944, als Leonhardt im schlesischen Eulengebirge mit den Schrecken der NS-Herrschaft konfrontiert wurde, scheint er sich bewußt geworden zu sein, welchem System er gedient hatte. Sein Entsetzen war groß, sein Eintreten für eine demokratische Gesellschaft und ein offenes Denken sollte von nun an sein Leben entscheidend bestimmen.

Nach dem Untergang des »Dritten Reiches« stand das Land vor der ungeheuren Aufgabe des Wiederaufbaus. Einem jungen, ehrgeizigen Bauingenieur bot sich wiederum ein reiches Betätigungsfeld. Noch vor Abschluß des Spruchkammerverfahrens, in dem er als »Mitläufer« eingestuft wurde, eröffnete Leonhardt sein Ingenieurbüro 1946 wieder. Nach und nach holte er dazu die seit dem Rodenkirchener Brückenbau bewährten Mitarbeiter Wolfhart Andrä, Willi Baur, Hermann Maier, Helmut Mangold und Louis Wintergerst zu sich nach Stuttgart, von denen später einige zu Büropartnern wurden: Mit Wolfhart Andräs Partnerschaft firmierte das Büro seit 1953 unter dem Namen »Leonhardt und Andrä«, 1970 erweitert zu »Leonhardt, Andrä und Partner« (LAP).

Die meisten Brücken über Rhein, Mosel und Neckar waren im letzten Kriegsjahr entweder von den abrückenden deutschen Truppen oder bei alliierten Bombenangriffen zerstört worden. Ihr schneller Wiederaufbau war eine Voraussetzung für das Wirtschaftswunder der Nachkriegszeit. Fritz Leonhardt kamen damals nicht nur sein Ruf als exzellenter Ingenieur, sein fast manischer Arbeitseifer und sein durchsetzungskräftiger Wille zugute, sondern er konnte auch die in den Jahren 1934 bis 1945 geknüpften Kontakte weiter nutzen. Als Angestellter der Obersten Bauleitung der Reichsautobahn Stuttgart und vor allem während seiner Tätigkeit im Berliner Reichsverkehrsministerium hatte er wichtige berufliche Verbindungen zu Architekten und Bauingenieuren geknüpft. Spielten als Mentoren vor dem Krieg vor allem seine schwäbischen Landsleute Karl Schaechterle, Fritz Todt und Paul Bonatz eine Rolle, so waren nach dem Krieg die Kontakte zu seinem früheren Hochschullehrer Otto Graf an der Materialprüfungsanstalt Stuttgart sowie zu den Architekten Friedrich Tamms und Gerd Lohmer hilfreich. Mit Lohmer konnte Leonhardt schon 1946 den Wiederaufbau der Köln-Deutzer Brücke planen, das erste der Kölner Brückenprojekte, an denen die beiden gemeinsam arbeiteten. Im nahe gelegenen Düsseldorf war 1948 mit Tamms ein weiterer ehemaliger Reichsautobahn-Kollege Leonhardts Leiter des Stadtplanungsamtes geworden. Zusammen entwickelten Architekt und Bauingenieur dort die signifikante Harfenform der drei Rheinbrücken.

Es liegt durchaus nahe, die beim Reichsautobahnbau von Fritz Todt persönlich postulierte enge Zusammenarbeit zwischen konstruierendem Ingenieur und in ästhetischen Fragen beratendem Architekten als eine Stärke des »Baumeisters« Leonhardt zu sehen. Vorurteilsfreier als mancher seiner Bauingenieurkollegen ging der Sohn eines Architekten mit seinen Partnern aus der Architektenschaft um. Die Sensibilisierung für ästhetische Fragen und deren praktische Lösung waren durch Leonhardts Vater angeregt worden, der eine Architektenausbildung an der Stuttgarter Baugewerkeschule absolviert hatte. Leonhardts ausgeprägter Pragmatismus hatte ihn aber statt des Architektenberufs den des Bauingenieurs ergreifen lassen. Dennoch verstand er sich dank der väterlichen ästhetischen Schulung, die sich nicht nur im Bauen, sondern auch in künstlerischer Photographie und Reiseaquarellen äußerte, in einem umfassenderen Sinn als gestaltender Baumeister, nicht nur als Ingenieur. Als weitere Quelle des gestalterischen Anspruchs, der Leonhardts Ingenieurbauten charakterisiert, ist die Stuttgarter Architekturschule, insbesondere der Einfluß von Paul Bonatz, zu nennen. Bauten wie dessen Stuttgarter Hauptbahnhof, den dieser in Zusammenarbeit mit dem Ingenieur Karl Schaechterle – dem späteren Vorgesetzten und ersten Mentor Fritz Leonhardts – realisierte, können als unmittelbare Vorgänger der Reichsautobahnästhetik gesehen werden, die für reichsweite Verbreitung sorgte.

Leonhardts »Kunst des Konstruierens« äußert sich jedoch nicht nur im ästhetischen Anspruch seiner Ingenieurbauten. Sie offenbart sich vor allem im Erkennen und Ausloten der technischen Möglichkeiten des jeweiligen Konstruktionsmaterials: Für Fachleute, insbesondere Bauingenieure, war und ist Fritz Leonhardt der »Spannbeton-Papst«, ein Ruf, der sich in Leonhardts wissenschaftlichen und anwendungsbezogenen Leistungen für den Spannbetonbau begründet. Leonhardts technische Kunstfertigkeit und der unermüdliche, auch auf seine Mitarbeiter übertragene

Joachim Kleinmanns and Christiane Weber
Introduction

In public the civil engineer Fritz Leonhardt was known above all as the "father" of the Stuttgart TV tower. However he considered himself to be a bridge builder, even though it was his towers that earned him worldwide recognition.

Already Leonhardt's professional beginning at the Reichsautobahn was committed to bridge building. Having designed several small Autobahn overpasses in Swabia, he established his reputation as builder of bridges with the Autobahn bridge over the Rhine at Köln-Rodenkirchen. In 1938 the site management of the first "true" suspension bridge in Germany was entrusted to this engineer, who had just turned 29. Favored by the ambitions of the NS regime and the declared aim of National Socialist policy to upgrade the engineering profession, young engineers were promoted. This opened for Leonhardt the opportunity to pick up a task, which few years earlier would have required the proof of long professional experience. This way the regime exploited the high motivation of start-ups and offered them quick promotion, a chance, the young engineer Fritz Leonhardt grasped with confidence. His particular professional capabilities were convincing and in engineering circles political positioning was not yet required. Only after 1939 when Leonhardt had established an independent engineering office in Munich, participating with numerous commissions in Hermann Giesler's plans for the Hauptstadt der Bewegung (capital of the movement), the joining of the NSDAP could not be avoided. For Leonhardt and his collaborators this prestige planning meant exemption from military service until 1943. Also later he succeeded, as member of the Bau-gruppe Giesler (building unit Giesler) in the Organisation Todt, to escape direct military action. Only in summer 1944, when Leonhardt was confronted in the Owl Mountains of Silesia with the terror of Nazi rule, he seems to have realized, what a system he had served. His horror was great and the advocacy of a democratic society with free thinking did from then on guide his life.

After the fall of the "Third Reich" the country faced the immense task of reconstruction, again a rich field of opportunities for a young, ambitious civil engineer. Already before completion of judicial de-nazification proceedings, which classified him as *Mitläufer* (marginal participant), Leonhardt again opened in 1946 his consulting office. By and by he gathered his collaborators Wolfhart Andrä, Willi Baur, Hermann Maier, Helmut Mangold and Louis Wintergerst, proven from the Rodenkirchen bridge construction, to Stuttgart. Some of them later became office partners: with Wolfhart Andrä as partner the office operated since 1953 under the name "Leonhardt und Andrä", in 1970 enlarged to "Leonhardt, Andrä und Partner" (LAP).

Most bridges over the Rhine, Moselle and Neckar rivers had been destroyed in the last year of the war, either by withdrawing German troops or by Allied air raids. Their quick reconstruction was a precondition for the postwar "economic miracle". Fritz Leonhardt did not only benefit from his fame as an excellent engineer, his manic working zeal and asserting authority, but he could also develop contacts from the years 1934 to 1945. As employee of the chief construction management of the Reichsautobahn Stuttgart and above all during his work in the Berlin traffic ministry, he had established important professional ties with architects and civil engineers. Played before the war his Swabian compatriots Karl Schaechterle,

Fritz Leonhardt in seinem Büro, um 1950.

Fritz Leonhardt in his office, c. 1950.

Forscherdrang führten zu zahlreichen Innovationen auf diesem Gebiet. Dabei war Leonhardt stets die praktische Anwendung der Forschungsergebnisse wichtig, so beispielsweise bei der Entwicklung der LEOBA-Spannglieder. Diese brachte er zusammen mit Willi Baur auf den Markt, um auch kleineren und mittleren Baufirmen den Spannbetonbau als neue baukonstruktive Technik mit einer kostengünstigen Alternative zu den von den großen Wettbewerbern lizensierten Verfahren zu ermöglichen.

Von den vielen patentierten Innovationen, die Leonhardt und sein Team im Ingenieurbüro und seit 1958 auch am Institut für Massivbau der Technischen Hochschule Stuttgart für den Spannbetonbau entwickelten, soll an dieser Stelle nur das Taktschiebeverfahren erwähnt werden. Dieses Bauverfahren rationalisiert den Bau einer Spannbetonbrücke. Das Büro Leonhardt, Andrä und Partner hat dieses, von Leonhardt aus ästhetischen Gründen nicht immer geschätzte Verfahren ab Mitte der 1960er Jahre weltweit zur Anwendung gebracht, und er und seine Partner veröffentlichten in zahlreichen Fachpublikationen ihre praktischen wie theoretischen Forschungsergebnisse. Der Ansatz, für die direkt anstehenden Erfordernisse eine Lösung zu entwickeln und das Ergebnis mittels Fachpresse den Bauingenieurkollegen zugänglich zu machen, ist geradezu typisch für Fritz Leonhardt und sollte für seine Schüler prägend werden. Stets mußte wissenschaftliche Erkenntnis unmittelbar in die Baupraxis umzusetzen sein, wie es auch der Titel seines Standardwerks *Spannbeton für die Praxis* ausdrückt. In diesem Sinne entstanden im Rahmen seiner Lehrtätigkeit Skripte (*Vorlesungen über Massivbau*), die als verständliche Grundlagenwerke gedacht waren und jahrzehntelang als »Handwerkszeug« eines bauenden Ingenieurs galten.

Schon bei seinen ersten Projekten für die Reichsautobahn in den 1930er Jahren hatte Leonhardt mit Hilfe von Modellen – zum Teil im Maßstab 1:1 – die Grundlagen zur Anwendung neuester Techniken beim Bau von Hängebrücken und Leichtfahrbahntafeln überprüft. Seine Dissertation ergab sich aus einer technischen Fragestellung beim Bau leichter Fahrbahntafeln. Leonhardt erarbeitete eine vereinfachte Berechnungsmethode, die er mittels Modellstatik bewies. Die zu diesem Zeitpunkt begonnene Zusammenarbeit mit der Materialprüfungsanstalt Stuttgart kam auch der Entwicklung des Spannbetons zugute: In Versuchen wurden Schub- und Torsionsververhalten des Stahlbetons ausgelotet.

Gerade im Bereich der technischen Entwicklungen soll die vorliegende Publikation auch als Anstoß verstanden werden, sich den zahlreichen technik- und wissenschaftshistorischen Fragestellungen des Bauingenieurwesens zukünftig intensiver zu widmen. Der interfakultative Austausch im Rahmen des Ausstellungsprojekts »Fritz Leonhardt 1909–1999. Die Kunst des Konstruierens« könnte Ausgangspunkt sein, sich diesem seit Jahren formulierten Forschungsdesiderat in bezug auf die Geschichte der Bautechnik zuzuwenden.

Weniger bekannt als Leonhardts Beitrag zum Spannbetonbau ist seine Bedeutung für den Stahl- und den Hochbau. Schon seit den 1920er Jahren hatten Architekten mit Vorfertigung und Fließbandproduktion von Häusern experimentiert. Ingenieure wie Fritz Leonhardt und seine Mitarbeiter setzten diese Ideen in den 1960er Jahren erstmals in Deutschland um: So entwickelte der Büropartner Kuno Boll eine Bauweise weiter, die Geschoßdecken von Hochhäusern im Liftslab-Bauverfahren, einer Art Taktschiebeverfahren, auf der Baustelle vorzufertigen und anschließend auf die jeweilige Höhe hochzuschieben bzw. herabzulassen.

Im Leichtbau ergab sich in den 1950er bis 1970er Jahren eine sehr fruchtbare Zusammenarbeit zwischen Fritz Leonhardt und Frei Otto. Schon bei den ersten Zeltkonstruktionen Ottos für die Bundesgartenschau in Köln 1957 hatten die Ingenieure von Leonhardt und Andrä für die Standsicherheit der filigranen Konstruktionen gesorgt. Leonhardt schätzte den kreativen Entwerfer Frei Otto und brachte mit technischer Präzision zehn Jahre später die für die Weltausstellung in Montréal entworfenen Zeltdächer in eine baubare Form.

Hochschulpolitisch war es ein großes Verdienst Fritz Leonhardts als Dekan und Rektor, 1964 für Frei Otto das Institut für leichte Flächentragwerke eingerichtet und 1969 mit dem Sonderforschungsbereich »Weitgespannte Flächentragwerke« (SFB 64) den ersten interfakultativen Sonderforschungsbereich an der Stuttgarter Architektur- und Bauingenieurfakultät begründet zu haben. Sie sollten Leonhardts Idee des fruchtbaren Miteinanders von Architekt und Ingenieur mit Leben füllen und verdeutlichen seinen Anspruch als »Baumeister«. Damit führte er die so genannte »Stuttgarter Schule« des konstruktiven Ingenieurbaus im Sinne von Emil Mörsch fort.

Fritz Todt and Paul Bonatz a role as mentors, after the war his contacts to his professor Otto Graf at the materials testing institute in Stuttgart and the architects Friedrich Tamms and Gerd Lohmer were helpful. Already in 1946 he planned with Lohmer the reconstruction of the Köln-Deutz bridge, the first Cologne bridge project worked out in collaboration. In nearby Düsseldorf, Tamms, another ex-colleague from the Reichsautobahn, became in 1948 the head of the municipal planning office. Together the architect and the civil engineer developed the significant harp-shape of the three Rhine bridges.

It is quite obvious, to consider the close cooperation between structural engineer and aesthetically advising architect, as postulated by Fritz Todt during Autobahn construction, as the hallmark of "master builder" Leonhardt. The son of an architect handled his partners from the architectural profession with fewer preconceptions than many of his civil-engineering colleagues. Sensibility for aesthetic questions and their practical resolution had been induced by Leonhardt's father, who received his education as an architect at the Stuttgart Baugewerkschule. Leonhardt's distinct pragmatism made him choose the civil engineer's profession instead of architecture. Thanks to the aesthetic training by his father, expressing itself not only in building, but also in artistic photography and travel aquarelles, he considered himself a creative master builder, not only an engineer. Another source of his stress on design, which characterizes Leonhardt's engineering structures, is the "Stuttgart school of architecture", in particular the influence of Paul Bonatz. Buildings like his Stuttgart main station, built in collaboration with the engineer Karl Schaechterle – later boss and first mentor of Fritz Leonhardt – could be seen as direct precedents of the Reichsautobahn aesthetics, spreading in the whole country.

Not only the aesthetic level of his engineering structures expresses Leonhardt's "art of constructing". Above all it manifests itself in the recognition and exploitation of each building material's potentials: for professionals, particularly civil engineers, Fritz Leonhardt is and has been the "pope of prestressed concrete", a fame, based upon Leonhardt's scientific and practical achievements in prestressed-concrete construction. Leonhardt's technical skills and his tireless research engagement, shared by his collaborators, led to numerous innovations in the field. The practical application of research findings was always important for Leonhardt, for instance in the development of the LEOBA tendons. He marketed them with Willi Baur, to allow also smaller and medium contractors to use prestressed concrete as a new, economic alternative to the methods, licensed by big competitors.

Of the many patented innovations, developed for prestressed concrete by Leonhardt and his team in his engineering office since 1958, or at the institute of concrete structures of the Technische Hochschule Stuttgart, we want to mention here the step-by-step construction method. This way of construction rationalized the building of a prestressed concrete bridge. Since the mid-1960s the office of Leonhardt, Andrä und Partner utilized this method in the whole world and published in many professional periodicals practical and theoretical research results. The approach, to develop solutions for immediate requirements and to make the results accessible to civil engineering colleagues by way of professional publications, is typical for Fritz Leonhardt and became characteristic for his students. Always scientific findings had to be directly translated into building practise, as expressed in the title of his standard book *Spannbeton für die Praxis*. Along this line he produced, as part of his teaching, lecture notes (*Vorlesungen über Massivbau*), intended as understandable basic instruction and being known for decades as "working tools" of civil engineers.

Already at his first Reichautobahn projects in the 1930s, Leonhardt tested with the aid of models – partially at full scale – the application of new techniques for the construction of suspension bridges and lightweight decks. His dissertation evolved from a technical question in the construction of light road deck units. Leonhardt elaborated a simplified method of calculation, tested by structural modeling. At this point began a collaboration with the materials testing institute in Stuttgart, which helped also the development of prestressed concrete: structural modeling of shear and torsion tests revealed properties of reinforced concrete.

The present publication should be seen as impetus for the area of technical development, by paying increased attention to the many questions in the history of technology and science of civil engineering. The interfaculty exchange in connection with the exhibition "Fritz Leonhardt 1909–1999. The Art of Engineering" could be the departure for a turn towards the history of construction, since many years considered a subject for research.

Less known than Leonhardt's contribution to prestressed concrete is his importance for steel and building construction. Already since the 1920s did architects experiment with prefabrication and assembly line production of houses. In the 1960s engineers like Leonhardt and his staff translated these ideas into practise: office partner Kuno Boll introduced a technique of precasting floor slabs for high-rises on site and to move them into position step-by-step.

From the 1950s to the 1960s we see a very fruitful collaboration in lightweight construction between Fritz Leonhardt and Frei Otto. Already at Otto's first tent structures for the Bundesgartenschau 1957 in Cologne, did the engineers from Leonhardt und Andrä assure the stability of the filigree construction. Leonhardt appreciated the creative designer Frei Otto and ten years later at the World Fair in Montreal enabled with technical precision the execution of the tent roofing.

In university politics it was a great achievement by Fritz Leonhardt as dean and rector, to establish 1964 for Frei Otto the Institute for Lightweight Structures and in 1969 to introduce the first special interfaculty research section for "lightweight structures" (SFB 64) by the faculties of architecture and of civil engineering. They are to fill with life Leonhardt's idea of fruitful cooperation between architect and engineer and demonstrate his claim as "master builder". In this last instance he went on with the so-called "Stuttgart school" of structural-engineering construction in the sense of Emil Mörsch.

Klaus Jan Philipp
Der Niet als Ornament. Der »Baumeister« Fritz Leonhardt

Kann eine Ingenieurleistung im Hochbau unter kunsthistorischen Gesichtspunkten betrachtet werden? Kann man nach Stil, künstlerischer Bedeutung, Ikonographie oder Ikonologie einer Konstruktion fragen? Ist nicht jeder Ingenieurbau so optimiert und allein aus funktionellen und materiellen Gegebenheiten heraus entwickelt, daß zwar eine gewisse Zeitgenossenschaft abgelesen werden kann, jedoch keine typische stilistische Haltung? Sind der Ponte Molle in Rom, die Karlsbrücke in Prag, der Ponte S. Trinità in Florenz, die Golden Gate Bridge in San Francisco nur durch ihre verschiedenen Techniken und verwendeten Materialien typologisch unterschieden, oder kann man auch ihre künstlerische Gestaltung unterschiedlich bewerten? Fritz Leonhardt hätte all diese Fragen positiv beantwortet: Ja, er verstand seine Bauwerke, besonders seine Brücken, nicht nur als »Zweckbauten, sondern auch [als] künstlerisch wertvolle Zeugen der Baugesinnung unserer Zeit«.[1] Zwar war ihm klar, daß bei Brücken Stil »entweder die Abwandlung der reinen Grundform durch den Zeitgeist, oder – wie bei den Römern – eine gewisse, immer wiederkehrende Strenge und Einheitlichkeit der Grundform« sei,[2] jedoch hätte er Paul Zucker, der 1921 das m. E. einzige Brückenbuch aus kunsthistorischer Sicht geschrieben hat, widersprochen. Denn Zucker sah den Zusammenhang von formalem Aufbau von Brücken und allgemeiner stilistischer Entwicklung erst in »allerletzter Linie«[3] wirksam. Eine Brücke, ein Fernsehturm oder eine weitgespannte Konstruktion galten Leonhardt jedoch nicht nur als technische Herausforderung und Leistung, sondern ebenso als ein gestaltetes Bauwerk. So schreibt er zum Fernsehturm in Stuttgart: »Er sollte schlank sein – aber nicht zu schlank, um noch vertrauenserweckend auszusehen.« Deshalb wählte er einen oberen Durchmesser von 5,04 m, der für die zwei Aufzüge und die Nottreppe gerade ausreichte, und ließ den Schaft mit einem parabelförmig geschwungenen Anlauf auf 10,8 m am Fuß anwachsen: »Ein gerader Anlauf hätte steif ausgesehen. Auf solche Verfeinerungen der Gestaltung kommt es an!«[4]

Die Demarkationslinie zwischen Architekt und Ingenieur war für Leonhardt stets in beiden Richtungen offen, in seinem Denken und in seiner Praxis existierte sie eigentlich nicht. Selbstkritisch stand er seinem Metier gegenüber und rief zur Überwindung einer »einseitig mathematischen Ingenieurauffassung« auf: »Die Statik darf die Form der Tragwerke nicht nach dem jeweiligen Stand der Lösungen für die rechnerischen Probleme beherrschen, sondern muß bewußt als Hilfsmittel zurücktreten, über das der Ingenieur wohl richtig verfügt, ohne dadurch die gesunde, einfache und schöne Form beim Entwurf zu verlassen.«[5] Für einen Ingenieur, der zu den führenden im 20. Jahrhundert gehört, sind das starke Worte, die sich unverdeckt als Kritik an der eigenen »Zunft« verstehen ließen.

Leonhardt war nie ein lupenreiner Ingenieur, sondern er war auch immer auf anderen Wegen und stets auf der Suche nach einer neuen Art des Humanismus, in dem Ästhetik und Ethik in eins fallen.[6] Er bezeichnete sich selbst als »Baumeister«,[7] vermied also sowohl den Begriff des Architekten als auch den des Ingenieurs. Die Verpflichtung, zum Wohl der Menschheit zu wirken, verband er mit der Verpflichtung zum Schönen, und dieses Schöne suchte er – hier wieder ganz Ingenieur – durch Regeln zu fassen. Oft verweist er dabei auf die Bauten der »alten Meisterschulen«, für die Verpflichtung zu Qualität und Regeln noch selbstverständlich gewesen seien. »Zweifellos gelten solche Regeln auch heute noch, sie sind für die Gesundung der künftigen Baukunst erneut zu erarbeiten. Sie können für das Entwerfen von Bauwerken eine wertvolle Hilfe sein und wenigstens dazu beitragen, schlimme gestalterische Fehler zu vermeiden.«[8] Zweckerfüllung, Proportionen, Ordnung, Verfeinerung der Form, Einpassung in die Umwelt, Oberflächentextur, Farben, Charakter, Komplexität und Einbeziehen der Natur sind die Schlagworte Leonhardts. Natürlich ist er sich bewußt, daß es durch die Befolgung von Regeln beim Entwerfen noch lange nicht zu schönen Bauwerken kommen müsse. »Phantasie, Intuition, Formgefühl und Gefühl für Schönheit« müßten hinzukommen, und selbst das Genie, »der künstlerisch Begabte«, könne zwar intuitiv »Meisterwerke der Schönheit« hervorbringen, »die vielen funktionalen Anforderungen an heutige Bauwerke bedingen jedoch, daß zu einem guten Teil strenges, vernunftmäßiges Denken, also die Ratio, beteiligt werden muß.«[9] Leonhardt wußte aber auch, daß er als Ingenieur nur einen Teilbereich der Architektur abdecken konnte, und so war er immer auch an der Zusammenarbeit mit Architekten interessiert. Mit Paul Bonatz war er der Meinung, daß die im 18. Jahrhundert erfolgte Spaltung in den »rechnenden Ingenieur« und den »künstlerisch gestaltenden Architekten« eine »verhängnisvolle Spaltung« gewesen sei.[10] Es sei durchaus möglich, »den technischen Bauten Schönheit zu verleihen«, eine »Eigenschönheit der Technik« zu generieren. Dazu müsse das »abstrakte, rationale Denken, das der rechnende Ingenieur übt, […] zusammenwirken mit freiem künstlerischen Formgefühl«. Selten sei beides in einem Menschen vereint: »Mehr und mehr werden die technischen Meisterleistungen Gemeinschaftsarbeit, nicht mehr Schöpfung Einzelner.«[11]

Die Vorstellung, daß Architekt und Ingenieur zusammenwirken, daß Theorie, Praxis und künstlerische Gestaltung auf ein gemeinsames Ziel hinarbeiten, ist eine romantische Vorstellung. Erstmals geäußert tatsächlich in der Romantik um 1800, wiederholt sie sich von Zeit zu Zeit: etwa 1919 im Bauhaus-Manifest von Gropius, der alle Künste am »Bau« zusammenführen wollte, oder eben bei Fritz Leonhardt, der dieses Ideal in der Organisation Todt während des Nationalsozialismus verwirklicht fand. Romantisch ist diese Vorstellung auch deshalb, weil sie an der Hoffnung auf ein Universalgenie festhält – wohl wissend, daß es dieses Universalgenie spätestens seit der Aufklärung nicht mehr gibt. Durch die Ausdifferenzierung einzelner hochspezialisierter Wissenschaften seit dem 18. Jahrhundert war es zunehmend unmöglich geworden, in allen gleich heimisch zu sein und alles auf gleich hohem Niveau verstehen, bewerten und ausführen zu können. Dies wurde als Verlust einer vormals vorhandenen Einheit alles Wissens empfunden, auch wenn man sich letztlich bewußt war, daß es diese Einheit wahrscheinlich nie gegeben hatte.

Klaus Jan Philipp
**Rivets as ornament. "Master builder"
Fritz Leonhardt**

Can we consider structural engineering from the point of view of an art historian? Could we analyze style, artistic significance, iconography or iconology of a construction? Is not every engineer's structure derived and optimized from entirely functional and material facts, maybe belonging to a certain period, but without a typical stylistic attitude? Are the Ponte Molle at Rome, the Karlsbrücke at Prague, Ponte S. Trinità at Florence, the Golden Gate Bridge at San Francisco only distinguished by the use of different techniques and materials, or are there differences in artistic design? Fritz Leonhardt would have agreed with all these questions: Yes, he understood his edifices, particularly his bridges, not only as "utilitarian buildings, but also as worthy artistic testimonials of the building attitudes of our times".[1] He knew that style in bridges "either meant a variation of a basic shape by contemporary preference, or – as with the Romans – expressed a recurring severity and uniformity of fundamental forms",[2] but he would have contradicted Paul Zucker, who wrote in 1921, as far as I know, the only book on bridges from an art historian's point of view. Because Zucker saw a connection between the formal design of bridges and general stylistic trends appearing only "in the very last instance".[3] A bridge, a television tower or any long-span structure were for him not only a technical challenge and achievement, but a crafted design. On the TV tower in Stuttgart he writes: "It should be slender – but not too slender, to look reassuring." That is why he chose an upper diameter of 5.04 m, just enough to accommodate two lifts and emergency stairs, while increasing the shaft in parabolic fashion to 10.8 m at the base: "A straight rise would have looked rigid. Such refinements are the key to good design!"[4]

The line of demarcation between architect and engineer remained open for Leonhardt, it did not really exist in his thinking and working. He looked critically at his field and called for overcoming a "one-sided mathematical engineering attitude". "Statics must not determine the form of structures according to the prevailing solutions of calculating problems, it rather must remain a tool for the engineer, which does not overwhelm a simple, beautiful design."[5] Strong words for a leading 20th-century engineer, to be clearly understood as a critique of his own "fraternity".

Leonhardt never was a pure engineer, he always tried several ways, in search of a humanism, which would unite aesthetics and ethics.[6] He called himself "master builder",[7] avoiding the terms architect or engineer. He combined the duty of contributing to mankind's well-being with a commitment to beauty and – like an engineer – he tried to find rules for beauty. Often he points out the buildings of the "old master guilds", for which the respect for quality and rules was a matter of course. "Without doubt, such rules are still valid today, we have to elaborate them anew for future building. They can be a valuable help for designing, or at least contribute to avoid the worst design mistakes."[8] To serve its purpose, proportions, order, refinement of form, fitting the environment, surface texture, colors, character, complexity, and integration with nature are Leonhardt's catchwords. Of course he knew that the application of design rules will not directly lead to beautiful buildings. "Phantasy, intuition, a feeling for form and beauty" must be added. A genius, "the artistically gifted", might create "masterworks of beauty" by intuitition, but "the many functional demands on present-day buildings stipulate the inclusion of strict, intelligent thought, our ratio must be involved".[9] Leonhardt also knew, that as engineer he could only cover a portion of architecture and he was always interested in the collaboration with architects. He shared the belief of Paul Bonatz, that the 18th-century division into "calculating engineer" and "designing architect" was a "fateful split".[10] It should be perfectly possible "to imbue technical buildings with beauty", to generate "technology's beauty". To this end the "abstract, rational thinking of the calculating engineer, […] must combine with free artistic creativity". Few people have both: "More and more technical masterpieces shall be the work of partnership, not individual creations."[11]

The idea that architect and engineer work together, that theory, practise and artistic creation work towards a common goal, is a romantic notion. First expressed during Romanticism around 1800, it is repeated from time to time: 1919 in the Bauhaus Manifesto by Gropius, who wanted to bring together all arts within "Bau", or Fritz Leonhardt, who found this ideal realized in the Organisation Todt during Nazi times. It is a romantic notion also, because it perpetuates the hope in a universal genius – while knowing, that such universal geniuses don't exist since the Enlightenment. Through the evolvement of individual, highly specialized sciences since the 18th century, it became more and more impossible to be at home in all sciences, to equally understand, evaluate and practise them all. It was felt as the loss of a past union of all science, even while acknowledging that probably such a union never existed.

There have been many attempts to re-establish this union. Most famous Richard Wagner's wish for a *Gesamtkunstwerk* with his operas as focus.[12] Already in the late 18th century, when there was concern, that the arts disintegrate, the English landscape garden constituted such a *Gesamtkunstwerk*. Not by chance, technical buildings, such as bridges, played an important role. In the Wörlitz-Dessau garden estate developed by Friedrich Wilhelm von Erdmannsdorff for his sovereign Franz von Anhalt-Dessau, a bridge building program had been realized, which included the simplest timber bridge as well as the most modern iron bridge of the time, modeled after the bridge at Coalbrookdale. The pedagogic impetus guiding Erdmannsdorff and Prince Franz derived from the wish to demonstrate the technical development, as well as various design approaches in bridge building.[13] Together with other buildings in the park – the program covered the Pantheon and other Roman temples up to the Gothic house – the bridges formed one aspect of the civilized landscape in Wörlitz and the principality. The dichotomy of architect and engineer did not play a role; it did not exist – or at least nobody wanted to see it.

We do not want to suppress that the bridges of the Wörlitz Park are miniature versions of large originals; they are small pedestrian bridges not in-

Versuche, die Einheit »wiederherzustellen«, hat es viele gegeben. Am berühmtesten etwa Richard Wagners Wunsch nach einem Gesamtkunstwerk mit seinen Opern im Mittelpunkt.[12] Bereits im späten 18. Jahrhundert, als man befürchtete, daß die Künste sich atomisieren, war im englischen Landschaftsgarten ein solches »Gesamtkunstwerk« hergestellt worden. Nicht zufällig spielten dabei auch technische Bauten wie Brücken eine Rolle: So war im Gartenreich Wörlitz-Dessau von Friedrich Wilhelm von Erdmannsdorff und seinem Fürsten Franz von Anhalt-Dessau ein Brückenprogramm ausgeführt worden, das von der einfachsten Balkenbrücke bis hin zur damals modernsten Eisenbrücke nach dem Vorbild der ersten eisernen Brücke von Coalbrookdale reichte. Der pädagogische Impetus, der Erdmannsdorff und Fürst Franz dabei leitete, war dem der Darstellung technischer Entwicklung ebenso geschuldet wie dem Wunsch, verschiedene künstlerische Bewältigungen des Themas Brückenbau zu verdeutlichen.[13] Zusammen mit den anderen Bauten im Park, deren Programm vom römischen Pantheon über andere römische Tempel bis hin zum Gotischen Haus gespannt war, bildeten die verschiedenen Brücken einen Aspekt der Kulturlandschaft der Anlagen von Wörlitz und des Fürstentums. Die Dichotomie von Architekt und Ingenieur spielte dabei noch keine Rolle; es gab sie einfach nicht – jedenfalls wollte man sie noch nicht sehen.

Es darf nicht unterschlagen werden, daß die Brücken im Wörlitzer Park Miniaturausgaben großer Vorbilder waren; es handelt sich um kleine Fußgängerbrücken, die keine großen Lasten zu tragen hatten und somit keine besonderen Anforderungen an den berechnenden Ingenieur stellten. Wenn es jedoch um den Bau großer Brücken ging, besaß ein Architekt wie Erdmannsdorff nicht das notwenige technische Wissen zur Ausführung. Hier mußte man Spezialisten zu Rate ziehen, die nun keine Architekten im traditionellen Sinne mehr waren, sondern Ingenieure. So waren bei den ersten größeren eisernen Brückenbauten in Deutschland englische Ingenieure beteiligt.[14] Hatte Christian Ludwig Stieglitz in seiner *Enzyklopädie der bürgerlichen Baukunst* 1792 »Brücke« unter Berufung auf die Brückenbücher von Leupold[15] und vielen anderen noch als ein »Werk der Baukunst, durch welches zwey Stücken Land, zwischen denen sich ein Fluß, ein Graben, ein Bach, eine Kluft befindet, vereinigt werden, damit man mit Wagen, zu Pferde und zu Fuß bequem von dem einen Landstücke zu dem anderen kommen könne«,[16] definieren können, so wird aus der Brücke als einem Werk der Baukunst nun um 1800 mehr und mehr ein Werk des Ingenieurs.

Noch wollte man sich dieser Tatsache aber nicht beugen, sondern bemühte sich insbesondere im Zusammenhang mit der Gründung der Bauakademie in Berlin und anderer polytechnischer Schulen nach einer Verbindung von künstlerischer und technisch-praktischer Ausbildung. 1799 formulierte Friedrich Gilly seine »Gedanken über die Nothwendigkeit, die verschiedenen Theile der Baukunst, in wissenschaftlicher und praktischer Hinsicht möglichst zu vereinigen«.[17] Wissenschaft und Kunst dürften einander nicht ausschließen: Beide Bereiche gehören zusammen und sollten »in einem Mittelpunkte« vereinigt sein.[18] Überall müsse es dahin kommen, »daß der Baumeister den Gelehrten, der Gelehrte den Baumeister schätzen lerne, dass Baumeister unter sich mit ihren besonderen Kenntnissen, mit eigenthümlichen Anlagen sich vereinigen, sich achten und dass kein eitler Stolz unter ihnen den sogenannten Baukünstler auszeichne«.[19] Leo von Klenze hat später die zweifachen Kräfte benannt, die auf dem Gebiet der »höheren Architektur« zum Tragen kämen: »die freie Kunst und die positive Wissenschaft. Beide üben gleiche Macht darin aus, und dieses nicht getrennt einander folgend, sondern in stets sich ergänzender Wechselwirkung neben einander fortgehend.«[20] Gilly, Klenze und natürlich auch Schinkel, der sich dem Problem auf vergleichbare Weise näherte,[21] waren freilich in erster Linie Architekten, die zwar auf dem jeweils aktuellen Stand der Bautechnik standen und sich intensiv auch konstruktiven Problemen stellten und intelligente Lösungen vorschlugen. Wichtiger aber war ihnen, Architektur als Kunst zu proklamieren und das »Historische und Poetische« in die Architektur, die sonst zu einer abstrakten Kunst würde, einzuführen.[22]

Es ist vor diesem Hintergrund gar nicht überraschend, daß einer der ersten großen deutschen Ingenieure des frühen 19. Jahrhunderts, Carl Friedrich von Wiebeking,[23] in seinen *Beiträgen zur Brückenbaukunde* neben den ökonomischen und militärischen Vorzügen der von ihm entwickelten weitgespannten hölzernen Brücken auch den Aspekt des Ästhetischen thematisiert und zu einer durchaus modernen Haltung kommt. »Wenn die ästhetischen Vorzüge eines Bauwerks in der Schönheit der Form und seiner Größe bestehen, und wenn ein dem Zweck vollkommen entsprechendes Gebäude das Wohlgefallen des Kenners […] des Verständigen, verdient: so kann wohl nicht geleugnet werden, daß diese Bogenbrücken von wahrem ästhetischen Werte sind. Sie haben so große Bogenöffnungen, wie kein anderes Kunstwerk der Welt und setzen schon dadurch, aber noch weit mehr mit der schönen Form der Bogenlinie, den Freund des Schönen und Nützlichen, in Erstaunen. […] Wie sehr sie eine Landschaft verschönern, dies wird jeder gesittete Mensch beim Anblick der Brücken […] fühlen und eingestehen. Sie geben den Gegenden ein Interesse, das sie zuvor, bei den elenden Pfahlbrücken, die das Bild der Dürftigkeit sowie der Schwäche und alle Fehler einer verstandlosen Konstruktion an sich tragen, ja selbst eine schöne Landschaft verderben, nicht hatten. Und wird eine reizende Gegend, worin wir ein großes Kunstwerk antreffen, nicht interessanter? Die Konstruktion dieser Bogenbrücken beschäftigt den Verstand des Denkers, und die Weite der Bögen umwölbt eine so große Landschaft, die wir sonst nicht durch Bögen zu sehen gewohnt sind. Mit dieser ästhetischen Eigenschaft werden daher die Bogenbrücken geschickt, einen ehrenvollen Platz in den Werken der Baukunst einzunehmen […].«[24]

Wiebekings Gedanke, daß die konstruktiv beste Form auch ästhetisch befriedigen müsse, mutet modern an. Auch die Einbeziehung der Landschaft, die als eine durch die Brücke gestaltete und somit baukünstlerisch neu interpretierte Landschaft erscheint, findet sich in ganz ähnlicher Form bei Leonhardt, der sich also in einer Tradition befindet, die man durchaus als romantisch bezeichnen darf. So war es ihm bei all seinen Brücken immer ein Anliegen, die Landschaft in den Entwurf einzubeziehen. Bei der Kochertal-

1–4. Vergleichsentwürfe für die Kochertalbrücke bei Geislingen (Photomontagen): Sprengwerk, Bogenbrücke, Schrägkabelbrücke und Balkenbrücke.
5. Kochertalbrücke bei Geislingen, ausgeführter Bau als Balkenbrücke mit je 138 m Stützzweite.

1–4. Comparative designs of the Kocher-valley bridge near Geislingen (photomontages): braced, arched, cable-stayed and girder type.
5. Kocher-valley bridge near Geislingen, project executed as girder bridge with 138 m spans.

tended to carry heavy loads, not demanding the calculations of an engineer. In case of the construction of a large bridge, an architect like Erdmannsdorff did not have the necessary technical knowledge to build it. Specialists had to be consulted, who were no more architects in the traditional sense, but engineers. British engineers participated in constructing the first large steel bridges in Germany.[14] In his *Enzyklopädie der bürgerlichen Baukunst* of 1792, Christian Ludwig Stieglitz defined bridges – in reference to bridge building books by Leupold[15] and many others – as a "work of building art, which connects two pieces of land, separated by a river, a ditch, a brook or a ravine, to enable people to cross over with ease on foot, or horseback or by carriage".[16] Around 1800 the bridge turns from a work of architecture more and more into the work of an engineer.

However, one was at this time not yet ready to submit to this fact, in connection with the foundation of the Bauakademie in Berlin and other polytechnical schools, one endeavored to combine artistic and technical education. Friedrich Gilly formulated in 1799 his "Gedanken über die Nothwendigkeit, die verschiedenen Theile der Baukunst, in wissenschaftlicher und praktischer Hinsicht möglichst zu vereinigen" (thoughts about the need to unify the various scientific and practical elements of building arts).[17] Science and art must not exclude each other: both fields belong together and should be united "in one center".[18] Everywhere we must endeavor that "the master builder appreciate the scientist and scientists the master builder, that builders cooperate with their special know-how, their specific talents, that master builders be distinguished by mutual respect, without empty pride".[19] Leo von Klenze named the dual forces acting in the field of "higher architecture": "liberal art and positive science. Both excert the same power, and not in sequence, but in ever complementary exchange".[20] Gilly, Klenze and indeed Schinkel – who approached the problem in a similar way[21] – are above all architects, although operating at the cutting edge of current technology, taking up structural problems and suggesting intelligent solutions. However, it was more important for them to proclaim architecture as art and to intro-

duce the "historical and poetic" into architecture, lest it would become abstract art.[22]

Against this background we are not surprised, that Carl Friedrich von Wiebeking,[23] one of the first great German engineers of the early 19th century, who develops long-span timber bridges, elaborates in his *Beiträge zur Brückenbaukunde* (contributions to bridge construction) not only on matters of economic and military excellence, but also on aspects of aesthetics, arriving at a perfectly modern position. "If the aesthetic qualities of a building rest in its beauty and magnitude, and if a building earns the satisfaction of the connoisseur […] or expert, because it serves its purpose perfectly, then we cannot deny such arched bridges to have true aesthetic value. They span such large openings as no other work of art in the world, and alone for this, but even more, for their graceful arched shape, they astound the friend of beauty and utility. […] At the sight of such bridges every cultured human being will feel and admit how much they embellish the landscape. […] They add such interest to a place, which previously, all the miserable bridges on piles, exhibiting insufficiency and weakness and all faults of mindless construction, which even ruin a beautiful landscape, did not have. And doesn't an attractive countryside become more interesting, if we encounter a great piece of art? The construction of arched bridges occupies the mind of the thinker, the vaults of wide arches curve across great landscapes, which we are not used to see through arches. With such aesthetic attributes the arched bridge will cleverly occupy an honorable place among the works of the art of building.[…]"[24]

Wiebeking's idea, that the best structural shape should also satisfy aesthetics, sounds very modern. Also the inclusion of landscape, appearing enhanced by the bridge and thus being an architecturally fresh interpretation of landscape, can be found in similar form with Leonhardt, who therefore shares a tradition, which we may call romantic. In all his bridges he endeavored to include the landscape in his design. At the Kocher-valley bridge near Geislingen he was certain from the beginning, "that only a bridge design which preserved the special beauty of this valley landscape

brücke bei Geislingen stand es für ihn von vornherein fest, »daß nur Brückenentwürfe in Frage kommen, die das besonders schöne Landschaftsbild dieses Tales wirklich erhalten«.[25] Leonhardt und Hans Kammerer als beigezogener Architekt überprüften vier Varianten der Brücke: als Sprengwerk, als Bogenbrücke, als Schrägkabelbrücke oder als Balkenbrücke (Abb. 1–4). Die Entscheidung fiel für die Schrägkabelbrücke mit den portalartigen Pylonen. Doch wurde nicht dieser Entwurf ausgeführt. Bei den Planungen war Leonhardt davon ausgegangen, daß die Hänge des Kochertals für den Bau von Brückenpfeilern ungeeignet seien; ein neues geologisches Gutachten kam jedoch zu einem anderen Ergebnis, und es gingen Angebote für eine preisgünstige Balkenbrücke mit zwölf Pfeilern im Tal ein, die jedoch das Landschaftsbild erheblich beeinträchtigt hätten. Leonhardt setzte sich schließlich durch mit einer schlanken Balkenbrücke mit je 138 m weit gespannten Spannbetonträgern und acht bis zu 190 m hohen Pfeilern mit parabolischem Anlauf (Abb. 5): »Glücklicherweise war der Bauherr bereit, einen Entwurf mit acht Pfeilern trotz der Mehrkosten zu wählen. Dieser Entwurf zeichnete sich zudem durch besonders schlanke und elegante Pfeiler aus.«[26]

Die Eleganz der Pfeiler, die Wirkung von Schrägkabelbrücken und die Diskussion darüber, ob die büscheltörmige oder hartentörmige Anordnung der Kabel gestalterisch – nicht konstruktiv! – besser sei und sich schöner in die Landschaft einfüge, dieses Denken in ästhetischen und gestalterischen Kategorien ist typisch für Leonhardt. Dies ging bis hin zum kleinsten Detail: dem Niet! Zur Rheinbrücke Rodenkirchen notiert er: »Die Stahlträger und Pylone nietete man noch, ich achtete auf eine sorgfältige Anordnung der Niete, damit auch sie wie ein Ornament schön wirkten.«[27] Als beim Wiederaufbau der Brücke nach dem Krieg die Träger geschweißt wurden, bedauerte Leonhardt, daß durch den Wegfall der Niete die Brücke »im Aussehen etwas an Maßstäblichkeit verloren« habe.[28] Bei der Rodenkirchener Brücke arbeitete Leonhardt mit Paul Bonatz zusammen und fand in ihm einen Architekten, der »die reine Ingenieurform schön gestalten [wollte], durch gute Proportionen, durch Steigerung des Ausdrucks des Schwebens, des Tragens, der Sinnfälligkeit des Kräftespiels«.[29] Schon von seinem Lehrer Karl Wilhelm Schaechterle (1879–1971) war er in die Eigenschönheit des Ingenieurbaus eingeführt worden und hatte die steinmetzmäßige Bearbeitung des Betons schätzen gelernt. Von Schaechterle und Alwin Seifert hat er die Sensibilisierung für die Stellung einer Brücke in der Landschaft und die sich gegenseitig befruchtende Zusammenarbeit mit Architekten übernehmen können. Schaechterle hatte auch Erfahrungen mit guten Architekten gemacht, etwa mit Martin Elsässer beim Bau der Bahnbrücke bei Tübingen 1909/1910 und mit Paul Bonatz beim Bau des Stuttgarter Hauptbahnhofs 1914–1928.[30] Zusammen mit Leonhardt hatte er ein Buch über *Die Gestaltung der Brücken* verfaßt.[31]

Auch wenn Leonhardt sich später im Interview mit Klaus Stiglat zu Schaechterle eher negativ äußerte – »Er war ein Ingenieur, der keinen Kontakt zu Architekten hatte, auch nicht viel Sinn für Gestaltung«[32] –, hat er diese Lektionen nie vergessen und hielt an dem Ideal der Zusammenar-

beit von Architekt und Ingenieur, wie er sie in der Organisation Todt kennen- und schätzengelernt hatte, fest. Dies äußerte sich noch 1975, als er in einem Vortrag eine Reform der Studiengänge Architektur und Bauingenieurwesen vorschlug.[33] Überraschend ist dabei seine Argumentation, die eben nicht darauf abzielt, daß Architekten und Ingenieure zusammen ausgebildet werden sollten wie in dem von Harald Deilmann 1972 aufgestellten Dortmunder Modell Bauwesen, das an das Berufsbild des früheren Baumeisters mit seiner (vermeintlichen) Gesamtkompetenz für alle Belange des Bauens anknüpft. Leonhardt hingegen wünschte sich eine Konzentration auf die Kernkompetenzen des Architekten: »Die Architekten müßten in ihrem Studium durch die längst fällige Symbiose mit den Bauingenieuren von technischem Ballast frei werden, um sich wieder voll der Ausbildung für ihre Aufgaben im Entwerfen widmen zu können.«[34] Also die Architekten müssen nicht rechnen und keine Bewehrungspläne zeichnen können, sie sollen entwerfen! Die Bauingenieure hingegen müssen die Bedeutung der Ästhetik erlernen, »damit sie den Architekturstudenten bei ihrer oft spielerisch anmutenden Studienarbeit nicht mehr neidisch oder mitleidig von der Seite betrachten«.[35] Hier fordert er weiterhin eine Abspaltung der im Hochbau tätigen Ingenieure von den anderen Bauingenieurgebieten und eine Zusammenführung des auf den künstlerischen Entwurf spezialisierten Architekten und des Hochbauingenieurs. Diese Zusammenführung sei eine »absolute und zwingende Notwendigkeit [...], die manches Übel im Bauwesen an der Wurzel beseitigen kann«.[36]

Der Vortrag von 1975, den Leonhardt anläßlich des Hochschulabends am 16. Januar an der Universität Stuttgart hielt, ist noch in anderer Hinsicht von Interesse. Er trägt den Titel »Bauen als Umweltzerstörung – Eine Herausforderung an uns alle«. Mit dem Titel bezieht sich Leonhardt einerseits auf das 1973 erschienene Buch *Bauen als Umweltzerstörung. Alarmbilder einer Un-Architektur der Gegenwart* von Rolf Keller[37] und andererseits auf die spätestens seit 1968 kursierenden kollektivistischen Gedanken, die sich etwa in dem Buch *Stadtplanung geht uns alle an* von Shadrach Woods und Joachim Pfeufer finden.[38] Letztlich nimmt er auch noch Bezug auf das für 1975 ausgerufene Europäische Denkmalschutzjahr, zu dem eine Ausstellung mit dem Titel »Eine Zukunft für unsere Vergangenheit« in vielen Städten der Bundesrepublik gezeigt wurde und die wie Rolf Keller die Umweltzerstörung durch Bauen anprangerte.[39] Leonhardt bebilderte seinen Vortrag mit Bildern aus Jörg Müllers erfolgreichem Bilderbuch *Alle Jahre wieder saust der Presslufthammer nieder oder Die Veränderung der Landschaft* (1973). Der 1942 geborene Bieler Illustrator stellte die Veränderung der Landschaft innerhalb von 20 Jahren dar. Durch die von gleichem Standpunkt gezeigten chronologischen Sequenzen wird die Zerstörung der einst idyllischen Landschaft bis hin zur Umweltzerstörung durch Architektur (Hochhäuser) und Straßenbau drastisch und anklagend belegt. (Abb. 6, 7). Für Leonhardt illustrieren diese Zeichnungen »wohl am besten, wie dringend es ist, daß wir uns mit dem Problem des Bauens als Umweltzerstörung ernsthaft beschäftigen«.[40]

Mag dies zunächst ein wenig naiv klingen, so findet Leonhardt deutliche, sehr deutliche Worte

could come into question".[25] Leonhardt and Hans Kammerer as associated architect checked four bridge variants: as girder, as arch, as truss, or as cable-stayed bridge (ills. 1–4). They decided in favor of a cable-stayed bridge with portal-type pylons. However, this design was not executed. Leonhardt's plans were based upon the assumption, that the slopes of the Kocher valley were unsuitable for bridge piers; a new geological survey gave another result and there were offers of reasonably priced girder bridges with twelve piers across the valley, impairing greatly the landscape. Leonhardt prevailed with a slender girder bridge of 138 m spans in prestressed concrete upon, up to 190 m high, piers with parabolic rise (illus. 5). "Luckily, the client agreed to choose a design with eight piers, in spite of additional costs. In particular, this design was distinguished by especially slender and elegant piers."[26]

The elegance of the piers, the effect of cable-stayed bridges and the discussion, whether bundled or harp-like arrangement of cables is more beautiful – not structurally better! –, which would harmonize better with the landscape, such thinking in aesthetic design categories is typical for Leonhardt. It went as far as to the smallest detail: the rivet! Regarding the Rhine bridge at Rodenkirchen he notes: "Steel beams and pylons were riveted, I paid attention to a careful arrangement of rivets, to give them the beauty of an ornament."[27] When during the postwar reconstruction of the bridge the beams were welded, Leonhardt regretted, that without the rivets "the bridge's appearance had lost scale".[28] At the Rodenkirchen bridge Leonhardt collaborated with Paul Bonatz, whom he considered an architect, who "beautifully fashioned pure engineering forms, with good proportions, by heightening the sense of floating, or bearing, expressing the play of forces".[29] Already his teacher Karl Wilhelm Schaechterle (1879–1971), introduced him to the particular beauty of engineering structures and he learnt to appreciate the artisanal effect of bush-hammered concrete. From Schaechterle and Alwin Seifert he took up the sensibility for a bridge's position in the landscape and a creative partnership with architects. Schaechterele had work experience with good architects; e.g. with Martin Elsässer, building the railroad bridge near Tübingen in 1909/1910 and with Paul Bonatz building the Stuttgart main station 1914–1928.[30] Together with Leonhardt he prepared the book *Die Gestaltung der Brücken*.[31]

In a later interview with Klaus Stiglat Leonhardt made negative remarks about Schaechterle: "He was an engineer who had no contacts with architects and not much appreciation for design."[32] Leonhardt never forgot these lessons and retained the ideal of cooperation between architect and engineer, as experienced and appreciated in the Organisation Todt. In a lecture on the reform of study programs for architects and civil engineers he still expresses this in 1975.[33] Surprisingly, he does not argue for the common education of architects and engineers, such as Harald Deilmann postulated 1972 in the »Dortmunder Modell Bauwesen«, relating to the formation of the master builder and his alleged universal competence in all matters of building. Leonhardt desires the concentration upon key competences of architects: "By the overdue symbiosis with civil engineers, architects must be freed from technical ballast, in order to fully concentrate on the development of their design skills."[34] Meaning, architects need not calculate or draw reinforcement plans, they should design! On the other hand, civil engineers must appreciate aesthetics, "not to eye architecture students with envy or compassion for their playful way of studies".[35] He further demands the separation of structural engineers from other civil engineering specialties, and the joining of designer-architects with structural engineers. This fusion is an "absolute and compelling necessity

zur modernen Architektur. Er läßt fast gar nichts gelten, was zu den Errungenschaften der Moderne gezählt werden könnte: Man dürfe sein »Heil nicht allein in Mies van der Rohe's strengen Rechteckformen oder in Gutbrods anthroposophischer Schiefwinkligkeit oder in irgendeinem Dreiecks- oder Rechteckraster« suchen.[41] Ebenso warnt er vor Utopien wie den Megastädten und den Megastrukturen, aber auch vor einer Pop-art-Farbigkeit und nicht zuletzt auch vor den »sogenannten progressiven Studenten«: Diese proklamierten den »Tod des Künstlerarchitekten« und machten den wenigen »noch Kunst und Schönheit des Entwerfens lehrenden Professoren« das Leben so sauer, daß diese gingen. »Die Studenten weigerten sich, noch zeichnen zu lernen oder sich gar mit technischen Grundlagen des Bauens zu beschäftigen. Man sprach chinesisch – sozio-psycho-mao-chinesisch mit Kybernetik und Semantik vermischt und versprach sich das Heil vom Computer.«[42] Dieser Fehlentwicklung, die sich in ähnlicher Weise auch in den technischen Bereichen des Bauens abzeichne (etwa den hohen Kosten und der schlechten Wärmedämmung von Glasfassaden),[43] müsse entgegengearbeitet werden. »Der Architekt muß sich wieder die Freiheit erwerben, seine Formensprache menschenfreundlich, der speziellen Aufgabe angepaßt zu wählen und zwischendurch auch einmal Heiteres, vielleicht sogar Romantisches zu bauen, um die Voraussetzung für freudiges Erleben der Menschen zu schaffen.«[44] Hört man hier schon die Glocken der Postmoderne läuten, so liegt man falsch. Denn Leonhardt, der in dem Vortrag die Stuttgarter Schule – Schmitthenner, Bonatz, Wetzel – beschwört und nochmals die Organisation Todt idealisiert, sucht nicht nach dem historischen Zitat, nach einer fiktionalen Architektur, sondern er will weg von Sensationslust, Eitelkeit und Egoismus: »Echte Baukunst, die Bestand hat, ist einfach, bescheiden und dienend.«[45]

Später hat sich Leonhardts Meinung zur modernen wie zur aktuellen Architektur noch weiter verhärtet: In seiner Rede zum Schinkelfest des Architekten- und Ingenieur-Vereins Berlin vom 13. März 1991 sieht er nur noch seelenlosen, krassen, amerikanisch geprägten Materialismus, ebenso seelenlose Wohnsilos à la Le Corbusier, Rasteritis-Fassaden oder »Schaumblasen geeignet zur Publikation in Zeitschriften wie *Architecture d'aujourd'hui*«. Die Postmoderne hält er nun für eine »naive Entgleisung«, und begonnen habe die ganze Fehlentwicklung »mit der Weißenhofsiedlung in Stuttgart, wo einfachste Kisten Wohnhäuser sein sollten«.[46] Leonhardt, der diese Rede noch mehrfach unter dem Titel »Gedanken zur Erneuerung der Baukultur« wiederholt hat,[47] ist weiterhin auf der Suche nach gewissen »Regeln für schönheitliche Gestaltung«. Seine Gewährsleute sind nun Konrad Lorenz, Erich Fromm, Hans Jonas, Hans Küng[48] – Bauen wird für Leonhardt mehr und mehr eine ethische Frage, die er gerade von den zeitgenössischen Architekten nicht beantwortet sieht. Seine Hoffnung auf Wandel erfüllte sich nicht, und sein Traum, Architekten und Ingenieure zusammen zu bringen, platzte, ja der Graben zwischen beiden Berufen – so Leonhardt 1991 – sei noch tiefer geworden.[49] Dennoch schätze er die Architekten hoch ein, als stünden sie ihm trotz all seiner Kritik an moderner Architektur näher als seine eigenen Kollegen. Das Be-

rufsbild des Ingenieurs sei noch unterentwickelt, klagte er 1991: »Seine Ausbildung zielt noch zu sehr auf abstrakte Technikwissenschaft. Im Hochbau wirkte er häufig als Statiker – als Rechenknecht […].« Doch sei ein Wandel im Gang: »Auch der Bauingenieur muß seinen Beruf als Planer, Entwerfender und Gestaltender sehen und die Bauwerke als Ganzes betrachten. Auch er muß mindestens Sinn und Verständnis für schönheitliche Gestaltung haben, denn seine Bauwerke sind auch Teil der gebauten Umwelt.« In dieser neuen Rolle trifft der Ingenieur auf einen Architekten, der ebenso ganzheitlich denkt. Hatte Leonhardt 1975 noch die Praxisferne interdisziplinärer Gruppen von Architekten, Soziologen, Verhaltensforschern, Psychologen und Ärzten, die zu »viel Pseudowissenschaft mit chinesischen Dialekten« betrieben,[50] kritisiert, so verlangte er nun all diese Kenntnisse von einem Architekten. Künstlerische Begabung und technische Kenntnisse reichten nicht mehr aus: »Darüber hinaus sollte der Architekt das Verhalten und die Bedürfnisse der Menschen und soziologische Zusammenhänge kennen, denn er baut für Menschen – es ist ein dienender Beruf, ein schöner, aber anspruchsvoller Beruf.«[51] Da Bauen aber für Leonhardt »primär angewandte Technik«[52] ist und bleibt, ist die Rolle des Ingenieurs nicht gefährdet, sondern stets im Vordergrund präsent. Wichtig aber ist zu betonen, daß Fritz Leonhardt nicht den »Statiker«, nicht den »Rechenknecht« meinte, wenn er über den Bauingenieur sprach, sondern an den »Baumeister« dachte, der sich wie er ein ganzheitliches Verständnis von Architektur zu eigen gemacht hat. Im Begriff des »Baumeisters« vereinigen sich Architekt und Ingenieur, und somit ist die eingangs gestellte Frage nach der Möglichkeit einer kunsthistorischen Bewertung von Leonhardts Œuvre eine rein akademische. Ein Bauingenieur, der sich für die ornamentale Anordnung der Niete an einem Brückenbauwerk interessiert, ist eben auch ein Gestalter, der in künstlerischen Kategorien denkt. Dies führt wieder zurück in die Zeit der Fritz Leonhardt so naheliegenden Romantik, als man die Baukunst an den polytechnischen Schulen noch als ganzheitliche Aufgabe begriff und wie Wiebeking von dem positiven und letztlich unverzichtbaren »Einfluß der Baukunst auf das allgemeine Wohl und die Civilisation« überzeugt war.[53]

Leonhardts ganzheitliches Verständnis von Architektur und sein tief verwurzeltes Harmoniestreben sollen abschließend auf die eingangs aufgeworfene Frage nach der Beurteilung einer Ingenieurleistung nach kunsthistorischen Kriterien angewendet und abgewogen werden. Der amerikanische Architekturhistoriker Stanford Anderson hat für Bauingenieurleistungen, welche wie diejenigen Leonhardts einen starken Hang zur Architektur besitzen, einen besonderen Platz eingefordert: »We know there are buildings that are technically sound without becoming architecture. And there are buildings of widely recognized architectural standing that are open to technical and tectonic criticism. There remains a special place for technically sound buildings that achieve high tectonic standards and thus deserve to be recognized as architecture. This is all the more true when the designers of these buildings also ran the risks inherent in technical and tectonic innovation.«[54] Anderson findet in dem venezolanischen Ingenieur Eladio Dieste einen Vertreter, dessen atemberau-

[…], which could eliminate many ills in the field of building at its roots".[36]

The 1975 lecture by Leonhardt, given on the 16th January at the occasion of a college evening at the University of Stuttgart, has other points of interest. It was entitled "Bauen als Umweltzerstörung – Eine Herausforderung an uns alle" (building as destruction of the environment – a challenge for all of us". On the one hand, this title refers to a book by Rolf Keller: *Bauen als Umweltzerstörung. Alarmbilder einer Un-Architektur der Gegenwart*,[37] on the other to collectivist thinking since 1968, such as found in the book *Stadtplanung geht uns alle an* by Shadrach Woods and Joachim Pfeufer.[38] Finally he refers to the European Heritage Year proclaimed in 1975, with its exhibition »Eine Zukunft für unsere Vergangenheit«, shown in many German cities and, like Rolf Keller, showcasing environmental degradation.[39] Leonhardt illustrated his lecture with pictures from Jörg Müller's popular picture book *Alle Jahre wieder saust der Presslufthammer nieder oder Die Veränderung der Landschaft* (1973). The illustrator from Biel, born 1942, depicts the transformation of a rural landscape within 20 years. A chronological sequence of pictures from the same angle drastically and accusingly shows the degradation of an idyllic rural scene through the construction of roads and tall buildings (illus. 6, 7). For Leonhardt these drawings depicted "most effectively, how urgently we have to address the problem of construction as environmental destruction".[40]

Maybe this sounds a bit naïve, but Leonhardt is most explicit in his pronouncements on Modern architecture. He accepts hardly anything, which could be counted as achievement of the Modern movement: "We cannot find salvation in Mies van der Rohe's rigid rectangularity, or Gutbrod's anthroposophist skewness, or any other triangular or rectangular grid."[41] He also warns of utopian megacities or megastructures, as well as pop-art coloring, and last but not least of "so-called progressive students". These proclaimed the "death of the artist-architect" and made life for professors "still teaching the art and beauty of design" so difficult, that they resigned. "The students refused to learn to draw or to deal with the technical basics of building. They spoke Chinese – socio-psycho-mao-chinese, mixed with cybernetics and semantics, believing in the blessings of the computer."[42] This aberration, manifested also in technical aspects of construction (such as high costs and poor thermal values of glass façades),[43] had to be opposed. "The architect must free himself, to design in a humane fashion, to choose forms fitted to the task, to include the element of fun, maybe even something romantic, to create prerequisites for joyful experiences."[44] If this rings to us the bells of Postmodernism, we are wrong. Because Leonhardt conjures in his discourse the Stuttgart School of Schmitthenner, Bonatz and Wetzel, again idealizes the Organisation Todt. He does not seek historical citations, or fictional architecture. He wants to get away from sensationalism, conceit and egotism: "True art of building with permanency is simple, modest and useful."[45]

Later on Leonhardt's opinion of Modern, contemporary architecture hardened further: in his speech at the Schinkelfest of the Berlin Architekten- und Ingenieur-Verein on 13 March 1991, he only sees soulless, crass, American-style materialism, or sterile dwelling silos à la Le Corbusier, façade grids or "design bubbles for publication in *L'Architecture d'aujourd'hui*". He considers postmodern architecture a "naïve blunder", the beginning of this aberration being "the Weissenhof estate in Stuttgart, where simple boxes were supposed to be residences".[46] Leonhardt repeated this lecture several times with the title "Gedanken zur Erneuerung der Baukultur" (thoughts about the renewal of a building culture).[47] He continues to search for "rules of beautification". His authorities are now Konrad Lorenz, Erich Fromm, Hans Jonas and Hans Küng.[48] Building increasingly becomes for Leonhardt an ethical question, with no response from contemporary architects. His hope for change was not fulfilled; his dream of bringing architects and engineers together did not come true. According to Leonhardt in 1991, the trench between the two professions had deepened.[49] Nevertheless, he highly valued architects, as if they were closer to him than his own colleagues, despite his criticism of Modern architecture. In 1991 he laments the underdevelopment of the engineer's profession: "His formation focuses too much on abstract technology. In construction he usually deals with statics – a calculating serf […]." But change is in the making: "Also the civil engineer must recognize his place as planner, designer and creator, must see a building as a whole. At least he must have a sense of beauty, because his buildings are part of the built environment." In this new role the engineer meets the holisticly thinking architect. While Leonhardt in 1975 still criticized the lack of practical relevance by interdisciplinary groups of architects, sociologists, behavioralists, psychologists and physicians, who conducted "much pseudo-science in Chinese dialects",[50] he now demands all this knowledge from architects. Artistic giftedness and technical knowledge does not suffice: "well beyond the architect should know the needs and reactions of man – it is a profession of serving, a beautiful but demanding profession."[51] However, since building is for Leonhardt "primarily applied technology",[52] the role of the engineer is not endangered, but always present in the forefront. We must stress, when Leonhardt spoke about the civil engineer, he did not mean the "calculating serf of statics" but the master builder, having a holistic understanding such as he had himself. The concept of "master builder" combines architect and engineer, therefore the preliminary question of an art-historian's evaluation of Leonhardt's œuvre is of academic value only. An engineer who is interested in the ornamental arrangement of the rivets in a bridge is also a designer, thinking in artistic categories. Thus we return to the period of Romanticism, so dear to Leonhardt, when at the polytechnic colleges building was considered an integrated task, reflecting Wiebeking's conviction of the positive and indispensable "influence of building upon common well-being and civilization".[53]

In conclusion we want to evaluate Leonhardt's all-inclusive understanding of architecture and his deeply rooted striving for harmony in the light of our initial question, regarding the judgment of engineering achievements by means of art history's criteria. The American architectural historian Stanford Anderson demanded a special position for civil engineering works such as Leonhardt's, with

bende Ziegelschalen genau diesen »special place« zwischen Architektur und Ingenieurbau einnehmen. Man könnten den Bauten Diestes die elegant geschwungenen Stahlbetonbrücken Robert Maillarts ebenso hinzugesellen wie die Schalen Pier Luigi Nervis, Felix Candelas dünnwandige Stahlbetonkonstruktionen oder die leichten Flächentragwerke Frei Ottos, dessen Berufung nach Stuttgart Leonhardt in die Wege leitete. Die Bauten dieser Meister sind noch stärker als diejenigen, an denen Fritz Leonhardt als Ingenieur beteiligt war, vom Willen zur Gestaltung geprägt, ohne daß diese Gefahr läuft, zum Selbstzweck der Konstruktion zu werden. Gleichwohl ist Leonhardt gegenüber diesen Konstrukteuren eher konservativ im Sinne eines tektonischen Konservatismus, für den die Darstellung des Tragens und Lastens zu den Grundbedingungen allen Bauens gehört. So wendete er sich gegen die Baumstützen Frei Ottos mit dem Argument, daß Bäume nicht zum Tragen von Lasten gewachsen sein.[55] Das Gefühl des Naturfreundes sträubt sich auch bei anderen Konstruktionen, die wider den »gesunden« Verstand verstoßen wie etwa die Konstruktion von Hängehäusern.[56] Die Erfahrung von Größe, Weite und Erhabenheit suchte Leonhardt nicht in solchen spektakulären Konstruktionen, sondern auf seinen ausgedehnten Wanderungen in der Natur. Als »Baumeister« bleibt Leonhardt gegenüber den anderen großen Bauingenieuren des 20. Jahrhunderts bodenständig im positiv gemeinten Wortsinn.

8. Pier Luigi Nervi, Hochstraße am Corso Francia, Rom, 1960.
9. Robert Maillart, Schwandbachbrücke bei Schwarzenburg, Schweiz, 1933.
10. Felix Candela, Restaurant Los Manantiales, Xochimilco, Mexiko, 1958.
11. Neckartalbrücke bei Weitingen.

8. Pier Luigi Nervi, overpass at Corso Francia, Rome, 1960.
9. Robert Maillart, Schwandbach bridge near Schwarzenburg, Switzerland, 1933.
10. Felix Candela, restaurant Los Manantiales, Xochimilco, Mexico, 1958.
11. Neckar-valley bridge near Weitingen.

a strong architectural quality: "We know there are buildings that are technically sound without becoming architecture. And there are buildings of widely recognized architectural standing that are open to technical and tectonic criticism. There remains a special place for technically sound buildings that achieve high tectonic standards and thus deserve to be recognized as architecture. This is all the more true when the designers of these buildings also ran the risks inherent in technical and tectonic innovation."[54] Anderson finds the Venezuelan engineer Eladio Dieste representative, whose breathtaking brick shells occupy exactly this special place between architecture and civil engineering. To Dieste's buildings we could add the swinging RC bridges by Maillart, or the shells by Pier Luigi Nervi, Felix Candela's thin RC structures, or the light surface structures by Frei Otto, whose appointment to Stuttgart was initiated by Leonhardt. More than those with participation by Leonhardt, the buildings of these masters are strongly determined by a design concept, while avoiding the danger of structure becoming an end

in itself. Compared with them, Leonhardt is a conservative, in the sense of conservative tectonics, based upon expressing the duality of load and support in all buildings. He turned against the tree-supports of Frei Otto, with the argument, that trees don't grow to support loads.[55] His feelings of a naturalist revolt against other constructions, violating sane reasonableness, such as buildings suspended from the top.[56] Leonhardt was seeking the experience of greatness, expanse and the sublime not in such spectacular structures but in his extensive walks through nature – not in architecture. In comparison to other civil engineers of the 20th century, Leonhardt remains a master builder, positively rooted in the past.

12. Kochertalbrücke Geislingen, Montagevor-
schlag für Schrägkabelvariante, Handskizze von
Fritz Leonhardt, 2. Mai 1970.
13. Kochertalbrücke Geislingen, auskragende
Fahrbahntafel mit Schrägstützen.
14–16. Kochertalbrücke Geislingen, Entwurfsvarianten, Handskizzen von Fritz Leonhardt,1./2. Mai
1970.

12. Kocher-valley bridge near Geislingen, assembling proposal for cable-stayed variant, sketch by
Fritz Leonhardt, 2 May 1970.
13. Kocher-valley bridge near Geislingen, projecting roadway deck with inclined piers.
14–16. Kocher-valley bridge near Geislingen, design variants, sketches by Fritz Leonhardt,1/2 May
1970.

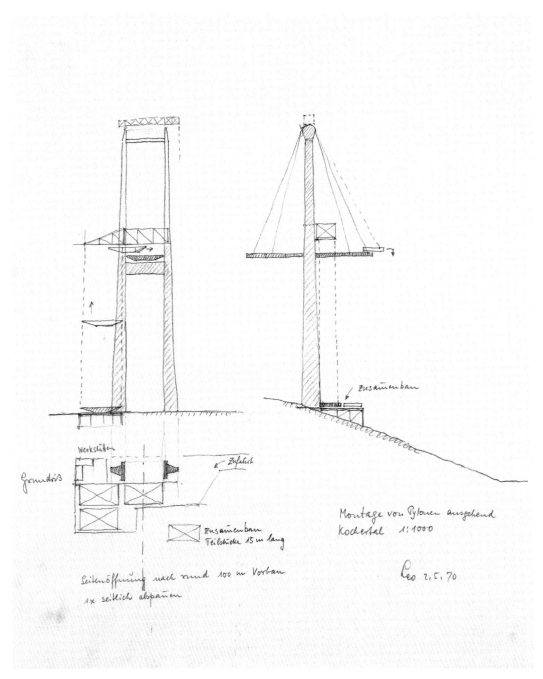

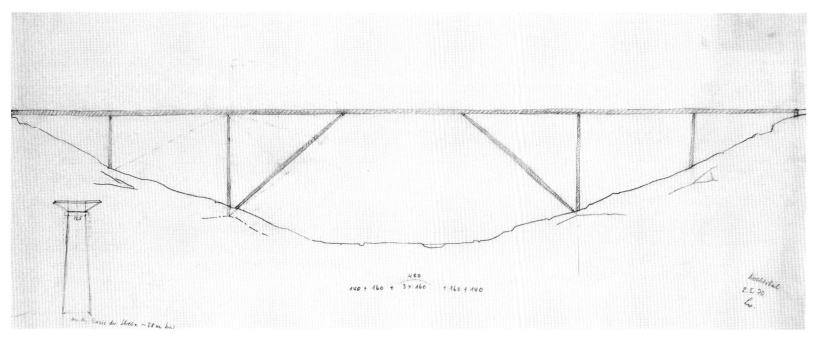

140 + 160 + $\overbrace{3 \times 160}^{480}$ + 160 + 140

Kochertal
2.5.70
Leo.

an der Basis der Stütze ~28 m breit

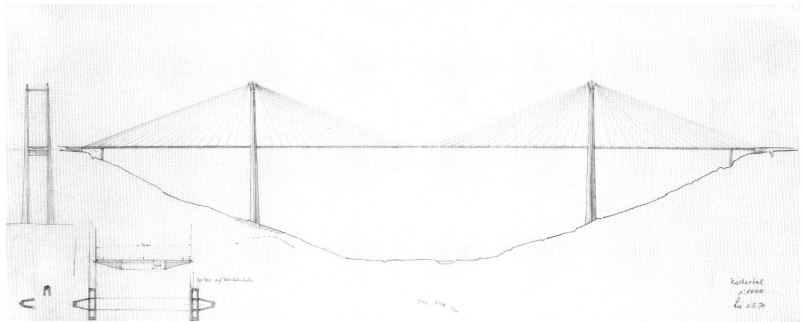

Kochertal
1:1000
Leo 1.5.70

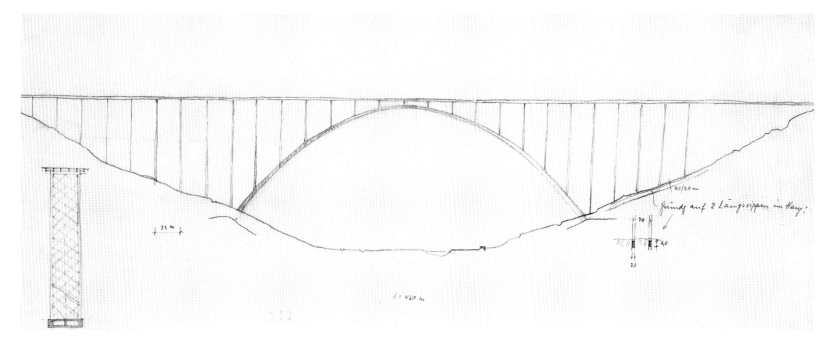

l = 450 m

Grundg auf 2 Längsrippen im Hang!

23

Karl-Eugen Kurrer
Fritz Leonhardts Bedeutung für die konstruktionsorientierte Baustatik

Gegenstand der konstruktionsorientierten Baustatik ist nicht das statische System, das statische Rechenmodell, sondern das Tragwerk, dessen wesentliche konstruktive Eigenschaften die Tragfunktion real sicherstellen. Seit Vollendung der klassischen Baustatik um 1900 trugen konstruktive Disziplinen mit ihren neuen Tragwerken wesentlich zur baustatischen Theoriebildung bei. Solche Erfindungen sind die Schalen des Stahlbeton- und Flugzeugbaus, die Trägerroste und orthotropen Platten des Stahlbrückenbaus sowie die vorgespannten Systeme des Spannbetonbaus, welche Entwicklungsschübe der Baustatik in ihrer Inventionsphase (1925–1950) und Innovationsphase (1950–1975) induzierten.[1] Der Erfolg der konstruktionsorientierten Baustatik mit ihren Bemessungsmodellen ist ohne Versuchsforschung undenkbar. Als Beispiel seien hier die aus Versuchen abgeleiteten Fachwerkmodelle von Stahlbetonbalken zur Schubbemessung genannt. Mit den neuen Tragwerken des Stahlbrückenbaus und des Spannbetonbaus sowie der Schubtheorie im Stahlbetonbau sind drei Bereiche der konstruktionsorientierten Baustatik benannt, die Fritz Leonhardt wesentlich bereicherte und deshalb Gegenstand der nachfolgenden Skizze sind.

Leichtbau

1940 gab Leonhardt in seinem bahnbrechenden Aufsatz »Leichtbau – eine Forderung unserer Zeit«[2] zahlreiche Beispiele, auf welche Weise der in den 1930er Jahren im Flugzeugbau sich herausbildende Leichtbau den Hoch- und Brückenbau befruchten könnte. Exemplarisch sei hier die Stahlzellendecke als Brückenfahrbahn vorgestellt, die sich als orthotrope Platte modellieren läßt (Abb. 1).

Bei den bis Ende der 1930er Jahre üblichen stählernen Straßenbrücken wirkten Tragwerkelemente wie Stahlbetonfahrbahnplatte, Längsträger, Hauptträger und Querträger statisch getrennt; dies führte zu hohem Stahlverbrauch und ließ den Stahlbau gegenüber dem Stahlbetonbau im Straßenbrückenbau zurückfallen. Der genannte Umstand, die beginnende Ablösung des Nietens durch das Schweißen im Stahlbrückenbau in den 1930er Jahren und die von der Aufrüstung des »Dritten Reiches« auferlegte Einsparung von Stahl im zivilen Sektor erzwangen neue statisch-konstruktive Lösungen beim Bau von stählernen Straßenbrücken.

Seit Mitte der 1930er Jahre erscheinen mehrere Publikationen zu stählernen Leichtfahrbahnplatten wie etwa die von Gottwalt Schaper, Karl Schaechterle und Leonhardt sowie Otto Graf.[3] So berichtet der Direktor der Materialprüfungsanstalt der Technischen Hochschule Stuttgart Graf über neuartige US-amerikanische Brückenfahrbahnen[4] und die auf Anregung von Schaechterle im Auftrag der Reichsautobahnverwaltung und im Auftrag des Deutschen Ausschusses für Stahlbau (DASt) durchgeführten Untersuchungen zu stählernen Leichtfahrbahnplatten.[5] Zeitgleich legte Leonhardt als enger Mitarbeiter Schaechterles seine von der Reichsautobahnverwaltung und dem Deutschen Stahlbau-Verband (DStV) geförderte Dissertation über die Berechnung zweiseitig gelagerter Trägerroste vor[6] (Abb. 2, 3), deren wesentlich erweiterte Fassung er 1950 mit Wolfhart Andrä veröffentlichte.[7] Ein Jahr zuvor hatte Hellmut Homberg im Selbstverlag zu demselben Gegenstand publiziert.[8]

Homberg zieh Leonhardt und Andrä des Plagiats und verklagte beide – aber ohne Erfolg.[9] Er trieb die Theorie der Trägerroste konsequent voran; dabei benutzte Homberg den Trägerrost als Ausgangsbasis und paßte ihn später den Verhältnissen der orthotropen Platte an.[10] Gleichwohl sollte die statisch-konstruktive Weiterentwicklung der stählernen Leichtfahrbahn zur orthotropen Platte Ende der 1940er Jahre den Übergang von der Theorie des Trägerostes zur Theorie der orthotropen Platte in den 1950er Jahren induzieren: Damit vollzog sich im Stahlbrückenbau nach theoretischer Seite partiell der Übergang von der Stab- zur Kontinuumsstatik.

Spannbeton für die Praxis

Eine Synthese von Entwurf, Wissenschaft, Konstruktion und Technologie im Spannbetonbau ge-

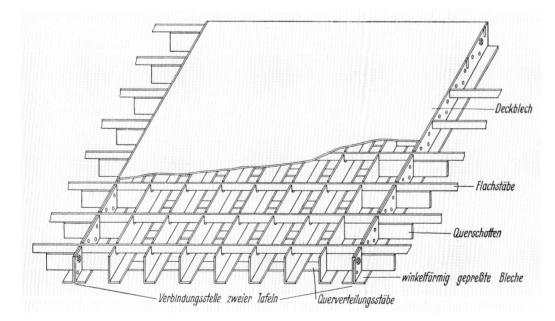

1. Stahlzellendecke als Brückenfahrbahn.
2, 3. Trägerrostmodell zur Messung (a) und Berechnung (b) der Einflußlinien.

1. Cellular steel deck as bridge roadway.
2, 3. Model of a beam grid to measure (a) and to calculate (b) influence lines.

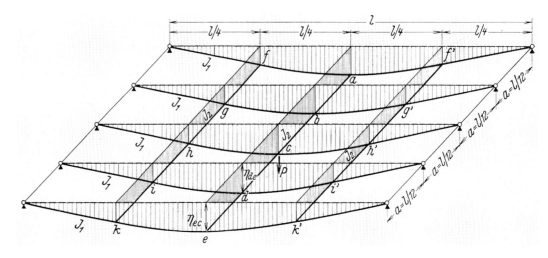

Karl-Eugen Kurrer

Fritz Leonhardt's importance for the analysis of loadbearing structures

Subject of the analysis of loadbearing structures is not the structural system, or the mathematical model of statics, but the supporting structure, the essential structural properties of which ensure its actual carrying capacity.

Since the perfection of the classical theory of structures around 1900, new constructive systems contributed significantly to the evolution of structural theory. Innovations which induced development leaps in its invention phase (1925 to 1950) and in its innovation phase (1950–1975), are shells in reinforced concrete and airplane construction, beam grids and orthotropic slabs in steel bridge building, as well as pretensioned systems in prestressed-concrete construction.[1] Without experimental research the success in the analysis of loadbearing structures with its dimensioning models cannot be imagined. As example can be mentioned the trussed framework models of prestressed concrete beams for shear dimensioning, derived from testing. With the new support systems in steel bridge and prestressed-concrete construction, as well as shear theory in RC construction, we identified three domains in the analysis of loadbearing structures, which Fritz Leonhardt enriched significantly and which therefore are subject of the following sketch.

Lightweight construction

Leonhardt gave 1940 in his pioneering article »Lightweight construction – a requirement of our time«[2] numerous examples, how the evolving airplane construction of the 1930s could stimulate the construction of buildings and bridges. As sample serves the cellular steel deck of a bridge deck (illus. 1), which can be modeled as an orthotropic slab. In the steel bridges common until the end of the 1930s, structural elements such as reinforced concrete deck, main girders, longitudinal and cross beams, acted statically independent; this entailed high steel consumption and in road bridge construction disadvantaged steel against reinforced concrete. This factor, the beginning change from riveting to welding in steel bridge building during the 1930s and the economizing of steel in the civil sector, due to rearmament in the Third Reich, enforced new structural

solutions for the building of road bridges in steel.

Since the mid-1930s appeared several publications concerning lightweight steel road decks, such as by Gottwalt Schaper, Karl Schaechterle and Leonhardt, or Otto Graf.[3] Graf, the director of the materials testing institute of the Technische Hochschule Stuttgart, reports novel US-American road decks[4] and investigations into lightweight steel road decks commissioned by the Reichsautobahnverwaltung (administration of the federal expressways) and later the German committee for steel construction.[5] At the same time, Leonhardt submits as close collaborator of Schaechterle his dissertation about the calculation of two-sided supported beam grids[6] (ills. 2, 3), which was supported by the Reichsautobahnverwaltung and the German steel construction union. Leonhardt and Wolfhart Andrä published a substantially enlarged version of it in 1950.[7] The same subject was treated one year before by Hellmut Homberg in an author's edition.[8]

Homberg charged Leonhardt and Andrä with plagiarism and went to court – without success.[9] With determination he pushed the theory of beam grids ahead; starting with beam grids he matched them later with the conditions of orthotropic slabs.[10] All the same, the constructive development of the leightweight steel road deck to the orthotropic slab at the end of the 1940s induced the change of beam grid theory to orthotropic slab theory in the 1950s: thus was accomplished in the theory of steel bridge construction the change from element to systems statics.

Prestressed concrete in practise

In his book *Spannbeton für die Praxis*,[11] published in 1955 – the second, enlarged edition appeared 1964 in English, with the title *Prestressed Concrete: Design and Construction*[12] – Leonhardt achieved a synthesis of design, construction, science and technology of prestressed-concrete construction. Analogue to the Old Testament, Leonhardt introduced his book with "Ten Commandments for the prestressed-concrete engineer" (illus. 4, 5).[13] He divides his ten commandments into five each, for design and execution, thereby emphasizing the inner relationship between scientifically founded design practise and site related engineering practise.

The first commandment for design reads: »Prestressing means compressing the concrete.

Zehn Gebote für den Spannbeton-Ingenieur

Beim Entwerfen

1. Vorspannen bedeutet Zusammendrücken. Druck entsteht nur dort, wo Verkürzung möglich ist. Sorge dafür, daß sich dein Bauwerk in der Spannrichtung verkürzen kann.

2. Jede Richtungsänderung des Spanngliedes oder der Schwerlinie des Betontragwerkes ergibt Umlenkkräfte beim Vorspannen.
   Denke an alle Umlenkkräfte des Stahls und des Betons.

3. Die hohen zulässigen Druckspannungen müssen nicht unbedingt ausgenutzt werden! Wähle die Querschnitte besonders an den Spanngliedern so, daß sie sich gut betonieren lassen, sonst macht die Baustelle eine Suppe und nicht den steifen Rüttelbeton, der für Spannbeton nötig ist.

4. Vermeide Zugspannungen unter Eigengewicht und mißtraue der Zugfestigkeit des Betons.

5. Ordne schlaffe Bewehrung vorzugsweise quer zur Spannrichtung und besonders an den Einleitungen der Spannkräfte an.

Bei der Bauausführung

6. Spannstahl ist hochwertiger als Bewehrungsstahl und empfindlich gegen Rost, Kerben, Knicke, Hitze. Behandle ihn sorgsam.
   Verlege die Spannglieder sehr genau, dicht und unverschieblich, sonst straft dich die Reibung.

7. Plane dein Betonierprogramm so, daß überall gut gerüttelt werden kann und Verformungen der Gerüste keine Risse im jungen Beton erzeugen. Betoniere mit größter Sorgfalt, denn beim Spannen rächen sich die Betonierfehler!

8. Prüfe die Beweglichkeit des Tragwerkes zur Verkürzung in Spannrichtung vor dem Vorspannen. Unterlege gegen erhärteten Beton wirkende Spannelemente zur Druckverteilung mit Holz oder Gummi. Decke Hochdruckleitungen grundsätzlich ab.

9. Spanne lange Bauteile frühzeitig, aber nur teilweise, damit mäßige Druckspannungen Schwind- und Temperaturrisse verhüten.
   Lasse die volle Vorspannkraft erst dann wirken, wenn der Beton ausreichende Festigkeit aufweist. Die größten Beton-Beanspruchungen treten meist beim Spannen auf.
   Spanne langsam und unter stetiger Kontrolle von Spannung und Pressenkraft. Führe das Spannprotokoll sorgsam!

10. Presse deine Spannglieder erst nach Kontrolle ihrer Durchgängigkeit und nach Wasserfüllung aus. Überzeuge dich, daß dein Einpreßmörtel kein Wasser absetzt, rühre ihn maschinell und pumpe ihn langsam ohne hohen Druck ein. Vermeide Auspressen bei Frost.

lang Leonhardt mit seinem 1955 veröffentlichten Buch *Spannbeton für die Praxis*,[11] dessen zweite, erweiterte Auflage 1964 in Englisch erschien.[12] Sein Buch leitete Leonhardt alttestamentarisch mit den »Zehn Geboten für den Spannbeton-Ingenieur«[13] ein (Abb. 4, 5). Leonhardt teilt seine Zehn Gebote ein in jeweils fünf für den Entwurf und die Bauausführung, dabei den inneren Zusammenhang zwischen wissenschaftlich begründeter Entwurfspraxis und ingenieurmäßig begleiteter Baupraxis betonend. Das erste Gebot beim Entwerfen lautet: »Vorspannen bedeutet Zusammendrücken. Druck entsteht nur dort, wo Verkürzung möglich ist. Sorge dafür, daß sich dein Bauwerk in der Spannrichtung verkürzen kann.« Im fünften Gebot der Bauausführung und letzten der Zehn Gebote heißt es: »Presse deine Spannglieder erst nach Kontrolle ihrer Durchgängigkeit und nach Wasserfüllung aus. Überzeuge dich, daß dein Einpreßmörtel kein Wasser absetzt, rühre ihn maschinell und pumpe ihn langsam ohne hohen Druck ein. Vermeide Auspressen bei Frost.« Wie Schäden an Spannbetonbrücken zeigen sollten, versündigte man sich allzu oft gerade gegen Leonhardts zehntes Gebot.

Leonhardt gliedert seine Monographie in 20 Kapitel. Nachdem er die Grundbegriffe des Spannbetons (Kapitel 1) erläutert hat, geht er auf die Eigenschaft der Baustoffe ein (Kapitel 2), von denen das Kriechen und Schwinden des Betons – das Eugène Freyssinet seit 1911 erforschte – für den Spannbetonbau von besonderem Interesse ist. In

den Kapiteln 3 bis 9 geht es um die Technologie des Spannbetonbaus wie die Verankerung und Stöße der Spannstähle, die Spanngeräte und das Vorspannen, Vorspanngrad, die Bedeutung des Verbundes, die Längsbeweglichkeit und den Gleitwiderstand von Spanngliedern, das Auspressen von Spanngliedern für nachträglichen Verbund und die Einleitung der Spannkräfte. Die statisch-konstruktive Seite des Spannbetonbaus handelt Leonhardt in den Kapiteln 10 bis 15 ab: Grundsätze für die bauliche Durchbildung (Kapitel 10), Berechnung vorgespannter Tragwerke (Kapitel 11), Rechnerische Behandlung der Einflüsse des Schwindens und Kriechens des Betons (Kapitel 12), Bruchsicherheitsnachweis (Kapitel 13), Stabilitätsprobleme vorgespannter Bauteile (Kapitel 14) und das Verhalten bei Schwingungsbeanspruchung (Kapitel 15). Sondergebiete der Vorspannung wie vorgespannte Behälter, Spannbetonrohre, Spannbeton-Fahrbahnen, Spannbetonschwellen, Spannbetonmaste und -pfähle, Schalen und Gründungsanker stellt Leonhardt im Kapitel 16 vor. In den nächsten beiden Kapiteln referiert er über Brandschutz und Bruchversuche. Hinweise für die Bauausführung, Lehrgerüste und dergleichen gibt Leonhardt im Kapitel 19. Sein Buch rundet er mit einer Chronologie des Spannbetonbaus ab, die sich von 1886 bis 1953 erstreckt (Kapitel 20).

Zwar verkomplizierte der Spannbetonbau die Praxis des statischen Rechnens. Eine eigenständige Spannbetonstatik jedoch ist nach Leonhardt nicht erforderlich.[14] So konnte die methodische

4, 5. Leonhardts »Zehn Gebote für den Spannbeton-Ingenieur«.

4, 5. Leonhardt's "Ten Commandments for the
prestressed concrete engineer".

Ten Commandments for the prestressed concrete engineer

In the design office:

1. Prestressing means compressing the concrete. Compression can take place only where shortening is possible. Make sure that your structure can shorten in the direction of prestressing.

2. Any change in tendon direction produces "radial" forces when the tendon is tensioned. Changes in the direction of the centroidal axis of the concrete member are associated with "unbalanced forces", likewise acting transversely to the general direction of the member. Remember to take these forces into account in the calculations and structural design.

3. The high permissible compressive stresses must not be fully utilized regardless of circumstances! Choose the cross-sectional dimensions of the concrete, especially at the tendons, in such a way that the member can be properly concreted — otherwise the men on the job will not be able to place and vibrate the stiff concrete correctly that is so essential to prestressed concrete construction.

4. Avoid tensile stresses under dead load and do not trust the tensile strength of concrete.

5. Provide non-tensioned reinforcement preferably in a direction transverse to the prestressing direction and, more particularly, in those regions of the member where the prestressing forces are transmitted to the concrete.

On the construction site:

6. Prestressing steel is a superior material to ordinary reinforcing steel and is sensitive to rusting, notches, kinks and heat. Treat it with proper care.
Position the tendons very accurately, securely and immovably held in the lateral direction, otherwise friction will take its toll.

7. Plan your concreting programme in such a way that the concrete can everywhere be properly vibrated and deflections of the scaffolding will not cause cracking of the young concrete. Carry out the concreting with the greatest possible care, as defects in concreting are liable to cause trouble during the tensioning of the tendons!

8. Before tensioning, check that the structure can move so as to shorten freely in the direction of tensioning. For distributing the pressure, insert timber or rubber packings between tensioning devices and the hardened concrete against which they may be thrusting. Make it a rule always to cover up high-pressure pipelines.

9. Tension the tendons in long members at an early stage, but at first only apply part of the prestress, so as to produce moderate compressive stresses which prevent cracking of the concrete due to shrinkage and temperature.
Do not apply the full prestressing force until the concrete has developed sufficient strength. The highest stresses in the concrete usually occur during the tensioning of the tendons.
When tensioning, always check the tendon extension and the jacking force. Keep careful records of the tensioning operations!

10. Do not start grouting the tendons until you have checked that the ducts are free from obstructions. Perform the grouting strictly in accordance with the relevant directives or specifications.

Compression can take place only where shortening is possible. Make sure that your structure can shorten in the direction of prestressing.« In the fifth commandment of execution and the last of the ten commandments it says: »Do not start grouting the tendons until you have checked that the ducts are free from obstructions. Perform the grouting strictly in accordance with the relevant directives or specifications.« As damage in prestressed concrete bridges would show, most often sins were committed against Leonhardt's tenth commandment.

Leonhardt subdivided his monograph into 20 chapters. After explaining the basics of prestressed concrete (chapter 1), he commentates on the properties of building materials (chapter 2), of which creep and shrinkage of concrete – investigated by Eugène Freyssinet since 1911 – are of particular interest. Chapters 3 to 9 treat the technology of prestressed construction, such as anchorage and splicing of tendons, tensioning tools and procedures, amounts of pretensioning, the importance of bonding, longitudinal movement and slip resistance of tendons, injection of tendons for consequent bonding and application of tensile forces. In chapters 10 to 15 Leonhardt deals with structural and constructive matters of prestressed concrete: Fundamentals of design (chapter 10), calculation of prestressed structures (chapter 11), calculations of the influence of shrinkage and creep on concrete (chapter 12), proof of safety against failure (chapter 13), stability prob-

lems of prestressed-concrete construction members (chapter 14) and behavior under oscillation forces (chapter 15). In chapter 16 Leonhardt presents the special prestressing cases of containers, tubes, highway slabs, concrete sleepers, masts and piles, shells and foundation anchorage. In the following two chapters he reports on fire protection and failure testing. In chapter 19 he gives hints about execution, falsework and the like. He completes his book with a chronology of prestressed-concrete construction from 1886 till 1953 (chapter 20).

Although prestressed construction makes everyday calculations in statics more complicated, Leonhardt does not see the need for a separate theory of prestressed structures.[14] This way the methodical and formal power of the method of consistent deformation – also known as force method – being the theoretical core of classical statics, could celebrate a late triumph during the innovation phase of structural theory (1950–1975). Leonhardt's *Spannbeton für die Praxis* advanced to being the "bible of prestressed concrete all around the world".[15]

Showing the invisible: trussed framework models

In contrast to steel structures, models for the theory of structure of reinforced concrete must penetrate the construction like an x-ray, in order to

und formale Kraft des Kraftgrößenverfahrens als theoretischer Kern der klassischen Baustatik im Spannbetonbau der Innovationsphase der Baustatik (1950–1975) einen späten Triumph feiern. Leonhardts *Spannbeton für die Praxis* avancierte zur »bible of prestressed concrete all around the world«.[15]

Sichtbarmachung des Unsichtbaren: Fachwerkanalogien

Im Gegensatz zu stählernen Tragwerken muß die baustatische Modellierung von Stahlbetontragwerken mit Röntgenblick in das Innere des Tragwerks eindringen, um die mechanische Arbeitsteilung zwischen Stahl und Beton zu begreifen. Voraussetzung hierfür ist die Versuchsforschung. So wird die Sichtbarmachung des Unsichtbaren zur notwendigen Voraussetzung nicht nur der wissenschaftlichen Analyse, sondern auch der konstruktiven Synthese von Tragstrukturen aus Stahlbeton. Die Entwicklungsgeschichte vom ersten Fachwerkmodell eines Stahlbetonbalkens bis zu den Stabwerkmodellen für das konsistente Bemessen und Konstruieren im Stahlbetonbau ist gleichzeitig eine Entwicklungsgeschichte der Grammatik des Stahlbetonbaus mit dem Ziel, die »Kunst des Bewehrens«[16] auf eine rationale Basis zu stellen.

Das erste Fachwerkmodell von Stahlbetonbalken geht auf François Hennebique und Wilhelm Ritter zurück.[17] In Deutschland hat sich für die Bemessung auf Schub das auf Versuchen fußende Fachwerkmodell von Emil Mörsch durchgesetzt, das er am 23.2.1907 auf der X. Hauptversammlung des Deutschen Beton-Vereins (DBV) vorstellte. Von 1908 bis 1911 wurden unter der Leitung von Carl Bach und Otto Graf umfangreiche Schubversuche an der Materialprüfungsanstalt der Tech-

nischen Hochschule Stuttgart durchgeführt, deren Systematik das Fachwerkmodell von Mörsch zugrunde lag; dabei konnte das Fachwerkmodell weiter verfeinert werden.

Gleichwohl bestand weiterhin Verwirrung über die Rolle der Schubspannungen in Stahlbetonbalken, da das Ingenieurdenken weiterhin dem Paradigma der Elastizitätstheorie verhaftet war, das vom Modell des homogenen, elastischen Körpers ausging, welches für Stahlbetontragwerke nur begrenzt aussagefähig ist. So knüpften Leonhardt und sein Mitarbeiter René Walther mit ihren groß angelegten Stuttgarter Schubversuchen (1959 bis 1964) an die wissenschaftliche Tradition von Mörsch, Bach und Graf an. Leonhardt und Walther variierten in einer Versuchsreihe jeweils nur einen Parameter, um so die verschiedenen Einflüsse veränderlicher Größen zu ermitteln. Abbildung 6 zeigt drei bis zum Bruch beanspruchte Plattenbalken, in denen lediglich die Betongüte verändert wurde (siehe S. 156 ff.).

Schon die Schubversuche von Mörsch, Bach und Graf wiesen nach, daß die halbe Schubdeckung zur gleichen Bruchlast führte wie die volle. Dieser Zusammenhang konnte durch Leonhardt und Walther weitgehend geklärt werden. Leonhardt leitete daraus eine verminderte Schubdeckung für volle Schubsicherung ab[18] und erweiterte dementsprechend die Fachwerkanalogie von Mörsch (Abb. 7). Bei dünnen Stegen (b_0/b ist klein) verläuft der Druckgurt flach und nähert sich der Fachwerkanalogie von Mörsch.

Mit der erweiterten Fachwerkanalogie gelang Leonhardt die Sichtbarmachung des inneren Kräftespiels in Stahlbetonbalken. Sie wurde von Jörg Schlaich und Kurt Schäfer 1984 zum Konzept der Stabwerkmodelle verallgemeinert.[19] Damit gelang ihnen der entscheidende Schritt zum ganzheitlichen Bemessen und Konstruieren im Stahlbetonbau.

6. Bruchbilder von Stahlbetonbalken mit geringer (oben), mittlerer (Mitte) und hoher (unten) Betongüte.
7. Erweiterte Fachwerkanalogie von Leonhardt.

6. Failure of RC beams of low (top), medium (center) and high (bottom) concrete quality.
7. Extended analogies of trusses by Leonhardt.

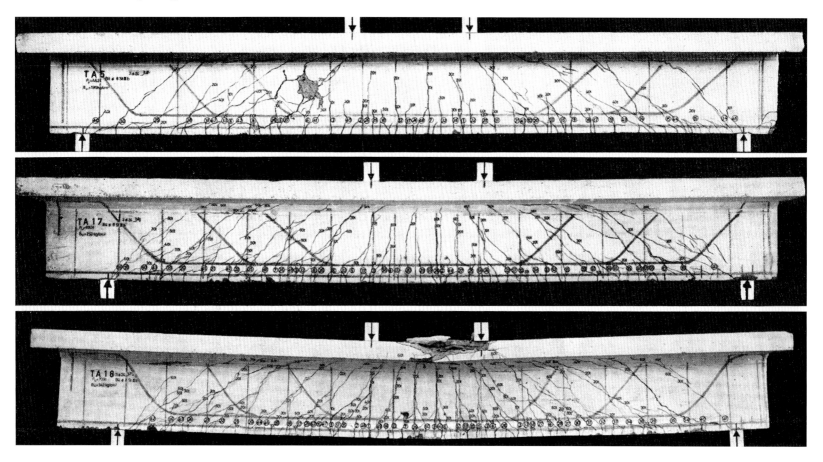

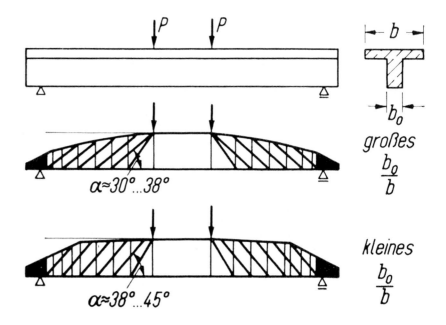

show the mechanical interaction of steel and concrete. Precondition for this is research by testing. This way to show the invisible is necessary for scientific analysis as well as the evaluation of load-bearing systems of construction in reinforced concrete. The evolution from the first trussed framework model of an RC beam to the trussmodel for consistent design and construction in reinforced concrete, at the same time is a history of the development of grammar in reinforced concrete building, with the aim to furnish a rational base for the "art of reinforcing".[16]

The first trussed framework model of RC beams goes back to François Hennebique and Wilhelm Ritter.[17] In Germany dimensioning for shear has been adopted according to tests on trussed framework models by Emil Mörsch, who presented those on 23 February 1907 at the tenth general assembly of the German concrete society. From 1908 till 1911 extensive shear tests were conducted at the materials testing institute of the Technische Hochschule Stuttgart under the supervision of Carl Bach and Otto Graf. They were based on the Stuttgart trussed framework system of Mörsch, which was further refined.

Notwithstanding, there was still confusion about the role of shear stresses in RC beams, because the engineer's mind was still captive to the paradigm of the theory of elasticity, which issued from a homogenous, elastic body, which does not apply to reinforced-concrete construction. Leonhardt and his collaborator René Walther continued the scientific tradition of Mörsch, Bach and Graf with their large-scale Stuttgart shear experiments (1959–1964). In their sequence of tests Leonhardt and Walther modified only one parameter at a time, to determine the different influences of variable input. Figure 6 shows three T-beams at failure, each of a different concrete quality (see pp. 157ff.).

Already the shear tests by Mörsch, Bach and Graf concluded, that half the shear reinforcement gave the same load at failure as the full amount.

This correlation was largely clarified by Leonhardt and Walther. For complete protection against shear, Leonhardt derived from this a reduced shear reinforcement[18] and thereby extended the analogy to trusses by Mörsch (illus. 7). At thin webs (b₀/b is small) the compressive section is flat and approaches the truss analogy of Mörsch.

With the extended truss analogy Leonhardt succeeded in visualizing the inner play of forces in a reinforced concrete beam. Jörg Schlaich and Kurt Schäfer generalized this 1984 in their concept of truss models.[19] This way they succeeded in taking the decisive step towards holistic (universal) designing and dimensioning in reinforced concrete.

Christiane Weber und Friedmar Voormann
Fritz Leonhardt. Erste Bauten und Projekte

Als junger Ingenieur war Fritz Leonhardt an mehreren Prestigeprojekten der NS-Zeit beteiligt. In diesen Jahren knüpfte er nicht nur zahlreiche, für sein Schaffen nach dem Krieg wichtige persönliche Kontakte. Seine ersten Berufsjahre waren für ihn auch im fachlichen Sinne prägend. Im Betonbau und im noch stärkeren Maße im Stahlbau erarbeitete er sich in kurzer Zeit eine hohe Kompetenz. Dieser Aufsatz stellt Leonhardts erste Bauten vor, legt internationale Einflüsse auf sein Frühwerk offen und arbeitet die Stellung der Projekte innerhalb der herrschenden Gestaltungsdoktrin heraus.

Anfänge bei der Reichsautobahn

Seine erste feste Anstellung nach seiner Rückkehr aus den USA im Oktober 1933 findet der junge Ingenieur Fritz Leonhardt bei der Obersten Baulei-

tung der Reichautobahnen (OBR) in Stuttgart. Dort wird Karl Schaechterle[1] sein erster Förderer, ein renommierter Brückenbauer der Deutschen Reichsbahn, aus deren Strukturen sich die Organisation der Reichsautobahn entwickelt hatte.[2]

Besonders erwähnenswert aus dieser Anfangszeit bei der OBR Stuttgart ist ein Überführungsbauwerk bei Jungingen über die heutige A 8 (Stuttgart – Ulm). Leonhardt realisiert dort eine leichte Stahlkonstruktion. Auf drei materialreduzierten, biegesteifen Stahlrahmen liegt eine stählerne Leichtfahrbahntafel von nicht mehr als 40 cm Trägerhöhe auf. Die Fahrbahntafel besteht aus im Abstand von 40 cm längslaufenden L-Profilen (300 mm x 7 mm), die in geringen Abständen mit quer gelagerten Profilen versteift werden, so daß ein Trägerrost entsteht. Auf die Fahrbahntafel wird ein nur 6 bis 7 cm starker Asphaltbelag aufgetragen. Die Schlankheit der Brücke brachte ihr den Rufnamen »Zündhölzlesbrückle« ein (Abb. 1).[3]

Leonhardt beschäftigt sich zu dieser Zeit intensiv mit der Gewichtsreduzierung von Fahrbahntafeln bei Stahlbrücken, die damals Brückenbauer

Christiane Weber and Friedmar Voormann
Fritz Leonhardt. First buildings and projects

As young engineer Fritz Leonhardt participated in several prestige projects of Nazi Germany. During those years he not only established many personal contacts, which were important for his work after the war. His first years of employment also shaped him professionally. In concrete construction, and even more in steel construction, he attained a high competence within a short time. This article introduces Leonhardt's first buildings, points out international influences on his early work and elaborates on the position of the projects within the ruling manner of design.

Beginnings at the Reichsautobahn

After his return from the USA in October 1933. Fritz Leonhardt finds his first fixed employment within the Oberste Bauleitung der Reichsautobahnen (OBR) (chief construction management of the Reichsautobahn), in Stuttgart, and a first furtherer in Karl Schaechterle,[1] a renowned bridge builder of the Deutsche Reichsbahn (German railways), which served as a model for the Reichsautobahn organization.[2]

Especially noteworthy of Leonhardt's early works as engineer with the OBR Stuttgart is a fly-over across the A 8 (Autobahn Stuttgart–Ulm) at Jungingen. Leonhardt designed a light steel structure. On top of three slender and rigid steel frames, lies a light steel deck of 40 cm depth. The road deck consists of longitudinal L-sections (300 mm x 7 mm) of 40 cm, stiffened by closely spaced transverse sections, creating a supporting grid. The deck receives 6 to 7 cm asphalt paving. Due to the slimness of this construction, it was called "Zünd-hölzlesbrückle (matchstick bridge)" (illus. 1).[3]

At this time, Leonhardt deals intensively with weight reduction of road decks for steel bridges, a question which bothered bridge builders abroad as well as in Germany. In letters, he discusses developments in the USA with his uncle Otto Nissler.[4] In his doctoral thesis entitled *Die vereinfachte Berechnung zweiseitig gelagerter Trägerroste* (simplified calculation of side-supported beam grids), submitted to Emil Mörsch in Stuttgart in 1937, Leonhardt develops a method for dimensioning

such road decks with the aid of model statics. From this later ensues the cellular steel deck, which is published several times, e.g. in 1940 in his article "Leichtbau – eine Forderung unserer Zeit"[5] (lightweight construction – a requirement of our times) (illus. 2) (see pp. 24 ff.).

In 1935 Fritz Todt, Generalinspektor für das Deutsche Straßenwesen (general manager of German highways), appoints Schaechterle to the Reichsverkehrsministerium (RVM) (ministry for traffic) in Berlin, where he would lead, together with Gottwalt Schaper, the bridge department. Schaechterle takes Leonhardt along and assigns him to the coordination of engineering works – in particular bridge design – with the artistic advisors Paul Bonatz and Alwin Seifert. Since Adolf Hitler has expressed his dissatisfaction with the first Autobahn bridges, Fritz Todt declares engineering construction to be a cultural task equal to architecture. Todt brought the two architects as artistic consultants to the ministry, to enable appropriate designs. Furthermore, in 1936, he establishes regular courses for civil engineers at the Reichsschule der Deutschen Technik Plassenburg (German technical college Plassenburg) near Kulmbach, to – as it was officially stated – inspire all engineers in his ministry with the cultural dimension of their work. From 28 November till 6 December 1937 Fritz Leonhardt is delegated to the tenth Reichsschulungskurs for highway engineers at the Plassenburg. He visits lectures held by the architect Friedrich Tamms, the landscape architect Alwin Seifert, and joins plant life excursions with Baron von Kruederer. The program also included themes like „Geschichte der Ostpolitik" (Eastern policy history),[6] to focus the engineers upon the aims of the regime they were serving.

Leonhardt's intensive involvement with questions concerning the aesthetic treatment of civil engineering works is documented by the book *Gestaltung der Brücken* (design of bridges), published in 1937 together with Karl Schaechterle. Leonhardt's handwritten note in the cover of his own copy tells us „I wrote it in 1936 practically myself".[7] Therein design principles of bridge construction are developed methodically, with the introduction of prototypes for Autobahn bridges – from the smallest fly-over to monumental valley crossings. Large bridges in steel are shown as well as standard bridges with slender reinforced concrete girders between simple, stone-faced abutments.[8] This

1. Autobahnüberführung bei Jungingen nach der Fertigstellung, 1935.
2. Autobahnüberführung bei Jungingen, Querschnitt der Stahlzellenplatte, 1934.

1. Autobahn flyover near Jungingen after completion, 1935.
2. Autobahn flyover near Jungingen, cross section of cellular steel deck, 1934.

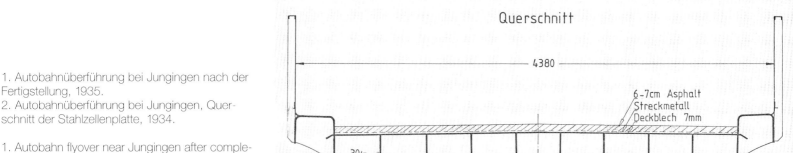

Feldweg – Überführung   Jungingen –   Stahlzellenplatte   1934

Querschnitt

4380

6-7cm Asphalt
Streckmetall
Deckblech 7mm

30/7

410

nicht nur in Deutschland beschäftigt. In Briefen tauscht er sich mit seinem Onkel Otto Nissler in den USA über die dortigen Entwicklungen aus.[4] In seiner Dissertation *Die vereinfachte Berechnung zweiseitig gelagerter Trägerroste*, die Leonhardt 1937 bei Emil Mörsch in Stuttgart einreicht, entwickelt er mittels Modellstatik eine Methode zur Dimensionierung solcher Fahrbahntafeln. Später ergibt sich daraus die Stahlzellendecke, eine Leichtfahrbahntafel, die er mehrfach publiziert, u. a. 1941 in seinem Aufsatz »Leichtbau – eine Forderung unserer Zeit«[5] (Abb. 2), (siehe S. 24 ff.).

Im Jahr 1935 beruft Fritz Todt, der Generalinspektor für das Deutsche Straßenwesen, Schaechterle ins Reichverkehrsministerium (RVM) nach Berlin, wo sich dieser mit Gottwalt Schaper die Leitung des Referats für Brücken teilen soll. Schaechterle nimmt Leonhardt mit und überträgt ihm die Koordination der Ingenieurbauten – insbesondere der Brückenentwürfe – mit den künstlerischen Beratern Paul Bonatz und Alwin Seifert. Denn nachdem Adolf Hitler an ersten Brücken der Reichsautobahn Mißfallen geäußert hatte, propagiert Fritz Todt den Ingenieurbau als der Architektur gleichwertige kulturelle Leistung. Um dem Gestaltungsanspruch gerecht zu werden, holt Todt die beiden Architekten als künstlerische Berater ins Reichsverkehrsministerium. Außerdem richtet er auf der Reichsschule der Deutschen Technik Plassenburg bei Kulmbach seit 1936 regelmäßig Schulungen für die Fachingenieure aus, um – nach offizieller Diktion – allen Ingenieuren in seinem Ministerium die kulturpolitische Dimension ihres Schaffens nahezubringen. Zum »10. Reichsschulungskurs der Straßenbauingenieure« vom 28. November bis 6. Dezember 1937 wird auch Fritz Leonhardt von der Reichsautobahn-Direktion Berlin auf die Plassenburg abgeordnet. Dort hört er Vorträge des Architekten Friedrich Tamms und des Landschaftsarchitekten Alwin Seifert und nimmt an pflanzenkundlichen Führungen des Barons von Kruederer teil. Eingerahmt wird das Programm von Themen zur »Geschichte der Ostpolitik«[6], um die Ingenieure auf die Ziele des Regimes, dem sie dienen, einzuschwören.

Die intensive Auseinandersetzung Leonhardts mit Fragen der architektonischen Gestaltung der Ingenieurbauten dokumentiert das 1937 zusammen mit Karl Schaechterle veröffentlichte Buch *Gestaltung der Brücken,* das Leonhardt einer handschriftlichen Anmerkung im Umschlag seines Handexemplars zufolge »1936 im wesentlichen selbst« geschrieben hat.[7] Darin werden Entwurfsprinzipien des Brückenbaus methodisch entwickelt und Prototypen für Autobahnbrücken – von Kleinbauwerken bis zu monumentalen Talbrücken – vorgestellt. Stählerne Überführungsbauwerke werden ebenso angeführt wie Typenbrücken mit schlanken Stahlbetonbalken zwischen schlichten, werksteinverkleideten Widerlagern.[8] Die Publikation zeigt die Nähe der beiden Ingenieure Schaechterle und Leonhardt zur Stuttgarter Schule, wie sie Paul Bonatz vertritt. Die klare Einfachheit, schon fast Sparsamkeit der Konstruktionen, verbunden mit handwerklicher Präzision im Detail, steht in der Tradition der konservativen Moderne. Typisierung und Normung der Bauwerke dagegen sind den Entwicklungen der 1920er und 1930er Jahre verpflichtet.

Insgesamt legt das Buch Zeugnis von der engen Zusammenarbeit von Karl Schaechterle und Fritz Leonhardt ab. Dennoch strebt der junge Ingenieur nach eigenständigen Aufgaben und verhandelt mit den MAN-Werken in Gustavsburg wegen einer Übernahme in die Privatwirtschaft.[9] 1938 wird ihm – wohl um ihn zu halten – innerhalb der Reichsautobahn ein eigenes Projekt angeboten, für das er sich schon seit längerem interessiert.

Hängebrücke Köln-Rodenkirchen

Im Januar 1938 überträgt Fritz Todt dem gerade erst 29jährigen Fritz Leonhardt die Bauleitung der Rheinbrücke Köln-Rodenkirchen, der ersten Hängebrücke der Reichsautobahn (Abb. 3).[10] Die

publication also shows the close association of the two engineers, Schaechterle and Leonhardt, to the Stuttgarter Schule (school of Stuttgart), represented by Paul Bonatz. The clear simplicity, even frugality of construction, combined with precise detailing followed conservative modern tradition. Typecasting and standardization of buildings, however, are developments of the 1920s and 1930s.

Overall, the book bears witness to the close cooperation of Karl Schaechterle and Fritz Leonhardt. Nevertheless, the young engineer seeks independent tasks and negotiates his transfer to the private enterprise MAN Werke Gustavsburg.[9] In order to retain him, the Reichsautobahn offers Leonhardt a special project in 1938, which he had been interested in for some time.

Suspension bridge at Köln-Rodenkirchen

In January 1938 Fritz Todt entrusted the 29 year old Fritz Leonhardt with the construction management of the Rhine bridge Köln-Rodenkirchen, the first suspension bridge for the Reichsautobahn (illus. 3).[10] At the same time foundation works for the two reinforced concrete piers were nearly completed. Already one year later, in March 1939, the erection of the steel pylons started (illus. 4). The company August Klönne of Dortmund is in charge for the steelworks. 30 years earlier it had participated in the construction of the Hohenzollernbrücke which marks the riverside silhouette of Cologne till this day. Rudolf Barbré, staff member of Klönne in the 1930s and professor at the Technische Hochschule Braunschweig after the war, prepared the considerable structural calculations.[11]

In summer 1939 the two carrying cables are installed. Each cable consists of 61 locked-wire strand cables, supplied by the Cologne cable manufacturer Felten & Guilleaume. The exterior wires have z-sections that interlock and seal the surface. Humidity only slowly penetrates into the cable, resulting in a relatively high corrosion resistance. Felten & Guilleaume have been producing such kind of cables since the beginning of the 20th

century. However, locked-wire strand cables have a low fatigue resistance and axial stiffness compared to parallel wire bundles or strands. During his study visit in the USA Leonhardt had become acquainted with another technique. Since decades aerial cable spinning was used for the construction of suspension bridges. By this method individual wires are carried over the pylons and bundled into strings of cables. In contrast to locked-wire strand cables, the wires run parallel to each other. Such parallel wire bundles have a higher fatigue resistance and less elongation than locked-wire strand cables. Since the German firms had little experience with this method and the costs on site are very high, Fritz Leonhardt and his assistants chose locked-wire strand cables.

After the outbreak of war, construction of the bridge Köln-Rodenkirchen continued. Only during the extremely cold winters of 1939/1940 and 1940/1941 the site is shut down. On 11 November 1940 the last portion of the steel road girder is installed. The girder follows a straight line, with a very slender depth of 3.30 m. The low depth is possible because we have a "genuine" suspension bridge, which is anchored directly to the abutments. Enormous reinforced concrete blocks provide support for the main cables and transfer the tensile forces into the ground. To avoid this, especially in poor soil conditions, the few suspension bridges built till then in Germany were "improper" suspension bridges. In this case the load-carrying cables are not anchored in the ground, but the forces are taken up by the highway girder, which receives high compression loads. Therefore, the girder of a "false" suspension bridge must be dimensioned accordingly. A comparison of the "true" suspension bridge at Köln-Rodenkirchen with the "false" suspension bridge at Köln-Mülheim, built in 1927–1929 a few kilometers upstream, clearly demonstrates the slender appearance of the new bridge (illus. 5).

Fritz Leonhardt mentiones in the caption: "It is hard to believe, that the thin cable carries the wide Autobahn on such a slender girder across the mighty River Rhine. Ultimate simplification. Pure

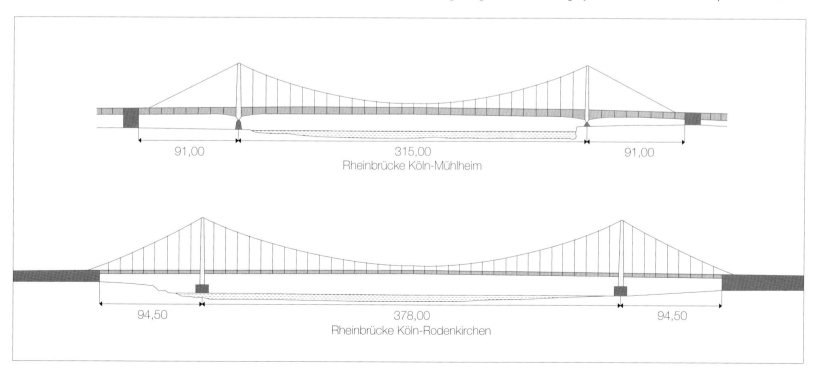

91,00   315,00   91,00
Rheinbrücke Köln-Mühlheim

94,50   378,00   94,50
Rheinbrücke Köln-Rodenkirchen

Gründungsarbeiten an den beiden Stahlbetonpfeilern sind bereits voll im Gange. Schon ein Jahr später, im März 1939, kann mit der Montage der stählernen Pylone begonnen werden (Abb. 4). Für die Stahlbauarbeiten ist die Dortmunder Firma August Klönne verantwortlich. Sie hatte rund 30 Jahre zuvor bei der Hohenzollernbrücke, die bis heute die rheinseitige Stadtsilhouette Kölns prägt, maßgeblich mitgewirkt. Rudolf Barbré, in den 1930er Jahren Mitarbeiter bei Klönne und nach dem Krieg Professor an der Technischen Hochschule Braunschweig, erstellt die umfangreichen statischen Berechnungen.[11]

Im Sommer 1939 werden die beiden Tragkabel verlegt. Sie bestehen jeweils aus 61 patentverschlossenen Drahtseilen, geliefert von der Kölner Kabelfabrik Felten & Guilleaume. Die äußeren Drähte der Seile haben Z–förmige Querschnitte, die ineinandergreifen und so die Oberfläche »verschließen«. Feuchte kann daher weniger rasch in den Seilquerschnitt eindringen, was zu einer verhältnismäßig hohen Korrosionsbeständigkeit führt. Bei Felten & Guilleaume werden derartige Drahtseile schon seit der Jahrhundertwende hergestellt. Problematisch bei den patentverschlossenen Drahtseilen sind jedoch die geringen Ermüdungsfestigkeiten und die relativ großen Dehnungen. Leonhardt lernte während seines Studienaufenthalts in den USA eine alternative Technik kennen. Dort ist beim Bau von Hängebrücken seit vielen Jahrzehnten das Luftspinnverfahren gebräuchlich. Bei diesem Verfahren werden die Drähte vor Ort einzeln über die Pylone geführt und erst anschließend zu Kabelsträngen gebündelt. Im Gegensatz zu den patentverschlossenen Drahtseilen liegen die Drähte parallel zueinander. Derartige Paralleldrahtbündel weisen höhere Ermüdungsfestigkeiten und geringere Dehnungen auf als die patentverschlossenen Seile. Da die deutschen Firmen über nur geringe Erfahrung mit dieser Technik verfügen und zudem der Fertigungsaufwand vor Ort überaus hoch ist, hatten sich Fritz Leonhardt und seine Mitarbeiter für die patentverschlossenen Drahtseile entschieden.

Auch nach Kriegsbeginn wird an der Brücke Köln-Rodenkirchen weitergebaut. Lediglich in den beiden extrem kalten Wintern 1939/1940 und 1940/1941 ruht die Baustelle. Am 11.11.1940 wird das letzte Teilstück des stählernen Fahrbahnträgers eingehoben und montiert. Der Fahrbahnträger läuft ohne Unterbrechung geradlinig durch und ist mit einer Trägerhöhe von 3,30 m auffallend schlank. Die geringe Trägerhöhe ist nur möglich, indem die Brücke als »echte«, im Erdreich verankerte Hängebrücke gebaut wird. Zur Rückverankerung der Zugkräfte aus den Tragkabeln müssen daher zuvor große, weit in den Baugrund reichende Widerlagerblöcke aus Stahlbeton angelegt werden. Um gerade bei schlechtem Baugrund die aufwendige Rückverankerung zu umgehen, hatte man die wenigen, bis dahin in Deutschland ausgeführten Hängebrücken meist als »unechte« Hängebrücken gebaut. Bei dieser Bauart werden die Zugkräfte aus den Tragkabeln nicht im Erdreich verankert, sondern in den Fahrbahnträger eingeleitet, wo sie relativ hohe Druck-

6. Elbehochbrücke, Hamburg, Modell des Pylons, Entwurf der MAN mit Härter, 1937.
7. Elbehochbrücke, Hamburg, Fritz Leonhardts Entwurf für Pylone aus Stahl, 1938.
8. Bronx Whitestone Bridge, New York, Entwurf von Othmar Ammann, 1939.

6. High bridge over the Elbe River, Hamburg, model of pylon, design by MAN and Härter, 1937.
7. High bridge over the Elbe River, Hamburg, design of steel pylons by Fritz Leonhardt, 1938.
8. Bronx Whitestone Bridge, New York, design by Othmar Ammann, 1939.

structure."[12] In a similar way Paul Bonatz comments on a comparison with other designs, which were originally considered: "There is no doubt, that […] the fixed pylon with a continuous straight principal girder is the more classy and modern form of engineering."[13]

In the light of these pronouncements it is remarkable, that the significant design study prepared by Bonatz and the steel construction company Klönne came to a different conclusion. About the design, later built under Leonhardt's supervision, it says, "it does not have the character of a major work of engineering, just one of an audacious girder."[14] A design variation with hinged pylons and haunched stiffening girders, very similar to the Köln-Mülheim suspension bridge, is selected for execution: "The broad ribbon of the stiffening girder and the accentuation of the supports at the pylons by rounded down-bottom flanges visibly express the significance of this bridge and make it appear capable of carrying such an important motorway as the Reichsautobahn across the Rhine River." How far Fritz Leonhardt has participated in this change of mind, away from the haunched execution to a straight, continuous girder, cannot be clarified from the available sources. But we can discern, that in the mid-1930s a series of continuous-plate girder bridges in steel were built, running straight from abutment to abutment, without haunches. A prominent example is the Elbe bridge at Dessau, completed 1937. This development started in the 1920s. In 1928 Karl Schaechterle wrote in his pioneering article on the design of steel bridges: "We prefer today in metal bridge construction taut, compact girder shapes with continuous straight chords."[15]

On 20 September 1941 the Rodenkirchen bridge is inaugurated in the presence of Fritz Todt. After several air raids one of the main cables fails in January 1945 and the bridge deck drops into the Rhine. Reconstruction starts in the early 1950s. In the 1990s the bridge is twinned to accommodate increased Autobahn traffic (see pp. 132 ff.).

The elevated Elbe bridge at Hamburg

A "gate to the world", a "powerful, eternal symbol of German strength"[16] shall be created in Hamburg, according to Hitler's wishes. Since March 1937 several steel construction firms are preparing designs for a 700 m span suspension bridge. After a two-day meeting at the Obersalzberg in October 1937, the award goes to the Maschinenfabrik Augsburg-Nürnberg (MAN).[17] As early as in January 1938 a large model of the bridge is admired by the public at the »Erste Deutsche Architektur- und Kunsthandwerk-Ausstellung« (first German architecture and crafts exhibition) in Munich: "Soaring masonry pylons of dimensions unknown so far, carry high above the river the suspended steel construction of the highway bridge. The whole is of simple but grand architectural form."[18] (illus. 6).

Fritz Leonhardt has a decidedly different opinion. The Hamburg design for the new Elbe bridge contradicts the design principles he formulated together with his superior Schaechterle in the 1937 book Gestaltung der Brücken. Regarding pylons of suspension bridges we read: "Slender steel pylons fit better the lacy system of carrying cables and

suspensions than stone portals."[19] Instead, the official design for the bridge at Hamburg recalls the monumental appearance of great 19th century suspension bridges, like the Brooklyn Bridge in New York or the Chain Bridge in Budapest – being magnified in size. Therefore Leonhardt prepares an alternative proposal since February 1938: a suspension bridge with tall, slender steel pylons (illus. 7). The frames are arched, the piers tapered to the top. Below the road deck is a second arch, connecting the piers.

In his design for Hamburg Leonhardt not only includes insights from the supervision of Köln-Rodenkirchen, but also considers current American innovations in bridge design practise. It is not surprising, that Leonhardt's design for Hamburg is very similar to the Bronx-Whitestone Bridge over the East River in New York, completed in spring 1939 (illus. 8). Design and execution of this bridge is in the hands of Othmar Ammann, one of the most prominent bridge engineers of the 20th century, whom Leonhardt met personally in 1932. In April 1939 the bridge is shown and described for the first time in an American professional periodical.[20] Two large photographs appear in January 1940 in the Schweizerische Bauzeitung.[21] We can assume that Leonhardt probably was familiar with Ammann's designs while working on the Hamburg bridge project in 1938 but this is not confirmed.

Leonhardt himself describes the Bronx-Whitestone Bridge in his book Brücken/Bridges, first published in 1982 and today still widely used by engineers, as "one of the most beautiful suspension bridges, not least for the well-designed steel pylons",[22] and describes the remarkably slim road deck girders to the suspension bridge of Köln-Rodenkirchen. Looking at the construction dates of both bridges, this is unlikely. Furthermore: the first big suspension bridge with a road-deck girder of exquisite slenderness is the George Washington Bridge in New York, also designed by Othmar Ammann and built between 1927 and 1931 (the second road level and the lattice bracing, which determine today's appearance, have been added after the war).[23] During his stay in the USA in 1932/1933, Fritz Leonhardt had the opportunity to study the execution plans in detail and to visit the recently finished bridge.[24] Leonhardt's design for Hamburg as well as the Köln-Rodenkirchen bridge are based on innovations, realized for the first time in the George Washington Bridge.

Although not yet thirty years old, Fritz Leonhardt pushes with surprising confidence his alternate design for an elevated bridge at Hamburg, his proposals meet with deaf ears. As commonly known, Hitler wants a monumental bridge with stone pylons. Leonhardt continues on two tracks. Apart from developing his design with steel pylons, he elaborates a suspension bridge with slightly reinforced hollow piers, to be faced with granite. Leonhardt sees this second, "stony" design as expedient. Design drawings and model photos carry his later remark "Leo corrupted by Hitler's stone tic". With files, plans and models he approaches concerned offices in the Reichsverkehrsministerium (national ministry of traffic) and asks for an appointment with Fritz Todt in August 1939. Not before August 1940, because of war events, Leonhardt can personally present his proposals at the ministry – without success.[25]

kräfte hervorrufen. Der Fahrbahnträger einer »unechten« Hängebrücke muß zur Aufnahme der Druckkräfte entsprechend stark dimensioniert werden. Im Vergleich mit der 1927–1929 wenige Kilometer stromaufwärts errichteten »unechten« Hängebrücke Köln-Mülheim wird das feingliedrige Erscheinungsbild der neuen Rodenkirchener Brücke besonders deutlich (Abb. 5).

Fritz Leonhardt bemerkt in einer Bildunterschrift: »Man glaubt es kaum, daß das dünne Seilkabel die breite Autobahn mit einem schlanken Träger frei über den großen Rheinstrom trägt. Letzte Vereinfachung. Reine Konstruktion.«[12] Ähnlich äußert sich Paul Bonatz in einer Gegenüberstellung mit anderen Entwürfen, die anfangs zur Diskussion standen: »Es ist wohl kein Zweifel darüber, daß […] der eingespannte Pylon mit dem geradlinig durchlaufenden Hauptträger die rassigere, modernere Ingenieurform darstellt.«[13]

Angesichts dieser Aussagen ist es bemerkenswert, daß sich in der umfangreichen Entwurfsstudie, die Bonatz zusammen mit der Stahlbaufirma Klönne ein Jahr vor Baubeginn ausgearbeitet hatte, eine andere Bewertung findet. Von der später unter der Bauleitung Leonhardts ausgeführten Entwurfsvariante heißt es hier, sie habe »nicht den Charakter eines großen Ingenieurbauwerkes, sondern eines, wenn auch kühnen, Steges«.[14] Zur Ausführung bestimmt wird eine Entwurfsvariante mit Pendelpylonen und gevoutetem Versteifungsträger, der Hängebrücke Köln-Mülheim sehr ähnlich: »Das breite Band des Versteifungsträgers und die besondere Betonung seiner Auflagerstellen an den Pylonen durch die voutenartig heruntergezogenen Untergurte verleihen der Bedeutung der Brücke sichtbaren Ausdruck und lassen sie der Aufgabe gewachsen erscheinen, einen so wichtigen Verkehrsweg wie die Reichsautobahn über den Rheinstrom zu führen.« Inwiefern Fritz Leonhardt an dem Meinungswechsel, weg von der gevouteten Ausführung, hin zum geradlinigen, durchlaufenden Träger, mitgewirkt hatte, kann anhand der Quellen nicht belegt werden. Es ist jedoch festzustellen, daß Mitte der 1930er Jahre eine ganze Reihe großer, stählerner Vollwandträgerbrücken errichtet wird, bei denen die Träger ohne Vouten geradlinig von Widerlager zu Widerlager durchlaufen. Als prominentes Beispiel sei die 1937 fertiggestellte Elbebrücke bei Dessau genannt. Diese Entwicklung wurde bereits in den 1920er Jahren eingeleitet. So schrieb Karl Schaechterle 1928 in seinem richtungsweisenden Aufsatz zur Gestaltung eiserner Brücken: »Man bevorzugt heute im Eisenbrückenbau straffe, gedrungene Trägerformen mit möglichst geradliniger Führung der Gurte.«[15]

Am 20. September 1941 wird die Brücke Köln-Rodenkirchen im Beisein von Fritz Todt eingeweiht. Nach mehreren Fliegerangriffen versagt im Januar 1945 eines der beiden Hauptkabel, und der stählerne Brückenträger stürzt in den Rhein. Bereits Anfang der 1950er Jahre erfolgt der Wiederaufbau. Um das Bauwerk weiterhin als Autobahnbrücke nutzen zu können, wird die Brücke in den 1990er Jahren »verdoppelt« (siehe S. 132 ff.).

Elbehochbrücke Hamburg

Ein »Tor der Welt«, ein »gewaltiges, ewiges Wahrzeichen deutscher Kraft«[16] soll nach Hitlers Vorgaben in Hamburg entstehen. Seit März 1937 arbeiten mehrere Stahlbaufirmen Entwürfe für eine 700 m weit spannende Hängebrücke aus. Im Oktober 1937 fällt bei einer zweitägigen Besprechung auf dem Obersalzberg die Entscheidung für den Entwurf der Maschinenfabrik Augsburg-Nürnberg (MAN).[17] Bereits im Januar 1938 kann die Öffentlichkeit auf der ersten »Deutschen Architektur- und Kunsthandwerk-Ausstellung« in München ein großes Modell der Brücke bewundern: »Hochragende Steinpylone von bisher nicht gekannten Ausmaßen tragen hoch über dem Strom das stählerne Hängewerk der Brückenfahrbahn. Das Ganze ist von einfachen und großen architektonischen Formen.«[18] (Abb. 6).

Fritz Leonhardt ist dezidiert anderer Auffassung. Der Entwurf für Hamburg widerspricht den gestalterischen Grundsätzen, wie er sie zusammen mit seinem Vorgesetzten Schaechterle in dem Buch *Die Gestaltung der Brücken* 1937 formuliert hatte. Hinsichtlich der Pylone von Hängebrücken heißt es dort: »Schlanke Stahlpylone passen besser zu dem luftigen Gewebe der Tragseile und Hänger als Steinportale.«[19] Der offizielle Entwurf für Hamburg erinnert hingegen an das monumentale Erscheinungsbild der großen Hängebrücken des 19. Jahrhunderts, wie der Brooklyn Bridge in New York oder der Kettenbrücke in Budapest – bei gleichzeitiger Vervielfältigung der Größenverhältnisse. Daher arbeitet Leonhardt ab Februar 1938 einen Gegenvorschlag aus: eine Hängebrücke mit hohen, schlanken Stahlpylonen (Abb. 7). Die Riegel weisen die Form eines Bogens auf. Die Stützen verjüngen sich nach oben. Unterhalb der Fahrbahn gibt es einen zweiten Bogen, der die Stützen miteinander verbindet.

Leonhardt verarbeitet in seinem Entwurf für Hamburg nicht nur Erkenntnisse aus seiner Bauleitungstätigkeit in Köln-Rodenkirchen, sondern greift auch auf aktuelle Entwicklungen im amerikanischen Brückenbau zurück. So ist es nicht verwunderlich, daß Leonhardts Entwurf für Hamburg große Ähnlichkeit mit der im Frühjahr 1939 fertiggestellten Bronx-Whitestone Bridge über den East River in New York aufweist (Abb. 8). Entwurf und Ausführung dieser Brücke liegen in den Händen von Othmar Ammann, einem der bedeutendsten Brückenbauingenieure des 20. Jahrhunderts, den Leonhardt 1932 persönlich kennengelernt hatte. Die Brücke wird erstmals im April 1939 in einer amerikanischen Fachzeitschrift abgebildet und beschrieben.[20] Im Januar 1940 erscheinen zwei großformatige Photographien in der *Schweizerischen Bauzeitung*.[21] Ob Leonhardt während der Arbeiten an seinem Brückenentwurf für Hamburg im Jahr 1938 den Entwurf von Ammann bereits kennt, ist aufgrund seiner engen Kontakte in die USA zwar wahrscheinlich, jedoch anhand der Quellen nicht belegbar.

Leonhardt selbst, der die Bronx-Whitestone Bridge in seinem erstmals 1982 erschienenen, unter Ingenieuren bis heute weit verbreiteten Brücken-Buch als »eine der schönsten Hängebrücken, nicht zuletzt durch die gut gestalteten Stahlpylone«[22] beschreibt, führt den auffallend schlanken Fahrbahnträger auf die Hängebrücke Köln-Rodenkirchen zurück. Betrachtet man die Baudaten der beiden Brücken, ist dies aber unwahrscheinlich. Zudem: Die erste große Hängebrücke mit einem Fahrbahnträger von großer Schlankheit ist die George Washington Bridge in

9. Neuer Hauptbahnhof München, Modell des Entwurfs der Firma Klönne mit Paul Bonatz und Fritz Leonhardt, 1939–1943.
10. Neuer Hauptbahnhof München, perspektivische Tuschezeichnung von Paul Bonatz, 9. Nov. 1939.

9. New Munich main station, design model by Klönne company with Paul Bonatz and Fritz Leonhardt, 1939–1943.
10. New Munich main station, perspective ink rendering by Paul Bonatz, 9 Nov. 1939.

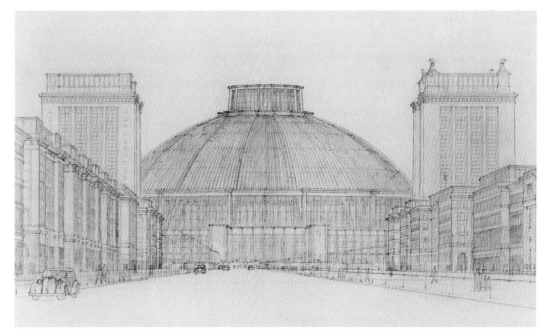

Fritz Leonhardt argues in his files mainly on a technical-constructive level. He proves by calculation, that the design with massive masonry piers creates soil pressures causing inadmissible settlement, owing to the local soil conditions. In addition, using the proposed hollow reinforced-concrete structure, a saving of incredible 65 million Marks would be possible, in comparison with solid-core construction. Beside the technical explanations, Leonhardt can hardly conceal his aesthetic reservations against the chosen design: "Such a manner of building does not conform to a proper design mentality, as cultivated especially in buildings by the Generalinspektor. External form must not be faked, but must reflect fully sound design principles."[26]

In spring 1940 earthworks started in the area of the giant project, with the deployment of POWs. At the same time, upon advice by Leonhardt and Schaechterle, model testing is arranged at the Materialprüfungsanstalt (materials testing institute) in Stuttgart. Work progress is slow, the war requires resources in different ways.[27] The Hamburg bridge project will not be picked up again after the war. Instead of a bridge, a new tunnel under the Elbe river is built from 1968 to 1975.

Planning for Munich

The plans for the Elbe bridge were prepared in Cologne. But Fritz Leonhardt does not stay longer in Cologne; before the completion of the Rodenkirchen bridge he is called to Munich.

Constellation of the personnel

In May 1939, August Klönne's firm with Paul Bonatz as the consulting architect – Leonhardt worked with both in Rodenkirchen – wins the competition of the domed hall of the Munich main station announced for steelwork companies only.[28] This is the biggest single project of the city planning measures by Hermann Giesler for Munich. Hitler had appointed Giesler on 21 December 1938 as Generalbaurat für die Hauptstadt der Bewe-

gung (general director of buildings for the capital of the movement).[29] After winning the competition, Paul Bonatz is nominated head of the Planungsbüros für den Neuen Hauptbahnhof (planning office for the new main station) and the companies August Klönne and Krupp establish the Stahlbau-Gemeinschaft Klönne-Krupp, München.[30] At the end of September, Giesler himself turns to Fritz Todt with the request, "for the planning of the steel cupola […] to have Professor Bonatz assisted by Regierungsbaumeister Dr.-Ing. Fritz Leonhardt as consulting engineer".[31] Todt agrees remarking that "Herr Leonhardt is one of the best bridge designers and likely the best structural engineer among the staff of the Obersten Bauleitungen." Leonhardt should assist with the design, "besides his official function" of construction supervision of the suspension bridge at Rodenkirchen. Todt also counsels to give Leonhardt "sufficient staff, to reduce his work to supervision".[32] To cope with his great number of duties, Leonhardt established his first consulting office »Ingenieurbüro Dr.-Ing. Fritz Leonhardt« in the Galeriestraße in Munich at the end of 1939. It is associated with the Planungsbüro für den Neuen Hauptbahnhof under Generalbaurat Hermann Giesler.[33] The multiple appearence of „L." respectivly „Leo" once on the drawings could be interpreted as the signature of Fritz Leonhardt.[34]

Terms of reference and previous plans

Similar to the Elbe bridge at Hamburg, a sketch by Hitler dated 22 March 1939, serves as the basis for the competition for the Munich main station: a flat dome rests on a ring of supporting buildings, a columnar portico emphasizes the projecting entrance. A circular ribbon window and a lantern illuminate the giant cupola.[35] Hitler very specifically wants a distinction between the Munich main station as a "monument of our century's technology", in contrast to the Halle des Volkes (people's hall) in Berlin, designed by Albert Speer as a massive dome.[36] This position of Hitler makes a steel construction possible and led to the association of engineer Fritz Leonhardt.

New York, ebenfalls von Othmar Ammann projektiert und zwischen 1927 und 1931 erbaut (die zweite Fahrbahnebene und die Fachwerkaussteifungen, die das heutige Erscheinungsbild dieser Brücke prägen, werden erst nach dem Krieg hinzugefügt).[23] Fritz Leonhardt hatte während seines USA-Aufenthalts 1932/1933 Gelegenheit, die Konstruktionspläne dieser Brücke eingehend zu studieren und das gerade fertiggestellte Bauwerk mit dem Bauleiter zu begehen.[24] Leonhardts Entwurf für Hamburg wie auch die Brücke Köln-Rodenkirchen basieren letztlich auf Neuerungen, wie sie erstmals bei der George Washington Bridge realisiert wurden.

Obwohl sich der nicht ganz dreißigjährige Fritz Leonhardt mit überraschendem Selbstbewußtsein für seinen Gegenentwurf einer Hamburger Elbehochbrücke einsetzt, finden seine Vorschläge wenig Resonanz. Allen ist klar, Hitler wünscht eine monumentale Brücke mit steinernen Pylonen. Leonhardt fährt nun zweigleisig. Neben der weiteren Ausarbeitung seines Entwurfs mit den stählernen Pylonen entwickelt er eine Hängebrücke mit schwach bewehrten Betonhohlstützen, die anschließend mit Granit verkleidet werden sollen. Diesen zweiten, »steinernen« Entwurf versteht Leonhardt als Notlösung. Die Entwurfszeichnungen und Modellphotos versieht er in späteren Jahren mit der Bemerkung »durch Hitler's Natursteintick korrumpierter Leo«. Mit Dossiers, Plänen und gar Modellen richtet er sich an die zuständigen Stellen im Reichsverkehrsministerium und bittet im August 1939 um einen Termin bei Fritz Todt. Aufgrund der Kriegsereignisse kann Leonhardt erst im August 1940 seine Vorschläge im Reichsverkehrsministerium persönlich vortragen – jedoch ohne Erfolg.[25]

Fritz Leonhardt argumentiert in den Dossiers vorwiegend auf einer technisch-konstruktiven Ebene. Er rechnet vor, daß die Bodenpressungen bei der vorgesehenen Ausführung mit massiv gemauerten Pfeilern bei dem dort anstehenden Baugrund unzulässige Setzungen zur Folge hätten. Außerdem könne man durch den von ihm vorgeschlagenen Stahlbetonhohlquerschnitt gegenüber der massiven Ausführung die unglaubliche Summe von 65 Millionen Reichsmark einsparen.

Neben den technischen Erläuterungen kann Leonhardt seine gestalterischen Vorbehalte gegenüber dem zur Ausführung bestimmten Entwurf jedoch kaum verbergen: »Eine solche Bauweise entspricht aber nicht der guten Baugesinnung, die gerade bei den Bauten des Generalinspektors gepflegt wird. Die äußere Form darf nicht Attrappe sein, sondern muß vollständig der gesunden Konstruktion entsprechen.«[26]

Im Frühjahr 1940 beginnt man unter Einsatz von Kriegsgefangenen mit den Erdarbeiten im Umfeld des Riesenprojekts, gleichzeitig leitet man auf Anraten von Leonhardt und Schaechterle Modellversuche an der Materialprüfungsanstalt in Stuttgart in die Wege. Die Arbeiten gehen jedoch nur schleppend voran; für den Krieg werden die Ressourcen an anderer Stelle benötigt.[27] Nach dem Krieg wird das Hamburger Brückenprojekt nicht weiterverfolgt. Anstelle einer Brücke entsteht von 1968 bis 1975 ein neuer Elbtunnel.

Planungen für München

Die Pläne für die Elbehochbrücke in Hamburg waren in Köln entstanden. Doch Fritz Leonhardt bleibt nicht lange in Köln; vor Fertigstellung der Rodenkirchener Brücke wird er nach München berufen.

Personelle Konstellation

Im Mai 1939 gewinnt die Firma August Klönne mit dem architektonischen Berater Paul Bonatz – mit beiden arbeitet Leonhardt bereits in Rodenkirchen zusammen – den unter den Stahlbaufirmen ausgeschriebenen Wettbewerb für die Kuppelhalle des Neuen Hauptbahnhofs in München.[28] Dieser ist das größte Einzelprojekt innerhalb der städteplanerischen Maßnahmen Hermann Gieslers für München. Hitler hatte Giesler am 21. Dezember 1938 zum dortigen Generalbaurat für die Hauptstadt der Bewegung berufen.[29] Nach gewonnenem Wettbewerb wird Paul Bonatz von Giesler die Leitung des Planungsbüros für den Neuen Hauptbahnhof übertragen, die Firma August Klönne bildet mit der Firma Krupp die Stahlbau-Gemeinschaft Klönne-

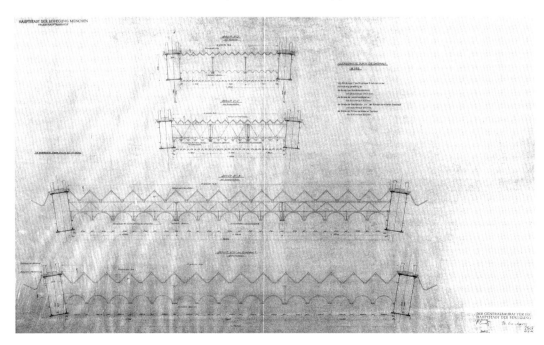

11. Neuer Hauptbahnhof München, Querschnitte durch die Dachhaut.
12. Neuer Hauptbahnhof München, zeichnerischer Höhenvergleich mit dem Pantheon, dem Petersdom, dem Eiffelturm und anderen berühmten Bauwerken (Planungsbüro Neuer Hauptbahnhof).

11. New Munich main station, sections through the roof cladding.
12. New Munich main station, drawing with comparative size of Pantheon, St. Peter's Cathedral, Eiffel Tower and other famous buildings (Planungsbüro Neuer Hauptbahnhof).

The Sonderbaubehörde zum Ausbau der Hauptstadt der Bewegung (the special office for the development of Munich as "capital of the movement") under Giesler's predecessor Hermann Reinhard Alker had introduced the cupola theme in 1937, before Hitler's sketch.[37] As a consequence to Hitler's criticism, Giesler – after his appointment – changed the infrastructure of the central station.[38] In Giesler's plans, the station at the end of a monumental avenue is no longer bypassed on one side. By lowering the tracks, he can pass the streets around the station as an expressway feeder road. The dome – as designed by the Sonderbaubehörde – is no longer only an entrance hall, but now includes the tracks and platforms in reaching a gigantic size. It constitutes the urban focus at the end of the avenue, between the Denkmal der Partei (monument of the party) and the new main station, thereby being similar to Albert Speer's Halle des Volkes in Berlin. It appeared as a significant element in the remodeling of Munich as "capital of the movement" (illus. 6).[39]

The new main station

The winning competition entry by Klönne-Bonatz envisages a twelve-part ribbed dome over the tracks and platforms. The new entrance hall surrounds the circular plan of the dome and opens via a high, open arcade to the street. To accentuate the direction of the grand axis, Bonatz pulls the narthex forward, the canopy resting on slim supports. A continuous ribbon window and a slightly conical lantern illuminate the domed hall over the tracks. The competition design captivates by its reduced architectonic language and anticipates post-war architecture with its delicate glazing profiles of the clerestory windows. The giant dome, sketched by Hitler, receives a folded sheet metal roof in the design by Bonatz of June 1939. In November 1939 – meanwhile Leonhardt participated in the planning – we can clearly see the bearing rib-structure in a perspective rendering, dated 9 November 1939 (illus. 10).[40] This drawing expresses the true-size relationships and the domination of the building also shown by monumental city planning models. Two of such models are still kept in the Münchner Stadtmuseum (Munich municipal museum).[41]

Since the construction of the steel dome is to demonstrate the know-how of German engineering, Fritz Leonhardt can dictate the technical materials: "Aluminum for profiled dome roofing, aluminum for windows and other elements, glass and glass mosaic for translucent and wall surfaces."[42] Leonhardt plans to span the 365 m with a ribbed dome in steel. Between the ribs of box profiles (2500 mm x 2000 mm) spans a double roof, outside of folded, inside of corrugated aluminum sheets, reinforced by six horizontal ring beams and lattice rafters (600 mm x 4900 mm) (illus. 11). The use of aluminum is to minimize the deadweight to be carried by the steel structure.[43] The structural calculations of the system, consisting of 384 equations and 384 unknowns, are a challenge to engineers and mathematicians, and meant work for months; they are examined with the help of structural models.[44] For this, Leonhardt commissions a 1:50 model "with riveted hollow sections of thin sheet metal to scale" for the Stuttgart Materialprüfungsanstalt under Otto Graf.[45] Nothing of it remained. The structural calculations made by Leonhardt and his assistants in 1942 are all preserved and prove that, in the middle of the war, detail planning proceeded at full speed and technical questions, such as compensation for thermal influences, were studied.[46]

Context

In retrospect Leonhardt says that he and his team "conducted megalomaniac planning, at least surmising, that it would not be put into practise".[47] Nevertheless, he is intrigued by the construction of a steel cupola with a 265 m diameter.[48] At the same time Albert Speer is planning his Halle des Volkes, competing with a span of 250 m. In his recollections – which we have to consider critically – Giesler mentions an anecdote that Speer had asked him to stay below the span of Berlin; his dome should be the biggest amongst all the cities, chosen for reshaping by the National Socialists.[49]

Krupp, München.[30] Giesler selbst wendet sich Ende September an Fritz Todt mit der Bitte, »bei der Planung der Stahlkuppel [...] Herrn Professor Bonatz [...] den Regierungsbaumeister Dr.-Ing. Fritz Leonhardt als beratenden Ingenieur beizugeben«.[31] Todt gibt der Anfrage statt mit dem Hinweis, daß »Herr Leonhardt einer der fähigsten Brückenbauer und wohl der beste Statiker [sei], der in den Reihen der Obersten Bauleitungen steht«. Leonhardt solle am Entwurf mitarbeiten, »neben seiner dienstlichen Tätigkeit«, der Bauleitung der Hängebrücke Rodenkirchen. Außerdem empfiehlt Todt, Leonhardt »ein entsprechendes Büro beizugeben, so daß er sich [...] auf die Führung beschränken kann«.[32] Um die anstehenden Aufgaben zu bewältigen, gründet Leonhardt Ende 1939 in der Galeriestraße in München sein erstes eigenes »Ingenieurbüro Dr.-Ing. Fritz Leonhardt« als Beratender Ingenieur, das der Planungsabteilung assoziiert und direkt Generalbaurat Hermann Giesler unterstellt ist.[33] Auf den Plänen taucht ab September 1940 mehrfach »L.« bzw. einmal »Leo« auf, was als Signatur Fritz Leonhardts gelesen werden kann.[34]

Vorgaben und vorangegangene Planungen

Ähnlich wie für die Elbehochbrücke in Hamburg liegt auch für den zum Prestigeprojekt erhobenen Hauptbahnhof in München eine Skizze Hitlers vom 22.3.1939 vor, die für den Wettbewerb als Vorlage dient: Eine flache Kuppel sitzt auf ringförmigen Sockelbauten, deren Mitte ein vorgezogener Eingang mit Säulenportikus betont. Ein umlaufendes Fensterband und die aufgesetzte Laterne belichten die flache Rippenkuppel.[35] Außerdem wünscht Hitler ausdrücklich die Unterscheidung zwischen dem Münchner Hauptbahnhof als »Monument der Technik unseres Jahrhunderts« von der Halle des Volkes, die Albert Speer für Berlin als Massivkuppel plant.[36] Diese Einstellung Hitlers ermöglicht im Gegensatz zur Brücke in Hamburg die Konstruktion der Kuppel in Stahl und führt zur Hinzuziehung des Ingenieurs Fritz Leonhardt.

Das Kuppelthema war schon vor der Skizze Hitlers von der Sonderbaubehörde zum Ausbau der Hauptstadt der Bewegung unter Gieslers Vorgänger Hermann Reinhard Alker 1937 eingeführt worden.[37] Giesler hatte nach seiner Berufung die infrastrukturelle Anbindung des Hauptbahnhofs, die Hitler kritisiert hatte, geändert.[38] In Gieslers Planungen wird der Bahnhof am Ende der monumentalen Prachtstraße nicht mehr einseitig umfahren. Durch Absenkung der Bahngleise kann er die Straßen als Autobahnanschluß um den Bahnhof herumführen. Die Kuppel – im Entwurf der Sonderbaubehörde über der Empfangshalle – wird zur Gleishalle über den Trassen und muß deshalb ins Gigantische vergrößert werden. Als städtebaulicher Akzent bildet sie das Ende der Prachtstraße zwischen Denkmal der Partei und Neuem Hauptbahnhof und ist damit ähnlich wie Albert Speers Halle des Volkes in Berlin das signifikante Merkmal für die nationalsozialistische Neugestaltung Münchens als Hauptstadt der Bewegung (Abb. 9).[39]

Der Neue Hauptbahnhof

Der prämiierte Wettbewerbsbeitrag Klönne-Bonatz sieht eine zwölfteilige Rippenkuppel als Gleishalle vor. Die Empfangshalle wird auf ringförmigem Grundriß um die Kuppel herumgelegt und öffnet sich mit einer offenen Stützenarkade auf Straßenniveau. Um den Eingang in Richtung der großen Achse zu betonen, zieht Bonatz das auf schlanken Stützen lagernde Vordach etwas nach vorn und legt es auf zwei reduzierte, massive Risalite auf. Die Kuppelhalle über den Bahngleisen wird durch ein hohes durchgehendes Fensterband über der Ringhalle und die leicht konisch zulaufende Laterne belichtet. Der Wettbewerbsentwurf besticht durch seine reduzierte architektonische Formensprache und weist mit den fein profilierten, schlanken Verglasungen des umgebenden Rundbaus und des senkrechten Obergaden-Fensterbandes schon deutlich auf die Architektur der Nachkriegszeit. Die Rippenkuppel, die Hitler skizziert hatte, ist in Bonatz' Entwurf vom Juni 1939 mit einer Dachdeckung in gefaltetem Blech gestaltet. Im November 1939 – mittlerweile ist Leonhardt an den Planungen beteiligt – ist die tragende Rippenkonstruktion in der perspektivischen Darstellung (datiert Bonatz 9.11.39) deutlich ablesbar (Abb. 10).[40] In dieser Zeichnung kommen die wahren Größenverhältnisse zum Ausdruck, und auch die großen städtebaulichen Modelle zeigen die Dominanz des Bauwerks. Zwei dieser Modelle sind noch heute im Stadtmuseum München erhalten.[41]

Da die Konstruktion der Stahlkuppel die Könnerschaft des deutschen Ingenieurwesens verbildlichen soll, darf Fritz Leonhardt in diesem Fall technisch konnotiertes Material einsetzen: »Aluminium für die profilierte Kuppel-Eindeckung, Aluminium für Fenster und Elemente, Glas und Glasmosaik für die Licht- und Wand-Flächen«.[42] Leonhardt plant, die 265 m mit einer Rippenkuppel in Stahl zu überspannen. Zwischen den einzelnen Rippen aus Hohlprofilen (2500 x 2000 mm) liegt eine zweischalige Dachhaut aus außen gefaltetem und an der Innenseite gewelltem Aluminiumblech, verstärkt durch sechs horizontale Ringträger und Fachwerksparren (600 x 4900 mm) (Abb. 11). Die Verwendung von Aluminium soll das von den Stahlträgern abzutragende Gewicht minimieren.[43] Die statische Berechnung des Systems, das mit 384 Gleichungen mit 384 Unbekannten für Ingenieure und Mathematiker eine Herausforderung mit monatelanger Rechenarbeit darstellt, wird unter Zuhilfenahme von Modellstatik geprüft.[44] Dazu läßt Leonhardt für die Materialprüfungsanstalt Stuttgart unter Otto Graf ein Modell im Maßstab 1:50 »mit genieteten Hohlprofilen aus dünnem Stahlblech maßstabsgetreu« bauen, das nicht überliefert ist.[45] Die statischen Untersuchungen, die Leonhardt und seine Mitarbeiter 1942 aufstellen, sind dagegen erhalten und belegen, daß mitten im Krieg mit Hochdruck an der Detailplanung und technischen Fragen wie der konstruktiven Kompensation von Wärmewirkungen gearbeitet wurde.[46]

Kontext

Leonhardt meint rückblickend, daß er und sein Team »eine größenwahnsinnige Planung betrieben, von der wir mindestens ahnten, daß sie nicht verwirklicht werden würde«.[47] Dennoch reizt ihn die Konstruktion einer Kuppel in Stahl mit 265 m Spannweite.[48] Zur gleichen Zeit plant Albert Speer in Berlin seine Halle des Volkes, die mit 250 m Spannweite in direkter Konkurrenz steht. Giesler erwähnt in seinen durchaus quellenkritisch zu lesenden Erinnerungen eine

13. Modell der Neuplanungen Hermann Gieslers für Linz, links die Hängebrücke Fritz Leonhardts.

13. Model of Hermann Giesler's re-planning of Linz, to the left the suspension bridge by Fritz Leonhardt.

The size of the Munich dome should not shun competition of historic examples, as a comparative drawing of the largest buildings of the world show, e.g. the Cheops Pyramid, the Eiffel Tower in Paris or St. Peter's dome in Rome. With 42 m span the latter only reached a fifth of the Munich station diameter (illus. 12). Speer's dome, planned to be built in massive construction, also exceeded with its 250 m all previous dimensions. The Jahrhunderthalle (century hall) in Breslau (1913) had a 65 m diameter dome of radial, reinforced concrete beams. In the 1920s, the largest domical constructions were shells, such as the Großmarkthalle (main market hall) in Leipzig, built by the firm of Dyckerhoff & Widmann as an ellipsoid eight-sided open shell of 74 m span.[50] The jump in scale to the domes spanning 250 and 265 m for Berlin and Munich reveals the delusion of grandeur by National Socialists representative architecture. Interestingly, Speer's engineers in Berlin cannot fulfill the expectations of massive solidity and finally provide a steel cupola from which a massive shell should be suspended.[51] Due to the war both cupola projects were abandoned. Only 20 years later, 200 m spans were realized.[52]

Further projects

In the course of Munich's large scale planning from 1939 to 1943, Leonhardt's newly founded office attracts numerous other projects, apart from the challenging dome construction.[53] Leonhardt's range of duties include structural design for the Denkmal der Partei (monument of the party), as well as numerous structural studies in traffic engineering, e.g. the development of prefab concrete tracks for the newly planned subway in Munich.[54]

Railroad planning by the Reichsverkehrsministerium envisages the upgrading of the eastern station.[55] Differing from the huge domed hall of the new main station, the eastern station has a rectangular hall alongside the tracks. Platforms and tracks get light from clerestory ribbons of parallel

roofs with steel box-girders, supported by columns on the service platforms.[56] For this purpose Leonhardt's office prepares designs of platform roofing in the years 1940 and 1941, detailed down to 1:20 scale.[57]

This design surprises by the simplicity of steel Ts for cantilever supports with glazed clerestories. Leonhardt himself noted, that the later reconstruction of the Stuttgart platform roofing recalled this design.[58]

In the fall of 1940, after Hermann Giesler was commissioned by Hitler with the replanning of the city of Linz – in addition to Munich – Leonhardt gets new tasks in this town. A suspension bridge over the Danube is to be built; in model photos it resembles the Rodenkirchen bridge (illus. 13, left).[59] Furthermore, Leonhardt visioned a light steel lattice as roof structure for a flat-roofed exhibition hall (illus. 14).[60] Leonhardt uses models to study the joints of steel pipes in space. The question of multi-directional joining is solved by a screw connection.

Beyond Munich, Leonhardt also solicits projects: Through his contacts with Konstanty Gutschow in Hamburg, Leonhardt is also commissioned, apart from the Elbe bridge, with the structural calculations and façade study for the Gauhochhaus (district skyscraper), which as the "Gate to the West" should dwarf America's tall buildings. In this project, architect and engineer endeavor to find a structural solution with an American style steel skeleton.

Conclusion

Leonhardt's early work of the years from 1934 to 1943 consists – with a few exceptions – of bridges and steel structures. Profiting from his experience during a study visit to the USA and his own innovations in materials technology by cooperation with the Materialprüfungsanstalt in Stuttgart, he earns the reputation of a specialist for suspension bridges with the Reichsautobahn. He keeps close contact with the USA, pursuing international deve-

Anekdote, nach der ihn Speer darauf hingewiesen habe, doch unter der Spannweite von Berlin zu bleiben, die Halle des Volkes solle die weitest gespannte Kuppel innerhalb der zur nationalsozialistischen Neugestaltung ausgewählten Städte sein.[49] Daß die Größe der Münchner Kuppelhalle auch internationale Konkurrenz nicht scheut, beweist der zeichnerische Vergleich mit den bisher höchsten Bauwerken der Baugeschichte, u.a. der Cheops-Pyramide, dem Eiffelturm in Paris oder dem Petersdom in Rom. Dessen Kuppel hätte mit 42 m Spannweite nur ein Fünftel des Durchmessers des Münchner Bahnhofs erreicht (Abb. 12). Speers Kuppel, die als Massivbau ausgeführt werden sollte, lag mit ihren 250 m Spannweite ebenfalls weit über den bis daher erreichten Spannweiten. Die Jahrhunderthalle in Breslau (1913) war als Eisenbetonkuppel aus radial angeordneten Bindern mit 65 m Durchmesser konstruiert. In den 1920er Jahren waren die größten Kuppelbauten Schalenkonstruktionen, wie beispielsweise die Großmarkthalle in Leipzig (1927/1929), die Franz Dischinger mit der Firma Dykerhoff & Widmann als elliptische Achteckkuppel von 74 m Spannweite mit freitragenden Schalen realisierte.[50] Der Maßstabssprung zu den 250 m und 265 m weit spannenden Kuppeln der Planungen für Berlin und München offenbart den Größenwahn der nationalsozialistischen Repräsentationsarchitektur. Interessanterweise können Speers Ingenieure in Berlin dem Anspruch auf Massivität letztendlich nicht gerecht werden und sehen in der letzten Planungsstufe ebenfalls eine Stahlkuppel vor, in die eine Massivschale eingehängt werden sollte.[51] Beide Kuppelplanungen können kriegsbedingt nicht weiterverfolgt werden. Erst 20 Jahre später werden Spannweiten über 200 m tatsächlich gebaut.[52]

Weitere Projekte

Neben der Herausforderung des Kuppelbaus ergeben sich zwischen 1939 und 1943 im Rahmen der Münchner Großplanungen für Leonhardts neu gegründetes Büro zahlreiche weitere Projekte.[53] Die Tragwerksplanung für das Denkmal der Partei fällt in Leonhardts Aufgabenbereich, genauso wie zahlreiche statische Untersuchungen zu verkehrstechnischen Fragestellungen, z.B. die Entwicklung von Fertigbetonspuren für die neu geplante S-Bahn in München.[54]

Die im Reichsverkehrsministerium beschlossenen Trassenplanungen für die Bahn sehen die Aufwertung des Ostbahnhofs vor.[55] Anders als für die riesige Kuppelhalle des Neuen Hauptbahnhofs ist für den Ostbahnhof eine den Bahngleisen vorgelagerte Empfangshalle auf querrechteckigem Grundriß vorgesehen. Die Bahnsteige und Gleise werden durch Bahnsteigüberdachungen mit Stützen auf den Gepäckbahnsteigen und parallel geführten Oberlichtbändern auf Stahlhohlkastenträgern mit schalenförmig gewölbten Stegblechen belichtet.[56] Hierfür fertigt Leonhardts Büro in den Jahren 1940 und 1941 die Pläne der Bahnsteigüberdachungen, die bis zum Maßstab 1:20 durchdetailliert werden.[57]

Dieser Entwurf überrascht durch die Einfachheit der stählernen T-förmigen Kragstützen mit gläsernen Oberlichtbändern. Die spätere Wiederaufbaulösung der Stuttgarter Bahnsteigüberdachungen erinnert, wie Leonhardt selbst betont, an diesen Entwurf.[58]

Nachdem Herrmann Giesler von Hitler im Herbst 1940 zusätzlich zu München mit der Neukonzeption der Stadt Linz beauftragt wird, kommen auf Leonhardt auch in dieser Stadt neue Aufgaben zu. Eine Hängebrücke über die Donau ist zu konstruieren, die in den Modellphotos an die Rodenkirchener Brücke erinnert (Abb. 13).[59] Außerdem ist Leonhardt mit Überlegungen für ein leichtes Stahlfachwerk als Dachkonstruktion für eine flach gedeckte Ausstellungshalle befaßt (Abb. 14).[60] Die Knotenpunkte des räumlichen Tragwerks aus Stahlrohrprofilen läßt Leonhardt im Modell visualisieren. Die Frage des räumlichen Anschlusses wird durch eine Schraubverbindung gelöst.

Auch außerhalb Münchens bemüht sich Leonhardt um Aufträge: So ist er durch seinen Kontakt zu Konstanty Gutschow in Hamburg neben der Elbehochbrücke mit der Statik und Fassadenuntersuchungen für das Gauhochhaus beauftragt, das als Tor zum Westen amerikanische Hochhäuser in den Schatten stellen soll. Auch bei diesem Projekt bemühen sich Architekt und Ingenieur, mit einem Stahlskelett nach amerikanischem Vorbild eine technisch-konstruktive Lösung zu finden.[61]

Fazit

Leonhardts Frühwerk der Jahre 1934 bis 1943 ist bis auf wenige Ausnahmen dem Brückenbau und dem Stahlbau verpflichtet. Von den Erfahrungen während seines Studienaufenthalts in den USA profitierend und durch eigene materialtechnische Innovationen in Zusammenarbeit mit der Materialprüfungsanstalt erwirbt er sich den Ruf als Spezialist für Hängebrücken bei der Reichsautobahn. Dabei hält er intensiv Kontakt in die USA, wo er in regem Austausch mit seinem Onkel Otto Nissler und Prof. Solomon C. Hollister der Purdue University die internationalen Entwicklungen bis in den Krieg hinein verfolgt.

Geschickt nutzt Leonhardt dabei seine im Reichsverkehrsministerium geknüpften Kontakte. Nach Karl Schaechterle werden Paul Bonatz und Fritz Todt seine Förderer, über die er nach München zu Hermann Giesler gelangt. Berücksichtigt man die Vorschläge für die Hamburger Elbehochbrücke, ist Leonhardt damit an drei von fünf »Führerstadtplanungen« beteiligt: Hamburg, München und Linz. Um unter der nationalsozialistischen Diktatur bauen zu dürfen, war der Parteieintritt daher für Leonhardt unumgänglich: Im November 1939, als er sich als Beratender Ingenieur selbständig macht, tritt er der NSDAP bei.

Die Entwürfe, an denen Leonhardt in München mitarbeitet, sind wie die erste Hängebrücke der Reichautobahn und die Elbehochbrücke von hohem Prestigeanspruch. Sie sollen als Leistungsschau des deutschen Stahlbaus verstanden werden und sind von Hitler persönlich als Bauwerke der Technik definiert. Daher grenzen sie sich ab von der Schwere der nationalsozialistischen Repräsentationsarchitektur in Massivbauweise, wie sie Albert Speer für Berlin plant. Auch wenn Leonhardts Sparsamkeit, die ihn gegen Maßlosigkeit und Materialverschwendung ankämpfen läßt, seinen Ingenieurkonstruktionen eine Schlichtheit der Konstruktion bewahrt, stehen sie dennoch im Dienste eines Regimes, das die Weltherrschaft anstrebt. Auch der Ingenieurbau war hierfür Mittel zum Zweck.

lopments until the war by communicating with his uncle Otto Nissler and Prof. Solomon C. Hollister of Purdue University.

Leonhardt cleverly exploits his connections with the Reichsverkehrsministerium. Paul Bonatz and Fritz Todt become his patrons after Karl Schaechterle; it is them who connected him to Hermann Giesler in Munich. Taking his proposals for the Hamburg Elbe bridge into consideration, Leonhardt participates in three of five "Führerstadtplanungen" (city re-planning designated by the "Führer"): Hamburg, Munich and Linz. In order to be allowed to build under National Socialist dictatorship, it was unavoidable for Leonhardt to become a party member. In November 1939, when he becomes independent as a consulting engineer, he joins the NSDAP.

Like the first suspension bridge of the Reichsautobahn and the high Elbe bridge, the projects with Leonhardt's participation in Munich aspire to huge prestige. They are to demonstrate the capability of German steel construction, and are defined by Hitler himself as monuments of technology. For this reason they differ from the heaviness of masonry architecture, as Albert Speer planned for representative buildings in Berlin and Nuremberg. Although Leonhardt's thriftiness makes him fight exorbitance and waste of materials, so that his engineering structures retain constructive simplicity, one still has to consider that they are serving a regime, which aspires to world supremacy. Civil engineering was another means to that purpose.

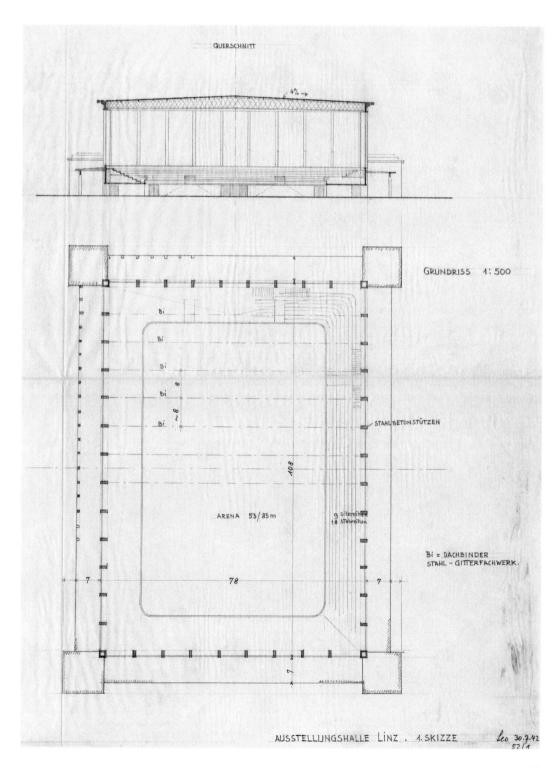

14. Ausstellungshalle in Linz, Grundriß und Querschnitt, 1942.

14. Exhibition hall in Linz, plan and section, 1942.

15–20. Hängebrücke über den Rhein in Köln-Rodenkirchen, Photos des Montageprozesses.

15–20. Suspension bridge over the Rhine at Köln-Rodenkirchen, photos of the assembling process.

21. Hängebrücke über den Rhein in Köln-Rodenkirchen, Winter 1940/41.
22. Hängebrücke über den Rhein in Köln-Rodenkirchen, Einweihung am 20. September 1941.
23. Hängebrücke über den Rhein in Köln-Rodenkirchen, neues Modell, gebaut für die Ausstellung
im Jahr 2009.
24. Hängebrücke über den Rhein in Köln-Rodenkirchen nach der Zerstörung im Jahr 1945.

21. Suspension bridge over the Rhine at Köln-
Rodenkirchen, winter 1940/41.
22. Suspension bridge over the Rhine at Köln-
Rodenkirchen, inauguration on 20 September
1941.
23. Suspension bridge over the Rhine at Köln-Rodenkirchen, new model, made for the exhibition
in 2009.
24. Suspension bridge over the Rhine at Köln-
Rodenkirchen after the destruction in 1945.

Dietrich W. Schmidt
Wirtschaftlicher Wiederaufbau in Stuttgart. Beiträge Fritz Leonhardts zur Schuttverwertung

Leonhardt hatte seit Sommer 1944 in München die Abteilung »Bauforschung – Entwicklung und Normung« der Organisation Todt geleitet, die sich mit zeitgemäßen Baumethoden beschäftigte, darunter der Trümmerverwertung in Form von Ziegelsplittbeton und der Schüttbauweise mit Einkornbeton.[1] Dabei arbeitete er mit Spezialisten wie Otto Graf, Ernst Neufert und Bernhard Wedler zusammen. Letzterer beschäftigte sich neben Normen für Schall- und Wärmeschutz auch mit Zulassungsbestimmungen für Ziegelsplittbeton. Auf dessen Erkenntnissen konnte Leonhardt wenig später aufbauen und mit der Stuttgarter Baufirma Bossert eine eigene Bauweise entwickeln, die bis in die 1950er Jahre hinein Anwendung fand. Im Zuge seines ersten Nachkriegsauftrags vom 20. Mai 1946, des Wiederaufbaus der Köln-Deutzer Rheinbrücke, begann er mit Wolfhart Andrä und anderen früheren Mitarbeitern, ein Büro in Stuttgart aufzubauen.[2]

In insgesamt 53 Luftangriffen waren 68 Prozent der Stuttgarter Wohngebäude beschädigt oder zerstört worden, darunter 23000 total vernichtet.[3] Aus den Bombardierungen resultierten ca. 4,6 Mio. m³ Schutt.[4] Aus diesem wurde in Brechanlagen Ziegelsplitt gewonnen. Die »Gemeinnützige Gesellschaft für Trümmerverwertung und -beseitigung in Stuttgart m.b.H.«[5] betrieb dafür zwei Werke mit einer Verkaufsstelle (Abb. 1). Die Gesamtbaukosten wurden damit um 6–8 Prozent gesenkt.[6] Vermischte man das Material mit Zement, ergab sich Ziegelsplittbeton, der freilich nur im unbewehrten Massivbau, nicht im Skelettbau eingesetzt werden konnte. Dieser magere Beton konnte kostensparend für tragende Wände verwendet werden, die zudem ausreichende Wärmedämmeigenschaften aufwiesen. Für eine ökonomische Bautechnik mit diesem Material setzte sich Leonhardt nachdrücklich ein. 1949 schrieb er: »Seit Kriegsende habe ich mich nicht ohne Erfolg um die Einführung der Schüttbauweise bemüht, da dies einerseits die wirtschaftlichste Verwertung der ungeheueren Trümmermassen […] und andererseits eine weitgehende Mechanisierung des Rohbaues erlaubt […].«[7] In dieser Begründung für die Bauweise wird das Denken des Ingenieurs deutlich, der grundsätzlich mit minimalem Aufwand maximale Ergebnisse erzielen will. Schon 1947 hatte er präzise Angaben für die neue Bauweise veröffentlicht:[8] Zusammensetzung, Körnung (7–50, 7–30, 7–5 oder 15–30 mm) Festigkeit, Wärmedurchlaßzahl, Bindemittel (100 kg Zement/m³ gegen 120 kg bei gewöhnlichen Ziegelmauern), Schalung mit genauen Detailzeichnungen und Ausschalfristen sowie eine Tabelle mit Vergleichszahlen des Energieverbrauchs für unterschiedliche Außenwände. Der Kohleverbrauch für 1 m² verputzte Außenwand betrug bei Ziegelmauerwerk 48,4 kg, bei Schüttbeton aus Ziegelsplitt nur 9,9 kg.

Die Schüttbetonbauweise wurde aber nicht erst unter dem Druck der ungeheueren Trümmermassen am Ende des Zweiten Weltkriegs erfunden, sondern war zu dieser Zeit längst bekannt (im Bestand Fritz Leonhardt im saai, Karlsruhe, findet sich eine Liste, in der 30 Publikationen bis 1954 über das Thema zusammengestellt sind). Sie war erstmals in Europa 1927/1928 im Zuge der damals allgemeinen Bemühungen um eine Industrialisierung des Bauwesens von der »Gemeinnützigen Aktiengesellschaft für Angestellten-Heimstätten (Gagfah)« in Merseburg verwendet worden (dreigeschossige Häuser mit 832 Wohnungen für Arbeiter der Leuna-Werke).[9] In der Zeit der Weltwirtschaftskrise 1929/1930 bediente man sich ihrer, um durch die kürzere Bauzeit gegenüber dem Mauerwerksbau Kosten einzusparen, so auch bei mehrgeschossigen Wohnhäusern in Köln.[10] Dieser erdfeuchte Schüttbeton hatte aber keine Anteile aus Ziegelsplitt, sondern verwendete Schlacke und Kies als Zuschlagstoffe. Allerdings ähnelte die damalige Schalung der zwei Jahrzehnte später eingesetzten: geschoßhohe, mit Drahtgeflecht überspannte Holzrahmen. Wie Leonhardt 1947 berichtete, wurde Schüttbeton auch in den USA und England erfolgreich eingesetzt. Während die Amerikaner Schalungen aus Stahlblech verwendeten, benutzten die Engländer »[…] ebenfalls mit Drahtgeflecht bespannte, jedoch ziemlich kleine Holzrahmen […].«[11]

Als gegen Ende des Krieges der Trümmerschutt ungeheure Dimensionen angenommen hatte, wurde in Berlin ein Ausschuß für Trümmerverwertung gebildet, der Vorschläge für Bauteile aus Trümmersplitt unterbreitete. Wie Ministerialrat a. D. Bernhard Wedler 1947 an Leonhardt schreibt, hatte »Dyckerhoff & Widmann mit der Trümmerverwertung schon während des Krieges begonnen.«[12] Zügig wurden Normvorschriften für den Baustoff entwickelt. Bereits im Oktober 1945 war die DIN 4162 mit Vorschriften für »Wandbauplatten aus Ziegelsplitt« fertiggestellt worden,[13] ergänzt durch die DIN 4163 »Richtlinien für Ziegelsplittbeton aus Trümmern« und die DIN 4232 »Richtlinien für geschüttete Leichtbetonwände«. Über Verwendungsmöglichkeiten und Eigenschaften des Ziegelsplitts gibt eine Druckschrift der »Gemeinnützigen Gesellschaft für Trümmerverwertung und -beseitigung in Stuttgart m. b. H.« (TVB) Auskunft.[14] In der Besatzungszeit mit völlig neuen baupolitischen Zielen beschränkte sich das Nach-

1. Produktionsstätte der »Gemeinnützigen Gesellschaft für Trümmerverwertung und -beseitigung in Stuttgart m. b. H.« in der Hegelstraße, 1947.
2. Leonhardt-Bossertsche Schüttbauweise, Aufstellen der Schaltafeln aus rechtwinkligen Stahlblechrahmen mit orthogonalem Drahtgewebe.
3. Leonhardt-Bossertsche Schüttbauweise, Schalung der Wände mit Modulen von 2,75 m Höhe und 62,5 cm Breite.
4. Baustelle in der Moserstraße, Stuttgart, Einbringen des Schüttguts.

1. Plant of the "Gemeinnützige Gesellschaft für Trümmerverwertung und -beseitigung in Stuttgart m. b. H" (non-profit company for the utilization and removal of rubble in Stuttgart Ltd.) in Hegelstraße, 1947.
2. Casting method by Leonhardt-Bossert, placement of rectangular forms with steel frame and orthogonal wire mesh.
3. Leonhardt-Bossert casting method, modular shuttering of walls, 2.75 m high and 62.5 cm wide.
4. Building site in Moserstraße, Stuttgart, placement of mix.

Dietrich W. Schmidt
Economic reconstruction in Stuttgart. Leonhardt's contribution to rubble utilization

Since the summer of 1944, Leonhardt was in charge of the Organisation Todt division of "Bauforschung – Entwicklung und Normung" (building research – development and standardization), which studied appropriate construction methods, including the re-use of rubble by way of crushed brick concrete or by casting single aggregate concrete.[1] He collaborated with specialists Otto Graf, Ernst Neufert and Bernhard Wedler. Besides standards for acoustical and thermal protection, the latter also elaborated code requirements for crushed brick concrete. Based upon his findings, Leonhardt developed soon after with the Stuttgart contractors Bossert a special building method, which was used till the 1950s. In the course of his first post-war commission of 20 May 1946, the rebuilding of the Rhine bridge at Köln-Deutz, he began, with Wolfhart Andrä and other early collaborators, to set up an office in Stuttgart.[2]

During 53 air raids 68 % of Stuttgart's dwellings were destroyed or damaged, among them 23000 totally razed.[3] The bombardments resulted in about 4.6 million m[3] rubble.[4] This was turned into broken brick aggregate with crushers. The "Gemeinnützige Gesellschaft für Trümmerverwertung und -beseitigung in Stuttgart m.b.H. (TVB)" (nonprofit company for the utilization and removal of rubble in Stuttgart Ltd.)[5] operated two plants and a sales point (illus. 1). Total construction costs were reduced by 6 to 8 percent.[6] Mixed with cement one had crushed brick concrete, to be used only in mass casting, not in skeleton construction. The meager concrete could be economically used for bearing walls, having also sufficient thermal insulation. Leonhardt championed the economic application of this material. In 1949 he wrote: "Since the end of the war I have endeavored, not without success, to introduce the casting method, since it is the most economical use of the enor-

mous amounts of rubble on the one hand […] and furthers the mechanization of construction on the other […]."[7] The justification of this building method demonstrates the mind of an engineer, who principally wants to achieve maximal results with minimal input. Already in 1947 he published precise details for the new building method:[8] composition, aggregate selection (7–50, 7–30, 7–5 or 15–30 mm), strength, heat transmission values, bonding agents (100 kg cement/m[3] against 120 kg for ordinary brick walls), shuttering with exact drawings and strike-down times, also tables with comparative values for energy efficiency of various exterior walls. The consumption of coal for 1 m[2] plastered exterior wall was 48,4 kg in brick, 9,9 kg cast concrete in crushed brick.

Cast-concrete construction had not been invented by virtue of the enormous amounts of rubble at the end of the Second World War, it had been known for a long time (up to 1954 the saai in Karlsruhe lists under Leonhardt 30 publications on the subject). First time in Europe it was used in 1927/1928 by the "Gemeinnützige Aktiengesellschaft für Angestellten-Heimstätten" (nonprofit company for white-collar workers' homes) in Merseburg as part of the general endeavor to industrialize building construction (three storey houses with 832 dwellings for workers of the Leuna works).[9] During the depression 1929/1930 it was used to reduce costs by quicker construction compared with masonry work, as in multi-floor dwellings in Cologne.[10] This low-water concrete did not use crushed brick but cinders and gravel as aggregate. But shuttering was similar to the full-floor, wire-mesh covered, wooden frames, used two decades later. Leonhardt reports in 1947 the successful use of cast concrete in the USA and Britain. While the Americans used steel formwork, the British "[…] also had wooden frames covered with wire mesh, albeit rather small […]."[11]

When at the end of the war the amount of rubble had attained colossal dimensions, a committee for the utilization of rubble was formed in Berlin, which submitted proposals for building

denken über Architektur allzu oft auf das Praktische, Ökonomische und Technische: schnellste Trümmerbeseitigung und Wiederaufbau.

Die Entwicklung der Stahlgitterschalung Leonhardt-Bossert

Untersuchte Otto Graf an der TH Stuttgart die Tauglichkeit von Ziegelsplitt aus Trümmern für Schüttbeton, so entwickelte Leonhardt für dieses grobkörnige, kaum verdichtete Baumaterial mit geringem Wassergehalt seit Anfang 1947 die bekannten Schalungen aus Drahtgeflecht zur urheberrechtlich geschützten »Leonhardt-Bossertschen Schüttbauweise« weiter. Er nennt neben dem Ingenieur Otto Graf auch den Maschinenbauer Ludwig Bölkow[15] als beteiligte Entwickler des Schalsystems,[16] das von der eigens gegründeten Firma »Moderner Bau-Bedarf (mbb)« vertrieben wurde. Es basiert auf dem von Ernst Neufert entwickelten Modul 125 mm für die Maßordnung im Hochbau nach DIN 4172.[17] Die Schaltafeln bestehen aus einem rechtwinkligen Stahlblechrahmen aus U-förmigen Abkantprofilen mit orthogonalem Drahtgewebe aus 1,8 mm starken Stahldrähten mit einer Maschengröße von 8,2 mm (Abb. 2). Die bevorzugten Abmessungen sind 2,75 m Höhe und 625 mm Breite (Abb. 3). Als Vorteile beschreibt Leonhardt: »Die Drahtgewebe ermäßigen nicht nur das Gewicht […], sondern zwingen zu dem gewünschten steifen, grobkörnigen Beton, ergeben rauhere Betonflächen und erlauben das Füllen der Schalung zu beobachten, so daß Nester und Hohlräume vermieden werden können«[18] (Abb. 4 und 5). Das Gewicht von 17 kg/m^2 sei geringer als das aller bekannten Stahl- und sogar Holzschalungen (30 kg/m^2), die schwerste Tafel wiege 25 kg. Die Schalung könne von ungelernten Arbeitern schnell auf- und abgebaut werden und eigne sich gut für das Taktverfahren. Die am bereits abgebundenen Beton unterer Stockwerke entfernten Schaltafeln werden dabei im Takt für die Schalung der darüber liegenden Stockwerke verwendet.

Schließlich zählt Leonhardt noch einmal alle Vorzüge der Schüttbauweise auf: Energie-, Transport- und Lohnkosten sparend, flexibel hinsichtlich Wärme- und Schallschutz sowie Tragfähigkeit, gute Putzhaftung, unmittelbare Verwertung von Trümmerschutt ohne Umweg über die Steinfabrik, einfache Handhabung und rasche Wiederverwendbarkeit der Schalung.[19]

Anwendungsbeispiele in Stuttgart

Am 31.5.1947 war die Ausstellung »Baustoffe aus Trümmern« eröffnet worden (Abb. 6).[20] Die Leonhardt-Bossertsche Schüttbauweise fand nachfolgend bis zum Sommer 1955 Anwendung. Mit dem Schrumpfen der Schuttberge wurde die Trümmerverwertung dann eingestellt. Die Verwertungsanlage am Hegelplatz wurde am 31.10.1953 feierlich geschlossen. Sie hatte in sieben Jahren 721 000 m^3 Ziegelsplitt produziert, womit u. a. Mauerwerk für 10 000 Wohnungen hergestellt worden war.[21]

Die Trümmerverwertung war nicht auf Stuttgart beschränkt, sondern dehnte sich in Süddeutschland aus (nachweisbar in Mannheim, München,

Reutlingen, Wiesbaden, Weinheim an der Bergstraße und Esslingen). Hier wird – ohne Vollständigkeitsanspruch – aber nur Stuttgarter Beispielen Aufmerksamkeit geschenkt.

Das erste mehrstöckige Haus errichtete die Baufirma Christian Bossert im Dezember 1947 in der Zellerstraße 87.[22] Die Außenwände des Erdgeschosses haben die charakteristische Stärke von 38 cm, die des Obergeschosses von 25 cm. Das Haus steht noch heute kaum verändert. Neben einem nicht näher bezeichneten Wohnhaus in Degerloch von 1948 wurde auch ein Zehnfamilienhaus in der Nordbahnhofstraße 179 nach dem Schüttbetonverfahren gebaut (Abb. 7):[23] Dessen Vorgänger, ein dreigeschossiges Mietshaus von 1897,[24] war im Krieg zerstört worden. Seit Mai 1946 wurde sein Wiederaufbau auf dem erhaltenen Kellergeschoß von Architekt Hans Heckel für den neuen Eigentümer Felix Taxis geplant.[25] Das viergeschossige Satteldachhaus hat eine konventionelle Lochfassade. Nach der Baugenehmigung vom Sommer 1948 wurde das Gebäude in Leonhardt-Bossertscher Schüttbauweise errichtet:[26] Die tragenden Innenwände haben eine Stärke von 25 cm, während die Außenwände im Erdgeschoß 51 cm und darüber 38 cm stark sind. Das inzwischen renovierte Gebäude ist bis heute erhalten.

5. Baustelle in der Moserstraße, Stuttgart, Verguß der Deckensteine.
6. Die Ausstellung »Baustoffe aus Trümmern« war am 31. Mai 1947 in Stuttgart eröffnet worden.

5. Building site in Moserstraße, Stuttgart, grouting of hollow floor blocks.
6. Exhibition "Baustoffe aus Trümmern" (building materials from rubble), opened on 31 May 1947 in Stuttgart.

7. Wiederaufbau in Schüttbauweise in der Nord-bahnhofstraße 179, Stuttgart, 1948.
8. Neubau in Schüttbauweise in der Moserstraße 16–28, Stuttgart, Entwurf von Rolf Gutbrod, Zustand 1948.

7. Reconstruction by casting method in Nordbahn-hofstraße 179, Stuttgart, 1948.
8. New construction by casting method in Moser-straße 16 to 28, Stuttgart, design by Rolf Gutbrod, condition in 1948.

units of crushed rubble. Ministerialrat a. D. Bernhard Wedler writes to Leonhardt in 1947: "Dycker-hoff & Widmann have begun with the reuse of rubble already during the war."[12] Standards were speedily elaborated for this building material. Already in October 1945 DIN 4162 was completed, with specifications for "wall panels of crushed brick",[13] supplemented by DIN 4163 "specifications for crushed rubble brick concrete" and DIN 4232 "specifications for walls of light concrete". Printed information about possible utilization and properties of crushed brick is distributed by the TVB in Stuttgart.[14] During Allied occupation with totally new political aims, reflections on architecture were limited to practical matters, such as economic and technical problems of speedy reconstruction and disposal of rubble.

Development of the Leonhardt-Bossert wire-mesh shuttering

For this large-aggregate, low-water content, and hardly compacted building material, Leonhardt developed the well known wire mesh shuttering, which he in patented in early 1947 as the "Leonhardt-Bossert Schüttbauweise" (Leonhardt-Bos-

sert casting method). He mentions the engineer Otto Graf and the machine designer Ludwig Böl-kow[15] as participants in the development of the shuttering system,[16] which was marketed by the especially established firm "Moderner Bau-Bedarf (mbb)" (modern building requisites). It is based on Ernst Neufert's module of 125 mm in the building standard DIN 4172.[17] The shuttering panels consist of a rectangular frame of steel U-sections with an orthogonal wire mesh of 1.8 mm wire and 8.2 mm mesh width (illus. 2). The preferred size is 2.75 m high and 625 mm wide (illus. 3). Leonhardt cites as advantages: "The wire mesh not only reduces weight […], but also enforces the desired stiff, coarse-grained concrete, it results in a rough surface and permits to watch the filling of the formwork and to avoid honeycombing"[18] (ills. 4 and 5). The weight of 17 kg/m² is less than that of all known steel or wood formwork (30 kg/m²), the heaviest panel weighs 25 kg. Unskilled labor can quickly install and remove the formwork, it is very suitable for step-by-step construction. Shuttering panels of the cured concrete on the lower floors are removed and installed for an upper floor.

Finally, Leonhardt enumerates all advantages of casting: savings in energy, transport and wages, flexibility in thermal or acoustic protection and bearing capacity, good adherence of rendering, immediate utilization of rubble without intermediate block production, simple application and quick turnover of formwork.[19]

Examples of application in Stuttgart

On 31 May 1947 opened the exhibition "Baustof-fe aus Trümmern" building materials from rubble (illus. 6).[20] Following it, Leonhardt-Bossert's casting method was in use until summer 1955. With the shrinking of rubble heaps the reuse of debris was terminated. The plant on the Hegelplatz was ceremonially shut down on 31 October 1953. In seven years it produced 721 000 m² crushed brick, being used for masonry of 10 000 apartments.[21]

Reuse of rubble had not been limited to Stuttgart but had spread throughout southern Germany. We only consider examples in Stuttgart – without claim to completeness.

The first multi-storey building was erected by the contractor Christian Bossert in December 1947 at Zellerstraße 87.[22] The exterior walls of the ground floor have the typical thickness of 38 cm, the upper floors 25 cm. The building is unchanged till today. Besides an unidentified house in Deger-loch of 1948, a ten-family house at Nordbahnhof-straße 179 was built by casting method (illus. 7).[23] The preceding three-floor apartment building of 1897[24] had been destroyed during the war. Since May 1946 the architect Fritz Heckel planned a reconstruction on the existing basement for the new proprietor Felix Taxis.[25] The four-floor, saddle roo-fed building has a conventional façade with window openings. It was built with the Leonhardt-Bossert casting method under a building permit of summer 1948.[26] The internal bearing walls are 25 cm thick, the exterior walls at ground level 51 cm, above 38 cm. Meanwhile renovated, the building still stands.

More important complexes are following: already from June till October 1947 Rolf Gutbrod

Dann folgten bedeutendere Komplexe: Schon von Juni bis Oktober 1947 plante Rolf Gutbrod den Wiederaufbau der sieben Gründerzeithäuser Moserstraße 16–28 (Abb. 8), gefördert von OB Arnulf Klett, der Zentrale für den Aufbau Stuttgarts und der Gesellschaft für Trümmerbeseitigung.[27] Zum Baubeginn kam es unmittelbar nach der Währungsreform vom 21. Juni 1948.[28] Das Areal zwischen Eugenstraße im Norden und Ulrichstraße im Süden war ursprünglich in der für Stuttgart typischen Bauweise mit Einzelhäusern bebaut. Gutbrods auch bauwirtschaftlich orientierte Neuplanung sah eine Großbaustelle für zusammenhängende Bebauung vor. Das erste Baugesuch für die Moserstraße 28 (Verwaltungsgebäude der Krankenkasse für Handel, Handwerk und Gewerbe) war zwar erst im Mai 1948 genehmigt,[29] aber noch im selben Jahr in der Leonhardt-Bossertschen Schüttbauweise fertiggestellt worden.[30] Es folgte 1950 das Eckgebäude Moserstraße 16, in dem nicht nur Gutbrod selbst sein Architekturbüro einrichtete, sondern auch die Kollegen Rolf Gutbier, Hans Kammerer und Walter Belz sowie Martin Elsaesser.[31] Die restlichen Häuser waren bis 1952 bezugsfertig[32] und wurden seither kaum verändert. Mit ihrer originellen Gestaltung durch rhythmisierte Fassaden unter großen Dachüberständen, unterschiedliche Glasbausteine in den Treppenhäusern oder variantenreiche, trapezförmige Balkone markieren diese fünfgeschossigen Neubauten auch baukünstlerisch einen interessanten Entwicklungspunkt der Stuttgarter Baugeschichte zwischen Wiederaufnahme des rationalistischen Neuen Bauens und Hinwendung zu anthroposophisch-organischen Auffassungen.

Von Juli bis Oktober 1949 wurden große Teile des im Krieg stark zerstörten »Postdörfles« zwischen Heilbronner und Birkenwaldstraße von den Firmen Wolfer & Goebel sowie Christian Bossert GmbH[33] wiederaufgebaut.[34] Die Dicke der Schüttbetonmauern betrug überwiegend 25 cm, nur teilweise 31 cm.[35] Der ursprüngliche gestalterische Reichtum der 32 historistischen Arbeiterwohnhäuser konnte allerdings ebensowenig erreicht werden wie ein neuer ästhetischer Anspruch: Die unbewehrte Schüttbauweise erlaubt weder Curtain-wall noch Fensterbänder. Auch im Inneren blieben die konventionellen Zwei- und Dreispänner ohne Bad rückständig. Die meisten dieser Gebäude wurden inzwischen durch Neubauten ersetzt.

Dagegen konnte Anfang der 1950er Jahre mit dem ersten Wohnhochhaus Stuttgarts doch noch ein bedeutender Akzent gesetzt werden: An der Holzgartenstraße Ecke Breitscheidstraße gegenüber der Liederhalle wurde 1952/1953 ein 16geschossiges Studentenwohnheim der TH Stuttgart nach Entwurf von Wilhelm Tiedje[36] und Ludwig Kresse gebaut (Abb. 9).[37] Der Funktionalist Richard Döcker hatte in seinen städtebaulichen Voruntersuchungen für das »Generalprojekt der TH Stuttgart« im Frühjahr 1952 an dieser Stelle einen vertikalen Akzent vorgeschlagen, der nun – Ironie des Schicksals – von einem Schüler des Wolkenkratzer-Verächters Schmitthenner als »Max-Kade-Heim« realisiert wurde. Großen Einfluß auf die Gestaltung des Studentenwohnheims als Hochhaus nach amerikanischem Muster nahm der deutschamerikanische Stifter Max Kade.

Der erste Bauantrag wurde am 21.7.1952 für ein 15geschossiges Hochhaus gestellt und bereits im Oktober begannen die Bauarbeiten, obwohl die vorläufige Baugenehmigung erst über ein halbes Jahr später erteilt wurde. Der zweite Bauantrag für ein weiteres, 16. Geschoß vom 19.3.1953 wurde am 11.9.1953 wieder nur vorläufig genehmigt.[38] Die Ursache für dieses Zögern des Baurechtsamts lag in den Vorschriften der DIN 4232 für Schüttbeton, die nur fünf Geschosse zuließ. Indessen besagten die Richtlinien der DIN 1053 für tragendes Mauerwerk, »daß für Geschoßzahl und Wanddicke eine Bemessung auf Grund einer sorgfältigen statischen Berechnung maßgebend ist«.[39] Da diese vorlag, wurde mit dem Bau begonnen.

Die Wände weisen zwar von unten bis oben durchgehend gleiche Stärken von 37,5 cm für die Außenwände und 25 cm für die tragenden Innenwände auf, aber die Konstruktion hat doch ihre notwendigen Differenzierungen: Die drei Untergeschosse und das Erdgeschoß bestehen nicht aus Ziegelsplittbeton, sondern aus dichtem Kiesbeton der Güte B 225. Alle darüber liegenden Geschosse wurden in Ziegelsplittbeton abnehmender Festigkeit ausgeführt, dessen Grundstoff aus dem TVB-Werk am nahe gelegenen Hegelplatz stammte. Das erste und zweite Obergeschoß haben die Güte B 160, das dritte bis siebte B 80 (bei einer Korngröße von 7–15 mm und 200 kg Zement/m^3); dann folgt ein B 50 (Korngröße 7–30 mm und 170 kg Zement/m^3) für das achte bis elfte Obergeschoß. Ab dem zwölften Obergeschoß wurde ein B 30 (Korngröße 15–30 mm und 150 kg Zement/m^3) verwendet. Die Wände bilden zusammen mit den 11 cm dicken, kreuzweise mit Baustahlgewebe bewehrten Deckenplatten einen »sehr widerstandsfähigen Schachtelbau von hoher Steifigkeit«.[40] Für den Schüttbetonteil wurde die Leonhardt-Bossertsche Gitterschalung im Taktverfahren verwendet. Je Geschoß einschließlich Massivdecke betrug die Arbeitszeit nur eine Woche, so daß die Gesamtbaukosten mit 130000 DM relativ gering waren.

Der schwer auf dem Boden stehende Massivbau mit relativ kleinen Fenstern ist zurückhaltend gegliedert (Abb. 10) und ähnelt damit formal dem jüngeren Wohnhochhaus Richard Döckers von 1956/1957 bei der Russischen Kirche, Ecke Seiden-/Hegelstraße. Die teilweise schon 1948 bei Gutbrods Häusern in der Moserstraße angeklungene Hinwendung zu organischen Entwurfsprinzipien ist hier nicht zu bemerken. So kontrastiert das etwas bieder wirkende Max-Kade-Heim mit der organisch geschwungenen neuen Liederhalle Gutbrods von 1949–1956 und noch deutlicher zu Hans Scharouns neoexpressiven Wohnhochhäusern »Romeo« und »Julia« von 1954–1959 in Zuffenhausen.

9. Stuttgarts erstes Wohnhochhaus, Max-Kade-Heim in Schüttbauweise, Entwurf von Wilhelm Tiedje und Ludwig Kresse, 1952/53.
10. Max-Kade-Heim, nach der Fertigstellung, 1953.

9. First high-rise apartment building in Stuttgart, Max-Kade-Heim by casting method, designed by Wilhelm Tiedje and Ludwig Kresse, 1952/53.
10. Max-Kade-Heim, after completion, 1953.

plans the reconstruction of seven turn-of-the-century buildings at Moserstraße 16–28 (illus. 8). They are sponsored by Mayor Arnulf Klett, the Zentrale für den Wiederaufbau von Stuttgart and the Gesellschaft für Trümmerbeseitigung.[27] Construction started immediately after the currency reform of 21 June 1948.[28] Originally, the area between Eugenstraße to the north and Ulrichstraße to the south had detached houses, as typical for Stuttgart. Gutbrod's economy-oriented replanning envisioned a big project with comprehensive development. Although the building permit was not issued before May 1948,[29] the project was finished in the same year, thanks to the Leonhardt-Bossert casting method.[30] 1950 follows the corner building Moserstraße 16, in which not only Gutbrod himself installed his office, but also his colleagues Rolf Gutbier, Hans Kammerer, Walter Belz and Martin Elsaesser.[31] The remaining houses were ready for occupation by 1952,[32] with no alterations since. With their original design of rhythmical façades beneath big roof projections, different glass blocks in the staircases or variable trapezoidal balconies, these five-level new constructions highlight an interesting architectural moment in Stuttgart's building history, between the revival of rationalist modern design or the turn towards anthroposophic-organic concepts.

From July till October 1949 large parts of the war damaged "Postdörfle" between Heilbronner and Birkenwaldstraße were rebuilt[33] by the contractors Wolfer & Goebel and Christian Bossert.[34] The thickness of the cast concrete walls was mostly 25 cm, partially 31 cm.[35] However, neither the original richness in the design of the 32 historic workers' dwellings could be reached, nor a new aesthetic introduced: the non-reinforced casting allowed neither curtain walls nor ribbon windows. Internally, the conventional double- or triple apartment floors without bathrooms were behind the times. Most of these buildings have been replaced by new constructions.

By contrast, in the beginning of the 1950s Stuttgart received an important accent with its first apartment tower: at the corner Holzgartenstraße – Breitscheidstraße, opposite the Liederhalle, a 16-floor students' dormitory for the Technische Hochschule Stuttgart was built in 1952/1953, designed by Wilhelm Tiedje[36] and Ludwig Kresse (illus. 9).[37] In a preliminary city planning study for the "Generalprojekt der TH-Stuttgart", the functionalist Richard Döcker had proposed in spring 1952 a vertical accent at this location. It was realized as "Max-Kade-Heim" by a student – irony of fate – of the skyscraper-contemnor Schmitthenner. The German-American sponsor Max Kade greatly influenced the design of the dormitory as an American-style tall building.

On 21 July 1952 the first building permit application was filed for a 15-floor tower, already in October construction was started, although a preliminary permit was issued half-a-year later. The second application of 19 March 1953 for an additional 16th floor was again issued on a preliminary basis on 11 September 1953.[38] The reason for this hesitation by the building authority were the specifications of DIN 4232 for cast concrete, permitting only five floors. Otherwise, DIN 1053 for bearing masonry prescribed, "that the number of floors shall be determined according to a careful structural analysis".[39] Since such analysis existed, construction was started.

The walls have the same thickness from bottom to top of 37.5 cm on the exterior, 25 cm for interior bearing walls, but the construction is differentiated: the three basement floors and the ground floor are not of crushed brick concrete, but of regular gravel concrete B 225. The upper floors were cast in crushed brick concrete of diminishing strength, all aggregate coming from the TVB-plant at the nearby Hegelplatz. The first and second upper floors have B 160, the third to the seventh B 80 (7–15 mm aggregate and 200 kg cement/m³), then follows B 50 (7–30 mm aggregate and 170 kg cement/m³) for the eighth to eleventh floor. Further up B 30 (15–30 mm aggregate and 150 kg cement/m³) was used. The walls, together with steel-mesh-fabric reinforced 11 cm thick concrete slabs constitute a "very resistant box structure of high rigidity".[40] For the cast concrete walls the step-by-step procedure with Leonhardt-Bossert's mesh shuttering was employed. Per week one level including the concrete floor was built, resulting in relatively low total expenditure of 130 000 DM.

The solidly grounded massive building with relatively small windows is restrained in its design (illus. 10), formally resembling earlier 1956/1957 apartment towers by Richard Döcker near the Russian church (corner Seiden-/Hegelstraße). We cannot see any indication of organic design principles, as were already noticeable 1948 in Gutbrod's houses in the Moserstraße. The somewhat conservative Max-Kade-Heim contrasts therefore with the organically curved new Liederhalle by Gutbrod (1949–1956), even more so with Hans Scharoun's neo-expressive apartment towers "Romeo" and "Julia" of 1954–1959 in Zuffenhausen.

Eberhard Pelke
Frühe Spannbetonbrücken

Fritz Leonhardt war bei den Anfängen des Spannbetons Beobachter. Während des Zweiten Weltkriegs scharte er eine Reihe junger begabter Ingenieure um sich, um das Wesen des Spannbeton
zu ergründen. Beim Wiederaufbau der zerstörten
Infrastruktur gaben ihm riskobereite Verwaltungs-
ingenieure den Raum, seine Ideen Wirklichkeit
werden zu lassen. Es entstanden sechs Meilen-
steine, die den großen Einfluß Fritz Leonhardts
auf den Spannbetonbrückenbau dokumentieren.
Heute ist der Spannbeton mit einem Marktanteil
von rund 70 Prozent Marktführer im deutschen
Straßenbrückenbau.

Vom Wesen des Spannbetons

Aufgerüttelt durch den Aufsatz »Une révolution
dans l'art de bâtir« reiste Fritz Leonhardt 1943 nach
Paris, um bei dessen Autor Eugène Marie Freyssinet, seinem Oberingenieur Yves Guyon und dem
Bauunternehmer Edmé Campenon das Wesen
des Spannbetons verstehen zu lernen. Hatte nicht
Freyssinet den Beton vom Zwang zum Bogen be-
freit und ihm die Welt der weitgespannten Balken
geöffnet? Im Sommer 1948 stellte der Förderer
Leonhardts und spätere Präsident der rheinland-
pfälzischen Straßenbauverwaltung, Ernst Wahl, einen weiteren Kontakt zu Freyssinet her und ließ ihn
die Fortschritte des französischen Spannbetonbaus
auf Baustellen an der Marne, in Paris und Grenoble
studieren. »Diese Reise wurde für mich Ansporn
zu meinen Spannbeton-Entwicklungen«, schreibt
Leonhardt in seiner Autobiographie.[1]

Doch will uns hier nicht ein listiger Schwabe ein
Auge petzen? Lassen wir Indizien sprechen: 1934
trat der junge Fritz Leonhardt in die Oberste Bauleitung Reichsautobahnen (OBR) Stuttgart ein und
wurde im »Brückendezernat 48« Mitarbeiter von
Karl Schaechterle. Als Schaechterle die OBR in
Stuttgart in Richtung Berlin verließ, um Brückenre-
ferent Südwest im Reichsverkehrsministerium, Di-

rektion Reichsautobahnen, zu werden, nahm er
Leonhardt mit.[2] Hier hatte Leonhardt die Chance,
alle Brückendezernenten der OBR und die wesentlichen Bauunternehmer kennenzulernen. »Ich
bemühte mich, in Gesprächen möglichst viel von
ihnen zu lernen – eine ganz einmalige Gelegenheit«, wie Leonhardt sich erinnert.[3] Sicher auch
von Paul Müller von der OBR Essen, der die Dres-
dener Versuche[4] zur Evaluierung der wegweisen-
den, ersten Spannbetonbrücke »Bauer Schulze
Hesseler-Bauweise Freyssinet der Neuen Baugesellschaft Wayss & Freytag A.G. (W & F)« beauftragte. Die Brücke wurde bei Oelde nach Genehmigung des zwischenzeitlich zum Direktor der
Reichsautobahnen aufgestiegenen Karl Schaechterle[5] unter der OBR Essen durch Rudolf Oppermann (W & F) 1938 errichtet.

Der Beginn des Spannbetonbrückenbaus war
weniger der Schönheit von Natursteinbrücken geschuldet, wie Leonhardt reflektiert,[6] sondern eher
den Kriegsvorbereitungen der Hitlerdiktatur, die
mit Hilfe eines Autarkieprogramms ab 1936 Stahl
von der Bau- in die Rüstungsindustrie lenkte. So
hoben Müller[7] und später Schaechterle[8] die
Stahlersparnis der neuen Bauweise besonders
hervor, die fehlende Zugfestigkeit des Betons nicht
durch Stahleinlagen, sondern durch außen aufge-
brachten Druck ausglich.

Erst Ende 1937, als die Grundlagen der neuen
Geheimwissenschaft »Spannbeton« gesichert waren, wandte sich Leonhardt wieder seinem gelieb-
ten Leichtbau zu und übernahm 1938 die Bauleitung der Rodenkirchener Hängebrücke. In seinen
Gedanken hatte die neue Bauweise einen Platz
erobert. Begriffen hatte er das Wesen des Spannbetons noch nicht.[9]

1943 wurde Leonhardt, nun Hauptbauleiter der
Organisation Todt (OT), zur Einsatzgruppe Rußland-Nord zum Bau der Baltölwerke in Estland
versetzt.[10] Dort versammelte er eine Reihe junger
und talentierter Ingenieure um sich, so Wolfhart
Andrä und Willy Stöhr, und »lernte mit ihnen, wie
die Vorspannung bei statisch unbestimmten Trä-
gern, zum Beispiel bei Durchlaufträgern, wirkt«.
Das erworbene Wissen »seiner Baltöl-Mann-

1. Elzbrücke in Bleibach, Belastungsversuch mit beladenen Lastkraftwagen, 1949.
2. Elzbrücke in Bleibach, Blick in die Schalung (links), Spannköpfe (Mitte) und Spannpresse (rechts).

1. Elz bridge in Bleibach, loading test with heavy trucks, 1949.
2. Elz bridge in Bleibach, view of the formwork (left), chuck heads (center) and tensioning press (right).

Eberhard Pelke
Early prestressed-concrete bridges

Fritz Leonhardt lived the early days of prestressed concrete as observer. During World War II he surrounded himself with a number of young and gifted engineers, to investigate the principles of prestressed concrete. During the reconstruction of destroyed infrastructure, some administrating engineers, ready to take chances, left room for the realization of his ideas. Six milestones shall document the great influence of Fritz Leonhardt upon the construction of prestressed concrete bridges. Today, prestressed concrete leads the market with 70 % of German highway bridge construction.

The Substance of prestressed concrete

Instigated by the article "Une révolution dans l'art de bâtir", Fritz Leonhardt travelled to Paris in 1943, to gain understanding of the nature of prestressed concrete from the author Eugène Marie Freyssinet, his chief engineer Yves Guyon and the contractor Edmé Campenon. Did not Freyssinet liberate concrete from its restriction to the arch principle and opened the world of long-span girders? During summer 1948, Ernst Wahl, the later president of the Rhenish Palatinate highway administration and Leonhardt's patron, made a second contact with Freyssinet, to let him study the progress of French prestressed-concrete construction on building sites at the Marne, in Paris and Grenoble. "This voyage was the incitement for my development of prestressed concrete", writes Leonhardt in his autobiography.[1]

However, does a clever Swabian take us for a ride? Let's look at the evidence: in 1934 young Fritz Leonhardt joined the Oberste Bauleitung Reichsautobahnen (OBR) – chief building office of expressways – in Stuttgart and was attached to bridge office 48 under Karl Schaechterle. When Schaechterle left the OBR in Stuttgart for Berlin, to become bridge expert "southwest" in the ministry of traffic, section expressways, he took Leonhardt along.[2] There, Leonhardt had the chance to get to know all the bridge administrators of the OBR and the principal contractors. "I endeavored to learn

as much as possible from our conversations – a unique opportunity", remembers Leonhardt.[3] Certainly also talks with Paul Müller of the OBR Essen, who commissioned the Dresden tests[4] concerning evaluation of the pioneering prestressed bridge "Bauer Schulze Hessler – System Freyssinet of the Neue Baugesellschaft Wayss & Freytag A.G. (W & F)". After approval by Karl Schaechterle,[5] who meanwhile rose to director of expressways, the bridge was built in 1938 at Oelde by Rudolf Oppermann from F & W.

The construction of prestressed concrete bridges was not due to the beauty of stone construction – as Leonhardt reflects,[6] but rather to war preparations by Hitler, who diverted steel from construction to armament under a 1936 autarky program. Müller[7] and Schaechterle[8] underlined the economy in the use of steel with the new construction method, which compensated the missing tensile strength of concrete by external application of pressure.

At the end of 1937, when the basics of the new secret science of prestressed concrete were established, Leonhardt returned to his beloved lightweight construction and in 1938 took up supervision of construction of the Rodenkirchen suspension bridge. The new building method was known to him, but he did not comprehend the essence of prestressed concrete.[9]

In 1943, now chief construction supervisor in the Organisation Todt (OT), Leonhardt was transferred to the operational group Russia-North for the construction of the Baltölwerke (Baltic oil works) in Estonia.[10] There he assembled a number of talented, young engineers, such as Wolfhart Andrä and Willy Stöhr, and "learnt with them how prestressing works on indeterminate beams, such as continuous girders". Knowledge gained by his "Baltöl team" enters into his first prestressed concrete design in 1944.[11] For a railway crossing at Trier, Leonhardt proposes a hollow slab, prestressed in the longitudinal and transverse direction according to Freyssinet[12] and restrained by the abutments to make up for bending stress. The course of the war prevented the construction of this bridge.

Leonhardt used the time after 1945 to build up his core team around Wolfhart Andrä and Willi Baur, to define prestressed concrete and, wholly

schaft« fließt 1944 in seinen ersten Spannbeton-Entwurf ein.[11] Für einen Bahnübergang bei Trier schlägt Leonhardt eine längs und quer vorgespannte Hohlplatte mit nachträglichem Verbund nach Freyssinet vor,[12] die er zum Ausgleich der Biegbeanspruchung in die Widerlager einspannt. Der Kriegsverlauf verhindert jedoch den Bau dieser Brücke.

Die Zeit nach 1945 nutzte Leonhardt zum Aufbau seiner Kernmannschaft um Wolfhart Andrä und Willi Baur, der Ausformulierung seines Spannbetons und, ganz Beratender Ingenieur, zur Wiederaufnahme seiner Kontakte auf Bauherrenseite.

Erster Meilenstein: Elzbrücke bei Bleibach (1949)

1948 »herrschte in Freiburg der Oberbaurat Arthur Lämmlein, der bereit war mit Leonhardt ein Risiko einzugehen«.[13] Zusammen mit dem Tüftler Baur verwirklicht Leonhardt seine erste Spannbetonbrücke mit Seilen der zerstörten Hängebrücken des Rheins: die Elzbrücke bei Bleibach, eine einfeldrige, gelenkig gelagerte Plattenbrücke mit einer Spannweite von 33,6 m (Abb. 1).[14] Es gilt, mit Spannstahl und Zement zu knausern und doch den Überbau grazil zu halten. Den Wagemut Leonhardts und seines für die Berechnung zuständigen Mitarbeiters Andrä zeigt die ausgeführte Schlankheit (Verhältnis von Bauhöhe zu Spannweite) von 1/26,7.

Die Platte des Überbaus ist im mittleren Drittel durch nicht begehbare Hohlkörper geleichtert. Ein massiver Ausleger, versteckt im Inneren des Kastenwiderlagers, und angehängte Widerlagerseitenwände verringern die Feldmomente. Um nachträglich vorspannen zu können, sind die 65 mm starken, patentverschlossenen Drahtseile der Stahlgüte St 120 mit ölgetränktem Papier und Blechband umwickelt. Jedes der 20 Seile wird mit einer gesondert angefertigten Spannvorrichtung in zwei Stufen auf 200 t Zugkraft angespannt. Die Spannvorrichtung umfaßt dabei über zwei Klauen den vorzuspannenden Seilkopf und stützt sich gegen eine hydraulische Presse ab. Deren Pressenkolben überträgt die Druckkraft über einen zweiteiligen Aufsatzring und einen einbetonierten Topf auf den Beton (Abb. 2).[15]

Noch heute ist die Fahrbahn direkt befahrbar. Als Folge der um 1970 beginnenden Tausalzbeaufschlagung der Straßen sind die Karbonatisierungstiefen entsprechend groß. Doch das damalige Ideal der nahezu vollen Vorspannung bewahrte den Beton- und Spannstahl nahezu vollständig vor der Korrosion.

Zweiter Meilenstein: Elzbrücke bei Emmendingen (1949)

Die Elzbrücke bei Emmendingen, die zweite Spannbetonbrücke der Beratenden Ingenieure Leonhardt, Andrä und Baur, ist eine über drei Felder durchlaufende, gevoutete Plattenbrücke der Spannweiten 15,0 m + 30,0 m + 15,0 m. Mit Bauhöhen von 58 cm in Feldmitte und 121 cm über der Stütze ist auch dieser massive Überbau sehr schlank (Abb. 3).

Die Spannglieder der Elzbrücke Bleibach erinnern noch stark an Freyssinets Lösung aus Elbeuf

(1942) für den nachträglichen Verbund.[16] Für die Elzbrücke bei Emmendingen formen sie Leonhardt und Baur zu einem Spannverfahren mit konzentrierten Spanngliedern, später als Spannverfahren Baur-Leonhardt bekannt, aus. Bei diesem Spannverfahren wird eine große Anzahl von Spannlitzen in rechteckigen Blechkästen zur Herabsetzung der Reibung vor dem Beton geschützt und an vorbetonierten, halbzylindrischen Spannköpfen umgelenkt.[17] Die hohe Stahlgüte St 180 der zu Litzen verseilten Spanndrähte hält den Verlust an Spannkraft aus Kriech- und Schwindverkürzungen des Betons mit 14 Prozent gering. Zum Schluß der Spannarbeiten werden die Blechkästen umgehend mit Zementleim verpreßt.

Die erforderliche Spannkraft von 320 t für jeden der elf Spannblöcke ist mit den damals verfügbaren hydraulischen Pressen nicht beherrschbar. Daher rührt Leonhardts berühmter Geistesblitz, aus Kochtöpfen der Württembergischen Metallwarenfabrik in Geislingen (WMF) einfache Pressen zu bauen.[18] Die Preß- oder Kochtöpfe werden zwischen Überbauende und einem Spannkopf aus hochbewehrtem Stahlbeton eingebaut. Nach Erreichen der geforderten Betonfestigkeit (B 400) wird der Überbau durch gleichzeitiges Ausfahren der Kochtöpfe vorgespannt. Anschließend verbleiben die Kochtöpfe einbetoniert im Bauwerk. Später ersetzen ausbaubare Spezialpressen mit bis zu 500 t Spannkraft die Kochtöpfe der frühen Nachkriegszeit.

Die Elzbrücke bei Emmendingen war die erste durchlaufende Spannbetonträgerbrücke mit kontinuierlichen Spanngliedern und Verbund.[19]

Dritter Meilenstein: Brücke Obere Badstraße, später Böckinger Brücke, Heilbronn (1950)

In Heilbronn trifft Fritz Leonhardt seinen langjährigen Freund aus Reichsautobahn- und Todt-Zeiten, Baurat Willy Stöhr, wieder. »Ein fortschrittlich eingestellter Bauherr aus der Schaechterle-Schule«.[22] Mit ihm zusammen baut Leonhardt seine erste Spannbetongroßbrücke. 96 m über ein Hafenbecken spannend, verbindet die Brücke Obere Badstraße Heilbronn mit ihrem Vorort Böckingen. Stöhr entwirft und schreibt einen Zweigelenkrahmen mit Gegengewichten und einzelligem Hohlkastenquerschnitt aus. Fritz Leonhardt optimiert das Tragwerk und fügt seine Vorspanntechnik der konzentrierten Spannglieder hinzu. Ausführender Bauunternehmer ist Heinrich Butzer mit seinem Oberingenieur Hans Gaß.[23] Ein solider Mittelständler, wie bei den Brücken von Leonhardt üblich.[24]

Um die Einflüsse von Kriechen und Schwinden zu mildern, hebt Leonhardt die rückwärtigen Seitenöffnungen um 50 Prozent auf 19,0 m an. Er verzichtet auf die zusätzliche Druckkomponente des Rahmenschubs und wandelt das statische System in einen gevouteten Dreifeldträger mit kurzen Endfeldern, die als Gegengewichte für die Einspannung des Mittelfeldes sorgten. Die rückwärtigen Endöffnungen versteht er geschickt im Widerlager zu verstecken (Abb. 4).

Die Spannglieder bestehen aus siebendrähtigen Litzen mit 3 mm Durchmesser der Stahlgüte St 180. Sie werden durchgehend in Endlosschlaufen verlegt. In Feldmitte zweigen sie in kleinere Blechkästen ab und werden um 180 Grad umge-

consulting engineer, to renew his many contacts with potential clients.

Milestone one: Elz bridge near Bleibach (1949)

In 1948 "ruled in Freiburg Oberbaurat (chief building counselor) Arthur Lämmlein, who was ready to take a risk with Leonhardt".[13] Together with punctilious Baur, Leonhardt realizes his first prestressed concrete bridge, using cables of the destroyed bridges over the Rhine: the Elz bridge at Bleibach near Gutach, a single 33.6 m span, a simply supported slab bridge (illus. 1).[14] At this time they had to economize on prestressing steel and cement, yet wanted to obtain a graceful structure. The achieved slenderness of 1/26.7 (ratio of construction height to length of span) is proof of the daring of Leonhardt and his partner Andrä, who did the calculations.

The middle third of the slab contains hollow units to reduce weight. Massive cantilevers, hidden in the box abutments, and side-walls attached to the abutments reduce the mid-span moment. The 65 mm proprietary-locked tendons of quality steel St 120 are wrapped in oil-impregnated paper and tin strips for subsequent tensioning. In two steps each of the 20 tendons are stressed by means of special tensioning devices to attain a pull of 200 t. The tensioning device, supported by a hydraulic press, clasps with two claws the tendon's head and transmits the bearing force via a twofold head ring and a cast-in pot to the concrete (illus. 2).[15]

Today the road deck is still practicable without any sealings. Since the 1970s there is an increasing depth of carbonizing, caused by frost inhibiting salt. But the ideal of nearly complete prestressing kept concrete and tendons from corroding.

Milestone two: Elz bridge near Emmendingen (1949)

The Elz bridge near Emmendingen is the second prestressed concrete bridge by the consulting engineers Leonhardt, Andrä and Baur. It is a haunched slab bridge with three-spans of 15.0 + 30.0 + 15.0 m. With 58 cm construction height in the center and 121 cm at the supports is the massive superstructure also very slender (illus. 3).

The tendons of the Elzbridge Bleibach strongly recall Freyssinet's solution in Elbeuf (1942) for posttensioning.[16] For the Elz bridge near Emmendingen, Leonhardt and Baur design a tensioning method with concentrated tendons, later known as prestressing system Baur-Leonhardt. To reduce friction, this method protects a large number of tensioning strands from concrete by rectangular tin boxes; the strands are turned around precast, half-cylindrical tensioning heads.[17] The high quality steel St 180 used for the warped strands keeps tensioning losses due to creep and shrinkage of concrete at a low 14 %. The tin boxes are injected with cement paste to complete the prestressing.

The required tensioning force of 320 t for each of the eleven tensioning heads could not be generated with then available hydraulic presses. This resulted in Leonhardt's famous stroke of genius, to use cooking pots of the Württembergische

Metallwaren-Fabrik (Württemberg metal works) to build simple presses.[18] The press pots are placed between the bridge ends and tensioning heads of highly reinforced concrete. After reaching the prescribed concrete strength (B 400) the bridge is being prestressed by extending the pots, which remain cast into the structure. Later on, special removable presses with a power of up to 500 t replace the cooking pots of early postwar times.

The Elz bridge near Emmendingen was the first prestressed bridge with continuous girders, tendons and bonding.[19]

Milestone three: Obere Badstraße bridge, later Böckinger bridge, Heilbronn (1950)

Fritz Leonhardt meets again in Heilbronn his long-time friend from Reichsautobahn and Todt times, Baurat Willy Stöhr. "A progressive client of the Schaechterle kind".[22] Together with him Leonhardt builds his first big prestressed concrete bridge. Spanning 96 m over a harbor, the Obere Badstraße bridge connects Heilbronn with its suburb Böckingen. Stöhr designs and commissions a two-hinged frame with counterweights and single-cell hollow box section. Fritz Leonhardt optimizes the structure and adds his tensioning system of concentrated tendons. Executing contractor is Heinrich Butzer with his chief engineer Hans Gaß.[23] A solid middle-class firm, as customary for Leonhardt's bridges.[24]

To reduce the influence of creep and shrinkage, Leonhardt increases the side openings at the rear by 50 % to 19.0 m. He foregoes the extra pressure component of frame-generated shear and changes the structural system into three-span beams with haunches and short end parts, to counterbalance the restraint of the middle span. The backside openings he cleverly hides in the abutments (illus. 4).

The tendons consist of seven 3 mm strands of St 180. They are placed in continuous endless loops. In the middle of the span they branch into small tin boxes and are turned 180°. Within the side openings three RC-tensioning blocks are placed in succession. The hindmost block contains 2 x 320 strands, the two anterior tendons are smaller, comprising 2 x 144 strands each (illus. 9, 10). The front tendons are staged into 16 loops of 18 strands each, to contain the flow of shear forces. Some play of the smaller tensioning loops at the stressing blocks helps to equalize the elongation of all loops after stressing. All together the three tendons attain a prestressing force of 5,900 t.

Willi Baur calculates sectional forces and dimensions the bridge. He determines deformation due to creep and shrinkage by means of the theory of elasticity exactly within 7 %. He adds wholesale to the calculation a value for steel relaxation and a small, undefined margin of safety. Due to shear and shrinkage all elongation factors add up to a total loss of 12 %. Significantly less than required by Dywidag single-rod tendons of lower strength steel (St 90), a fact, which the competitors Finsterwalder and Leonhardt are heartily discussing in professional circles.[25] Limitation of principal tensile stress, at the time considered sufficient as proof for shear, is being exceeded and already matches the newest evidence of global safety in the non-warping range.[26] Also the shear

lenkt. Im Bereich der Seitenöffnungen befinden sich drei hintereinander liegende Spannblöcke aus Stahlbeton. Der hinterste Spannblock verfügt über ein Spannglied von 2 x 320 Litzen, die beiden vorderen Spannglieder fallen mit je 2 x 144 Litzen kleiner aus (Abb. 9, 10). Um den Schubfluß verträglich zu halten, sind die vorderen Spannglieder in 16 Schlaufen à 18 Litzen gestaffelt. Ein Spiel an den Spannblöcken der kleineren Spannschleifen hilft mit Abschluß des Spannvorgangs die Dehnungen aller Spannschleifen gleichzuhalten. Zusammen ergeben die drei Spannglieder eine Vorspannkraft von 5.900 t.

Die Berechnung der Schnittgrößen und Bemessung der Brücke erfolgt durch Willi Baur. Er ermittelt die Kriech- und Schwindverformungen elastizitätstheoretisch genau zu 7 Prozent. Noch pauschal, führt Baur in die Berechnung Stahlrelaxation und eine kleine zusätzliche, nicht näher erläuterte Sicherheit ein. Alle Dehnungsanteile addieren sich zu einem gesamten Kriech- und Schwindverlust von 12 Prozent. Erheblich weniger als Dywidag-Einzelspannstäbe aus weniger hochfestem Stahl (St 90) erfordern, was die beiden großen Konkurrenten Finsterwalder und Leonhardt herzerfrischend vor der Fachwelt diskutierten.[25] Der Nachweis des Schubes geht über die damals als ausreichend angesehene Beschränkung der Hauptzugspannungen hinaus und gleicht bereits den letzten Nachweisformen globaler Sicherheit in wölbkraftgestörten Bereichen.[26] Auch die schubfeste Verbindung von Steg und Gurt und die Einleitung der hohen Spannkräfte entgehen der Aufmerksamkeit Baurs nicht.

Ohne daß es in die Bemessung Eingang gefunden hätte, sorgen Stöhr und Leonhardt konstruktiv durch einen B 400 für Dichtigkeit der anfänglich direkt befahrenen Oberfläche.

Vierter Meilenstein: Eisenbahnbrücke über den Neckarkanal in Heilbronn (1950)

1950 folgt die erste deutsche Spannbetonbrücke für Eisenbahnlasten, die Eisenbahnbrücke über den Neckarkanal bei Heilbronn (Abb. 5).[20] Gaspar Kani, Oberingenieur des ausführenden Bauunternehmens Wolfer & Goebel aus Esslingen, sorgt für Konstruktion und Kraftfluß[21] der kontinuierlich über fünf Felder durchlaufenden Hohlplatte. Bei Spannweiten um 20 m ist auch dieser Überbau mit einem Verhältnis von 1/19 ungewöhnlich schlank, ein Kennzeichen früher Spannbeton-

brücken. Bauherr ist die Eisenbahndirektion Stuttgart, vertreten durch Abteilungspräsident Emil Klett. Leonhardt berät den ehemaligen Kollegen und Nachfolger Schaechterles im Brückendezernat der OBR Stuttgart. Er hilft bei der baulichen Durchbildung der Brücke und der Durchführung der »Kornwestheimer Großversuche«. An vier, rund 20 m langen Spannbetonträgern stehen die Spannverfahren Dywidag, Freyssinet und Baur-Leonhardt im Wettbewerb. Klett überzeugt das Spannverfahren der konzentrierten Spannglieder (Abb. 6, 7), das Leonhardt mit Gleiteinrichtungen zur Herabsetzung des Reibungswiderstands verbessert.

Fünfter Meilenstein: Neckarbrücke in Neckargartach (1951)

Nur wenig später plant die Stadt Heilbronn, sich mit ihrem Vorort Neckargartach dauerhaft zu verbinden. Die bestehenden Widerlager und Pfeiler der kurz vor Kriegsende durch deutsche Truppen zerstörten Gewölbebrücke geben ein Stützenraster von 41,86 m für die Endfelder und 43,00 m für drei Innenfelder vor. Das einzuhaltende Schiffahrtsprofil zwingt zu einer schlanken Konstruktion. Stöhr überläßt es dem Wettbewerb, für den Überbau zwischen Spannbeton und dem zeitgleich entstehenden Stahlverbund zu wählen.

Den Wettbewerb gewinnt die Stuttgarter Baufirma Ludwig Bauer mit einem fugenlos über 225 m durchlaufenden, parallelgurtigen Spannbetonüberbau,[27] dessen beschränkt vorgespannte Fahrbahnplatte zwei Hohlkästen der Bauhöhe 1,80 m zu einem monolithischen Gesamtquerschnitt verbindet (Abb. 8). Querträger in den Drittelpunkten eines jeden Feldes sorgen für eine ausreichende Verteilung der Lasten. Längs spannt das bekannte Spannverfahren nach Baur-Leonhardt den Überbau voll vor. Überspannen und Nachlassen der großen Spannglieder verringern den Spannkraftverlust infolge Reibung. Neu hinzu kommt eine Quervorpannung der Fahrbahnplatte aus eng verlegten, leichten Leoba-Spanngliedern.[28]

Parallel zu den Schweizer Ingenieuren Max Birkenmeier, Antonio Brandestini und Mirko Ros (BBR-Spannverfahren), entwickeln Fritz Leonhardt und Willi Baur mit den Leoba-Spanngliedern ihr zweites erfolgreiches Spannverfahren. Es soll zunächst die konzentrierten Spannglieder bei leichten Lasten ergänzen, wie man sie im Hochbau oder zum Quervorspannen von Fahrbahnplat-

resistant connection between web and chord, and the flow of the high-tensional forces are examined by Baur.

Beyond the dimensioning requirements, Stöhr and Leonhardt achieved with the B 400 quality an impervious concrete, initially used directly for traffic.

Milestone four: railroad bridge over the Neckar canal at Heilbronn (1950)

In 1950 follows the first German prestressed concrete bridge for rail traffic, the railway bridge over the Neckar Canal at Heilbronn (illus. 5).[20] Gaspar Kani, engineer in charge with the contractors Wolfer & Goebel of Esslingen, attends to the construction and power flow[21] of the five spans of a continuous hollow deck. With spans of 20 m and a slenderness ratio of 1/19, also this bridge is extraordinarily slim, as typical for early prestressed concrete bridges. Railway headquarter Stuttgart is the client, represented by president Emil Klett. Leonhardt advises the one-time colleague and successor of Schaechterle in the bridge office Stuttgart. He helps with the design of the bridge and the execution of the "large-scale Kornwestheim experiments". The prestressing methods of Dywidag, Freyssinet and Baur-Leonhardt are competing on four, 20 m long prestressed concrete beams. Klett is being convinced by the method of concentrated tendons (illus. 6, 7), improved by Leonhardt with slip facilities to reduce friction.

Milestone five: Neckar bridge at Neckargartach (1951)

Soon after the city of Heilbronn plans to have a permanent connection with its suburb Neckargartach. The existing abutments and piers of the vaulted bridge, destroyed by German troops shortly before the war ended, prescribe a support grid of 41.86 m at the ends and 43.00 m for three intermediate spans. The obligatory navigation profile enforced a slender construction. Stöhr allows the competitors to choose between prestressed concrete and steel for the design of the bridge.

Contractor Ludwig Bauer from Stuttgart wins the competition with a monolithic construction of 225 m long parallel chords.[27] The partial prestressed road deck combines two hollow boxes of 1.80 m depth into a monolithic cross section

(illus. 8). Transverse beams at third points of each span ensure sufficient load distribution. The well known tensioning method of Baur-Leonhardt prestresses the bridge longitudinally. Supertensioning and release of the large tendons reduces loss of tension due to friction. Newly added is the transverse prestressing of the road deck with narrowly laid, light Leoba tendons.[28]

Parallel to the Swiss engineers Max Birkenmeier, Antonio Brandestini and Mirko Ros (BBR-tensioning method), Fritz Leonhardt and Willi Baur develop the Leoba tendons, their second successful prestressing technique. Originally, it was to augment concentrated tendons at light loads, as needed in building construction or for cross-tensioning of road decks. Willi Baur later extends it to high prestressing forces.

This solution, which was of high technical quality and yet simple, displayed all components of today's post-tensioning methods. A helix carefully distributes the force that needs to be anchored; bonding grout envelopes the strands in a rectangular sheath (illus. 11). Not only possible lack of corrosion protection through faulty injection of the concentrated tendons, but also uncertainty about friction resistance pushed Leonhardt to develop the Leoba tendons.

Owing to the scarcity of steel in post-war Germany the Neckargartach bridge displays a jewel of engineering: concrete link-bearings of superquality concrete B 600. The material testing institute of the Technische Hochschule Stuttgart studies the bearings thoroughly.

Shuttered and cast as a whole, the bridge at Neckargartach at the time of its inauguration was the longest monolithic girder bridge in the world and the model for countless road bridges in Germany.

Milestone six: Danube bridge near Untermarchtal (1953)

With the monolithic Danube bridge near Untermarchtal across five openings, the paradigm of the German road-girder bridge has been found.[29] The 375 m bridge across the Danube consists of three equal 70 m inner spans and 62.0 m long end spans, the moments of which Leonhardt reduces by 11.5 m long cantilevers with coupling slabs (illus. 13). Free from requirements of road clearance, the Untermarch valley could be spanned by a T-beam with two slender webs of

ten benötigt. Willi Baur erweitert es später auf hohe Vorspannkräfte.

Die technisch hochwertige und doch einfache Lösung zeigt alle Bauteile heutiger Spannverfahren des nachträglichen Verbundes. Sorgsam verteilt eine Wendel die zu verankernde Kraft; im rechteckigen Hüllrohr umgibt Verbundmörtel die Spannlitzen (Abb. 11). Nicht allein der gefährdete Korrosionsschutz durch Verpreßfehlstellen seiner konzentrierten Spannglieder bewegte Leonhardt, sondern auch die Ungewißheit des Reibungswiderstands trieb ihn bei der Entwicklung der Leoba-Spannglieder an.

Geschuldet der Stahlknappheit im Nachkriegsdeutschland zieren Ingenieurkleinode die Neckargartacher Brücke: Betonstelzenlager aus hochfestem Beton B 600. Die Materialprüfungsanstalt der TH Stuttgart untersucht die Betonstelzenlager eingehend.

Auf ganzer Länge eingerüstet und betoniert, war die Brücke in Neckargartach bei ihrer Verkehrsfreigabe die längste monolithische Balkenbrücke der Welt und Vorbild unzähliger Straßenbrücken in Deutschland.

Sechster Meilenstein: Donaubrücke bei Untermarchtal (1953)

Endgültig definiert Leonhardt die deutschen Straßenbalkenbrücken mit der fugenlos über fünf Felder durchlaufenden Donaubrücke Untermarchtal.[29] Die 375 m lange Donaubrücke gliedert sich in drei gleiche, 70 m spannende Innenfelder und 62,0 m lange Endfelder, deren Momentbeanspruchung Leonhardt über 11,5 m lange Kragarme und sich darauf abstützende Koppelplatten lindert (Abb. 13). Frei von Forderungen an ein freizuhaltendes Lichtraumprofil kann das Untermarchtal mit einem Plattenbalken aus zwei schlanken, 4,05 m hohen Stegen überspannt werden. Querträger in den Drittelpunkten eines jeden Feldes sorgen für eine ausreichende Verteilung der Lasten. Für die Quervorspannung der fein gegliederten Fahrbahnplatte reichen im Abstand von 50 cm verlegte Leoba-Spannglieder aus. In Längsrichtung greifen Leonhardt und seine Partner auf ihr bewährtes Verfahren der konzentrierten Spannglieder zurück. Die Spannblöcke liegen an den Enden der beiden Kragarme und setzen bei Spannwegen von 80 cm bzw. 120 cm 4 000 t Spannkraft auf den Überbau ab. Die Ungewißheit über die Reibungskräfte beim Vorspannen bewegen Baur und Leonhardt noch immer. Sie lassen Fenster in die Blechkästen schneiden, um die Kabelbewegungen zu beobachten. Zusätzlich ordnen sie an den Fenstern Hilfsspannstellen an, um die Spannkraftverluste durch Reibung infolge der großen Umlenkwinkel ausgleichen zu können. Ist die volle Spannkraft an den Spannblöcken erreicht, wird ein stählerner Spannschuh (Abb. 12) an den Kabeln angeklemmt und über hydraulische Pressen die erforderliche, zusätzliche Spannkraft aufgebracht. Die Bauausführung obliegt der Karl Kübler AG aus Stuttgart.

Während die Neckarbrücke in Neckargartach aufgrund der durchlaufenden Spannglieder noch auf ganzer Länge einzurüsten war, gelingt es Leonhardt bei der Donaubrücke, durch je vier sich übergreifende Ankerschlaufen die konzentrierten Spannglieder in Längsrichtung zu stoßen (Abb. 14)

und den Bau wirtschaftlicher in zwei Abschnitte zu untergliedern.

Mit der Hinwendung zu Fragen des Bauablaufs beginnt die Normalisierung im Spannbeton-Straßenbrückenbau.

Über den Tellerrand hinaus

Leonhardts Gedanken bewegten sich über die rein technische Lösung hinaus. Im Unterschied zu großen Baufirmen, die gezielt über Patentierung ihr Wissen um den Spannbeton alleine nutzen wollten, gab Leonhardt seine Spannsysteme frei und machte sie der mittelständischen Bauindustrie zugänglich.[30] Die Mittelständler dankten es Leonhardt, konzentrierten sich auf Schalen und Bewehren und errichteten qualitativ hochwertige Brücken.

Fritz Leonhardt prägte den Brückenbau im Nachkriegsdeutschland entscheidend. Er gab ihm mit dem monolithisch und in situ gegossenen Spannbetonbalken sein Gesicht. Sein Wissen reichte er bereitwillig in seinem »Bestseller« *Spannbeton für die Praxis* weiter.[31] Der Schlüssel zum Erfolg aber war Leonhardts ganzheitliches Denken, das den Beratenden Ingenieur als ehrlichen Makler zwischen Gesellschaft und Bauschaffenden begriff.

Epilog

Drei der frühen Spannbetonbrücken Leonhardts fielen dem dramatisch gestiegenen Aufkommen des Individualverkehrs, dem mit 1970 beginnenden Tausalzeinsatz und den heutigen, aggressiven Umwelteinflüssen zum Opfer: die Brücke in Neckargartach (1998); die Böckinger Brücke (2000) und die Elzbrücke bei Emmendingen (2005). Korrosion der ungeschützten Blechkästen und anschließend der Spannlitzen sowie die Anfälligkeit des Spannverfahrens Baur-Leonhardt gegen Verpreßfehlstellen mögen hinzugekommen sein.

Dieser Beitrag fußt auf einem Vortrag[32] anläßlich des »Second International Congress on Construction History« in Cambridge 2006 zur Entwicklungsgeschichte des deutschen Spannbetonbrückenbaus, der anschließend weiter ausformuliert wurde.[33] Der Verfasser bedankt sich bei James Campbell, dem Vorsitzenden der Construction History Society, für die kostenfreie Freigabe der Druckrechte.

14. Donaubrücke bei Untermarchtal, Stoß der Spannkabel bei Pfeiler II, 1953.

14. Danube bridge near Untermarchtal, joint of tendons at pier II, 1953.

4.05 m height. Cross beams at the third points of each span guarantee a sufficient distribution of the loads. Leoba tendons at 50 cm centers transverse tensioning the carefully designed road deck. Lengthwise Leonhardt and partners use their proven system of concentrated tendons. Chuck heads at the ends of the cantilevers generate at the superstructure 4 000 t stressing force, at elongation stretching distances of 80 or 120 cm. Uncertainty about friction forces during prestressing still agitates Baur and Leonhardt. To observe the cable movement they have windows cut into the tin boxes. In addition, they place at the windows auxiliary tensioning devices, to compensate, if necessary, tensioning losses due to the large deflection angle. When full force is reached at the chuck heads, steel wedges are attached to the cables (illus. 12) and necessary additional tensioning force is applied with hydraulic presses. Execution is entrusted to the Karl Kübler AG. of Stuttgart.

While the Neckar bridge at Neckargartach had to be shuttered as a whole, because of continuous tendons, Leonhardt succeeds to divide the construction of the Danube bridge into two sections, for greater economy, by overlapping the concentrated tendons longitudinally (illus. 14) with four anchorage loops each.

The shift towards problems of the construction process signals the beginning of standardization in the design and construction of prestressed concrete road bridges.

Thinking out of the box

Leonhardt's thinking went beyond purely technical solutions. In contrast to big construction companies, which wanted alone to benefit from their knowledge of prestressed concrete by patenting, Leonhardt released his tensioning methods for use by medium-sized contractors.[30] They rewarded Leonhardt by concentrating upon formwork and reinforcement and building high-quality bridges.

Fritz Leonhardt decisively influenced bridge building in post-war Germany. He shaped it with the monolithic, cast in situ prestressed concrete girder. He gladly passed his knowledge on through his bestseller *Spannbeton in der Praxis*.[31] However, the key to his success was Leonhardt's holistic thinking, conceiving the consulting engineer as honest broker between society and builders.

Epilogue

Three of Leonhardt's early prestressed concrete bridges fell victim to the dramatically increased individual traffic, the use of road salt since 1970 and today's aggressive environmental influences: Neckargartach bridge (1998), Böckinger bridge (2000) and the Elz bridge near Emmendingen (2005). Corrosion of unprotected tin boxes and tendon strands, vulnerability of the Baur-Leonhardt method to injection faults may have contributed.

This article is based upon a lecture[32] given in 2006 at the "Second International Congress on Construction History" in Cambridge. It outlined the development of prestressed concrete bridge construction in Germany and has now been elaborated further. The author thanks James Campbell, Chair of the Construction History Society, for the free copyright.

15–17. Neckartalbrücke bei Weitingen.

15–17. Neckar-valley bridge near Weitingen.

18. Theodor-Heuss-Brücke (Nordbrücke), Düsseldorf, Rampen für Fußgänger.
19. Eisenbahnbrücke über den Yoshii bei Yoshi-igawa, Japan, im Bau, 1959/60.
20. Moseltalbrücke bei Winningen.

18. Theodor-Heuss-Brücke (Nordbrücke), Düsseldorf, ramps for pedestrians.
19. Railway bridge over the Yoshii River at Yoshi-igawa, Japan, under construction, 1959/60.
20. Moselle-valley bridge near Winningen.

Alfred Pauser
Die Netzwerke Fritz Leonhardts in Österreich

Leonhardts Verbindung mit Österreich datiert aus der Zeit vor 1955, als der Osten Österreichs noch eine russisch besetzte Zone war und die Zensur Kontakte mit der übrigen Welt sehr erschwerte. Eine noch aus gemeinsamen Kriegstagen herrührende Verbindung mit Direktor R. Riedl der Bauunternehmung Ing. C. Auteried & Co. sollte nicht nur zu einer ersten Anwendung der Spannbetonbauweise im Zuge der Wiedererrichtung der Schwedenbrücke über den Donaukanal in Wien am geschichtsträchtigsten Ort der Stadt führen, sondern auch zum Taktschiebeverfahren als gleichwertiger Alternative zu den Vorbaumethoden unter Verwendung einer Vorschubrüstung.

Der 1953 von der Stadt Wien ausgeschriebene Ideenwettbewerb mit genauer Kostenaufgliederung stellte zur Bedingung, daß die alte Fundierung der ursprünglich nicht nur schmäleren, sondern auch wesentlich leichteren Brücke unverändert zu erhalten war. Ungünstige Anlageverhältnisse mit dem Zwang zur Ausbildung kleiner Randfelder über den Kais gaben einen Zweigelenkrahmen mit Ausleger vor, der bei äußerster Randlage der Fußpunkte über den Senkkästen und unter Verwendung schief gestellter Stahlgußpendel die dauernd erforderliche konstante Neigung der Kämpferkraft von 60 Grad zur Erreichung einer gleichmäßigen Sohlpressung gewährleisten sollte.[1] Die schweren Ankerblöcke der zur Vorspannung der Brücke gewählten konzentrierten Spannglieder des Systems Baur-Leonhardt waren hierbei ebenfalls von Vorteil (Abb. 1).[2]

Durch das steife Randfeld und die Pendel erzwungenen Vertikalbewegungen am Brückenende mußten jedoch durch Zwischenschaltung einer Koppelplatte – bei gleichzeitiger Verlagerung des Dehnungsausgleichs auf das Tragwerk – gemildert werden. Die den drei 4,5 m breiten, miteinander nur durch die Fahrbahnplatte (B = 27,32 m) verbundenen Kastentragwerken zugeordneten Rahmenstiele sind in eine Druck- und eine vorgespannte Zugwand aufgelöst und weisen eine stirnseitige Abdeckung auf (Abb. 2).

Mit dem 1956 für die Bauunternehmung Ingenieure Mayreder, Kraus & Co. verfaßten Wahlentwurf für die Traunbrücke des Autobahnzubringers Linz wurde, damals noch unbewußt, der Grundstein für das später bei über tausend Anwendungen bewährte Taktschiebeverfahren gelegt. Das auf Autobahnbreite konzipierte, ungefähr 356 m lange, fünffeldrige Tragwerk mit einer größten Spannweite von 93 m sollte über einem aus der Reichsautobahn-Zeit stammenden, für ein Stahltragwerk ausgelegten Unterbau errichtet werden (Abb. 3). Zur allgemeinen Verwunderung war der Spannbetonentwurf in einer Masse sparenden Ausbildung um 13 Prozent billiger als die nächstgereihte Alternative in Stahlbauweise.[3] Die Einsparung sollte durch die Beschränkung der Lehrgerüstbreite auf nur einen der vier bewußt schmal gehaltenen Kasten erzielt werden. Konzentrierte Spannglieder machten jedoch die Fertigstellung der Brücke vor Eintragung der Vorspannung zur Bedingung. Es war daher naheliegend, die hängewerkartige Führung des Spannglieds mit ihren konzentrierten Umlenkpunkten zu nutzen, um das Tragwerk in Teilabschnitte zu gliedern. Der nachträglich in den Fugenspalt eingebrachte Be-

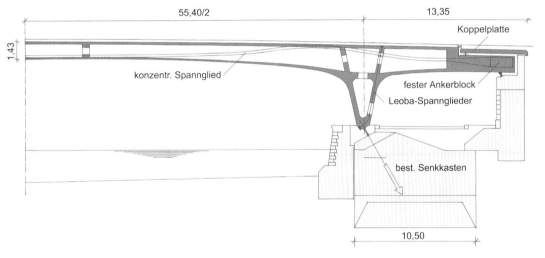

Alfred Pauser
Fritz Leonhardt's networks in Austria

Leonhardt's connection with Austria dates from before 1955, when the eastern part of Austria was under Russian occupation and censorship made contacts with the rest of the world difficult. The reconstruction of a bridge over a branch of the Danube in the town center of Vienna revived the collaboration with R. Riedl, the director of the construction company C. Auteried & Co, with whom Leonhardt shared some war years. Known as Schwedenbrücke, the reconstruction of this bridge introduced prestressed reinforced concrete and step-by-step construction as an alternate to cantilever forming.

In 1953 the City of Vienna launched a competition for the preliminary design with a detailed cost estimate, prescribing, that the foundations of the previous bridge, which had been less wide and heavy, should be preserved. Difficult embankment conditions imposed a double-cantilever hinged frame with connecting slabs to the quay. The existing caissons resulted in the supports being extremely close to the embankments, necessitating inclined cast-iron rocker bearings with a constant force resultant at 60 degrees, to ensure uniform soil pressure.[1] The massive anchorage blocks for prestressing with bundled strands of the Baur-Leonhardt system proved an advantage (illus. 1).[2]

The stiff cantilever parts and the rocker bearings are inducing a vertical movement at the ends of the bridge, which was accommodated by slabs linking the bridge with the embankment, while thermal movement was provided for by the main frame. There are three box-girders, each 4.5 m wide, connected to each other by the concrete deck of 27.32 m width. The frame supports related to each girder are closed at their ends and consist of a compression slab and a prestressed tension slab (illus. 2).

In 1956 the construction company of the engineers Mayreder, Kraus & Co commissioned a preliminary design of a bridge over the Traun River for the access road to the Linz expressway. This introduced step-by-step framing, as used more than thousand times later on. The five-bay structure of Autobahn width, with a length of 356 m and a maximum span of 93 m, had to be built over an existing substructure of Reichsautobahn times, designed for steel construction (illus. 3). To everybody's surprise, the prestressed design was 13 % cheaper than steel construction.[3] The savings came from the limitation of formwork width to one of the four, very narrow box girders. Precondition was the use of bundled ducts during construction, before tensioning began. The

pending tensioning ducts with their concentrated loads at the deflection points suggested the incremental execution of the structure. The final concrete fill at the joints provided for bonding the common reinforcement, as well as a tie for the cross-bracing, which absorbs lateral forces at the cable supports.

This procedure not only reduced shrinkage and creep, but facilitated step-by-step construction, allowing the continuous use of small, well trained teams of workers, the re-use of formwork and the guarantee of high quality.

Sequence of construction:

a) Preparation of an open box (trough shape) with slender sides, easy to pour. Attached on the inside is the formwork for the tensioning ducts (illus. 4).

b) Placement of 9 mm strands (165/185 steel) by means of a jeep, which moved in the trough and carried two rolls of wire, one for each side.

c) Casting of the cross-bracing and the deck portion of each box.

d) Tensioning in stages from stressing joints close to the abutment piers, by shifting the end slabs on a soft-soap lubricated double layer of planks, 96 cm each, towards the abutment.

e) After tensioning infill of dry aggregate into the tensioning channel between cross-bracings, injection of cement milk (prepack), topping off with ordinary concrete.

Considerable differences of the spans – 56 m for the end-bays and a 93 m middle span – suggested to cover the 34 MN tensioning force needed for the central span by using a continuous cable of 17 MN and two shorter 8.5 MN bundled strands. These extend from the anchorage blocks at the bridge's ends to the middle of the central span and terminate in a loop within the deck. After the prestressing of each girder with about 50 MN total weight, it was moved across into final position by means of steel slides.

The building method of the Traun bridge anticipated elements characteristic for step-by-step construction, such as continuous production of similar construction units, their combination into load-carrying elements through prestressing, and their slip-positioning. We can see a visionary element in a 1961 article by Josef Aichhorn: "This method is similar to the assembly line of a factory. The next step would be the weather independent, industrial production of units, to be combined at the site to a finished bridge".[4]

The Ager bridge near Seewalchen, part of the western expressway and 278.2 m long, was to be built in conservative fashion. The Neue Baugesellschaft C. Auteried & Co – already responsible for the Schwedenbrücke and later for bridges over the

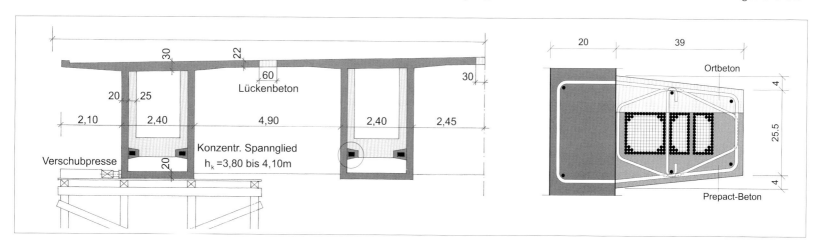

ton sollte sowohl den Stoß der schlaffen Bewehrung als auch die Ausbildung von Querrahmen zur Aufnahme der Umlenkdrücke aus den Spannkabelumlenkungen ermöglichen.

Dieser Arbeitsablauf brachte nicht nur eine bedeutende Minderung der Schwind- und Kriecheinflüsse, sondern ließ auch die Taktarbeit mit allen ihren Vorteilen zu, wie den kontinuierlichen Einsatz kleiner, gut eingearbeiteter Arbeitsgruppen, die weitestgehende Wiederverwendung der Schalungseinheiten und die Gewährleistung einer hohen, gleichbleibenden Qualität.

Die einzelnen Arbeitsschritte seien kurz aufgelistet:

a) Herstellen eines nach oben noch offenen Kastens (Trogquerschnitt) mit, wegen außenliegender Spannkanäle, sehr schlanken Stegen bei guter Betonierbarkeit (Abb. 4),

b) Auslegen der 9-mm-Litzen aus St 165/185 auf einer provisorischen Unterlage unter Zuhilfenahme eines zwischen den Stegen fahrenden Jeeps, auf dem zwei Seilrollen montiert waren, mit denen die Litzen abgerollt wurden,

c) gemeinsames Betonieren der Querrahmen und des dem jeweiligen Kasten zugeordneten Teiles der Fahrbahnplatte,

d) Eintragung einer mehrstufigen Vorspannung aus zwei über den widerlagernahen Pfeilern angeordneten Spannfugen, indem die Randfelder – sie erhielten einen doppelten Bohlenbelag mit einer Gleitebene aus Schmierseife – um jeweils 96 cm in Richtung der Widerlager verschoben wurden,

e) nach Beendigung der Vorspannarbeiten Einbringung eines trockenen Kiesgemischs in den auf Länge der freien Spannstrangabschnitte gebildeten Trog und Füllung der Hohlräume mit Zementmilch, im Bereich der Stahlkästen an den Umlenkpunkten jedoch Ausführung des herkömmlichen Injizierens.

Beträchtliche Unterschiede in den Stützweiten – den 56 m weit gespannten Randfeldern steht ein Mittelfeld von 93 m gegenüber – legten nahe, die für das größte Feld erforderliche Vorspannkraft von 34 MN mit Hilfe eines auf der gesamten Länge durchlaufenden Spannkabels von 17 MN und zweier Spannkabelpakete von je 8,5 MN abzudecken. Die kurzen Spannglieder reichen jeweils von den Spannblöcken an den Brückenenden bis knapp über das große Mittelfeld und enden in Schlaufenankern innerhalb der Fahrbahnplatte. Jeweils nach Eintragung der Vorspannung in die Stege eines Kastens von ungefähr 50 MN Gesamtgewicht konnte der Querverschub in die endgültige Position unter Verwendung einer stählernen Gleitbahn erfolgen.

Die Bauweise der Traunbrücke nahm bereits charakteristische Merkmale des Taktschiebeverfahrens vorweg, wie das kontinuierliche Herstellen von annähernd gleichen Tragwerksabschnitten und deren Zusammenbau zu einem tragfähigen Kasten durch die Wirkung der Vorspannung mit anschließendem Verschub in die endgültige Position. Bei Josef Aichhorn findet man daher auch bereits im Rahmen einer Baubeschreibung Ansätze einer Vision: »Diese Arbeitsmethode ähnelt daher der Fließbandarbeit in einer Fabrik. Der nächste Schritt in der Entwicklung der Arbeitstechnik wäre die witterungsunabhängige, fabriksmäßige Herstellung der Einzelteile und der Zusammenbau zu fertigen Brücken am Bestimmungsort.«[4]

Die Agerbrücke bei Seewalchen im Zuge der Westautobahn mit 278,2 m Gesamtlänge sollte ursprünglich in einer konservativen Bauweise erstellt werden. Eine äußerst knappe Kalkulation veranlaßte die Neue Baugesellschaft C. Auteried & Co. – sie war schon mit den Bauarbeiten an der Schwedenbrücke betraut und sollte später auch noch für die Innbrücken Kufstein verantwortlich zeichnen –, an Leonhardt mit der Bitte heranzutreten, alle Möglichkeiten an Einsparungen auszuschöpfen.[5] Der Ausführungsentwurf aus dem Jahr 1959 führte daher zu einer weiteren Modifikation der für die Traunbrücke gewählten Bauweise (Abb. 6).[6] Wie bei letzterer konnte man sich der Unterstützung durch den Bauherrn sicher sein, zumal dem verantwortlichen Beamten, Josef Aichhorn, der Ruf einer fortschrittlich gesinnten, jeder Art von Neuerung aufgeschlossenen Persönlichkeit vorausging.

Einsparungen konnten vor allem dadurch erzielt werden, daß die einzelnen Teilstücke nicht nacheinander auf dem Lehrgerüst betoniert werden sollten, sondern in einer witterungsgeschützten, ortsfesten Anlage auf festem Boden in Verlängerung der Brückenachse – ein Umstand, der das Betonieren der Fertigteile gleichzeitig mit dem Bau der Pfeiler zuließ.

Bei der Herstellung der Fertigteile hatte sich als vorteilhaft erwiesen, die Bodenplatte unmittelbar hinter der Betonierzelle, bestehend aus einer durch Spindeln verstellbaren Außenschalung, zu betonieren und diese in letztere hineinzuziehen. Nach dem Einstellen der fertigen Stegbewehrungskörbe konnte die auf der Bodenplatte des vorangegangenen Fertigteils längsverschieblich gelagerte Innenschalung zurückgezogen und in die Betonieranlage eingefahren werden. Die Konzentration auf eine ortsgebundene »Baustelle« beschränkten Ausmaßes in Verbindung mit der Taktarbeit bot während eines Zeitraums von zwei Jahren einem bestens eingespielten Team von nur elf bis zwölf Mann eine kontinuierliche Beschäftigung.

Die ungefähr 1,85 MN schweren Kastenfertigteile mit 8,5 m Länge wurden auf dem Lehrgerüst mit 50 cm Fuge ausgelegt.[7] Alle weiteren Schritte glichen in groben Zügen der Arbeitsweise bei der Traunbrücke mit dem Unterschied, daß ein nunmehr auch geschlossener Kasten günstigere Arbeitsbedingungen bot. Die im Wochentakt vorgefertigten 32 Brückenteile pro Richtungsfahrbahn mit annähernd gleicher Länge wurden in diesem Falle auf einer doppelten Bohlenlage, die zur Verbesserung der Gleiteigenschaften eine Zwischenschicht aus Esso-slip-coat erhielt, mit Hilfe von zwei Seilwinden, z. T. unterstützt durch hydraulische Pressen, in die endgültige Position gebracht (Abb. 5).

Die nächsten Schritte ergaben sich in konsequenter Weise. 1961, noch während des Baus der Agerbrücke, brachte der Wettbewerb für die Caronibrücke in Venezuela (Abb. 6) die Möglichkeit einer Anwendung der kürzlich erst von Leonhardt entwickelten Teflonlager. In Abwandlung der Vorgangsweise bei der Agerbrücke wurden jedoch die Fertigteile eines ganzen Tragwerks bereits auf der Rampe zusammengespannt und als Ganzes eingeschoben.[8]

Mit der ebenfalls von der Neuen Baugesellschaft Auteried & Co. errichteten Innbrücke in Kufstein (Abb. 6) konnte Leonhardt in den Jahren 1966 bis 1969 die am weitesten gehende Perfek-

5. Agerbrücke bei Seewalchen, auf dem Lehrgerüst aufgereihte Fertigteile während des Verschubs.
6. Agerbrücke bei Seewalchen (a), Caronibrücke (b) und Kufsteiner Innbrücke (c), Vergleich der Tragwerksquerschnitte.

5. Ager bridge near Seewalchen, precast units on temporary framing during lateral transfer.
6. Ager bridge near Seewalchen (a), Caroni bridge (b), Kufstein Inn bridge (c), comparison of bridge sections.

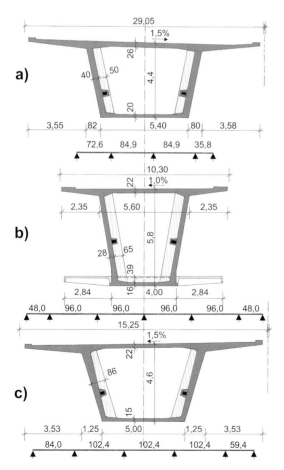

Inn at Kufstein – engaged Leonhardt to maximize construction economy, in order to meet a very tight budget.[5] His 1959 design refined the construction method of the Traun bridge (illus. 6).[6] As before, support by the client was assured, since Josef Aichhorn, the official in charge, was known for his progressive and open-minded views.

Savings were obtained by producing individual elements in a sheltered arrangement on the embankment along the axis of the bridge – allowing the simultaneous construction of the piers.

It had been proven advantageous to cast the bottom slab on its formwork outside the working shed. After positioning of the membrane reinforcement, the upper formwork of the previous part was slipped over the new element, while the bottom slab moved into the shed. For two years this concentration of the construction process in a fixed location allowed continuous production by a team of a dozen workmen.

The box girder units, each weighing about 1.85 MN and 8.5 m long, were assembled on false work with a 50 cm joint.[7] Further procedures were similar to the Traun bridge, the closed box being an advantage. Per week one unit was produced of the 32 units needed for one bridge lane. They were moved into position on a double layer of planks, lubricated with an Esso-slip-coat and using winches or hydraulic presses (illus. 5).

The next steps were predictable. In 1961, while the Ager bridge was being built, the competition for the Caroni bridge in Venezuela offered an opportunity for the application of Teflon bearings developed by Leonhardt. In application of methods from the Ager bridge, the elements of an entire structural unit were pretensioned on a ramp and put into position as a whole.[8]

With the bridges over the Inn at Kufstein, also built by the Neue Baugesellschaft Auteried & Co during 1966 to 1969, Leonhardt was perfecting his methods. As still common today, subsequent construction units were directly cast against previous units, already pulled off the fixed formwork. With every step the structural unit was extended – the inherent stability of the elements allowed their displacement, slip stools facilitated the movement – until the complete system was in place. Details of these two bridges are given elsewhere.

Economic constraints with favorable investment options induced Leonhardt to develop an independent industrial prefabrication enterprise with standardized work procedures. This happened a decade after engineers and construction companies had become acquainted with the new prestressing methods. It was not a replacement of the familiar cantilever method of construction, pioneered by Ulrich Finsterwalder, but rather a supplement for the highly interesting field of construction, covering 50 to 100 m spans. Together with advancing formwork substructures developed in the 1960s, these three construction methods were the basis of economic bridge building during the following decades.

tionierung des Verfahrens erreichen. Wie heute noch üblich, wurde nunmehr immer direkt an das bereits aus der ortsfesten Schalung gezogene Teilstück anbetoniert, wodurch mit jedem Taktschritt das zunehmend an Länge gewinnende Brückentragwerk – unter Ausnützung seiner Eigentragfähigkeit und Verwendung von Gleitschemeln über den Stützen zur Reibungsminderung – sukzessive seiner Endlage zustrebte. Über diese beiden, nur zur Vollständigkeit angedeuteten letzten Realisierungen wird an anderer Stelle berichtet.

Wirtschaftliche Zwänge und günstige Anlageverhältnisse haben Leonhardt, ungefähr ein Jahrzehnt nachdem sich Planer und Bauunternehmungen gerade mit den, nunmehr bereits die Anwendungsreife erlangten Spannverfahren vertraut gemacht hatten, bewogen, die Idee einer dezentralen, weitgehend industrialisierten Fertigungsstelle unter Nutzung des Vorteils gleichbleibender Arbeitsschritte etappenweise zu entwickeln. Es sollte sich nicht um den Ersatz des bereits bekannten, von Ulrich Finsterwalder initiierten klassischen Freivorbaus handeln, sondern um dessen Ergänzung in einem hinsichtlich der Vielzahl an Aufgaben sehr interessanten Spannweitenbereich bis 50 (100) m bei Berücksichtigung einer für solche Objekte erforderlichen Flexibilität. Gemeinsam mit den in den 1960er Jahren entwickelten Vorschubrüstungen waren jene drei Bauverfahren etabliert, die in den folgenden Jahrzehnten für den Brückenbau die Grundlage ihres wirtschaftlichen Erfolges bilden sollten.

7, 8. Agerbrücke bei Seewalchen, Betonieren
der Fertigteile.
9, 10. Schwedenbrücke, Wien, im Bau.

7, 8. Ager bridge near Seewalchen, casting the
precast segments.
9, 10. Schwedenbrücke, Wien, under construction.

Holger Svensson, Hans-Peter Andrä, Wolfgang Eilzer und Thomas Wickbold

70 Jahre Ingenieurbüro Leonhardt, Andrä und Partner

Im Jahr 2009 jährt sich der Geburtstag unseres Gründers Fritz Leonhardt zum hundertsten Mal. Gleichzeitig begeht das von ihm gegründete Ingenieurbüro seinen 70. Geburtstag. Beides ist Anlaß, die Geschichte des Büros Leonhardt, Andrä und Partner (LAP) aufzuzeichnen.[1] Die folgenden Ausführungen sollen neben einer Zusammenfassung der Jahre seit 1939 die neuesten Entwicklungen darstellen. Leonhardt hat zusammen mit anderen hervorragenden Ingenieuren das deutsche Bauingenieurwesen entscheidend vorangetrieben und es in manchen Bereichen weltweit an die Spitze der Entwicklung gebracht.

Beim Entwurf legte er sich auf kein Material fest. Als junger Ingenieur verwirklichte er zukunftsweisende Ideen im Stahlleichtbau und trieb später bahnbrechende Entwicklungen im Beton- und Spannbetonbau voran. Am Ende setze er sich verstärkt für die Synthese beider Bauarten, den Verbundbau, ein. Die lebenslange berufliche Leidenschaft Leonhardts galt den Brücken. Er leistete aber auch auf vielen anderen Gebieten des Hoch- und Ingenieurbaus Bahnbrechendes. Bauwerke, mit denen sein Name in besonderer Weise verbunden ist, sind die Rodenkirchener Hängebrücke über den Rhein, die Familie der Düsseldorfer Schrägkabelbrücken, der Stuttgarter Fernsehturm und das Seilnetzdach des Münchner Olympiastadions, über die an anderen Stellen in diesem Buch ausführlicher berichtet wird.

Leonhardt schrieb viele Veröffentlichungen, darunter drei grundlegende Bücher für den praktisch tätigen Ingenieur. In *Spannbeton für die Praxis*[2] (siehe Karl-Eugen Kurrer im vorliegenden Buch) und in den *Vorlesungen über Massivbau*[3] hat er die theoretischen und konstruktiven Grundlagen des Betonbaus in zeitlos gültiger Form dargestellt. Die Ergebnisse seiner intensiven, lebenslangen Auseinandersetzung mit der schönheitlichen Gestaltung von Brücken faßte er in seinem Buch *Brücken*[4] zusammen. Schließlich gab er mit dem Architekten Erwin Heinle eine Übersicht über Türme[5] der Welt. Der gute Entwurf und die Verfeinerung der Form seiner Bauwerke standen immer im Vordergrund seiner Arbeit.

Fritz Leonhardt war dankbar für manche Glücksfälle, die ihm besondere Möglichkeiten eröffneten und die er durch großen persönlichen Einsatz zu nutzen wußte. Er mußte auch Enttäuschungen hinnehmen. Man vermutet, daß es ihn nie verwunden hat, daß seine Entwicklung der aerodynamisch stabilen Hängebrücke nicht von ihm verwirklicht werden konnte. Seine anfangs im Wettbewerb vorn liegenden bahnbrechenden Entwürfe für die Tejo-Brücke in Lissabon und für die Rheinbrücke bei Emmerich kamen aus politischen Gründen nicht zum Zuge. Ihre Verwirklichung hätte ihn und den deutschen Großbrückenbau an die Spitze der bis dahin durch die englischen und amerikanischen Consultants bestimmten Entwicklungen gebracht.

Wir, seine Nachfolger in der Leitung des von ihm gegründeten Ingenieurbüros, die das Glück hatten, während eines Großteils unseres Berufslebens mit Fritz Leonhardt zu arbeiten, sind dankbar für das, was wir bei ihm gelernt haben, und für die Möglichkeit, dieses Wissen an großen Aufgaben selbständig anzuwenden. Fritz Leonhardt verkörpert die beste Tradition des Bauingenieurwesens, und alle Bauingenieure sind aufgerufen, diese Tradition fortzusetzen.

Firmengeschichte

Im Jahr 1939 gründete Fritz Leonhardt unter dem Namen »Dr.-Ing. Fritz Leonhardt, Regierungsbaumeister« nach dem Vorbild der angelsächsischen Consulting Engineers eines der ersten freiberuflich geführten Bauingenieurbüros in Deutschland. Hauptaufgabe war der Entwurf der riesigen Kuppel über dem geplanten Neuen Münchner Hauptbahnhof (dazu Christiane Weber und Friedmar Voormann in diesem Buch). Daneben wurde eine Hängebrücke für Eisenbahn und Straße über den Oeresund in Dänemark entworfen.

Schon 1946 wurde Leonhardt nach Köln gerufen, um dort beim Wiederaufbau der Köln-Deutzer Brücke mitzuhelfen. Wolfhart Andrä rechnete, und Fritz Leonhardt zeichnete in dem Schwarzwaldhaus seiner Eltern die Pläne für diese erste feste und permanente neue Brücke über den Rhein nach dem Zweiten Weltkrieg. Am 3. Februar 1947 erhielt Fritz Leonhardt die Genehmigung zur offiziellen Wiedereröffnung des Büros, jetzt in Stuttgart. 1953 wurde Wolfhart Andrä (Abb. 1) Partner des dann unter dem Namen »Leonhardt und Andrä« (L+A) firmierenden Ingenieurbüros.[6] 1959 traten Willi Baur[7] (Abb. 2) und 1962 Kuno Boll[8] als Partner der Gesellschaft bürgerlichen Rechts hinzu. Alle Partner hafteten also mit ihrem Privatvermögen. Wolfhart Andrä oblag neben der Ingenieurtätigkeit und Neuentwicklungen auch die interne Büroorganisation. Willi Baur hatte großen Anteil an der Entwicklung von Spannsystemen und Bauverfahren. Diese Gründergeneration verstand es, als Nachfolger hervorragende Ingenieure heranzuziehen. Kuno Boll baute die Hochbautätigkeit aus. In dieser Zeit entstanden grundlegende Arbeiten und Erfindungen auf dem Gebiet des Spannbetonbaus. Für Stuttgart wird der erste Stahlbetonfernsehturm geplant (1953–1956) und in der Folge fast alle weiteren Sondertürme und Typentürme in Deutschland. Der Schillersteg (1961) in Stuttgart wird als Schrägkabelbrücke mit Kabeln aus parallelen Drähten, Durchmesser 6 mm, der Vorläufer großer Schrägkabelbrücken in aller Welt. Als erstes Auslandsprojekt wird in Porto Alegre, Brasilien, ein langer Brückenzug mit einer Hubbrücke geplant (1955). In Venezuela entsteht 1962 die Caroni-Brücke als Einschiebebrücke mit Vorbauschnabel als Vorläufer für das Taktschiebeverfahren. Die Entwicklungsarbeiten für Paralleldraht- und Litzenbündel finden im Hochbau erste Anwendungen bei der vorgespannten Seilnetzkonstruktion des Deutschen Pavillons auf der Expo '67.

Wichtige Projekte seit 1970 sind das Hypar-Schalendach für das Hallenbad Hamburg-Sechslingspforte und insbesondere die Seilnetzkonstruktion für das Olympiadach in München. Die Weiterentwicklung von großen Schrägkabelbrücken im In- und Ausland, die Rahmenplanung für Betonbrücken der Hochgeschwindigkeitsneubaustrecken der Deutschen Bundesbahn und die Entwicklung neuer Schubverbindungen in Form von Dübelleisten und Perfobondleisten sind weitere wichtige Stationen. Durch intensive For-

1. Wolfhart Andrä (1914–1996), Partner 1953–1990.
2. Willi Baur (1913–1978), Partner 1962–1978.

1. Wolfhart Andrä (1914–1996), partner 1953–1990.
2. Willi Baur (1913–1978), partner 1962–1978.

Holger Svensson, Hans-Peter Andrä, Wolfgang Eilzer, and Thomas Wickbold

70 years engineering consultancy Leonhardt, Andrä und Partner

In the year 2009 we celebrate the centennial of Fritz Leonhardt's birthday, the founder of our office. At the same time the engineering bureau established by him, celebrates its 70th anniversary. Both are occasions to delineate the history of the Leonhardt, Andrä und Partner (LAP) consultancy.[1] Besides a summary of the years since 1939, we want to present the newest developments. Together with other outstanding engineers, Leonhardt has advanced German civil engineering decisively, making it in some fields the cutting edge world wide.

He did not commit himself to one material. As junior engineer he realized pioneering ideas in lightweight steel construction and introduced innovative developments in reinforced and prestressed concrete. At the end, he championed increasingly the synthesis of both building types: composite construction. Bridges were Leonhardt's lifelong passion. But also in many other areas of civil engineering he achieved groundbreaking innovations. His name is particularly connected with works such as the Rodenkirchen suspension bridge over the Rhine, the family of cable-stayed bridges in Düsseldorf, the Stuttgart TV tower and the cable-net roof of the Munich Olympic arena; each is dealt within this book in detail.

Leonhardt prepared many publications, among them three fundamental books for the practicing engineer. In *Spannbeton für die Praxis*[2] – see Karl-Eugen Kurrer in this book – and in *Vorlesungen über Massivbau*[3] (lectures on concrete construction) he describes the theoretical and constructive fundamentals of building with concrete in timeless fashion. In his book *Brücken* (*Bridges*)[4] he collects the findings of his lifelong, intensive involvement with the aesthetic design of bridges. Finally, with architect Erwin Heinle, he made a global survey of towers.[5] Good design and structures with refined forms always dominated his work.

Fritz Leonhardt was thankful for several chances with special opportunities, which he utilized with much personal engagement. He also experienced disappointments. We presume, he never got over the fact that he could not realize the development of an aerodynamically stable suspension bridge. His innovative competition designs for the Tejo bridge near Lisbon and the Rhine bridge at Emmerich, had no chance, for political reasons. Their realization would have placed him and big-bridge construction in Germany ahead of a development, up till then dominated by British and American consultants.

We, his successors in charge of the engineering bureau established by him, who were fortunate in working the greater part of our professional life with Fritz Leonhardt, are grateful for what we learnt from him, and for the opportunity to apply our knowledge individually to important tasks. Fritz Leonhardt incarnates the best traditions of civil engineering, and all civil engineers are called upon, to continue this tradition.

The firm's history

Under the name "Dr.-Ing. Fritz Leonhardt, Regierungsbaumeister" founded Fritz Leonhardt in 1939 one of the first independent engineering offices in Germany, following the Anglo-Saxon example of consulting engineers. The principal project was the design of a huge dome over the proposed Munich main station (see Christiane Weber and Friedmar Voormann in this book). Parallel to it, a suspension bridge for train and road traffic over the Oeresund in Denmark had to be designed.

Already 1946 Leonhardt was called to Cologne, to help with the reconstruction of the Köln-Deutz bridge. In the Black-Forest house of his parents Fritz Leonhardt drew and Wolfhart Andrä calculated the design for the first permanent bridge over the Rhine after the Second World War. On 3 February 1947 Fritz Leonhardt received the permission to reopen his office, now in Stuttgart. In 1953 Wolfhart Andrä (illus. 1) became partner in the office, now known as "Leonhardt und Andrä" (L+A).[6] 1959 joined Willi Baur[7] (illus. 2) and 1962 Kuno Boll[8] the duly registered association as partners. All partners are carrying full liability for the association. Besides his work in engineering and new developments, Wolfhart Andrä also was general manager. Willi Baur had a great share in developing post-tensioning systems and construction methods. This founding generation succeeded to attract outstanding engineers as their successors. Kuno Boll extended building construction activity. During this period emerged basic works and inventions in the field of prestressing. The first reinforced concrete television tower is planned for Stuttgart (1953–1956), followed by nearly all other exceptional or specialized towers in Germany. The Schillersteg (1961) in Stuttgart, a cable-stayed bridge with 6 mm parallel-wire cable, becomes the precursor of large cable-stayed bridges in the world. The first project planned for abroad (1955) is a long bridge with a lift span portion in Porto Alegre in Brasil. In 1962 the Caroni bridge in Venezuela arises as prototype of incrementally launched bridges with a launching nose, introducing step-by-step construction. The development of parallel wires and bundled strands is first applied at the prestressed cable construction of the German Pavilion at Expo '67.

Important projects since 1970 are the hyparshell roof of the indoor swimming pool Hamburg-Sechslingspforte and especially the cable-net of the Olympic roof in Munich. The further development of cable-stayed bridges in Germany and abroad, the general planning of concrete bridges for the German high-speed railway system and the new creation of shear connections by way of shear combs and perfo-bond strips are important additional landmarks. Intensive research in composite beams makes it possible to design the support zone without tendons.

In connection with the high risk design of the Olympic roof in Munich, the Olympia construction company urged the establishment of limited liability consultancy, to reduce the personal liability of the office's partners. On 6 May 1970 the "Leonhardt, Andrä und Partner GmbH". was founded. With time it took up most of the projects. L+A handled finally only expert's reports and check-ups. With their joining of L+A, the partners became automatically associates of LAP GmbH:

schung für Verbundträger wird es möglich, auch den Stützenbereich ohne Spannglieder zu bauen.

Im Zusammenhang mit dem risikoreichen Entwurf für das Olympiadach in München drängte die Olympiabaugesellschaft auf die Gründung einer Projektgesellschaft mit beschränkter Haftung, um das persönliche Risiko der Büroinhaber zu mindern. So wurde am 6. Mai 1970 die »Leonhardt, Andrä und Partner GmbH« (LAP) gegründet. Diese übernahm im Laufe der Zeit einen immer größeren Anteil der Aufträge. In der L+A verblieben am Ende nur die Gutachten und Prüfungen. Die Partner wurden mit ihrem Eintritt in die L+A zeitgleich zu Gesellschaftern der GmbH, 1970 Dr.-Ing. Jörg Schlaich [9] und Wilhelm Zellner, 1979 Dr.-Ing. Horst Falkner, Bernhard Göhler und Willibald Kunzl. Im Jahr 1999 schließlich ging die L+A in der LAP auf. Bis 1990 hatte die Firma nur ein Büro am Hauptsitz in Stuttgart. Nach der Wiedervereinigung wurden Zweigniederlassungen in Berlin, Dresden und Erfurt gegründet, in jüngster Zeit kamen noch Zweigniederlassungen in Nürnberg und Hamburg dazu. Das Büro verdoppelte damit die Anzahl seiner Mitarbeiter auf heute ca. 200. Auch im Ausland wurden für die Abwicklung großer Projekte Vertretungen gegründet, zum Beispiel in Abu Dhabi, Kuala Lumpur, St. Petersburg, Vancouver und Zürich.

Herausragende Projekte seit der Wiedervereinigung sind die Beteiligungen an fast allen neuen Elbebrücken in Deutschland und den Großbauvorhaben in Berlin, insbesondere am Umbau des Reichstagsgebäudes (1995–1999). Noch in hohem Alter interessierte sich Fritz Leonhardt für dieses Projekt und skizzierte eigene Ideen. Attraktive Stahl-Glaskonstruktionen werden beim Bollwerk-Gebäude der Landesgirokasse Am Bollwerk in Stuttgart, der Bundesgeschäftsstelle der CDU in Berlin oder bei der Gläsernen Fabrik von VW in Dresden verwirklicht. Dazu kommen große Kliniken, Universitätsbauten, Museen und Theater, ebenso Autobahnbrücken mit Doppelverbund und Trapezblechstegen sowie weitere große bewegliche Brücken und Schrägkabelbrücken in aller Welt. Der ungewöhnliche Millennium-Turm in Portmouth zeugt von der gestalterischen Kreativität unserer Ingenieure. In jüngster Zeit wurde die Anwendung von Kohlefasern im Bauwesen auch für Spannglieder weiterentwickelt.

Mitte der 1990er Jahre beschlossen die Gesellschafter, die Tätigkeit der Geschäftsführer mit der Vollendung des 65. Lebensjahrs enden zu lassen. Eine anschließende Tätigkeit als Prüfingenieur und Berater ist die Regel. Die ersten Geschäftsführer, die von dieser Regelung betroffen waren, sind Wilhelm Zellner (1996), Reiner Saul (2003) [10] und Gerhard Seifried (2005). Heute steht die dritte Generation von Geschäftsführern mit Hans-Peter Andrä (seit 1988), Holger Svensson (seit 1992), [11] Wolfgang Eilzer (seit 2000) und Thomas Wickbold (seit 2001) in der Verantwortung, und die nächste Generation der Niederlassungsleiter trägt bereits maßgeblich zum Erfolg bei. Die Weiterführung des Ingenieurbüros im Eigentum der Geschäftsführer und leitenden Mitarbeiter ist gesichert.

Gemäß der von Fritz Leonhardt, Wolfhart Andrä und Willi Baur begründeten Tradition beschäftigt sich LAP bis heute ausschließlich mit konstruktivem Ingenieurbau. Für verwandte Gebiete, zum Beispiel Verkehrsplanung, Geologie, Aerodynamik

etc. werden andere Ingenieurbüros als Subunternehmer herangezogen. Auch Aufgaben des Projektmanagements werden in Deutschland, von Ausnahmen abgesehen, nicht von LAP übernommen. Im Ausland arbeiten wir deshalb generell als Subconsultants für große örtliche Ingenieurbüros mit häufig mehreren tausend Mitarbeitern, die das Projektmanagement und die anderen oben angeführten Aufgaben selbst abdecken. LAP ist als spezialisierter Nachunternehmer für den konstruktiven Teil der Projekte zuständig. Das bedeutet einerseits eine Einschränkung, andererseits eine Spezialisierung auf hohem, international anerkanntem Leistungsstand. Da zum Beispiel Schrägkabelbrücken von LAP in der ganzen Welt entworfen werden, bearbeitet LAP laufend fünf bis zehn Projekte in verschiedenen Entwurfsstadien und hält damit die Sonderkenntnisse auf diesem Spezialgebiet stets aktuell. Das ist bei allgemein tätigen Ingenieurbüros fast unmöglich, da diese nur gelegentlich eine Schrägkabelbrücke zu bearbeiten haben, so daß die Kenntnisse schnell verlorengehen, wenn es kein direktes Anschlußprojekt gibt. Auch die heute international überwiegenden großen Ingenieurbüros mit bis zu 10000 Mitarbeitern haben nicht die Spezialkenntnisse des konstruktiven Ingenieurbaus, die bei uns vorhanden sind.

Da das Tätigkeitsgebiet verhältnismäßig schmal ist, werden sämtliche Stufen innerhalb dieses Gebiets bearbeitet. Dabei wird für eine gegebene Brücke im allgemeinen entweder für staatliche Auftraggeber gearbeitet, mit Vorentwurf, Entwurf, Ausschreibung, Prüfung, Bauüberwachung und Bauoberleitung, oder aber es wird für Baufirmen die Ausführungsplanung übernommen. Im Ausland gilt dasselbe, allerdings überwiegen dort die Ausführungsplanungen für Baufirmen neben Entwürfen und Prüfungen für staatliche Auftraggeber.

Im Bereich des Hoch- und Industriebaus erweitern wir unsere Erfahrungen im Bereich von Türmen, Verwaltungsbauten, Bibliotheken, Museen etc. stärker auf Sonderbauten. Bisherige Beispiele dafür sind das Seilnetzdach für das Münchner Olympiagelände und die Kuppel des Reichstags in Berlin. In jüngster Zeit wurde das Porsche-Museum in Stuttgart von uns ausführungsreif geplant. In dieser Richtung möchten wir auch international mit bekannten Architekten zusammenarbeiten und uns auch in das Gebiet der allgemeinen Formfindung und Geometrieermittlung intensiver einarbeiten.

Forschung und Entwicklung sind ein weiteres Gebiet, das auf die Gründer zurückgeht. Wolfhart Andrä war maßgeblich an der Entwicklung der Neotopflager und Teflon-Gleitlager beteiligt, Willi Baur entwickelte die ersten nicht firmengebundenen Spannsysteme und das Taktschiebeverfahren, Fritz Leonhardt aerodynamisch stabile Hängebrücken. Hans-Peter Andrä hat die Forschungen auf dem Gebiet der Lager und der Spannglieder fortgesetzt und mit der Entwicklung von Schubverbindungen und Anwendungen von Kohlefasern im Bauwesen neue Gebiete eröffnet.

Fritz Leonhardt hat die internationale Tätigkeit von LAP begründet. Anfangs handelte es sich überwiegend um Beratungen, Anfang der 1970er Jahre wurden die ersten Ausführungsplanungen für große Schrägkabelbrücken in Argentinien und den USA übernommen. Seitdem ist der Auslandsanteil unserer Aufträge stetig gewachsen

Jörg Schlaich[9] and Wilhelm Zeller in 1970, Horst Falkner, Bernhard Göhler and Willibald Kunzl in 1979. Finally, in 1999, L+A merged in LAP. Until 1990 the firm had only one office in Stuttgart. After German unification branches in Berlin, Dresden and Erfurt were established, lately also in Nürnberg and Hamburg. The consultancy thus doubled its staff to about 200. For big projects, representations abroad were created, such as in Abu Dhabi, Kuala Lumpur, St. Petersburg, Vancouver and Zurich.

Outstanding projects since German unification are the participation in nearly all new bridges over the Elbe River in Germany and major building projects in Berlin, in particular the remodeling of the Reichstag (1995–1999). In his high age Fritz Leonhardt was interested in this project and sketched his ideas. Attractive steel-glass constructions are being realized in the Bollwerk building of the Landesgirokasse Am Bollwerk in Stuttgart, in the federal office of the CDU in Berlin, or the transparent factory of VW in Dresden. To be added to the list are large hospitals, universities, museums and theaters, also double composite Autobahn bridges with trapezoidal webs, as well as large moveable bridges and cable-stayed bridges in the whole world. The extraordinary Millennium Tower in Portsmouth is proof of the creative design capability of our engineers. Most recently we developed the use of carbon fibers in construction, for instance in tendons.

In the mid-1990s the associates decided to terminate the activity of executive directors with their reaching 65 years of age. As a rule they continue as checking engineers and expert consultants. The first associates to be affected by this rule are Wilhelm Zellner (1996), Reiner Saul (2003)[10] and Gerhard Seifried (2005). Today the third generation of business managers, Dr. Hans-Peter Andrä (since 1988), Holger Svensson (since 1992)[11], Wolfgang Eilzer (since 2000) and Thomas Wickbold (since 2001) carry the responsibility, and the next generation of branch managers contributes already significantly to our success. The continuation of the consultancy, owned by the executive directors and his collaborators, is assured.

In line with a tradition begun by Fritz Leonhardt, Wolfhart Andrä and Willi Baur, LAP deals only with structural engineering. For related fields, such as traffic planning, geology, dynamics etc. other engineering offices are engaged as sub consultants. Also project management is not carried out by LAP in Germany, save a few exceptions. Abroad we generally work as sub consultants of large, local engineering companies, who cover project management and the other mentioned tasks, often with several thousand employees. As specialized subcontractor LAP is responsible for the structural part of the projects. This means a limitation on the one hand, but an internationally recognized, high-level specialization on the other. Since, for instance, LAP designs cable-stayed bridges in the whole world, LAP handles always five to ten projects at different stages of progress, benefiting instantly from any new insights in this highly specialized field. This is not possible for general engineering consultancies, since they will only sporadically deal with a cable-stayed bridge, soon losing the knowledge gained, if there is no similar project to follow. Similarly, the huge, internationally dominating engineering bureaus with up to 10000 employ-

ees, do not have the specialized knowledge in structural engineering available with us.

Since our scope of work is rather limited, every step within our specialty is taken care of. For a given bridge we either have a government as client, preparing preliminary design, design, specifications and bill of quantities, evaluation if bids, supervision on site and construction management, or we plan the detailed design for contractors. Abroad the execution management for contractors is dominating, besides designs and evaluations for governmental clients.

In the area of building and industrial construction we extend our experience in towers, office buildings, libraries, museums etc., progressively to exceptional, specialized buildings. Existing examples are the cable-net roof of the Munich Olympics and the cupola of the Reichstag in Berlin. Most recently we planned the Porsche Museum in Stuttgart, ready for execution. Along this line we like to cooperate with internationally known architects and shall engage intensively in the generation of forms and their geometry.

Research and development is another field going back to the founders. Wolfhart Andrä participated decisively in the development of neopot bearings and Teflon sliding joints, Willi Baur developed the first, non-proprietary post-tensioning systems and step-by-step construction, Fritz Leonhardt developed aerodynamically stable suspension bridges. Hans-Peter Andrä continued research on bearings and tendons and opened up new frontiers with the development of shear connections and the application of carbon fibers in building construction.

Fritz Leonhardt established the international activity of LAP. Advisory consultancy dominated in the beginning, in the early 1970s the first detailed designs of big cable-stayed bridges in Argentina and the USA was undertaken. Since then, the foreign share of our commissions increased steadily and today constitutes permanently a considerable portion of our work, not reached by any other German civil engineering office. So far mainly projects for bridges were acquired, but in the last years important projects of high-rise and wide-span structures have been added.

In the following, we want to show examples of buildings and cable-stayed bridges by Fritz Leonhardt. Shortly after World War II Fritz Leonhardt substantially participated in all projects; buildings of a later date were elaborated by his successors on the basis of his work. Today's staff take pride in applying Fritz Leonhardt's principles to the building challenges of present times.

Cable-stayed bridges

In place of thousands of bridges of all types and all materials, designed by LAP, we present a few cable-stayed bridges, which have strongly contributed to the reputation of our office, in particular abroad.

Cable-stayed bridges in Germany. Beginnings in Düsseldorf

All bridges over the Rhine had to be replaced after the Second World War. Materials were very

und hat heute einen dauernden, bedeutenden Anteil an unseren Aufträgen, der von keinem anderen deutschen Ingenieurbüro im Bereich des konstruktiven Ingenieurbaus erreicht wird. Handelte es sich bisher meist um Brückenprojekte, so sind in den letzten Jahren auch bedeutende Projekte des Hoch- und Hallenbaus hinzugekommen.

Im folgenden sollen Beispiele für Hochbauten und Schrägkabelbrücken von Fritz Leonhardt gezeigt werden. In der Anfangszeit nach dem Zweiten Weltkrieg hat Fritz Leonhardt an all diesen Bauwerken maßgeblich mitgewirkt, die vorgestellten späteren Bauwerke sind auf den Grundlagen seines Wirkens von seinen Nachfolgern bearbeitet worden. Die heutigen Mitarbeiter, Geschäftsführer und Gesellschafter sind stolz darauf, die von Leonhardt entwickelten Grundsätze auf die baulichen Herausforderungen unserer Zeit anzuwenden.

Schrägkabelbrücken

Stellvertretend für Tausende von LAP entworfene Brücken aller Typen und in allen Materialien sollen im folgenden einige Schrägkabelbrücken vorge-

stellt werden, die den Ruf des Büros in besonderer Weise geprägt haben, insbesondere im Ausland.

Deutsche Schrägkabelbrücken. Anfänge in Düsseldorf

Nach dem Zweiten Weltkrieg mußten alle Rheinbrücken ersetzt werden. Es herrschte große Materialknappheit, insbesondere für hochwertigen Stahl. Die Schiffahrt verlangte große lichte Stützweiten, der lebhafte Schiffsverkehr durfte auch während der Montage nicht behindert werden. Aus diesen Bedingungen wurde der seilverspannte Balken für Rheinbrücken entwickelt und für die Düsseldorfer Brückenfamilie exemplarisch ausgeführt. Fritz Leonhardt war einer der maßgebenden Ingenieure für den Entwurf. Die Theodor-Heuss-Brücke wurde 1957 fertiggestellt, die Kniebrücke 1969 (Abb. 3)[12] und die neue Oberkasseler Rheinbrücke 1973 (Abb. 4)[13]. Die Oberkasseler Brücke wurde als erste Schrägkabelbrücke querverschoben, wobei durch Änderung der Kabelkräfte alle Lasten auf den Pylon zen-

scarce, in particular high grade steel. Navigation required big clearances, the lively river traffic could not be disturbed during construction. According to these conditions the cable-stayed girders for the Rhine bridges were developed and applied at the Düsseldorf family of bridges in an exemplary fashion. Fritz Leonhardt was one of the leading engineers in their design. The Theodor-Heuss-Brücke was finished in 1957, the Kniebrücke in 1969 (illus. 3)[12], and the new bridge at Oberkassel in 1973 (illus. 4)[13]. As the first cable-stayed bridge, the Oberkassel bridge was laterally shifted, while centering all loads on the pylon by adjusting the cable forces. All three bridges were designed without cross bracing above the carriage way, with parallel cables in harp arrangement, thus gaining a unified appearance. Although each bridge is different in itself, we have the impression of a family of bridges.

Pedestrian bridges

The walkway over the Schillerstraße (1961) at the Stuttgart main station connects two parts of the city park (illus. 5).[14] With its extraordinary slenderness (90 m span with 0.5 m construction height = 1 : 180), the off-side position of the pylon and the bifurcation of the beams, following the existing walkways, this bridge is particularly well integrated in its surroundings. For the first time the inclined cables consist of parallel wires, protected against corrosion by thick PE tubes, filled with cement grout. This rust-proofing has fully met its test since 50 years.

In 2004 the cable stayed footbridge over the Rhine at Kehl was inaugurated (design with Marc Mimram Ingénierie), which crosses the Rhine by way of a steel beam, curved both, in plan and elevation (illus. 6).[15] One descending beam connects with the riverside paths, the other crosses the inundation prone zone.

Recent road bridges

A cable-stayed bridge was the right choice for the airport bridge near Ilverich (2002) over the Rhine (illus. 7),[16] with a span of 288 m. The nearby airport limited the height of the pylons. We have

triert wurden. Alle drei Brücken wurden ohne Querriegel über der Fahrbahn und parallel geführte Kabel in Harfenform entworfen und erhielten so ein gewisses einheitliches Aussehen. Obwohl jede Brücke in sich anders ist, entsteht so der einheitliche Eindruck einer Brückenfamilie.

Fußgängerbrücken

Der Steg über die Schillerstraße (1961) am Stuttgarter Hauptbahnhof verbindet zwei Teile des Stadtparks, (Abb. 5).[14] Durch seine ungewöhnliche Schlankheit (Spannweite 90 m zu Bauhöhe 0,5 m = 1:180), die einseitige Stellung des Pylons und die Gabelung des Balkens nach den vorhandenen Gehwegen paßt sich die Brücke besonders gut der Umgebung an. Als Schrägkabel wurden zum ersten Mal Spannglieder aus parallelen Drähten benutzt, deren Korrosionsschutz aus dickwandigen PE-Rohren mit Zementmörtelfüllung besteht. Dieser Korrosionsschutz hat sich über jetzt fast 50 Jahre hervorragend bewährt.

2004 wurde die Fußgängerschrägkabelbrücke über den Rhein in Kehl eröffnet (Entwurf mit Marc Mimram Ingénierie), die den Rhein sehr schlank auf im Grundriß und in der Ansicht gekrümmten Stahlbalken überquert (Abb. 6).[15] Der eine tief herabgezogene Balken schließt die Uferwege an, der andere Balken überquert den hochwassergefährdeten Bereich.

Neuere Straßenbrücken

Für die Flughafenbrücke bei Ilverich (2002) über den Rhein (Abb. 7),[16] mit einer Spannweite von 288 m war eine Schrägkabelbrücke das richtige System, allerdings wurde die Höhe der Pylonen durch den nahen Flughafen begrenzt. Es wurde deshalb die charakteristische V-Form in Brückenlängsrichtung gewählt.

Die Berliner Brücke (2006) in Halle an der Saale (Abb. 8) führt als erste große Verbundschrägkabelbrücke Deutschlands Straße und Straßenbahn über Gleisfelder der Bahn. Die neue Rheinbrücke (2009) bei Wesel überspannt den Rhein mit einer Hauptspannweite von 335 m und nur einem Pylon (Abb. 9).[17] Die Hauptspannweite aus Stahl findet ihr Gegengewicht in der Nebenspannweite aus Beton. Die Herstellung erfolgte im Taktschiebeverfahren für die Vorlandbrücken bis zum Pylon und im Freivorbau für die Hauptöffnungen. Die Elbebrücke Niederwartha (2009) bei Dresden ist eine einhüftige Schrägkabelbrücke mit Stahlverbundüberbau und einer Hauptspannweite von 192 m (Abb. 10).[18]

Schrägkabelbrücken im Ausland

LAP hat seine weltweit große Bekanntheit hauptsächlich dem Entwurf von Schrägkabelbrücken zu verdanken.

Stahlbrücken

Anfang der 1970er Jahre wurden zwei identische Schrägkabelbrücken über zwei Arme des Río Paraná zwischen den Städten Zárate und Brazo Largo bei Buenos Aires in Argentinien zum ersten Mal für Straßen- und Eisenbahnverkehr entworfen (Abb. 11).[19] Um die Ausfädelung der Eisenbahn zu erleichtern, wurde diese seitlich auf der Brücke angeordnet, was dort zu Doppelkabeln gegenüber Einzelkabeln auf der Straßenseite führte.

Betonbrücken

Ebenfalls Anfang der 1970er Jahre wurde die Pasco–Kennewick Brücke über den Columbia River in der Nähe von Seattle, USA, mit der damaligen Weltrekordspannweite von 300 m entworfen (Abb. 12).[20] Für den Balken wurden zum ersten Mal Fertigteile im Kabelabstand von 9,8 m über die gesamte Brückenbreite mit einem Gewicht von 270 t benutzt. Die Fertigteile wurden gegeneinander betoniert (match casting) und die Fugen mit Epoxidharz verklebt.

Für den Entwurf der Helgelandbrücke (1991) über den Lejr-Fjord an der Westküste Norwegens in der Nähe des Polarkreises waren die extrem starken Winterstürme maßgebend (Abb. 13).[21] Es wurde ein Ortbetonbalken mit einer Spannweite von 425 m und einer Bauhöhe von 1,20 m gewählt (l:h = 1:355!). Während der Herstellung im Freivorbau mit Ortbeton traten die gefürchteten Stürme auf, und die Brücke verhielt sich wie vorher berechnet.

Die Spannbetonschrägkabelbrücke über den Panamakanal (2004) mit einer Hauptspannweite von 420 m mußte für hohe Erdbebenlasten ausgelegt werden (Abb. 14),[22] insbesondere unter Berücksichtigung der schlechten Gründungsverhältnisse.

therefore the characteristic V-shape in the direction of the bridge.

The Berliner Brücke (2006) at Halle a. d. Saale (illus. 8) carries road and tram over the tracks of the railway, being the first major German composite cable-stayed bridge. The Rhine bridge near Wesel (2009) crosses the river with a main span of 335 m and uses only one pylon (illus. 9).[17] The main span in steel is balanced by approach spans in concrete. It was built by incremental launching on the land side and free cantilever construction across the main span at the pylon. The Niederwartha bridge (2009) is a cable-stayed bridge with one tower only and with steel composite superstructure main span 192 m (illus. 10).[18]

Cable-stayed bridges abroad

LAP's world-wide renown is principally based upon the design of cable-stayed bridges.

Steel bridges

At the beginning of the 1970s two identical cable-stayed bridges over two branches of the Rio Paraná between the towns of Zárate and Brazo Largo at Buenos Aires in Argentinia were for the first time designed for road and rail traffic (illus. 11).[19] The railroad was placed at the side of the bridge, to facilitate its separation from the road part of the approach bridges, leading to two cables, while the road side had a single cable.

Concrete bridges

The Pasco–Kennewick Bridge over the Columbia River near Seattle, USA, was also designed at the beginning of the 1970s, with a 300 m span, the biggest at the time (illus. 12).[20] For the first time precast full-width road deck units were used, 9.8 m long from cable to cable and weighing 270 t. They were match cast and the joints sealed with epoxy resin.

For the design of the Helgeland bridge (1991) over the Lejr Fjord on the west coast of Norway, near the Polar Circle, the extremely powerful winter storms had to be taken into account (illus. 13).[21] An in-situ girder with a span of 425 m and 1.20 m depth was chosen (l:h = 1:355!). During its casting with a free cantilever traveler the dreaded gales occurred and the bridge behaved as calculated in advance.

The prestressed concrete cable-stayed bridge over the Panama Canal (2004) with a main span of 420 m had to be designed for earthquake forces (illus. 14),[22] while considering poor foundation conditions.

Composite bridges

At the outset of the 1970s LAP designed the first large composite cable-stayed bridge with a record span of 457 m across the Hooghly River in Calcutta, India.[23] Construction was started in 1973, but completed only in 1993. By then the world record had passed on to other bridges.

Verbundbrücken

Zu Beginn der 1970er Jahre entwarf LAP die erste große Verbundschrägkabelbrücke mit der Rekordspannweite von 457 m über den Hooghly River in Kalkutta, Indien.[23] Die Arbeiten auf der Baustelle begannen 1973, wurden aber erst 1993 beendet. Da war der Weltrekord schon auf andere Brücken übergegangen.

In Texas entwarf LAP 1995 eine Schrägkabelbrücke für acht Spuren plus Standspuren als erste Zwillingsschrägkabelbrücke mit einer Hauptspannweite von 381 m (Abb. 15).[24] Der Verbundbalken mit einer Fahrbahn aus Betonfertigteilen wird von vier Kabelebenen unterstützt. Die beiden Pylonen haben Doppelrautenform, die die Querlasten aus Wind als Fachwerke über Zug und Druck in die Gründungen leiten.

Die Kap Shui Mun Bridge (1997) in Hongkong ist Teil der Verbindung von Kowloon zum neuen Flughafen auf Lantau (Abb. 16).[25] Der doppelstöckige Balken trägt auf seinem Obergurt den Straßenverkehr und im Inneren des Hohlkastens, die Eisenbahnverbindung zum Flughafen sowie Notspuren für Straßenverkehr im Fall eines Taifuns.

Die zweite Brücke über den Orinoco (2006) in Venezuela (Abb. 17)[26] für Straßen- und Eisenbahnlasten besteht aus zwei aneinandergereihten Schrägkabelbrücken mit je 300 m Hauptspannweite. Der Zugpfeiler an der Verbindungsstelle ist V-förmig ausgebildet, um auch die hohen Bremskräfte aus dem Eisenbahnverkehr aufzunehmen.

Hochbauten

Das intuitive Gespür von Fritz Leonhardt, unkonventionell an neue Aufgabenstellungen heranzugehen, war auf technische Neugier, auf durch immensen Fleiß erworbenes Wissen und auf den universellen Geist des Baumeisters gegründet, der Tragwerk, verfügbare Bauprodukte, Montage und Baukosten, Form, Funktion und Energiehaushalt eines Bauwerks ganzheitlich betrachtete. Hinzu kam ein außergewöhnliches Sendungsbewußtsein, mit dem er Ideen und Überzeugungen offensiv und unermüdlich bei Bauherren und in der Fachöffentlichkeit vertrat.

Persönliches Einfühlungsvermögen in Kraftfluß und Materialeigenschaften sind heute infolge der modernen Rechentechniken vielfach verlorengegangen. Fritz Leonhardt vertraute in der Regel auf einfache und anschauliche statische Modelle, die er auf karierte Kanzleibögen, also auf DIN A 4 Format gefaltete DIN A 3 Bögen, mit Bleistift aufzeichnete. Als Lineal diente ihm dabei sein hölzerner Rechenschieber, mit dessen Hilfe er zugleich die Berechnung und Bemessung durchführte. Diese Ergebnisse hielt er für zutreffender als manche ausführlichen Berechnungen, die seine Mitarbeiter auf den Grundlagen seiner Vorgaben durchführten.

Bei der Materialwahl spielte es neben Festigkeit und Gewicht stets eine große Rolle, ob von den Tragelementen außer der Lastabtragung auch andere Funktionen mit übernommen werden konnten. Bevorzugt wurden integrative, selbsttragende Bauweisen anstatt herkömmlicher, additiver Bauweisen. Dies gilt sinngemäß auch für die Querschnittswahl, die ganz wesentlich beispielsweise

12. Pasco–Kennewick Bridge, Washington, 1978.
13. Helgeland-Brücke, Norwegen, 1991.
14. Zweite Brücke über den Panamakanal, 2004.
15. Baytown Bridge, Houston, USA, 1995.
16. Kap Shui Mun Bridge, Hongkong, 1997.
17. Zweite Brücke über den Orinoco, Venezuela, 2006.

12. Pasco–Kennewick Bridge, Washington, 1978.
13. Helgeland bridge, Norway, 1991.
14. Second bridge over the Panama Canal, 2004.
15. Baytown Bridge, Houston, USA, 1995.
16. Kap Shui Mun Bridge, Hong Kong, 1997.
17. Second bridge over the Orinoco River, Venezuela, 2006.

von den Formbeiwerten für Windkräfte oder den Oberflächen zur Bauwerksunterhaltung mit bestimmt wurde.

Zeit seines Lebens wandte Leonhardt sich gegen allgemeine Vorschriften, die ohne direkten Bezug auf die aktuelle Planungsaufgabe das ingenieurmäßige Denken von vornherein einschränken. Zum Glück ist ihm die nicht mehr nachvollziehbare Normenflut erspart geblieben, mit der sich die Ingenieure heute auseinandersetzen müssen. Die Entfaltung seines technischen Geistes und der technischen Entwicklungen wäre unter heutigen Voraussetzungen wesentlich erschwert gewesen.

Mit diesem Beitrag wird versucht, anhand einiger Beispiele aus dem Hoch- und Industriebau unter Federführung von Fritz Leonhardt aufzuzeigen, woher die Faszination für das Lebenswerk und die Persönlichkeit dieses Ingenieurs resultiert.[27]

Türme

Eines der bekanntesten Beispiele der von Fritz Leonhardt entwickelten neuen Bauweisen ist sicherlich der in diesem Buch von Joachim Kleinmanns ausführlich vorgestellte Stuttgarter Fernsehturm (1953–1956). Eine weitere, in der damaligen Fachwelt umstrittene Entwicklung entstand bei der Bearbeitung des 1965–1968 erbauten und mit 284 m lange Zeit höchsten Turms Deutschlands – des Fernmeldeturms Hamburg (Abb. 18). Bei der Herstellung des Stahlbetonschafts sind die Unterbrechungen zur Herstellung monolithischer biegesteifer Anschlüsse von Plattformen und Zwischengeschossen sehr zeitraubend und aufwendig. Für den Arbeitsablauf ist es daher vorteilhaft, den Turmschaft in einem Zuge herzustellen und Geschoßdecken und Plattformen erst nachträglich anzubauen. Dies schien damals jedoch aus der gängigen Modellvorstellung eines notwendigen biegesteifen Kragarmanschlusses der Plattformen am Turmschaft heraus nicht machbar zu sein.

Wenn man aber das Tragverhalten einer lochrandgestützten Platte oder Kegelschale richtig durchschaut, wird man feststellen, daß ein biegesteifer Anschluß am Auflager gar nicht erforderlich ist. Daher wurden in die Schalung des Turmschafts auf der geplanten Höhe außerhalb der Schaftbewehrung nur dreieckige Leistenringe eingelegt, die eine nur 3–4 cm tiefe Nut bildeten, auf der die Kegelschale aufgelagert ist. Somit konnte erstmals der Turmschaft in seiner ganzen Höhe gebaut werden, bevor die auskragenden Teile angebaut wurden.

Außerdem konnten die Plattformen als Kegelschalen anstelle von dicken Massivplatten sehr dünn ausgebildet werden. Dies setzte jedoch den Mut voraus, der eigenen, als richtig erkannten Modellvorstellung im Unterschied zu den bisher üblichen Modellvorstellungen auch zu trauen.

Nachdem dadurch die Ausführung wesentlich vereinfacht wurde, reduzierten sich auch die Herstellungskosten und -zeiten wesentlich.

Eine ganz andere Lösung zum nachträglichen Anbringen auskragender Turmgeschosse war die Tragkonstruktion des 1976–1981 in Köln realisierten 250 m hohen Fernmeldeturms (Abb. 19), dessen dreigeschossiges Kopfbauwerk von außen sichtbar mit Zugstäben am Turmschaft aufgehängt ist.

Hochhäuser

Fritz Leonhardt mißtraute biegesteifen Stockwerksrahmen als aussteifendem Tragwerk für hohe Gebäude, da bei einer Kombination von »weniger steifen« Stockwerksrahmens mit »sehr steifen« Wandscheiben der Beitrag der Stockwerksrahmen zur aussteifenden Lastabtragung gering ist. Deshalb wies er die aussteifende Wirkung ausschließlich den Wandscheiben und Kernen oder einer als steife Röhre ausgebildeten Fassade zu. Die Stützen können so sehr schlank ausgebildet und als Pendelstützen betrachtet werden.

In Texas LAP designed in 1995 a cable-stayed bridge for eight lanes with full shoulders, the first twin cable-stayed bridge with a principal span of 381 m (illus. 15).[24] Four cable plains support the road deck of precast units. Double-diamond pylons acting in truss action transfer the transverse wind loads to the footings.

The Cape Shui Mun Bridge (1997) in Hong Kong is part of the connection of Kowloon with the new airport of Lantau (illus. 16).[25] The double-level girder carries on top the road traffic, in its inner box space the rail connection to the airport, as well as emergency lanes for car traffic in case of a taifun.

The second Orinoco bridge in Venezuela (2006) for road and rail traffic (illus. 17)[26] consists of two successive cable-stayed bridges, each having a 300 m main span. The hold-down pier at the joining point is V-shaped, to resist the high braking loads of rail traffic.

Buildings

Fritz Leonhardt approached new problems unconventionally, with a sense of intuition, which was based upon technical curiosity, a wide range of knowledge acquired with great diligence, and the universal spirit of a master builder, who perceived execution and building costs, form, function and energy efficiency of a building in a holistic way. We have to add an exceptional sense of mission, with which he strongly and tirelessly advocated his ideas and convictions vis-à-vis clients and the profession at large.

Individual empathy for the flow of forces or the properties of materials have been mostly lost due to modern calculation methods. As a rule, Fritz Leonhardt trusted simple, instructive structural models, which he drew in pencil on squared double-folds, simple DIN A 3 sheets folded to A 4 size. The straightedge was his wooden slide rule, helping him also to calculate and to dimension. He considered those results more pertinent than

many of the detailed calculations he asked of his engineers.

Apart from strength and weight, when selecting a material, a big role played the question, whether the supporting elements could serve also functions, other than load carrying. He preferred integrated, self-supporting building systems to the conventional, additive construction methods. Corresponding to this, the choice of cross sections was effectively determined by their wind-load values or the need of surfaces for building maintenance.

All his life, Leonhardt was against general code rules, with no direct reference to an actual planning task and restricting proper engineering thinking from the outset. He was lucky to be spared the incomprehensible flood of building standards and codes, today's engineers have to cope with. The unfolding of his technical spirit and technical creativity would have been much compromised under current conditions.

The following part shall try to point out, by means of examples from building and industrial construction under the authority of Fritz Leonhardt, why we are fascinated by the œuvre and personality of this engineer.[27]

Towers

One of the best-known examples of the new building methods developed by Fritz Leonhardt is without doubt the Stuttgart television tower (1953–1956), presented in this book in detail by Joachim Kleinmanns. Another, at the time professionally disputed development, was the treatment of the 284 m high communication tower in Hamburg, built 1965–1968 and for a long time the tallest tower of Germany (illus. 18). While building the reinforced concrete shaft, the preparations of rigid connections for attached platforms or intermediate levels cause time-consuming and costly interruptions. For smooth progress it is advanta-

Beispielhaft seien hier die mit den Architekten Hentrich, Petschnigg und Partner (HPP) geplanten drei Hochhäuser genannt: das BASF-Hochhaus in Ludwigshafen (1954–1957), das Bayer-Hochhaus in Leverkusen (1963), das Unilever-Hochhaus in Hamburg (1961–1963), sowie das mit dem Architekten Paul Schneider-Esleben in Düsseldorf realisierte Mannesmann-Hochhaus (1956–1958).

Eine hohe Normalkraft wirkt sich bei aussteifenden Wänden oder Kernen günstig aus. Dies legte den Gedanken nahe, die Deckenplatten nicht auf Stützen aufzulagern, sondern am Kopf der Kerne aufzuhängen. Diese Bauweise wurde bei der Planung des Finnland-Hochhauses in Hamburg (1964–1966) und dem Bettenhaus der Universitätsklinik in Köln verwirklicht. Beim Finnland-Hochhaus sind die Geschoßdecken an ganz oben aus dem Turm herausragenden Kragarmen mittels Stahlbändern aufgehängt. Bei dem Bettenhaus der Kölner Universitätsklinik hingegen wurden die Geschoßdecken am Boden übereinanderliegend hergestellt und dann mit einem aus den USA stammenden Lift-Slab-Verfahren aufgehängt. Beim Kopftragwerk wurden mit dem Querschub der Kopftragglieder Erfahrungen aus dem Brückenbau verwirklicht.

Der neuartige Ansatz der Übernahme der windsteifen, turmartigen Kerne wurde in Amerika durch den von Fritz Leonhardt sehr geschätzten Chefingenieur Fazlur Khan (Skidmore, Owings & Merrill) übernommen und weiterentwickelt, indem dieser die Tragkonstruktion durch scheibenartige Ausbildung der Außenwände der Hochhäuser ergänzte und somit einen Turm mit größtmöglichem Kastenquerschnitt erzeugte.

Sonderbauwerke

Die in diesem Buch von Elisabeth Spieker vorgestellten Olympiadächer in München wurden 1969 bis 1972 gebaut und waren ein Höhepunkt in der Reihe der durch den Einsatz von Fritz Leonhardt realisierten außergewöhnlichen Konstruktionen. Tatsächlich wurde der Entwurf der Olympiadächer von vielen Fachleuten als »nicht baubare, nicht realisierbare, nicht berechenbare und nicht kalkulierbare Konstruktion«[28] bezeichnet.

Vorangegangen waren seit 1954 Erfahrungen mit leichten Flächentragwerken aus der Zusammenarbeit mit Frei Otto. Als Beispiel sei eine Konstruktion der Bundesgartenschau in Köln (Abb. 20) aus dem Jahre 1957 genannt, bei der ein Bogen aus einem Stahlrohr mit 190 mm Durchmesser und 34 m Spannweite eine 24 m breite Membran trug, die auf jeder Seite des Bogens über zwei Seilböcke abgespannt war.

Weitere Seilnetzkonstruktionen waren 1962 das Dach über die Freilichtbühne Luisenburg bei Wunsiedel und 1967 der Pavillon der Weltausstellung in Montreal (Abb. 21) mit den Architekten Frei Otto und Rolf Gutbrod. Hierbei standen die Ingenieure vor einer besonderen Aufgabe, sollte der Pavillon doch nur für die Nutzungsdauer eines Sommers ausgelegt werden. Daher wurde die in Montreal üblicherweise anzusetzende Schneelast nur zu 30 Prozent angenommen – größere Schneelasten sollten in Abstimmung mit dem Bauherrn abgeschmolzen werden. Für die Bestimmung der Vorspannung lagen keine Erfahrungen vor. Sie hängt von der Steifigkeit und damit der Sicherheit gegen Flatterschwingungen ab und wurde »reichlich« angenommen. Mit den Eigengewichten konnten dann die Seilkräfte, die Stützkräfte der Maste und die Kräfte der Spannanker genügend genau berechnet werden. Es war nämlich Eile geboten, und drei Wochen nach Auftragserteilung konnte somit schon die Bestellung der Seile und Maste aufgegeben werden, obwohl die endgültige Form noch gar nicht feststand. Obwohl nur für einen Sommer gebaut, übernahm die Stadtverwaltung Montreal das Risiko und nutzte das Dach trotz ausdrücklicher Hinweise auf die gering angesetzten Schneelasten noch mehrere Jahre.

Die Vorbemerkung zum *Aufbau*-Sonderheft *Künftige Wohnbauweisen*, das Fritz Leonhardt im Jahr 1947 veröffentlicht hat, ist kennzeichnend für sein Wirken als Ingenieur im Hoch- und Industriebau: »Die Technik alleine schafft den Wohnungsbau nicht, es gilt die Synthese von technischer Zweckerfüllung, künstlerisch befriedigender Form und gesunden Lebensbedingungen für Leib und Seele zu finden.«[29] Diese Aussage, über den Wohnungsbau hinaus verallgemeinert, hat auch heute nichts an Aktualität eingebüßt.

Die breite Tätigkeit von Fritz Leonhardt umfaßte alle Aspekte seiner lebenslangen beruflichen Leidenschaft im konstruktiven Ingenieurbau. Diese hat er in besonderer Weise in dem von ihm gegründeten Ingenieurbüro Leonhardt, Andrä und Partner entwickelt. Bahnbrechende Entwicklungen auf allen Gebieten des Ingenieurbaus hat er dort verwirklicht, insbesondere im Bereich des Schrägkabelbrückenbaus, aber auch im Hochbau. Seine Mitarbeiter und Nachfolger führen ihre Tätigkeit in seinem Sinne fort.

geous to cast the tower's shaft in one go and to add the platforms later. At the time, this seemed to be impossible, given the perceived necessity for rigid console connections.

But if you properly consider the bearing behavior of a ring slab or a conical shell resting on a recess or linked to perforations, a rigid connection is not at all needed. Thus at the level of desired platforms only 3 to 4 cm deep notches were produced by shuttering inlays, keeping clear of the continuous reinforcement. They later received the conical shells and the shaft could be built for the first time to its full height without interruption.

Furthermore, the platforms, being conical shells, could be very thin. However, it needed audacity to trust your own insight, in the face of thinking in traditional models.

Since execution was much simpler, construction costs and time were greatly reduced.

A very different solution for the subsequent attachment of projecting floors was the structural design of the 250 m communication tower in Cologne (1976–1981), whose three-floor top extension is attached to the shaft by visible suspension rods (illus. 19).

High-rise buildings

Leonhardt mistrusted rigid floor high frames for tall buildings, because when combining "less rigid frames" with "very rigid" wall panels, the stiffening contribution of the frames is small. Therefore he gave the stiffening function to wall panels or building cores, or to façades conceived as rigid tubes. The columns could then be very slender and were considered non-rigid supports.

Exemplary skyscrapers are three buildings designed by the architects Hentrich, Petschnigg und Partner (HPP): the BASF high-rise in Ludwigshafen (1954–1957), the Bayer tower in Leverkusen (1963) and the Unilever building in Hamburg (1961–1963), as well as the Mannesmann building in Düsseldorf, built with architect Paul Schneider-Esleben (1956–1958).

High vertical loads are good for bracing walls or cores. Hence, the idea to rest the floor slabs not on columns, but to suspend them from the core. This method was applied in the design of the Finland building in Hamburg (1964–1966) and the nursing wing of the Cologne university clinics. In the Finland building, the floor slabs are suspended by steel ribbons from cantilever beams at the top of the tower. For the high-rise nursing wing of Cologne university hospital the floor slabs were produced on the ground on top of each other and raised in place by the American lift-slab method. The lateral shifting of the structural suspension elements at the top was based on experience from bridge construction.

The new concept of wind-resisting tower cores was taken up and further developed in America by chief engineer Fazlur Khan (Skidmore, Owings & Merrill). He was highly esteemed by Fritz Leonhardt and completed the structural idea by treating the exterior walls of skyscrapers as bracing elements, creating the biggest possible box section.

Special structures

The Munich Olympics roofs presented in this book by Elisabeth Spieker, were built from 1969–1972 and are a point of culmination in the sequence of extraordinary constructions realized through the dedication of Fritz Leonhardt. As a matter of fact, many professionals deemed the design of the Olympic roofs "a not buildable, incalculable and inestimable construction".[28]

Since 1954 they were preceded by experiences gained with light surface structures in cooperation with Frei Otto. Take as example a construction from the Bundesgartenschau 1957 (federal garden exhibition) in Cologne, with an arch of a 190 mm diameter steel tube spanning 34 m and carrying a 24 m wide membrane, steadied on either side by two cable support frames (illus. 20).

Further cable net structures served 1962 as roof over the open air theatre Luisenburg at Wunsiedel and the 1967 German pavilion of the Montreal world exhibition (illus. 21), built with the architects Frei Otto and Rolf Gutbrod. This time the engineers had a specific challenge, the pavilion should be designed for one summer use only. Therefore, in agreement with the clients, the normal snow loads for Montreal were taken at 30 % only – bigger snow loads should be melted down. There was no knowledge regarding tightening. It depends upon rigidity of the skin material and the safety against flutter, which was "amply" provided. Knowing the dead loads, the cable forces, mast strength and anchorage could be calculated. Work was done in a hurry and three weeks after the project had been assigned, cables and masts could be ordered, even though their final shape was not set. Although built for one summer only, the City of Montreal took the risk of using the roof for several years, in spite of the prescription of low snow loads.

The introduction to a special edition of the periodical *Aufbau* entitled *Künftige Wohnbauweisen* (future ways of habitation), published by Fritz Leonhardt in the year 1947, is typical for his work as engineer in building and industrial construction: "Technology alone cannot create habitation, we need a synthesis of technical functionality, artistically satisfying forms and living conditions, which are healthy for body and mind."[29] This declaration may be applied beyond home building and today is as valid as ever.

The broad activity of Fritz Leonhardt embraced all aspects of a lifelong professional passion for structural civil engineering. He put this into practise with the founding of the Leonhardt, Andrä und Partner consultancy. There he realized trail blazing developments in all fields of structural engineering, particularly in the design of cable-stayed bridges, but also in building construction. His collaborators and successors continue their work in his spirit.

22. Verwaltungsgebäude der Phoenix-Rheinrohr AG, Düsseldorf, Architekten Hentrich, Petschnigg und Partner, 1960.
23. Verwaltungsgebäude der Phoenix-Rheinrohr AG, Düsseldorf, neues Modell gebaut für die Ausstellung im Jahr 2009.
24. Hallenschwimmbad Sechslingspforte, Hamburg, Architekten Niessen & Störmer, 1973.
25. Hallenschwimmbad in Wuppertal, Architekt Friedrich Hetzelt, neues Modell, gebaut für die Ausstellung im Jahr 2009.

22. Administration building of Phoenix-Rheinrohr AG, Düsseldorf, architects Hentrich, Petschnigg und Partner, 1960.
23. Administration building of Phoenix-Rheinrohr AG, Düsseldorf, new model built for the exhibition in 2009.
24. Sechslingspforte indoor swimming pool, Hamburg, architects Niessen & Störmer, 1973.
25. Indoor swimming pool in Wuppertal, architect Friedrich Hetzelt, new model, built for the exhibition in 2009.

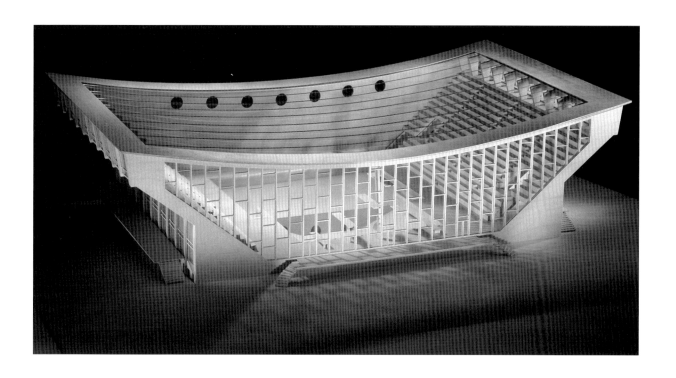

Joachim Kleinmanns
Der Stuttgarter Fernsehturm. Ein Prototyp

Der 1954–1956 in Stuttgart erbaute Fernsehturm (Abb. 1) ist der erste, der als Stahlbetonröhre mit einem Ringfundament konstruiert wurde. Er gilt als wegweisende Innovation und ist weltweit Vorbild der meisten Fernseh- und Fernmeldetürme aus Stahlbeton.

Planungsgeschichte

1953 plant der Süddeutsche Rundfunk (SDR) auf dem Hohen Bopser in Stuttgart einen über 150 m hohen abgespannten Stahlgittermast mit 45 m hoher Antenne.[1] Fritz Leonhardt erfährt davon und schlägt Alternativen vor. Dafür läßt sich ein ingenieurtechnischer Grund anführen, nämlich daß abgespannte Stahlgittermasten durch Windschwingungen und Eisbildung häufiger einstürzen, aber auch ein ästhetischer: Leonhardt hat in den USA die dort zahlreich vorhandenen Gittersendemasten als unästhetisch empfunden. Von seinem Wohnhaus am Rand des Stuttgarter Talkessels genau gegenüber dem Hohen Bopser hätte er den Gittermast täglich vor Augen. Daher zeichnet er zwei Varianten eines abgespannten Stahlbetonmasten und sendet diese am 27. Mai 1953 an den technischen Direktor des SDR, Helmut Rupp.

Die Lichtpause[2] (Abb. 2) zeigt eine abgespannte Stahlbetonröhre von 2,3 m Durchmesser und 150 m Höhe, darüber eine 30 m hohe Stahlbetonröhre mit 1,6 m Durchmesser und eine 19 m hohe Sendeantenne. Ein Alternativentwurf auf demselben Blatt variiert diesen Entwurf um eine Kanzel mit einem Technikgeschoß, zwei Gastronomiegeschossen für 200 Gäste und einer offenen Aussichtsplattform in 150 m Höhe. Der Durchmesser der einzelnen Plattformen vergrößert sich von unten nach oben von 4,25 auf 16,5 m, die Außenhaut verspringt in Stufen, zeigt also noch keine durchgehende Silhouette wie beim ausgeführten Entwurf. Der Durchmesser der ebenfalls abgespannten Stahlbetonröhre ist zur Aufnahme der zusätzlichen Funktionen auf 2,8 m vergrößert. Leonhardt konnte sich 1985 nicht mehr an diese Zeichnungen erinnern: »Für mich stand von vornherein fest, daß der Turm frei stehend und unten eingespannt werden sollte.«[3]

Zwei Wochen später, am 8. Juni 1953, entwickelt er seinen Entwurf zu einem frei stehenden Turm weiter.[4] Nun verjüngt sich der Schaft in einer leichten Kurve von 8 m am Fuß auf 4,5 m unterhalb der Kanzel, die sich wenig abweichend von den ersten Überlegungen in drei Stufen von unten nach oben auf 17 m Durchmesser verbreitert. Darüber erhebt sich die Antenne. Neu ist auch ein Gastronomiegeschoß rund um den Turmfuß. Die Mehrkosten gegenüber einem Gittermast sollen durch das Aussichtsrestaurant und die Aussichtsplattform nach Vorbild des Berliner Funkturms gedeckt werden. Leonhardt kann maßgebliche Leute des SDR von seiner Idee überzeugen.[5] Die weiteren Planungen zeigen jedoch schnell, daß die Flächen im Turmkorb wesentlich größer sein müssen. Ein eigenes Sendegeschoß und ein Küchengeschoß kommen hinzu. Nun wird auch die Form

1. Fernsehturm Stuttgart, 1953–1956.
2. Fernsehturm Stuttgart, Leonhardts erste Alternativplanungen zu einem abgespannten Gittermast, 21. Mai 1953.

1. Stuttgart television tower, 1953–1956.
2. Stuttgart television tower, Leonhardt's first alternative designs for a cable-stayed lattice pylon, 21 May 1953.

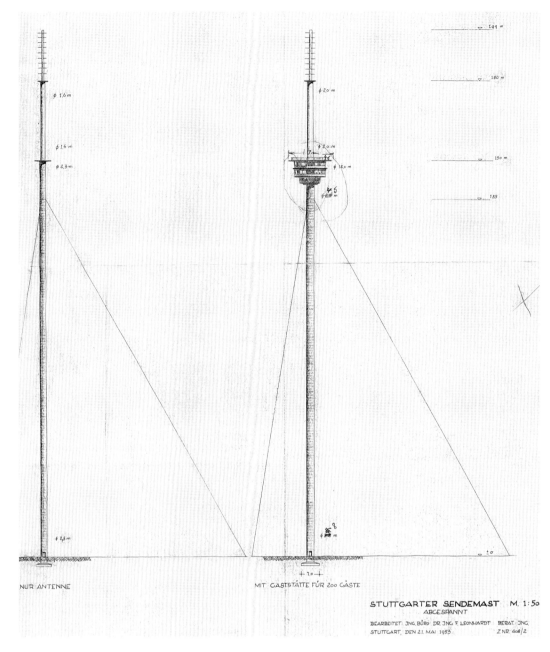

NUR ANTENNE

MIT GASTSTÄTTE FÜR 200 GÄSTE

STUTTGARTER SENDEMAST M. 1:50
ABGESPANNT

BEARBEITET: ING. BÜRO DR. ING. F. LEONHARDT BERAT. ING.
STUTTGART, DEN 21. MAI 1953 Z NR. 408/2

Joachim Kleinmanns
The Stuttgart television tower. A prototype

The television tower, built in Stuttgart in the years 1954–1956 (illus. 1), is the first one to be designed as a reinforced concrete tube with a ring foundation. It is considered a path-setting innovation, which served as a model for reinforced-concrete television and communication towers the whole world over.

Planning history

In 1953 the Süddeutscher Rundfunk (SDR) plans a 150 m steel lattice mast with cable stays and a 45 m antenna upon the Hohe Bopser mountain at Stuttgart.[1] Fritz Leonhardt learns of it and proposes alternatives. The engineering reason: stayed steel lattice masts may fail due to wind-induced swaying and the formation of ice, but there is also an aesthetic concern: Leonhardt saw many steel lattice transmitter masts in the USA and considered them ugly. From his residence on the edge of the Stuttgart basin, right across from the

Hohe Bopser, he would always have to look at such a lattice mast. Therefore he draws two versions of a stayed reinforced concrete mast and sends them on May 27th, 1953 to Helmut Rupp, the technical director of the SDR.

The blueprint[2] (illus. 2) shows a stayed RC tube of 2.3 m diameter and 150 m height, above it a 30 m high RC tube of 1.6 m diameter and a 19 m high transmission antenna. An alternate design on the same sheet adds a turret for technical equipment, two restaurant levels for 200 guests and an open viewing platform at 150 m. The diameters of these platforms increase in steps from 4.25 m at the bottom to 16.5 m, the skin not creating a smooth silhouette as later executed. The diameter of the RC tube, still stayed, has been increased to 2.8 m, to receive additional functions. In 1985 Leonhardt did not recall these drawings: "To me it was clear from the beginning, that the tower should be free standing, anchored to the ground."[3]

Two weeks later, on 8 June 1953, he further develops his design of a free standing tower.[4] Now the shaft tapers up in a slight curve from 8 m at the base to 4.5 m below the turret, which widens in three steps to 17 m diameter, similar to the first

89

des Korbes als umgekehrter Kegelstumpf entwickelt. Die ausgeführte Variante mit dem stufenlos sich nach oben bis zum Boden des letzten Geschosses verbreiternden, ab da zylindrischen Korb, dessen Kanten gerundet sind (Abb. 4), zeichnet Leonhardt erst am 13. Mai 1954.[6] Er läßt sich am 28.6.1954 seine Urheberrechte an dieser Gestaltung im Ingenieurvertrag bestätigen und wird mit dem architektonischen und konstruktiven Entwurf des Rohbaus »mit fix und fertiger äußerer Umwandlung« beauftragt.[7] Erst nachdem er die endgültige Korbform entwickelt hat, wird am 1. Juni 1954 der Architekt Erwin Heinle vom SDR mit der »künstlerischen, technischen und geschäftlichen Oberleitung« beauftragt.[8] Dessen Feder entspringen die Entwürfe für den inneren Ausbau und die Bauten am Fuß. Die Gaststätteneinrichtung gestaltet die Stuttgarter Innenarchitektin Herta-Maria Witzemann.[9] Als Prüfingenieur wirkt der auf Schornsteinbau spezialisierte Stuttgarter Professor Karl Deininger.[10] Die Bauausführung wird einer Arbeitsgemeinschaft aus den Firmen Wayss & Freytag und Gustav Epple übertragen. Am 9. Juni 1954 erhält der SDR eine vorläufige Baugenehmigung, und am folgenden Tag beginnt um 15 Uhr der Bau mit dem ersten Spatenstich durch SDR-Intendant Fritz Eberhard. Am 5. Februar 1956 wird der fertige Turm eingeweiht.

Konstruktion

Turmschaft

Eine runde Röhre ist die optimale Form für einen Turmschaft, da sie dem Wind aus allen Richtungen die geringste Angriffsfläche bietet.[11] Der cw-Wert wurde beim Schaft des Stuttgarter Fernsehturms mit 0,7 gemessen.[12] Bei einem Turm mit quadratischem Schaftquerschnitt ist er fast dreimal so hoch. Der einzige bedeutende Turm mit einem solchen Querschnitt ist der Kaknäs-Turm in Stockholm, 1963–1967 nach Entwurf von Hans Borgström und Bengt Lindroos erbaut. Er hat eine Kantenlänge von 10 m, ist 148 m hoch und trägt einen 15 m hohen Antennenmast. Die Plattformen für die Richtfunkantennen und der Korb mit dem Restaurant und den Aussichtsgeschossen sind gegenüber dem Schaft um 45° gedreht.

Leonhardt nimmt für den Schaft des Stuttgarter Fernsehturms bautechnisch die hohen Stahlbetonschornsteine zum Vorbild. Von diesen stellt der des Nürnberger Milchhofs von Otto Ernst Schweizer ein wichtiges Beispiel dar (Abb. 3).[13] Er wurde 1929 unter Beteiligung Deiningers entworfen. Der 75,25 m hohe Schornsteinschaft verjüngt sich geradlinig auf 2,24 m an der Spitze, wobei die Wandstärke zugleich von 17 auf 10 cm abnimmt. Dies wurde 1930 technisch von der Firma Wayss & Freytag mit einer Kletterschalung nach dem System Heine ausgeführt. Die Blechschalung wird dabei taktweise versetzt, der Durchmesser des Schalungssystems wird durch Schraubspindeln angepaßt. Arbeitsunterbrechungen sind möglich, ebenso ein punktgenaues Einsetzen von Einbauteilen. Wir finden hier einen wichtigen Teil der Bautechnik, die 1954 in Stuttgart angewandt wird (Abb. 6). Die Gleitschalung wird in Deutschland erst seit 1963 eingesetzt, zunächst bei zylindrischen Schaftquerschnitten, seit 1965 auch bei konischen Bauwerken. Voraussetzung ist ein konti-

nuierlicher Baubetrieb rund um die Uhr, bei dem die Schalung hydraulisch oder pneumatisch pro Stunde um 20 bis 80 cm gehoben wird. Damit sind täglich durchschnittlich 8 m zu betonieren. Der Schaft des ausgeführten Fernsehturms verjüngt sich von 10,8 m am Fuß auf 5,04 m unterhalb des Korbes. Auch die Schaftwanddicke nimmt bis in 10 m Höhe von 0,6 auf 0,3 m und von dort bis zum Korb auf 0,19 m ab. Der entscheidende Unterschied zu den Schornsteinen ist ein leicht parabolischer Anzug. Dieser ist für Leonhardt gestalterisch notwendig, auch wenn die Kurve technisch überflüssig und durch das aufwendige Anpassen der Schalung teurer ist. Die im Verhältnis zur Höhe des Bauwerks dünne Schaftwand wird alle 10 m durch Querrahmen ausgesteift. An diesen sind zugleich die fünf Betonsäulen zur Führung der Aufzüge und die Versorgungsleitungen angeschlossen.

Da Windkräfte die Stahlbetonröhre biegen, entstehen an der Leeseite Druckkräfte, welche die Röhre stauchen, an der Luvseite Zugkräfte, welche sie dehnen. Dagegen wird sie vertikal mit Stahlstäben bewehrt. Bis in 102,5 m Höhe sind zudem außen und innen horizontale Ringbewehrungen angeordnet.

Im Unterschied zu einer Stahlröhre vermag eine Stahlbetonröhre die durch Wind auftretende Turmschwingung schnell zu dämpfen.[14] Bewehrungsstäbe dehnen sich stärker als Beton. Durch dieses ungleiche Dehnverhalten entsteht Reibung zwischen Beton und Bewehrung, wodurch um so mehr Schwingungsenergie abgebaut wird, je stärker der Turm sich bewegt. Leonhardt gab die maximale Schwingung bei einer Windgeschwindigkeit von 180 km/h in Plattformhöhe mit 60 cm und an der Antennenmastspitze mit 168 cm an. Diese Maximalwerte treten statistisch betrachtet einmal in 50 Jahren auf. Bei 90 km/h sind es statt der 60 cm nur noch 15 cm – kaum spürbar für die Turmbesucher. Durch verbesserte Ansätze weist Jörg Schlaich 1966 nach, daß die Windlasten des Stuttgarter Fernsehturms um 45 Prozent zu hoch angenommen waren.[15]

Auch die Auslenkung eines Turmes durch Temperaturdehnungen ist bei Stahlbeton geringer als bei einer reinen Stahlröhre. Eine seitliche Erwärmung um 30 °C führt zu einer Auslenkung von 40 cm in Plattformhöhe. Horizontale Erdbewegungen bei Erdbeben können den Turm ebenfalls in Schwingung versetzen, doch erreichen die Amplituden lokal kaum 10 cm.

Fundament

Die bei hohen Schornsteinen übliche schwere Fundamentplatte hätte bei der projektierten Turmhöhe erhebliche Ausmaße bekommen müssen und den Nachteil großer Schwankungen der Bodenpressung durch die Windmomente gehabt. Leonhardt wählt daher ein Ringfundament mit großer Kernweite, das diese Nachteile verringert. Dies ist, neben der parabolischen Verjüngung des Turmschafts, die bedeutendste Innovation. Die Maße des Ringfundaments – 3,25 m Ringbreite bei 27 m Außendurchmesser – errechnen sich aus der zulässigen Bodenpressung.[16] Der Baugrund-Gutachter Trauzettel gibt für die mittige Belastung eine zulässige Bodenpressung von 360 kN/m^2 an und für die ausmittige Belastung, vor-

3. Konstruktives Vorbild: Schornstein des Nürnberger Milchhofs von Otto Ernst Schweizer, 1930.

3. Structural model: smoke-stack of Nuremberg dairy by Otto Ernst Schweizer, 1930.

attempt. Above rises the antenna. New is also a restaurant building around the base of the tower. The difference in cost to a lattice mast would be compensated by the income from the panoramic restaurant and the viewing platform, similar to the Berlin Funkturm (transmission tower). Leonhardt can convince important people at the SDR of his idea.[5] Further planning reveals, that the area of the turret must be enlarged considerably. A transmission level and a kitchen floor have to be added. Now the form of the turret approaches a reversed truncated cone. Not before 13 May 1954, Leonhardt draws the final version of a cone, smoothly spreading up to the last floor, followed by a cylinder with rounded edges (illus. 4).[6] On 28 June his copyright is entered into the consultancy agreement and he is commissioned with the architectural and structural design of the rough structure, "including the complete external enclosure".[7] Only after the shape of the tower's head is definite, the architect Erwin Heinle of the SDR is entrusted on 1 June 1954, with the "artistic, technical and administrative management" of the project.[8] He does the internal planning and designs the buildings around the base. The Stuttgart interior architect Herta-Maria Witzemann furnishes the restaurant.[9] Professor Karl Deininger from Stuttgart is a smoke-stack specialist and acts as approving engineer.[10] Execution of the project is given jointly to the companies Wayss & Freytag and Gustav Epple. On 9 June 1954, the SDR receives the preliminary building permit and a day after at 15 hrs, construction starts by SDR director Fritz Eberhard turning the first sod. On 5 February 1956 the completed tower is inaugurated.

Construction

Shaft

A cylindrical tube is the ideal shape for the shaft of a tower, because of least wind resistance in all directions.[11] The shaft's cw-value of the Stuttgart tower was measured as 0.7.[12] A tower with square cross section would have a three-fold value. The Kaknäs tower in Stockholm, built 1963–1967 to the designs of Hans Borgström and Bengt Lindroos, is the only important tower with such a cross section. It has a side length of 10 m, is 148 m high and carries a 15 m antenna mast. The platforms for the communication dishes and the restaurant and viewing levels are turned 45° to the shaft.

Leonhardt takes tall reinforced concrete smoke-stacks as construction model for the shaft of the Stuttgart TV tower. An important example is the one of the Milchhof in Nuremberg by Otto Ernst Schweizer (illus. 3).[13] It was designed in 1929 with the participation of Deininger. The 75.25 m stack tapers in a straight line to 2.24 m at the top, wall thickness decreasing from 17 to 10 cm. It was executed in 1930 by Wayss & Freytag, using climbing formwork, system Heine. The sheet metal shuttering is moving up in steps, its diameter being adjusted by turning spindles. It allows work breaks and exact positioning of inserts. Important elements of this technology are applied 1954 in Stuttgart (illus. 6). Slip forms have been used in Germany since 1963, first for cylindrical

shafts, since 1965 also for conical structures. It requires continuous construction round the clock, shuttering is hydraulically or pneumatically lifted at a rate of 20 to 80 cm per hour. This means casting on average 8 m per day. The shaft of the TV tower as built, tapers from 10.8 m at the bottom to 5.04 m below the head. Until 10 m, the wall thickness decreases from 0.6 to 0.3 m, up to the head to 0.19 m. The decisive difference to the smoke-stack is a slightly parabolic curvature. For Leonhardt this is an aesthetic necessity, even though the curve is technically useless and, due to difficult fitting of the shuttering, more expensive. The shaft's wall, being thin in relation to its height, received stiffening frames every 10 m. To them are attached the five columns in reinforced concrete, which support the elevators and services.

Since the wind forces deflect the RC tube, there develops leeward compression and windward tension. Therefore we have up to 102.5 m vertical steel reinforcing, supplemented by an inner and outer ring reinforcement.

In contrast to a steel tube, an RC tube quickly attenuates swinging caused by wind.[14] Reinforcement stretches more than concrete. This unequal extension causes friction between concrete and reinforcement, which absorbs swinging energy in proportion to the tower's movement. At a wind speed of 180 km/h Leonhardt figured a maximum sway of 60 cm at platform level and of 168 cm at the top of the antenna. Statistically, such maximal values occur once in 50 years. At 90 km/h we have instead of 60 cm only 15 cm – hardly noticeable by a visitor. With improved assumptions, Jörg Schlaich is proving in 1966, that the wind loads of the Stuttgart tower were assumed too high by 45 %.[15]

Also distortion due to thermal expansion is less in reinforced concrete than in steel. A lateral rise in temperature of 30 °C causes a 40 cm lengthening at platform level. Horizontal soil movement due to an earthquake could also cause swaying, but hardly more than 10 cm.

Foundation

Given the height of the tower, a simple foundation slab, as was usual for high chimneys, would have been huge and should have caused major changes in soil pressure, due to wind moments. To avoid these drawbacks, Leonhardt chose a wide ring foundation. Next to the parabolic taper of the tower, this is the most important innovation. The dimensions of the ring foundation – a 3.25 m wide ring with 27 m exterior diameter – were derived from permissible soil pressure.[16] Settlement calculations suggested a footing at 8 m below ground level. The best transition from the narrow tower shaft to the wide foundation ring is a conical shell. A second, reversed conical shell is introduced for stiffening (illus. 5). Both start at the bottom of the shaft and form a triangular cross section. The truncation of the reversed inner cone sits on the hub-slab of the foundation ring, avoiding additional expenditure. This idea comes from Walter Pieckert, who calculates in Leonhardt's office the dimensioning of the foundation.[17]

The outer cone generates high tensile forces in the foundation ring, which are absorbed by prestressing. Officials thought, a tensioning cable,

wiegend Wind, 130 kN/m². Die Setzungsberechnungen empfehlen eine Gründung in 8 m Tiefe. Der Übergang vom engen Turmschaft auf das weite Ringfundament läßt sich am besten durch eine Kegelschale herstellen. Eine zweite, umgekehrte Kegelschale sorgt für die räumliche Aussteifung (Abb. 5). Sie setzt am oberen Rand der Außenschale an, ihre Spitze wird unten in einer Bodenscheibe fixiert Die Idee dazu hat Walter Pieckert, der im Büro Leonhardt die Dimensionierung des Gründungskörpers berechnet.[17]

Die äußere Kegelschale übt große Zugkräfte auf den Fundamentring aus, die durch dessen Vorspannung aufgenommen werden. Ein um den Ring gelegtes Spannkabel halten die Verantwortlichen, da es längere Zeit offen gelegen hätte, für sabotagegefährdet.[18] Die statt dessen angewandten radialen Spannglieder in der Art eines Speichenrades erfordern dieselbe Stahlmenge (Abb. 7). Die dadurch notwendige Bodenplatte ist wegen der Fixierung der inneren Kegelspitze ohnehin vorgesehen, stellt also keinen zusätzlichen Aufwand dar. Nachteilig ist, daß die 112 Spannglieder im Kreuzungspunkt in vier Lagen übereinanderliegen: 50-t-Freyssinet-Bündel aus zwölf Drähten St 135/150 mit 8 mm Durchmesser. Jede Lage besteht aus 28 Bündeln. Diese sind wiederum in Vierergruppen verlegt, um dazwischen ausreichend Raum zur Einbringung und Verdichtung des Betons zu haben. Die Vorspannkraft beträgt 141 t/m Umfang.

Unter Berücksichtigung der Erdauflast rund um den Kegel könnte das Fundament des Stuttgarter Fernsehturms die 2,5fachen Windkräfte aufnehmen, ohne daß es in der Bodenfuge zu einem Abheben käme. Erst bei vierfacher Windkraft ergibt sich rechnerisch ein Umkippen des Bauwerks. Zudem haben Messungen ergeben, daß die durch Windböen eingetragene Energie durch Überwindung der Trägheit und Formänderungsarbeit oberhalb des Turmfundaments aufgebraucht wird.[19]

Turmkorb

Läßt sich der Turmschaft in Form und Konstruktion auf die frühen Stahlbetonschornsteine zurückführen, so erinnert die Form der Funktionsgeschosse an den Mastkorb (»Krähennest«) eines Segelschiffs.[20] Aus dieser Assoziation entsteht der Begriff »Turmkorb«. Leonhardt nennt das Verhältnis von schlankem, hohem Schaft und breitem, kurzem Korb, deren Silhouetten auch noch gegenläufig sind, eine »Kontrastproportion«, entwickelt aus der Funktion: vertikale Bewegung im Schaft, horizontales Ruhen (Fensterbänder) im Korb.[21] Dieser stoppe damit die dynamische Aufwärtslinie des Schaftes optisch. Der Korb erhält eine innovative Vorhangfassade aus Glas und Aluminium, eine Assoziation zum Flugzeugbau. Die Kragplatte für den Turmkopf ruht auf einem auskragenden Kegelstumpf aus Stahlbeton. So entsteht wie beim Fundament wieder ein räumliches Tragwerk mit Dreieckswirkung. Allerdings ist hier die Vorspannung nicht radial geführt (das hätte die vertikale Erschließung durch den Schacht verhindert), sondern ringförmig durch vier 24-t-Leoba-Spannglieder. Am Außenrand tragen 18 Stahlbetonstützen die vier Decken aus je 36 radialen Rippen mit einer 6 cm dünnen Platte. Innen sind sie am Schaft biegesteif angeschlossen.

Der Durchmesser vergrößert sich von 12,1 m bei der unteren Platte bis zur Decke des Restaurantgeschosses auf 14,85 m und bleibt dann im Cafégeschoß bis zu dessen Decke bzw. dem Boden der Aussichtplattform gleich. Die Stockwerkhöhe von 2,91 m wird schon 1956 als sehr knapp beurteilt.[22]

Oberhalb ist der 51 m hohe Antennenmast in einen Stahlbetonblock eingespannt. Die Gesamthöhe beträgt 211 m, das Höhenverhältnis vom Schaft zur Antenne etwa 3:1. Diese ausgewogene Proportion wird 1965 durch die Erhöhung der Antenne verändert.

Wirkung

Bis heute hat sich das Kegelschalen-Ringfundament als Konstruktion für schlanke Turmbauwerke als Standardlösung bewährt. Statt des aussteifenden Innenkegels ist aber eine zylindrische Aussteifung (erstmals 1964 in Hamburg) oder die Beschränkung auf einen verstärkten Außenkegel (1971 beim Stuttgarter Frauenkopf-Turm) kostengünstiger (siehe S. 100 ff.). Die radiale Bewehrung des Ringfundaments wird durch eine ringförmige Vorspannung abgelöst.

Zwei weitere Konstruktionen sind für den Korb entwickelt worden: in den 1970er Jahren der hängende Stahlkorb mit Stahlbeton-Verbunddecken[23] und 1964 von Schlaich[24] die stehende Stahlbeton-Kegel-Druckschale. Ein biegesteifer Anschluß des Korbes an den Schaft wie beim Stuttgarter Turm erfordert viel Anschlußbewehrung und erzeugt erhebliche Störmomente im Schaft, was beim höheren Hamburger Fernmeldeturm mit seinen bis zu 39,8 m Durchmesser ausladenden Plattformen eine Verstärkung des Schaftes erfordert hätte. So sind die Plattformen hier durch Kegelstümpfe »gelenkig« an den Schaft angeschlossen (24° Neigung bei den Böden, 15° bei den Decken). Sie sind schlaff (ohne Vorspannung) bewehrt und am Schaft in einer 3,5 cm tiefen Nut gelagert.

Das 1955 von der Schriftleitung der Bauzeitung als »eigenartig« und von Kritikern als »tollkühn« bezeichnete Bauwerk ist, wie Leonhardt schon damals hoffte, zu einem Wahrzeichen der Stadt Stuttgart geworden. Dieser Prototyp wurde nicht nur von Leonhardt in Variationen wiederholt, sondern auch von anderen Planern in aller Welt, jedoch nur in der Höhe, nicht in der gestalterischen Qualität übertroffen.

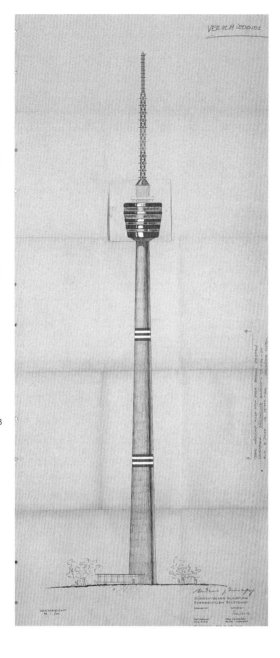

4. Fernsehturm Stuttgart, endgültige Turmkorb-
form, noch mit rot-weißem Warnanstrich, 13. Mai
1954.
5. Konstruktive Innovation: Systemzeichnung der
beiden gegenläufigen Fundamentkegel.
6. Moderne Bautechnik: Betonieren des Schaftes
mit einer Kletterschalung.
7. Innovative Bautechnik: speichenförmige Spannglieder und Anschlußbewehrung für den Innen-
kegel des Fundaments.

4. Stuttgart television tower, final shape of crow's
nest, still with red-white security markings, 13 May
1954.
5. Structural innovation: pictorial section of foundation cones.
6. Modern building technique: casting the shaft
with climbing formwork.
7. Structural innovation: radial tendons and tie-in
reinforcement of the inner foundation cone.

Crow's nest

If form and construction of the tower's shaft derive
from earlier RC chimneys, the shape of the platforms remind us of the crow's nest of a sailing
ship.[20] This association created the German term
"Turmkorb", literally, tower basket. Leonhardt calls
the relation between the slender, tall shaft and the
wide and low head with their adverse silhouettes,
a "proportion of contrast". It derives from function:
vertical movement of the shaft and horizontal re-
pose in the head (ribbons of windows),[21] optically
arresting the dynamic upward movement. The
platforms receive innovative curtain walls of glass
and aluminum, recalling airplane construction.
The projecting slab for the head rests upon a cantilevering, truncated cone of reinforced concrete.
Like the footing it acts as a triangular space frame.
However, the prestressing is not radial (which
would block the vertical movement in the shaft),
but in a ring of four 24 t Leoba tendons. 18 concrete columns along the outer edge carry the four
floors, with 36 radial ribs each and a 6 cm slab.
They have a rigid connection with the inner shaft.
The diameter increases from 12.1 m of the bottom

placed around the ring and being for a while in the
open, was inviting sabotage.[18] Instead they chose
radial tensioning members, like the spokes of a
wheel, needing the same amount of steel (illus. 7).
A drawback are the four layers of 112 tendons in
the hub: 50-t-Freyssinet bundles of twelve wires
St 135/150 of 8 mm diameter. Each layer consists
of 28 bundles, laid in sets of four, to leave space
for placing and vibrating concrete. Tensioning
force is 141 t/m circumference.
Considering the load of earth around the cone,
the foundation of the Stuttgart TV tower could resist 2.5-times the wind loads before lift-off. It would
take fourfold wind loads to cause tipping of the
structure. Furthermore, measurements indicated,
that forces caused by gusts of wind would be absorbed by inertia and resistance to deformation.[19]

slab to 14.85 m for the upper slabs of the restaurant and Café levels, as well as the viewing platform. Already in 1956 floor to floor heights of 2.91
m were considered minimal.[22] On top is the 51 m
high antenna mast, fastened to a RC block. Total
height is 211 m, the vertical proportion of shaft to
antenna about 3:1. Since the lengthening of the
antenna in 1965 this balanced proportion has
been lost.

Effect

Until today the conical ring foundation is the established structural solution for slender towers.
Instead of the stiffening inner cone, a cylindrical
bracing (first 1964 in Hamburg) or the limitation
to a stronger outer cone (1971 Stuttgart Frauenkopf tower) has been more economical (see pp.
100 ff.). A circular prestressing of the footing re-
places the radial tendons.
Two more constructions were developed for the
head: in the 1970s the suspended steel cage with
RC-compound slabs[23] and 1964, the upright RC-
compression cone by Schlaich[24]. A rigid connection of the head with the shaft, as at the Stuttgart
tower, needs much connecting reinforcement, dis-
turbing the shaft construction. At the still higher
Hamburg communications tower with its platforms of up to 39.8 m diameter, it would have led
to a thickening of the shaft. Therefore the platforms are linked by truncated cones to the shaft
(24° bottom incline, 15° top slope). They have regular reinforcement and rest on the shaft in a 3.5
cm deep groove.

The tower, which in 1955 the editors of the *Bauzeitung* called "eigenartig" (peculiar), and critics
called "tollkühn" (foolhardy), became a token of
Stuttgart, as Leonhardt had hoped. Not only
Leonhardt repeated this prototype in several variations, but also other planners around the world,
where it was surpassed in height only, never in its
formal quality.

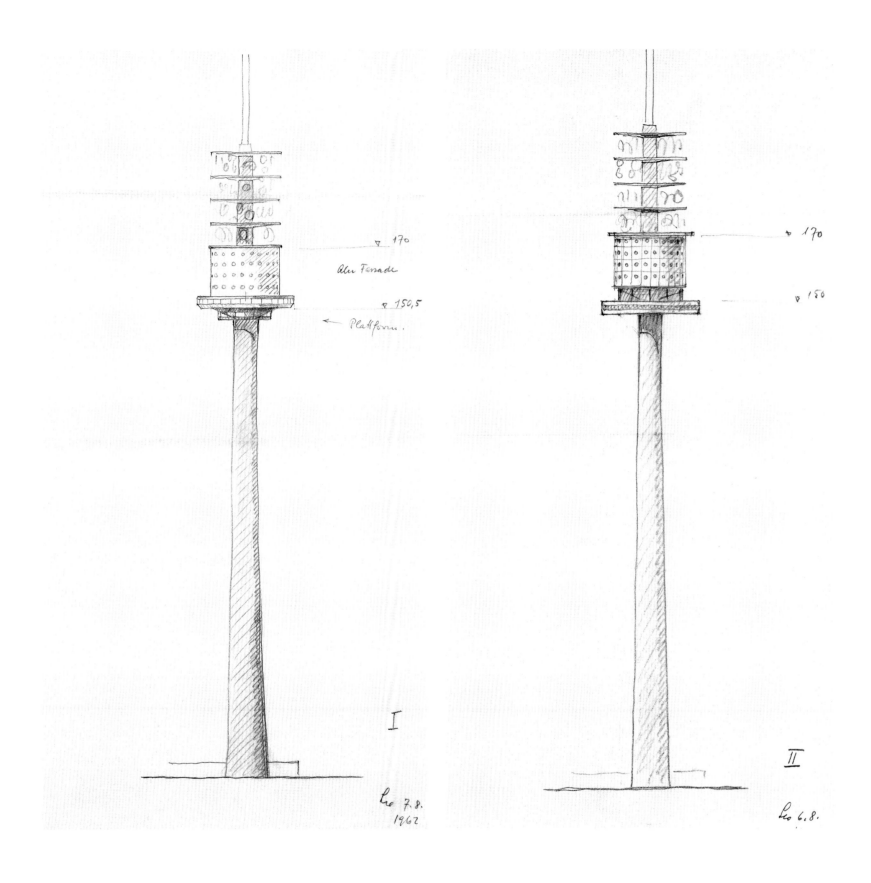

170

Alte Fassade

150,5

← Plattform.

I

Leo 7.8.
1962

170

150

II

Leo 6.8.

8–11. Fernmeldeturm Hamburg, Entwurfsvarianten, Handskizzen von Fritz Leonhardt, 6.–12. August 1962.

8–11. Hamburg communications tower, design variants, sketches by Fritz Leonhardt, 6–12 August 1962.

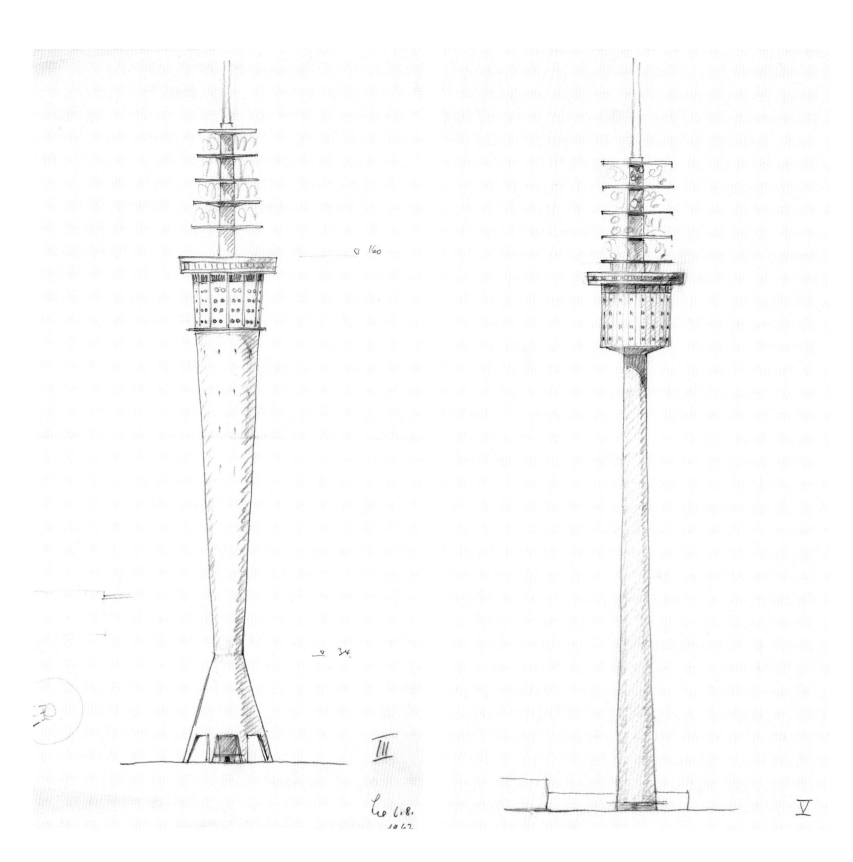

▽ 160

▽ 34.

III

Leo 6.8.
1962

V

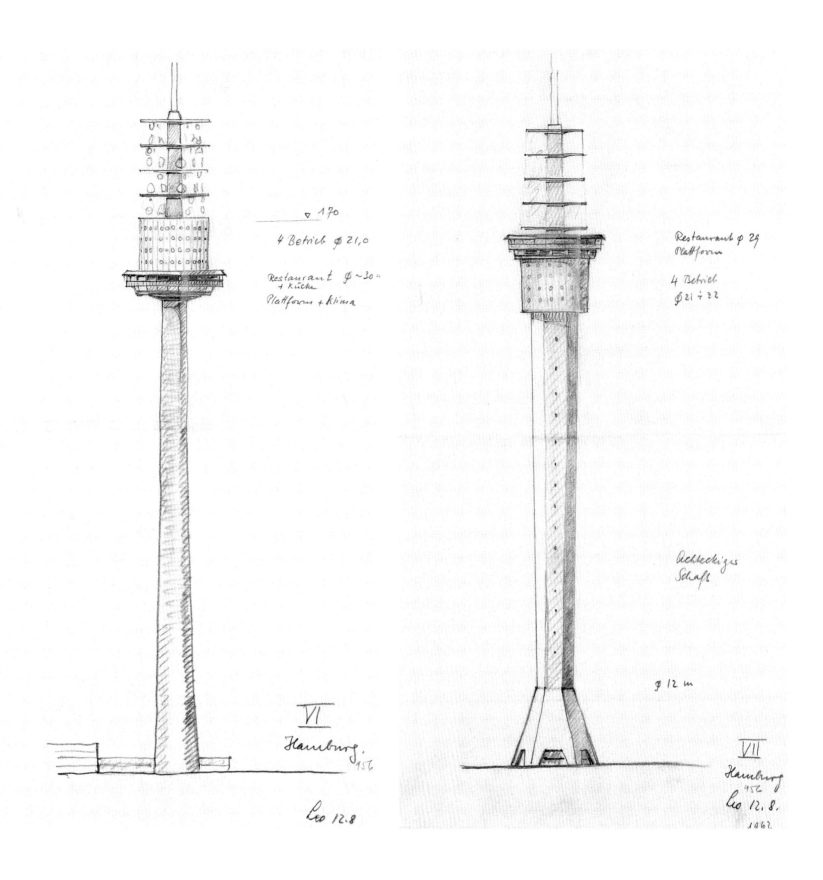

12–15. Fernmeldeturm Hamburg, Entwurfsvarianten, Handskizzen von Fritz Leonhardt, 6.–12. August 1962.

12–15. Hamburg communications tower, design variants, sketches by Fritz Leonhardt, 6–12 August 1962.

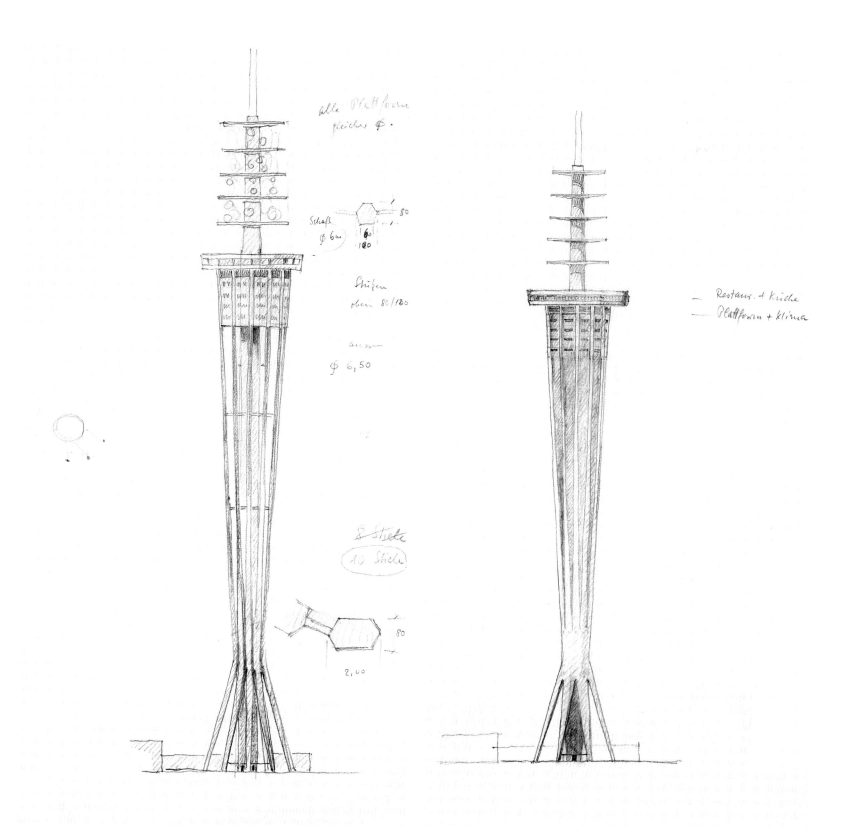

alle Plattform
gleicher ∅.

Schaft
∅ 6m

80
60
180

Stützen
oben 80/120

aussen

∅ 6,50

8 Stiele
10 Stiele

80

2,00

Restaur. + Küche

Plattform + Klima

16. Fernmeldetürme in der Bundesrepublik Deutschland, Höhenvergleich.
17. Fernmeldeturm auf dem Frauenkopf, Stuttgart,
neues Modell, gebaut für die Ausstellung im Jahr
2009.

16. Communications towers in the Federal Republic of Germany, height relation.
17. Communications tower on Frauenkopf, Stuttgart, new model, built for the exhibition in 2009.

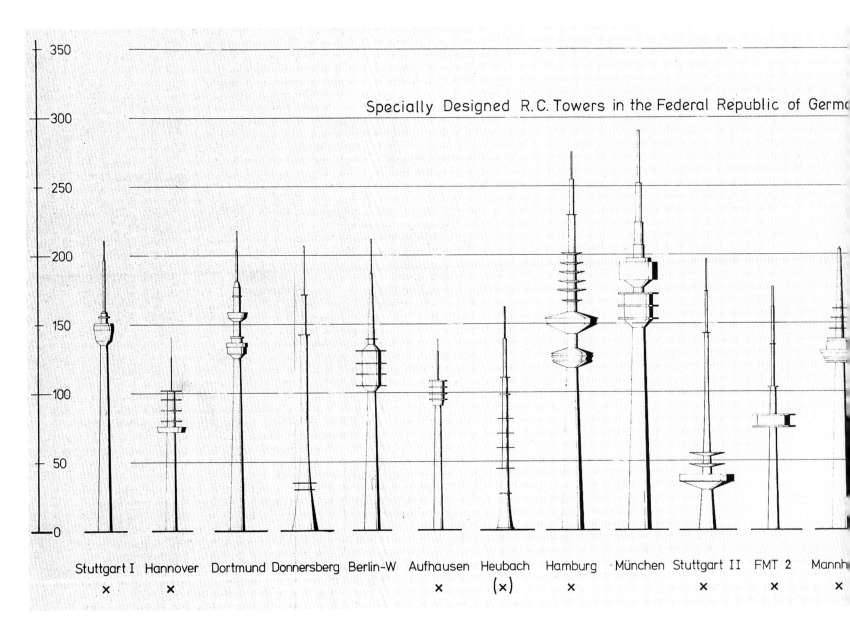

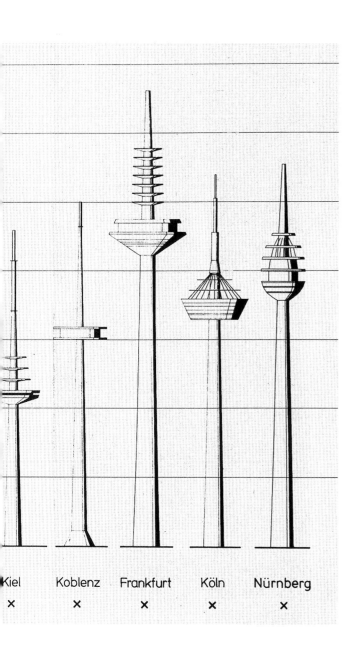

Kiel   Koblenz   Frankfurt   Köln   Nürnberg

×   ×   ×   ×   ×

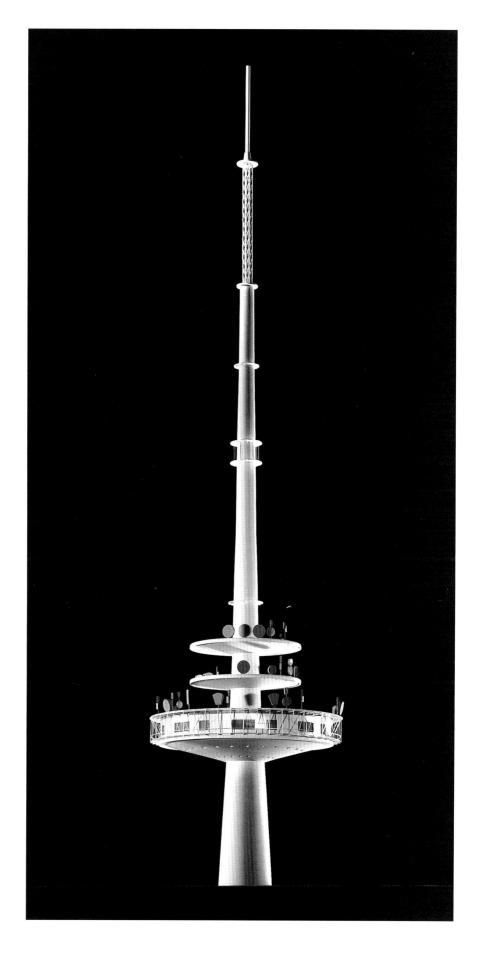

Jörg Schlaich

Wie Fritz Leonhardts Stuttgarter Fernsehturm meinen beruflichen Lebensweg vorzeichnete

Im Sommer 1954, gerade seit einem Jahr Student des Bauingenieurwesens, lernte ich überraschend Fritz Leonhardt, meinen späteren Lehrer und danach gar Kollegen, persönlich kennen. Kurz zuvor war ein junger amerikanischer Architekt in Rom, wo er bei dem großen Ingenieur Pier Luigi Nervi ein Praktikum absolvierte, von seinem Vespa-Motorroller gefallen und hatte sich den rechten Arm gebrochen. Als er sich in der Jugendherberge wegen seines Gipsarms beim Kochen etwas ungeschickt anstellte, half ihm eine noch jüngere deutsche Architektin, meine Schwester, und lud ihn für den Fall, daß er mal nach Deutschland käme, genauer gesagt nach Stetten im Remstal nahe Stuttgart, in ihr Elternhaus ein. Kurz darauf stand er da, noch mit Gipsarm, und genoß die Gastfreundschaft eines schwäbischen Pfarrhauses. Obwohl ich damals, wie gesagt, an der Stuttgarter Technischen Hochschule Bauingenieurwesen und auch Architektur studierte, war ich noch völlig unbedarft, als mich unser neuer Freund Myron Goldsmith überraschend bat, ihn nach Stuttgart zu begleiten zu einem gewissen Fritz Leonhardt, einem, wie er sagte, weltweit sehr bekannten Ingenieur. Dabei beeindruckte mich auch die unkomplizierte amerikanische Art, »ohne Grund« einen älteren Kollegen einfach zu überfallen, während Leonhardt, als er telefonisch um einen Termin gebeten wurde, als ehemaliger USA-Austauschstudent und Weltbürger offenbar nichts dabei fand.

Auf der kurzen Zugfahrt nach Stuttgart holte Myron plötzlich eine verschrumpelte Krawatte aus der Tasche und bat mich, sie ihm umzubinden, mich, der erst einmal, bei seiner Konfirmation, von seiner Mutter eine Krawatte umgebunden bekommen hatte. So wurde ich von Fritz Leonhardt, noch bevor ich ihn kennenlernte, mit einer äußerst schwierigen Ingenieuraufgabe konfrontiert – ich löste sie mit einem wahren Knoten!

Die beiden begrüßten sich in Leonhardts Büro in der Relenbergstraße in Stuttgart ganz amerikanisch wie alte Bekannte und hatten sich auf Anhieb viel zu erzählen, insbesondere weil Myron ein guter Zuhörer war. An der Wand hing eine schöne Zeichnung vom geplanten Stuttgarter Fernsehturm, und über den unterhielten sich die beiden rauschend und mindestens eine Stunde lang, wobei man hinzufügen muß, daß Myron Goldsmith ein ganz stark an der Konstruktion interessierter Architekt war und Jahre danach wesentliche konstruktive Entwicklungen anschob. Bekannt wurde er mit dem Kitt Peak Sonnenteleskop (1962), dem Oakland Coliseum (1966) und vor allem seinen Entwicklungen für den Bau von Skyscrapern, beginnend mit seiner Master Thesis bei Mies van der Rohe (1953) und mündend, in Zusammenarbeit mit Fazlur Kahn, im John Hancock Center in Chicago (1969).

Als uns Leonhardt empfahl, die Baustelle des Fernsehturms zu besuchen und uns gerade dorthin verabschiedete, wollte ich doch auch noch etwas sagen und erzählte, daß ich gerade bei der Firma Baresel ein Praktikum auf der Baustelle einer Brücke über die Donau absolviert hätte und daß die nach dem Verfahren von Kani vorgespannt würde, welches die Spannkraftverluste infolge der Reibung der Spannglieder minimiere. Der Name Kani schien ihm gar keine große Freude zu bereiten, und im übrigen seien die Spannkraftverluste ja ohnehin minimal, so daß sein eigenes Spannblockverfahren viel naheliegender sei … Kurzum, ich erfuhr, daß Ingenieure auch Menschen sind und, wie ich später lernte, um so ausgeprägter je berühmter sie sind, ja daß es da richtige Lager gibt, die theoretischen Münchner und die pragmatisch-induktiven Stuttgarter und die deduktiven Berliner. Damals ahnte ich aber noch nicht, daß ich bald danach mein Studium im aus dieser Sicht feindlichen Ausland, in Berlin fortsetzen würde. Es ist für uns heute kaum vorstellbar, wie diese Lager sich seinerzeit um fachlicher Fragen willen persönlich ans Fell gingen, wobei zu ihrer Entschuldigung gesagt sein muß, daß die damals noch vorwiegend experimentelle Forschung, insbesondere beim Stahlbeton, vielerlei Interpretationen zuließ und jedem, ohne erröten zu müssen, die Chance bot, allein die Wahrheit in Händen zu halten.

Die Baustelle hat Myron und mich sehr beeindruckt; ich sehe noch heute das tiefe Loch und die vielen Arbeiter vor mir, mit Zimmermannshüten statt der heutigen Helme. Sie verlegten gerade die unzähligen, sich zu einem schönen Speichenrad vereinigenden radialen Spannglieder für das Kegelschalenfundament (Abb. 1, 2). Dieses Kegelschalenfundament war ein genialer Wurf, ein räumliches Fachwerk, also eine aus zwei Kegelschalen zusammengesetzte Konstruktion, die mit einem minimalen Materialaufwand und deshalb bei den damaligen niedrigen Löhnen mit minimalen Kosten eine optimale, sprich verformungsarme Brücke zwischen dem Fuß des Turmschafts und dem Baugrund schlägt (siehe S. 88 ff.).

Myron Goldsmith reiste wieder ab, aber er begleitete mich mein ganzes Berufsleben lang, wurde Partner bei Skidmore Owings & Merrill in Chicago und ein echter Freund – dank Leonhardts und seines Stuttgarter Fernsehturms! Wie kein anderer beobachtete und betreute er mich zeit meines Lebens, besuchte mich beispielsweise 1971 beim Bau des Olympiadachs und sagte mir kompetent, offen und vor allem konstruktiv, was ihm an meiner Arbeit gefiel und was nicht. Höhepunkt war unsere Zusammenarbeit beim weltweit offenen Wettbewerb für den Neubau der Williamsburg Bridge über den East River in Manhattan. Da kam er für zwei Wochen nach Stuttgart, und als Ergebnis bekamen wir zusammen mit René Walther, dem Fritz-Leonhardt-Preisträger von 2005, den ersten Preis, der aber wie offenbar in New York üblich vertan wurde. Als wir im Jahre 2003 unter Führung von Rafael Viñoly mit der Gruppe THINK aus New York »nur« den zweiten Preis für den Wiederaufbau des World Trade Centers bekamen und verständlicherweise ein bißchen traurig waren (denn die Fachjury war für uns und die Politik für Libeskind), trösteten uns Insider mit ihrer Erfahrung, daß in New York erste Preise nie gebaut werden – und wie sie recht hatten!

Mich hat dieses Treffen mit Fritz Leonhardt und seinem Fernsehturm in Stuttgart so beeindruckt, daß ich ihn nach Abschluß meines Studiums in Berlin und in den USA im Jahr 1959 bat, bei ihm promovieren zu dürfen. Es klingt vielleicht seltsam, aber wenn dies, was Sie da gerade lesen, in einigermaßen ordentlichem Deutsch geschrieben ist, dann ist dies ihm zu verdanken. Er hat meine Dis-

1. Fernsehturm Stuttgart, Einbau der Spannglieder.
2. Fernsehturm Stuttgart, Lage der Spannglieder, Aufsicht.

1. Stuttgart television tower, installation of the tendons.
2. Stuttgart television tower, position of the tendons, top view.

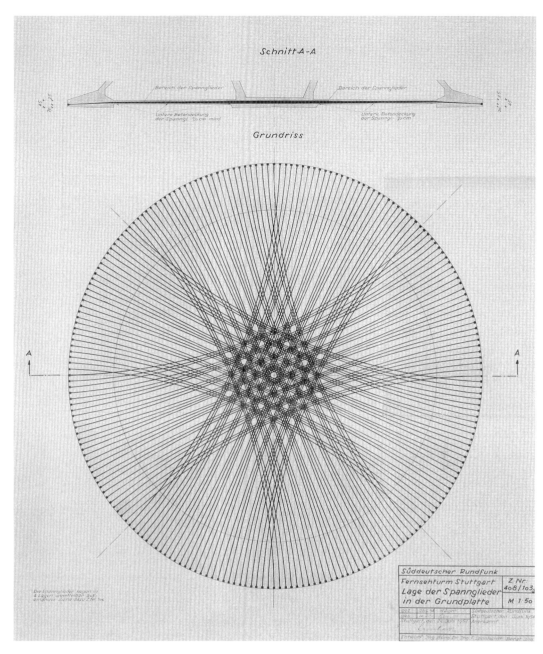

Jörg Schlaich

How the Stuttgart television tower by Fritz Leonhardt directed my professional career

In the summer of 1954, having finished my first year as a student of civil engineering, I met by chance Fritz Leonhardt, my later teacher and further on even my colleague. Shortly before, a young American architect had passed professional practise with the great engineer Pier Luigi Nervi in Rome. While falling from his Vespa-scooter he had broken his right arm and with his arm in a plaster cast, he hardly managed cooking in the kitchen of the youth hostel. My sister, an even younger German architect, offered her help and invited him to her parents' home at Stetten in the Rems valley near Stuttgart, in case he should come to Germany. Little later he was there, with his plaster cast, and enjoyed the hospitality of a German parsonage. As said above, I was studying civil engineering and architecture at the Technische Hochschule Stuttgart. Nevertheless, I was a nobody, when our new friend Myron Goldsmith asked me, to accompany him to Stuttgart, to visit a certain Fritz Leonhardt, supposedly an engineer

of worldwide fame. I was impressed by the straightforward, American way of contacting an older colleague out of the blue, while Leonhardt, a former US-exchange student and cosmopolitan himself, did not mind at all.

On the short train trip to Stuttgart, Myron suddenly pulled a crumpled necktie out of his pocket and asked me to arrange it properly. Me, who only once, at confirmation, had been fitted with a tie by my mother. This way Fritz Leonhardt had confronted me with a most difficult task of engineering before I even met him – I solved it by way of a genuine knot!

The two greeted each other in Leonhardt's office in the Relenbergstraße in Stuttgart, the American way, like old acquaintances, and right away had a lot to talk about, particularly since Myron was a good listener. On the wall was a beautiful drawing of the proposed Stuttgart television tower, about which they talked noisily at least for an hour. I must add, that Myron Goldsmith was an architect very much interested in structures, who promoted years later most significant developments in construction. He became known for his Kitt Peak Sun Telescope (1962), the Oakland Coli-

sertation Wort für Wort gelesen und sprachlich penibel korrigiert, fast konnte man meinen, das Fachliche sei ihm weniger wichtig gewesen als die Grammatik und der Stil. Er hat uns später auch immer wieder gesagt, wie wichtig es sei, daß gerade wir Bauingenieure alles Technokratische zugunsten des Kulturellen ablegten und daß sich das nicht nur in unseren Bauten, sondern auch unseren Schriften widerspiegeln müsse und könne.

Im Jahr 1963 wurde ich Mitarbeiter im Büro Leonhardt und Andrä in Stuttgart und war dort bis 1968, als mich das Olympiadach in München voll in Anspruch nahm, Fritz Leonhardts engster Mitarbeiter für die Planung von Richtfunk- und Fernsehtürmen. Die Idee des Stuttgarter Turms hat sich ja, wie allgemein bekannt, über die ganze Welt verbreitet. Er wurde im In- und Ausland viel – oft schlecht – kopiert und vielfältig variiert. Auch

Leonhardt selbst entwickelte ihn ständig weiter, häufig mit Erwin Heinle (in Mannheim, Köln und bei mehreren Generationen von Typen-Richtfunktürmen, später bereits ohne mich in Nürnberg und Frankfurt), aber er wurde nie übertroffen. Wie plump wirkt doch die bereits 1958 gebaute, postkartengleiche Kopie in Johannesburg allein deshalb, weil sich ihr Schaft von unten nach oben geradlinig verjüngt und nicht wie der des Stuttgarter Turms mit einem leichten Schwung nach innen. Leonhardt ließ bei all seinen Türmen mit rundem Schaft nie einen Zweifel daran aufkommen, daß diese umgekehrte Schwellung der griechischen Säulen, der Entasis, gestalterisch unabdingbar und ihr Geld wert ist, also die Zusatzkosten für die etwas teurere Schalung des Schaftes rechtfertigt. In diesem Zusammenhang kämpfte er auch immer für die sogenannte Kletterschalung, dank derer man an der Schaftaußenseite die Struktur der

3. Fernsehturm Hamburg, kurz vor der Fertigstellung.
4. Nur knapp über den Baumwipfeln: Fernmeldeturm auf dem Frauenkopf, Stuttgart.

3. Hamburg television tower: shortly before completion.
4. Just above the treetops: communications tower on Frauenkopf, Stuttgart.

seum (1966) and, above all, his projects for sky-scrapers, beginning with his master's thesis for Mies van der Rohe (1953) and leading to the John Hancock Center in Chicago, together with Fazlur Khan (1969).

When Leonhardt recommended a visit of the TV tower site and was about to dismiss us, I quickly interjected, that I just finished practical training with the Baresel company on the construction site of a bridge over the Danube, which would be prestressed by the Kani method, which would minimize prestressing losses due to friction in the tendons. The name Kani did not please him at all, as, by the way, the tension losses are minimal and his own tensioning block method would be much more obvious … In short, I found out engineers are also human and, as I learnt later on, the more famous, the more pronounced they are, forming camps like the Munich theorists, or the Stuttgart inductive-pragmatists, or the deductive camp in Berlin. At that time I had no idea how soon I would continue my studies in Berlin, so to say in enemy territory. Today we can hardly imag-ine how the members of these camps contested each other over professional questions. As an excuse, it must be said, that the predominantly experimental research conducted on reinforced concrete, allowed many interpretations, giving everybody the chance to claim veracity.

Myron and myself were very much impressed by the construction site. I can still see the deep hole and the many workers, with journeymen's hats instead of today's hard hats. They were at work placing the countless radial tendons, which combined to a beautiful spoked wheel for the conical shell foundation (illus. 1, 2). The conical shell foundation was a cast of genius, a space frame combining two conical shells to produce a rigid bridge between bearing ground and the base of the tower (see pp. 88 ff.).

Myron Goldsmith departed, became a partner with Skidmore Owings & Merrill in Chicago, and accompanied me throughout my professional career as a true friend – thanks to Leonhardt and his Stuttgart TV tower! Like nobody else he observed and helped me all my life long, such as visiting me

Schaltafeln maßstabgebend ablesen kann, im Gegensatz zur etwas billigeren Gleitschalung mit homogener, gleichmäßiger, negativ ausgedrückt: verschmierter Oberfläche.

»Mein« erster Turm als Projektleiter unter Fritz Leonhardt war der Hamburger Fernsehturm, der vom dortigen Architekten Trautwein in Anlehnung an den Stuttgarter entworfen wurde (Abb. 3). Bauherr war die Bundespost, die Leonhardt als Berater hinzuzog. Dieser Turm hat zwei Köpfe, der obere größere mit 40 m Durchmesser – gegenüber etwa 12 m in Stuttgart – nahe den Richtfunkantennen, die darüber auf sechs Plattformen samt einer Fernsehantenne untergebracht sind, und darunter einen etwas kleineren Kopf für ein Dreh- und ein Aussichtsrestaurant.

Der Kreis schließt sich wieder in Stuttgart mit dem 1971 fertiggestellten Richtfunkturm auf dem Frauenkopf. Er wurde allein von der Post gebaut und betrieben und hat deshalb nur einen Kopf mit 40 m Durchmesser und zwei Antennenplattformen unmittelbar über den Baumkronen, um dem Stolz der Stuttgarter, dem »alten« Fernsehturm, nicht ungebührlich nahe zu treten (Abb. 4). Am Vergleich des bereits erwähnten Fundaments des ersten Stuttgarter Fernsehturms – einer äußeren Kegelschale, welche die Lasten des Schaftes mit seinen 10,8 m Durchmesser auf ein Ringfundament mit 27 m Durchmesser überträgt, und einer inneren umgekehrten Kegelschale, welche die Verformungen der äußeren behindert – mit dem des Richtfunkturms auf dem Frauenkopf ist der »Fortschritt« ablesbar. Mit zunehmenden Lohn- und sinkenden Materialkosten war Klotzen angesagt, man denke zum Vergleich nur an die immer plumperen Bahn- und Straßenbrücken, die unsere Landschaft verschandeln, Quantität statt Qualität, ein Merkmal unserer Zeit (das könnte Leonhardt gesagt haben). Bei einem Fundament spielt sich das zum Glück unter dem Boden ab, und so sieht man nicht, daß beim Fernmeldeturm die innere Schale ganz wegfiel und die äußere so dick (und plump) gemacht wurde, bis sie in der Lage war, alles alleine zu schaffen. Erwähnt sei wenigstens noch, daß wir beim Fernmeldeturm eine andere Art der Vorspannung für das Ringfundament wählten als beim Fernsehturm. Dieses Ringfundament wird ja von den Lasten der schräg aufsitzenden (äußeren) Kegelschale gespreizt, auseinandergedrückt und kann nun entweder wie die Felge eines Fahrrads mit Speichen oder wie die Dauben eines Fasses mit einem Faßreif zusammengehalten werden. Vom Stuttgarter Fernsehturm her wußten wir, daß sich die wie Speichen angeordneten radialen Spannglieder in der Mitte ungünstig stapeln (weil der Einbau einer »Nabe« zu aufwendig wäre), und wählten deshalb beim Richtfunkturm den Reif, den wir erst aus vielen Einzeldrähten auf die Außenseite des Fundaments wickelten und dann mit radialen Pressen so vorspannten, daß er gezogen und das Ringfundament zusammengedrückt wird (Abb. 5, 6). Genaugenommen war das eine Weiterentwicklung oder Sonderanwendung des bekannten Spannverfahrens Baur-Leonhardt.

So gab es zwar bei den späteren Türmen manche Detailverbesserung, allein schon weil die Türme wegen der zusätzlichen Richtfunkantennen immer größer wurden, aber etwas wirklich wesentlich Neues kam nicht hinzu, der Stuttgarter Fernsehturm blieb das unübertroffene Vorbild.

Ein solcher Fernsehturm, entworfen von einem Bauingenieur, einem Konstrukteur, zeigt darüber hinaus, wie in diesem Beruf Wissen (das jeder erlernen kann) und Kreativität (die jedem angeboren ist) einen einzelnen befähigen, ein ganzheitliches technisches und zugleich kulturelles Werk zu schaffen, und daß es in der Zeit der Spezialisten doch noch Generalisten gibt. Weil die Bauingenieure für die gesamte technische Infrastruktur (vom Verkehr über die Wasserversorgung bis zum Industriebau) zuständig sind, weil also ohne sie kein menschenwürdiges Leben auf dieser Erde möglich wäre, ist es sehr wichtig, immer wieder auf die Herausforderungen und Chancen dieses Berufs hinzuweisen, um jüngere Talente zu animieren, ihn zu ergreifen.

Fritz Leonhardt, dessen Nachfolger an der Universität Stuttgart ich 1974 wurde, hat mir gerade diese Botschaft mit auf den Weg gegeben, so daß ich sie an meine Studenten und Mitarbeiter weitergeben konnte. Wir alle sind Zahnrädchen, die von ihren Lehrern angetrieben wurden und die bestenfalls ihre Schüler voranbringen. Diese Zahnräder können sich gelegentlich auch verhaken, der beschriebene Kani-Effekt war offenbar solch ein Fall. Das ist aber verzeihlich, wenn so aus Reibung Wärme entsteht und es danach mit Volldampf weitergeht.

So sei nicht verschwiegen, daß sich Leonhardt 1980 von mir trennte, was mich völlig unvorbereitet traf, mir aber dann doch die Chance bot, das, was ich von ihm gelernt hatte, selbständig auszuprobieren. Ohne den Stuttgarter Fernsehturm hätte ich ihn vielleicht nie oder erst getroffen, nachdem meine beruflichen Weichen anders gestellt waren. Glück muß der Mensch haben.

5. Fernmeldeturm auf dem Frauenkopf, ringförmig vorgespanntes Fundament.
6. Fernmeldeturm auf dem Frauenkopf, Stuttgart, Detail der ringförmigen Fundamentvorspannung.

5. Communications tower on Frauenkopf, prestressed foundation ring.
6. Communications tower on Frauenkopf, Stuttgart, detail of the circular foundation prestressing.

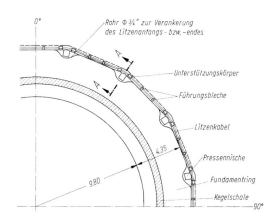

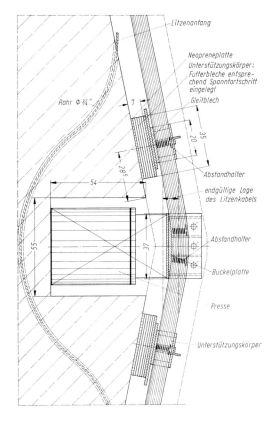

in 1971 during the construction of the Olympia roof, telling with constructive openness and competence what he liked or did not like of my work. The climax of our cooperation was the worldwide competition for the new Williamsburg Bridge over the East River in Manhattan. He came for two weeks to Stuttgart and together with René Walther, the Fritz-Leonhardt laureate of 2005, we got the first prize. However, apparently as usual in New York, it was squandered. When we in 2003, under the leadership of Rafael Viñoly with the group THINK from New York, received "only" second prize for the reconstruction of the World Trade Center, we were naturally a bit down (the professional jury was for us, politics for Libeskind). Insiders with experience consoled us: first prizes are never realized in New York – and how right they were!

I was so impressed having met Fritz Leonhardt and his TV tower in Stuttgart, that having finished my studies in Berlin and the USA in 1959, I asked him to accept me as his candidate for promotion. It may sound strange, but if that what you just read has been written in proper German, it is due to him. He read my thesis word by word, correcting the language, as if he was more interested in grammar and syntax than the professional content. Later he told us time and again how important it is especially for engineers, to drop the technocratic in favor of the cultural, which must and can be reflected not only in our buildings, but also in our writings.

In the year 1963 I joined the office of Leonhardt, und Andrä in Stuttgart and stayed there till 1968 as Fritz Leonhardt's closest collaborator for the planning of communications and TV towers, when the Olympia roof in Munich took up all my time. The idea of the Stuttgart tower spread all over the world. Many times copied, often poorly, and widely varied in- and outside Germany, it was never surpassed, although Leonhardt himself continually developed it further, often together with Erwin Heinle (as in Mannheim or Cologne and for several generations of standard microwave link towers, later without me in Nuremberg and Frankfurt). How clumsy looks its postcard copy of 1958 in Johannesburg, solely because the shaft tapers in a straight line and not, as in Stuttgart, with a slightly concave curve. When dealing with cylindrical shafts of towers, Leonardt never accepted any doubt about the absolute necessity of this reversed entasis of Greek columns, the visual effect being worth the extra money spent on formwork. In this connection he always fought for climbing formwork, leaving the scale-giving pattern of subsequent formwork sections, while the somewhat cheaper slip forms gave a continuous, "smeared" surface.

"My" first tower as project manager for Fritz Leonhardt was the Hamburg TV tower, designed by the local architect Trautwein in direct reference to Stuttgart (illus. 3). The postal service was the client, with Leonhard as consultant. This tower has two heads, the 40 m diameter upper one – against 12 m in Stuttgart – near the microwave links and TV antenna on six upper platforms, and below a smaller head for a rotating restaurant and viewing platform.

In 1971 we are coming full circle in Stuttgart, with the completion of a transmission tower on the Frauenkopf. It was built and operated by the German postal service, has a head of 40 m diameter with two antenna platforms directly above the treetops, in order to give priority to the "old" TV tower, the pride of Stuttgart (illus. 4). By comparing the already mentioned foundation of the first Stuttgart tower – an external conical shell distributing the loads of the 10.8 m dia. shaft to a ring footing of 27 m dia., with a reversed inner conical shell to stiffen the outer one – with the foundation of the Frauenkopf tower, we can observe the "progress" achieved. As wages rose and material costs fell, construction became simpler but heavier. Look at the increasingly bulky rail- and road bridges which disfigure our landscape, quantity instead of quality, a sign of our times (Leonhardt could have said this). Luckily, a foundation is hidden underground and we don't see that the inner shell was eliminated and the outer one very thick, as needed to carry the load. It should be mentioned that a type of tensioning was used in the ring footing of the transmission tower, which differed from the TV tower. The inclined loads of the outer cone force the ring footing apart, which can be held together with spokes like the rim of a bicycle wheel, or by a hoop like the staves of a cask. From the Stuttgart tower we knew, that radial spokes had a problem overlapping in the center (a proper hub would have been too expensive), so we chose for the transmission tower a hoop, formed by many strands of wire wrapped around the outer side of the footing, which we prestressed till the ring was under compression (illus. 5, 6). Correctly speaking, it was a further development or a special application of the familiar Baur-Leonhardt tensioning method.

In later towers we find some improvements in detailing, after all the towers became bigger all the time with all that extra gear, but there were no real innovations, the Stuttgart tower remained the unrivaled model.

Such a TV tower, designed by a civil engineer, a constructor, demonstrates, how in this profession, knowledge (which anybody can acquire) and creativity (which is an inborn gift) will enable a person to produce a holistic, technical and cultural work. It proves that there are still generalists in our time of specialists. Since civil engineers are responsible for most of the technical infrastructure (from traffic to water distribution, to industrial construction), since then without them no dignified life would be possible, it is very important to encourage young talents to engage in a profession with such challenges and chances.

This is the principal message which Fritz Leonhardt entrusted to me, when I succeeded him in 1974 at the University of Stuttgart. I passed it on to my students and colleagues. We are all cogwheels, driven by our teachers, moving our students. Sometimes the gears can get stuck, the Kani-effect seems to have been such a case. But we can pass over it when this friction creates heat, which in turn means full-steam ahead!

I don't want to conceal that in 1980 Leonhardt parted company with me. I was totally unprepared, but then it gave me the chance to apply singlehanded what I had learnt from him. Without the Stuttgart TV tower I might never have met him, or too late, after my professional course was set. Luck must be on your side!

Dirk Bühler
Drahtseilakte. Fritz Leonhardts seil-verspannte Brücken

Fritz Leonhardt war gerade 23 Jahre alt, als er im November 1932 in die USA aufbrach und dort die größten Hängebrücken seiner Zeit kennenlernen konnte. Im Studium hatte er wohl schon einiges über Hängebrücken gelernt, doch in seiner Heimat gab es nicht gerade viele davon. Möglicherweise war er einmal in Köln, um die Deutzer (1915) und Mülheimer (1929) Brücke zu sehen (Abb. 1 und 2), und näher bei Stuttgart konnte er den Kettensteg in Langenargen am Bodensee (1898) besuchen. Auf der Baustelle dieser von Carl von Leibbrand (1839–1898) geplanten Brücke gab es 1897 einen Praktikanten aus der Schweiz, Othmar Ammann (1879–1965), der zu einem der bedeutendsten Brückenbauer seiner Zeit werden und den Leonhardt nun in New York besuchen sollte. Zogen Leonhardt zuerst noch die Hochhäuser von New York in ihren Bann,[1] begann er schon bald die Brücken der Stadt zu erforschen, und da gab es wirklich einiges zu sehen: die Brooklyn Bridge (1883) war zwar eindrucksvoll, aber schon nicht mehr die modernste aller Hängebrücken, nachdem 1931 die George Washington Bridge als weitestgespannte der Welt fertiggestellt war (Abb. 4). Ein Besuch im Büro des Erbauers Ammann eröffnete ihm nun die Welt des Großbrückenbaus. Ammann imponierte der junge Ingenieur, und er empfahl ihn dann auch gleich an andere berühmte Brückenbauer wie Leon Solomon Moisseiff (1872 to 1943) und David Bernard Steinmann (1886 to 1960) weiter. In Bethlehem (Pennsylvania) besuchte Leonhardt einige Tage danach seinen Onkel Otto Nissler, denn dieser arbeitete in der Brückenbauabteilung der Bethlehem Steel Company, die ihrerseits mit dem Bau der großen nordamerikanischen Hängebrücken betraut war. Dort liefen gerade die Vorbereitungen für den Bau der Golden Gate Bridge in San Francisco (fertiggestellt 1937), und Leonhardt sammelte weitere neue Erfahrungen und Eindrücke.

Wißbegierig und mit Sachverstand nahm Leonhardt all diese Erfahrungen auf und brachte sie bei seiner Rückkehr im Oktober 1933 mit nach Deutschland, wo er bei der Obersten Bauleitung der Reichsautobahn unter Karl Schaechterle (1879 bis 1971) zu arbeiten begann. Hier lernte er Paul Bonatz (1877–1956) kennen. Beide teilten und förderten nicht nur seine Begeisterung für den Brückenbau, sondern gaben auch wichtige Publikationen zum Brückenbau, dem »Königsfach des Bauingenieurs«,[2] heraus. 1937 veröffentlichte Schaechterle zusammen mit Leonhardt das Buch *Die Gestaltung der Brücken*,[3] das erstmals genaue Angaben zur Washington Bridge enthält. Die Pylone der Golden Gate Bridge galten ihm als vorbildlich.

So übernahm Leonhardt bereits 1938 die Bauleitung der Autobahnbrücke über den Rhein bei Köln-Rodenkirchen (1938–1941), einer »echten« Hängebrücke mit 378 m Spannweite, der damals größten in Europa. Besondere Sorgfalt verwendete er dabei auf die Gestaltung der Stahlpylone und den Entwurf eines schlanken, nur 3,30 m hohen, vollwandigen Versteifungsträgers, der an den Pylonen fugenlos durchlief (siehe S. 30 ff.).[4]

Der spektakuläre Einsturz der Tacoma Bridge sollte den Bau von Hängebrücken grundlegend

verändern. Die Brücke war bereits kurz nach dem Bau durch ihr eigenwilliges Schwingungsverhalten aufgefallen, das schließlich am 7. November 1940 durch die Überlagerung von Biege- und Torsionsschwingungen trotz geringer Windstärke zum Einsturz führte. Es ging nun vor allem darum, Hängebrücken aerodynamisch stabil zu entwerfen. In Amerika und Japan entschieden sich die Ingenieure für eine praktische, aber gestalterisch anspruchlose Lösung: Der Brückenträger wurde mit einem Fachwerk ausgesteift. Leonhardt befriedigte das nicht:[5] Er entwickelte daher in Windkanalversuchen zunächst einen windschnittigen, aerodynamisch stabilen Kastenträger, der später schließlich die Bauherren der Severnbrücke derart überzeugte, daß sie ihn 1966 erstmals in der Praxis verwendeten (Abb. 3).[6] Seither ist daraus ein europäisches Erfolgsmodell geworden. Leonhardts zweite Konsequenz aus dem Tacoma-Einsturz war die Entwicklung einer Monokabelbrücke, für die er 1953 ein Patent anmeldete. Nach erfolgreichen Windkanalversuchen entwarf er 1959 eine Brücke über den Tejo bei Lissabon als Monokabelbrücke (Abb. 5),[7] doch der Bauherr entschied sich – wohl aus politischen Überlegungen – für einen Entwurf aus den USA. Auch dem Entwurf für die Göta-Älv-Brücke in Göteborg war ein ähnliches Schicksal beschieden. Anläßlich eines Wettbewerbs für die Rheinbrücke bei Emmerich (1961) unterbreitete er noch einmal einen Entwurf für eine Monokabelbrücke, den er mit einer Vielzahl weiterer Experimente untermauern konnte (Abb. 6, 7). Dennoch war dem Bauherrn der Entwurf zu gewagt, und er entschied sich für eine konventionelle Hängebrücke. Erst 1968 erschien sein richtungweisender Artikel »Zur Entwicklung aerodynamisch stabiler Hängebrücken«,[8] in dem er die Entwicklung windstabiler Kastenträger wie bei der Severnbrücke und der Monokabelbrücke ausführlich darstellte.

Leonhardt wurde in der Nachkriegszeit noch zwei Mal mit dem Bau konventioneller Hängebrücken beauftragt. Nach Vorbildern aus Norwegen entwarf er, beraten durch den Architekten Gerd Lohmer (1909–1981) aus Köln, eine sehr ansehnliche erdverankerte Hängebrücke über die Mosel bei Wehlen (1947–1949), bei deren Bau die Seile der zerstörten Rodenkirchener Brücke, aber auch andere Teile kriegszerstörter Brücken Wiederverwendung fanden (Abb. 9).[9] Vor allem wegen dieser der Not geschuldeten, mangelhaften Teile aus der Vorkriegszeit mußte die Brücke 1992 bis 1994 vollständig saniert werden.[10] Nur die Flußpfeiler und Pylone hatten Bestand, der Versteifungsträger und die Seile wurden ausgetauscht. Wegen der klobigen Hängerverankerungen büßte die Brücke deutlich an Eleganz ein. Leonhardts Kommentar lautete: »verdorben durch die häßlichen Konsolen«.[11] Beim Wettbewerb um die Köln-Mülheimer Brücke (1951) reichte Leonhardt zwei Entwürfe für Hängebrücken ein, von denen einer den zweiten Preis gewann, woraufhin Leonhardt zum technischen Leiter berufen wurde.[12] Für diese Brücke entwickelte er zusammen mit den Ingenieuren der MAN die – später so genannte – orthotrope Platte (siehe S. 24 ff.).

Bei der Suche nach aerodynamisch stabilen Hängebrücken hatte Leonhardt sich mit Schrägseilkonstruktionen befaßt. Für Friedrich Tamms (1904–1980), Stadtplaner und Beigeordneter der Stadt Düsseldorf mit zukunftsweisenden städte-

1. Rheinbrücke in Köln-Deutz, 1915, Zustand 1938.
2. Rheinbrücke in Köln-Mülheim, im Bau, 1929.
3. Montage der Severn Bridge, England, mit aerodynamischem Kastenträger, 1966.
4. George Washington Bridge, 1931 weitestgespannte Hängebrücke der Welt.

1. Bridge over the Rhine at Köln-Deutz, 1915, condition in 1938.
2. Bridge over the Rhine at Köln-Mülheim, under construction, 1929.
3. Construction of Severn Bridge, England, with aerodynamic box girder, 1966.
4. George Washington Bridge, 1931 world's maximum span suspension bridge.

Dirk Bühler
Tightrope walks. Fritz Leonhardt's cable bridges

Fritz Leonhardt was hardly age 23 when, in November 1932, he set out for the United States and got to know the biggest suspension bridges of the time. In his studies he learnt a few things about suspension bridges, but there were not many in his native country. Possibly, he was once in Cologne, to see the bridges in Deutz (1915) or in Mülheim (1929) (illus. 1 and 2). Closer to Stuttgart he could visit the chain bridge at Langenargen by Lake Constance (1898). In 1897 on the construction site of this bridge, planned by Carl von Leibbrand (1839–1898), there was a trainee from Switzerland, Othmar Ammann (1879–1965), who should become on of the most important bridge builders of his time and whom Leonhardt wanted to visit in New York. Although at first fascinated by the skyscrapers of New York,[1] he soon explored the bridges of the town, and there was much to be seen: the Brooklyn Bridge (1883) was impressive, but no more the most modern suspension bridge, since in 1931 the George Washington Bridge with the biggest span in the world was completed (illus. 4). A visit to the office of its builder, Ammann, opened up to him the world of large bridge building. Amman was impressed by the young engineer and recommended him to other, famous bridge builders, such as Leon Solomon Moisseiff (1872–1943) and David Bernhard Steinmann (1886–1960). A few days later Leonhardt visited in Bethlehem (Pennsylvania) his uncle Otto Nissler, because he worked in the bridge construction department of the Bethlehem Steel Company, which was entrusted with the construction of the big American suspension bridges. At that time preparations for the construction of the Golden Gate Bridge at San Francisco were on the way (completed 1937), and Leonhardt collected new experiences and impressions.

Eager to learn and with competence, Leonhardt absorbed these experiences and took them back to Germany in October 1933, where he began to work under Karl Schaechterle (1879–1971) at the chief office for construction management of the Reichsautobahn. Here he got to know Paul Bonatz (1877–1956). Both of them not only shared and encouraged his enthusiasm for bridge building, they also issued important publications on the subject, "the crowning field of the civil engineer".[2] In 1937 Schaechterle together with Leonhardt published a book on *Die Gestaltung der Brücken*,[3] including for the first time exact details of Washington Bridge. The pylons of the Golden Gate Bridge were considered exemplary.

Therefore, already in 1938, Leonhardt was in charge of construction of the Autobahn bridge over the Rhine at Köln-Rodenkirchen (1938 to 1941), a "true" suspension bridge with a 378 m span, then the biggest in Europe. He took particular care in the design of the steel pylons and the form of a slender, only 3.30 m high solid-web stiffening girder, which passed the pylons without seam (see pp. 30 ff.).[4]

The spectacular collapse of the Tacoma Bridge fundamentally changed the construction of suspension bridges. Soon after its construction, the bridge attracted attention by its arbitrary oscillations. On 7 November 1940, even though the wind strength was low, the superposition of bending and torsional oscillations led to its collapse. From now on suspension bridges had to be designed aerodynamically stable. In America and Japan the engineers chose a practical, but design-wise unassuming solution: the bridge girders were stiffened with trusses. Leonhardt was not satisfied:[5] he first developed by wind-tunnel testing a sleek, aerodynamically stable box-girder, which later, in 1966, convinced the builders of the Severn Bridge, to use it for the first time (illus. 3).[6] Since then it became a European success story. Leonhardt's second consequence of the Tacoma collapse was the development of a mono-cable

baulichen Vorstellungen, entwarf Leonhardt die Nordbrücke (Theodor-Heuss-Brücke) über den Rhein, die 1957 als erste der drei zur »Düsseldorfer Brückenfamilie« gehörenden Schrägseilbrücken erbaut wurde (Abb. 8). Die Düsseldorfer Bauherren hatten sich vor allem deshalb von dieser neuen konstruktiven Lösung überzeugen lassen, weil sie nicht nur gestalterisch anspruchsvoll, sondern auch besonders preiswert und schnell zu bauen war. 1969 folgte die Rheinkniebrücke[13] und 1976 die Oberkasseler Brücke. Die sprichwörtlich gewordene »Düsseldorfer Brückenfamilie«, heute um zwei weitere Brücken ergänzt, steht als Symbol für Leonhardts Kreativität und Wirkungskraft.

Leonhardt entwickelte – und das macht seine Tätigkeit so neuartig und reizvoll – Gesamtsysteme für die Gestaltung von Schrägseilbrücken mit verschiedenartigen Formen für Pylone und variierte dabei Anzahl und Anordnung der Kabel. Die gestalterischen Vorschläge waren jedoch immer mit gesicherten statischen und dynamischen Erkenntnissen untermauert, die er theoretisch entwickelte und im Versuch überprüfte. Er untersuchte verschiedene Versteifungsträger auf ihre Tragfähigkeit und ihr Verhalten im Windkanal, aber auch deren Wirtschaftlichkeit und mögliche Bau-

verfahren. Er entwickelte patentverschlossene Seile und deren Verankerung in Pylon und Träger weiter und beschäftigte sich sowohl mit Beton- als auch Stahl- und Verbundbauweisen für diesen Brückentyp.[14] Schnell erkannte er auch, daß sich Schrägseilbrücken für große Spannweiten weit besser eignen als Hängebrücken, und so ist sein Vorschlag für die Überbrückung der Straße von Messina keine Hänge-, sondern eine Schrägseilbrücke. Daß sich der Bau von Schrägseilbrücken inzwischen rasant weiterentwickelt hat, ist vor allem ein Verdienst der Bemühungen Fritz Leonhardts und seines Büros.

Auf seine Initiative geht übrigens auch die Erneuerung der Brückenbau-Ausstellung des Deutschen Museums (abgeschlossen 1998) zurück, deren Planung er bis 1994 maßgeblich begleitete und für die er mit dem Goldenen Ehrenring des Museums geehrt wurde.

5. Projekt einer Monokabelbrücke über den Tejo bei Lissabon, 1959 (Photomontage).
6. Projekt einer Monokabelbrücke über den Rhein at Emmerich, 1961, Modellstatik-Detail des Kabels mit Hängern.
7. Projekt einer Monokabelbrücke über den Rhein bei Emmerich, 1961, Modellstatik.

5. Project of a mono-cable bridge over the Tejo River near Lisbon, 1959 (photomontage).
6. Project of a mono-cable bridge over the Rhine at Emmerich, 1961, detail of statics model with cable and hanger.
7. Project of a mono-cable bridge over the Rhine River near Emmerich, 1961, statics model.

bridge, for which he took out a patent in 1953. After successful wind-tunnel testing he designed in 1959 a mono-cable bridge over the Tejo near Lisbon (illus. 5),[7] but – probably for political reasons – the client decided for a design from the USA. A similar fate had the design for the Göta Älv bridge at Göteborg. On the occasion of a competition for the Rhine bridge bei Emmerich (1961) he once more submitted the design of a mono-cable bridge, which he backed by a host of further experiments (illus. 6, 7). However, for the client the design was too daring still and he chose a conventional suspension bridge. Only in 1968 appeared his pioneering article »Zur Entwicklung aerodynamisch stabiler Hängebrücken«[8], in which he described in detail the deployment of windstable box girders in the Severn Bridge and a mono-cable bridge.

During the post-war period Leonhardt was commissioned two more times with the construction of conventional suspension bridges. Following examples from Norway, he designed, together with architect Gerd Lohmer (1909–1981) of Cologne, a very stately, earth-anchored suspension bridge over the Moselle at Wehlen (1947–1949), reusing the cables of the destroyed Rodenkirchen bridge, as well as parts of other war-damaged bridges (illus. 9).[9] Because of the use of these inferior parts from pre-war times, due to post-war restrictions, the bridge had to be completely reconditioned from 1992 to 1994.[10] Only the river piers and pylons lasted, beams and cables were exchanged. Because of clumsy suspension anchors the bridge lost much of its elegance. Leonhardt's comment: "spoilt by ugly consoles".[11] During the competition for the Köln-Mülheim bridge (1951), Leonhardt entered two designs for suspension bridges, one of which gained second prize, leading to Leonhardt's appointment as technical supervisor.[12] For this bridge he developed together with the engineers of MAN the – later so-called – orthotropic plate (see pp. 24 ff.).

Searching for aerodynamically stable suspension bridges, Leonhardt concerned himself with stayed-girder bridges. For Friedrich Tamms (1904–1980), city planner and associate of the city of Düsseldorf, Leonhardt designed the Nordbrücke (Theodor-Heuss-Brücke) over the Rhine. In 1957 it was built as the first stayed-girder bridge (illus. 8), becoming one of three such bridges, known as the Düsseldorf bridge family. The Düsseldorf building commissoners could be convinced of this new structural solution, not only because it was attractive, but because it could be built inexpensively and quickly. 1969 followed the Rheinknie bridge[13] and 1976 the bridge at Oberkassel. The proverbial Düsseldorf bridge family, today supplemented by two further bridges, is a symbol of Leonhardt's creativity and impact.

Leonhardt developed unified systems for the design of stayed-cable bridges, with diverse forms of pylons and variable numbers and arrangements of cables. The design proposals were always supported by verified static and dynamic findings, theoretically prepared and checked by testing. He examined various stiffeners for their bearing capacity and behavior in a wind tunnel, but also their economy and possible execution methods. He devised patent-locked cables and their anchorage in pylons and girders, and occupied himself with compound systems for concrete and steel construction of such bridges.[14] Soon he realized, that stayed-girder bridges are much more suitable for big spans than suspension bridges, therefore his proposal for the bridging of the Street of Messina is not a suspension but a stayed-girder bridge. It is above all the merit of Fritz Leonhardt and his office's efforts that the construction of stayed-cable bridges has since progressed enormously.

The refurbishment of the bridge-building gallery in the Deutsches Museum (concluded 1998) owes – by the way – a lot to Leonhardt's initiative, who attended the preparation of the exhibition until 1994 in a significant manner. As recognition for his support he received the Goldener Ehrenring of the Deutsches Museum.

8. Rheinkniebrücke, Düsseldorf, die erste der drei Düsseldorfer Schrägseilbrücken, 1957 im Freivorbau errichtet.
9. Bau der Moselbrücke in Wehlen, 1947–1949, unter Wiederverwendung von Teilen der 1945 zerstörten Köln-Rodenkirchener Brücke.
10. Theodor-Heuss-Brücke (Nordbrücke), Düsseldorf.

8. Rheinkniebrücke, Düsseldorf, the first of the three cable-stayed bridges in Düsseldorf, built in 1957 by the cantilevering method.
9. Construction of the Moselle bridge at Wehlen, 1947–1949, re-using remains from the Köln-Rodenkirchen bridge, destroyed in 1945.
10. Theodor-Heuss-Brücke (Nordbrücke), Düsseldorf.

S. 112, 113
11. Detail für die zweite Hoogley River Bridge, Kalkutta, Indien, Handskizze von Fritz Leonhardt, 25. März 1980.
12, 13. Skye Crossing, Schottland, zwei nicht ausgeführte Entwurfsvarianten, Handskizzen von Fritz Leonhardt, 16. September 1991.
14. Pasco–Kennewick Bridge, Pasco, Washington, mit 2,10 m dünner Fahrbahntafel und 300 m Spannweite, LAP mit Arvid Grant.
15. East Huntington Bridge, West Virginia, LAP mit Arvid Grant.

pp. 112, 113
11. Detail for the second Hoogley River Bridge, Calcutta, India, sketch by Fritz Leonhardt, 25 March 1980.
12, 13. Skye Crossing, Scotland, two design variants, which were not realized, sketches by Fritz Leonhardt, 16 September 1991.
14. Pasco–Kennewick Bridge, Pasco, Washington, with a 2.10 m thin roadway slap and a span length of 300 m, LAP with Arvid Grant.
15. East Huntington Bridge, West Virginia, LAP with Arvid Grant.

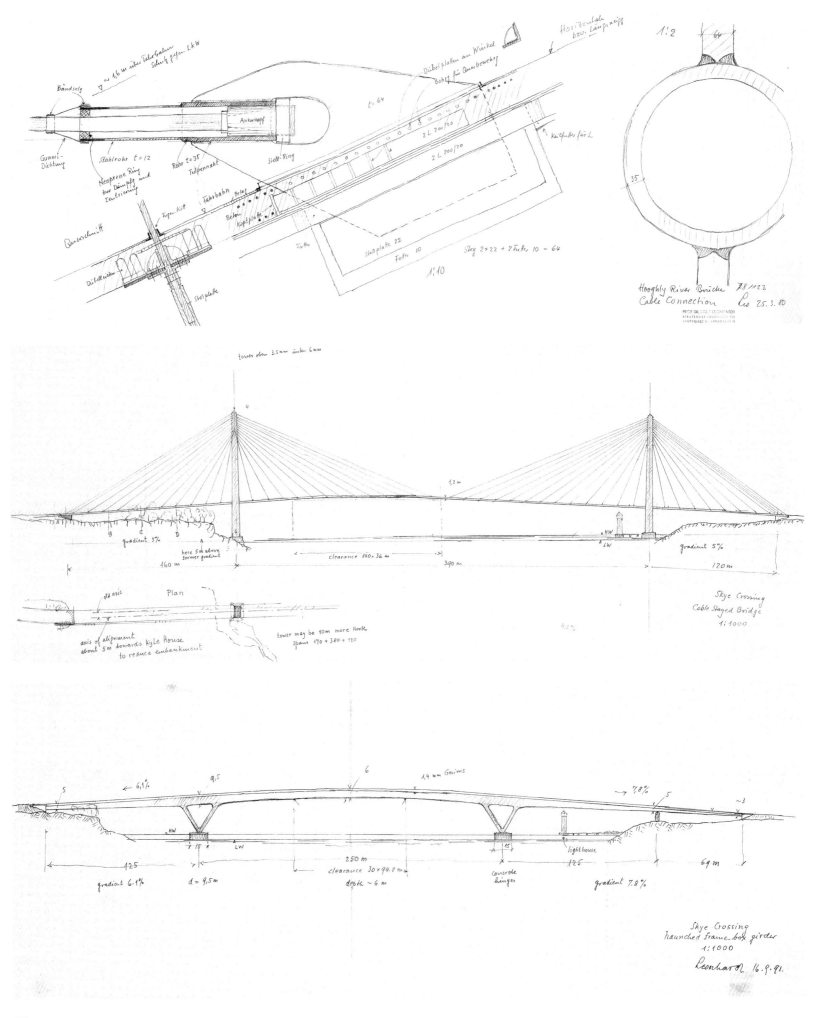

Hooghly River Brücke 78/1123
Cable Connection Leo 25.3.80

Skye Crossing
Cable Stayed Bridge
1:1000

Skye Crossing
haunched frame box girder
1:1000

Leonhardt 16.9.91.

Ursula Baus
Fritz Leonhardt. Fußgängerbrücken

Fritz Leonhardt als Fußgänger und Wanderer

»Eine der großen Ungerechtigkeiten in unserem heutigen Stadtleben ist die Unterprivilegierung der Fußgänger, die einem im dichten Autoverkehr manchmal wie armes, gehetztes Wild vorkommen, geduldig an Zebrastreifen wartend, bis die rasende Meute der heulenden Jagdhunde gnädig stoppt, um wieder ein kleines Grüppchen hinüberzulassen, das dann nicht einmal ganz sicher ist, ob nicht irgendeiner hinter seinen Pferdestärken die Pflichten des Kavaliers der Straße vergessen hat.«[1] Fritz Leonhardt, dem das Wandern kein gelegentliches Vergnügen, sondern eine Art Lebenselixier gewesen ist, fand bereits 1974 deutliche Worte, um die Misere falscher Verkehrspolitik zu geißeln. Brücken zog er aus bekannten Gründen den Unterführungen vor, in denen es stinke und in denen sich Frauen bei Nacht fürchten müßten. Fußgängerbrücken bezeichnete er als einen »Gewinn für das Stadtbild«, erkannte aber durchaus das »Problem der Treppen und Rampen«: Die Rampe sei schöner, aber selten habe man Platz für sie, während die Treppe die Brücke einzwänge. Als einen Reiz, der mit der heutigen Baugesetzeslage weitgehend verschwunden ist, benannte er zudem das Auf- und Absteigen auf einer Fußgängerbrücke, »ein viel intensiveres Erlebnis der Brücke, als wenn der Steg nur geradlinig hinüberführen würde. So werden auch moderne Fußgängerbrücken gern mit Schwung entworfen«.[2]

Gestaltungsthemen

Mit Gestaltungsthemen war Fritz Leonhardt als Sohn eines Architekten durchaus vertraut, und die Zusammenarbeit mit Architekten wie Paul Bonatz, Wilhelm Tiedje und Gerhard Lohmer schätzte er durchaus. Trotzdem beharrte er auf der Entwurfskompetenz des Bauingenieurs, zumal im Brückenbau, wo sich auch Konkurrenz abzeichnete: Leonhardt hielt Ulrich Finsterwalder für einen »phantastischen Entwerfer«, gegen den er mehrere Wettbewerbe verloren habe.[3] Leonhardt selbst rückte zwei ästhetische Aspekte des Brückenbaus in den Vordergrund: Schlankheit beziehungsweise Eleganz und die Farbe. Schlankheit und Eleganz tauchen durch das gesamte Werk als unumstößliche Gestaltungsziele auf, die ihm beim Fußgängerbrückenbau besonders erstrebenswert schienen. Gewiß, das konstruktive Problem verlor er nicht aus dem Auge. Nach dem Bau stützenlos über die gesamte Stadtautobahn führender Fußgängerbrücken in Düsseldorf bekannte er: »Diese leichten Brücken waren wie eine gespannte Feder so leicht in Schwingungen zu versetzen, daß schon zwei bis drei Lausbuben in der Lage waren, gefährliche Schwingungsamplituden zu erzeugen«.[4] Die Schlankheit einer Brücke, genauer gesagt eines Brückenträgers, so weit auszureizen, daß Schwingungsprobleme gravierend werden konnten, charakterisiert eine Experimentierlust, mit der diese Generation von Ingenieuren ans Werk ging – Leonhardt aber explizit und mit beflügelndem Ansporn auch für seine Kollegen und jüngeren Mitarbeiter wie René Walther, Jörg Schlaich und Rudolf Bergermann. Was denn das eigentlich Schöne an einer schlanken Brücke sei, erläuterte Fritz Leonhardt nie genau, seinen Konstruktions-

Ursula Baus
Fritz Leonhardt. Pedestrian bridges

Fritz Leonhardt: the walker and hiker

"The underprivileged pedestrians are one of the
big injustices in today's city life. They feel like poor,
hunted game, waiting patiently at the zebra-cross-
ing, until the roaring pack of hounds mercifully
stops, letting pass a precious few, who are never
certain if somebody behind his horsepower didn't
forget the cavalier's duties of the road."[1] For Fritz
Leonhardt walking was not an occasional plea-
sure, but a kind of elixir of life. Already 1974 he
used explicit words to castigate the misery of
wrong traffic policy. He preferred bridges to un-
derpasses, which stank and scared women at
night. Pedestrian bridges he called a "gain for
cityscape", but realized the "problem of stairs and
ramps": ramps are more beautiful, but rarely there
is room for them, while stairs are squeezing the
bridge. He called inclined pedestrian bridges an
attraction, "a much stronger experience of a
bridge, compared with a straight catwalk. We
like to design modern foot-bridges with verve"[2] –
they are vanishing due to today's building laws.

Design themes

As son of an architect, Fritz Leonhardt was familiar with design themes, he valued the cooperation
with architects like Paul Bonatz, Wilhelm Tiedje
and Gerhard Lohmer. However, he insisted on the
designing competence of the civil engineer, particularly in bridge construction. There he encountered rivals: Leonhardt considered Ulrich Finsterwalder a "fantastic designer", against whom he
lost several competitions.[3] Leonhardt himself gave
priority to two aspects of bridge building: slenderness or elegance and color. Slenderness and elegance appear in all his work as irrefutable design
aims, particularly desirable in pedestrian bridges.
Surely, he did not lose sight of construction problems. After the construction of free-span foot-
bridges over the whole city freeway in Düsseldorf,
he admitted: "These light bridges are like a tense
spring, easily to start swinging, two or three
urchins can create dangerous oscillations."[4] To
exhaust the slenderness of a bridge, of a girder,
to the point, where oscillations could become a
problem, is characteristic for the delight in experimentation, with which this generation of engineers
attacked problems – specifically Leonhardt, who
spurred-on his colleagues and younger collaborators, such as René Walther, Jörg Schlaich and
Rudolf Bergermann. Leonhardt never explained,
what actually was the beauty of a slender bridge.
It especially challenged his ambition as constructor: we calculated down to centimeters, to make a
bridge girder thinner.[5]

And then, there was always color, considered
so important by Leonhardt in bridge design: "In
Baden-Baden the romantic footbridge over the
peaceful water of the Oos embellishes the Kurpark, it would be still better, if the steel girders below the white railing would be Japanese red."[6]
This is debatable, but Leonhardt liked this color
and had the railings of his own bridges usually
painted red.

Pedestrian bridges

This is a list of pedestrian bridges (*Steg* in German), which are typical for Fritz Leonhardt: the
Schillersteg in Stuttgart (1961), the Enzsteg in
Mühlacker (1962), the foot-bridge over the Adenauerring in Karlsruhe (1967), the Neckarsteg at
the Collini-Center in Mannheim (1973), the Heinrich-Baumann-Steg in Stuttgart (1976–1977), the
Dunantsteg in Stuttgart (1977), the Rosensteinpark bridges in Stuttgart (1977) and the two Rems
bridges in Waiblingen (1978–1980).

In the urban context, such as in the Schillerstraße in Stuttgart, where on occasion of the federal garden exhibition of 1961, the Ferdinand-Leitner-Steg – also called Schillersteg – was built
(illus. 2), Leonhardt und Andrä accepted the oscillations problem. Designwise the park and city-
garden location offered generous conditions for
ramps of a cable-stayed bridge, a type perfectly
serving Leonhardt's intentions: the bridge girder –
in this case a box-section in steel – is being supported at short distances, allowing minimal dimensioning. Did Leonhardt, with advice from Friedrich
Tamms, arrange the supporting cables of the Düsseldorf bridge family in parallel, like a harp, he
rather preferred the radiating fan arrangement,
as designed for the 68.6 and 24 m span of the
Schillersteg, which he found to be the "most natural and technically most effective". The side view
of the walkway seems a bit clumsy, but the steg
as a whole fits perfectly the background of the
train station by Bonatz. In 2008 the paving of the
bridge and rust proofing of the railing were renewed, pylon and steel structure were repainted.
Already eight years before, the cables (parallel
wire bundles) were ultra-sound tested and found
intact.

At the time of the Schillersteg construction there
was another bridge project. Being keen on experimentation, Fritz Leonhardt would have liked to
build the bridge over the Rhine at Emmerich as
a mono-cable bridge (design 1961 with Gerd
Lohmer). He considered it his most beautiful design. He was frustrated by Wilhelm Klingenberg,
expert advisor at the federal traffic ministry, who
counseled him "to build initially somewhere else
a small bridge of this kind".[7] He designed such a
single-cable bridge with crossing suspensions
and a 110 m span as foot-bridge over the Neckar;
for comfortable passage the cable did not come
down lower than 5 m over the walkway – however, it was not built.[8]

Twelve years later Leonhardt und Andrä were
able to build a footbridge with fanlike inclined cables from two steel masts in Mannheim (illus. 2).
A new residential area needed to be connected
with the city across the Neckar with two end-
spans of 56.5 and a middle span of 139.5 m. The
walkway slab widens considerably at the pylons:
here should be an opportunity to rest, but there
are no seats. In spite of the slim bridge girder, we
would not count this bridge among Leonhardt's
most pretty ones. There is too little response of
the structural form to the given situation, details
are too bold.

Actually, Leonhardt could build the most elegant pedestrian bridges in his native environment. In 1962 a pipe-carrying bridge at Mühlacker
was upgraded to a pedestrian bridge. He built a
46.2 m span, 50 cm thick, arched concrete slab

ehrgeiz spornte es jedoch außergewöhnlich an: Man kämpfte rechnerisch um Zentimeter, wenn ein Brückenträger noch etwas dünner werden konnte.[5]

Und dann war es immer wieder die Farbe, die Leonhardt auch in der Brückengestaltung für so wichtig hielt: »In Baden-Baden verschönert der romantische Steg über das stille Wasser der Oos den Kurpark, was ihm noch besser gelingen würde, wären die Stahlträger unter dem weißen Ziergitter japanisch rot«.[6] Darüber ließe sich trefflich streiten, aber Leonhardt mochte die Farbe und ließ die Geländer seiner eigenen Brücken meistens rot streichen.

Die Fußgängerbrücken

Genannt seien hier Brücken, die als typisch für Fritz Leonhardt gelten dürfen: Der Schillersteg in Stuttgart (1961), der Enzsteg in Mühlacker (1962), die Fußgängerbrücke über den Adenauerring in Karlsruhe (1967), der Neckarsteg am Collini-Center in Mannheim (1973), der Heinrich-Baumann-Steg in Stuttgart (1976–1977), der Dunantsteg in Stuttgart (1977), die Rosensteinparkbrücken in Stuttgart (1977) und die beiden Remsbrücken in Waiblingen (1978–1980).

In einem städtischen Zusammenhang wie an der Schillerstraße in Stuttgart, wo anläßlich der Bundesgartenschau 1961 der Ferdinand-Leitner-Steg – auch Schillersteg genannt – gebaut wurde, nahmen Leonhardt und Andrä die Schwingungsprobleme in Kauf. Gestalterisch bot eine beidseitige Park- beziehungsweise Stadtgartensituation großzügige Randbedingungen für die Rampen einer Schrägkabelbrücke, die als Typus den Intentionen Leonhardts ausgezeichnet entsprach (Abb. 2): Der Brückenbalken – hier ein Stahlkastenträger – wird in kurzen Abständen gestützt und ließ sich dadurch dünn dimensionieren. Hatte Leonhardt, beraten von Friedrich Tamms, bei der Düsseldorfer »Brückenfamilie« die Schrägkabel in Harfenform angeordnet, sprach er sich doch für die Fächerform, wie sie für den 68,6 und 24 m überspannenden Schillersteg entworfen wurde, als »natürlichste und technisch wirkungsvollste« aus. Die Seitenansicht des Gehwegs wirkt formal etwas grob, aber der Steg als Ganzes paßt bestens vor die Kulisse des Bonatz-Bahnhofs. 2008 wurden der Belag der Brücke und der Korrosionsschutz an den Geländern komplett erneuert, Pylon und Stahlkonstruktion erhielten einen neuen Anstrich. Bereits acht Jahre vorher waren die Tragseile (Paralleldrahtbündel) mit Ultraschall untersucht und nicht beanstandet worden.

Zur Bauzeit des Schillerstegs stand ein anderer Brückenbau an. Experimentierfreudig wie er war, hätte Fritz Leonhardt gern die Rheinbrücke in Emmerich als Monokabelbrücke gebaut (Entwurf 1961 mit Gerd Lohmer), die er für seinen schönsten Entwurf hielt. Er scheiterte aber an Wilhelm Klingenberg, dem Brückenreferenten im Bundesverkehrsministerium, der ihm riet, »erst einmal woanders eine kleine Brücke dieser Art zu bauen«.[7] Eine solche, nicht realisierte Einseilbrücke mit sich kreuzenden Hängern entwarf er als 110 m weit spannende Fußgängerbrücke über den Neckar, wobei das Kabel wegen der komfortablen Durchgangshöhe nicht tiefer als 5 m über dem Gehweg geplant wurde.[8]

Eine Schrägkabelfußgängerbrücke in Fächerform mit zwei Stahlmasten konnten Leonhardt und Andrä zwölf Jahre später in Mannheim bauen (Abb. 2). Um ein neues Wohngebiet über den Neckar mit der Innenstadt zu verbinden, mußten in den Seitenfeldern 56,5 m und im Hauptfeld 139,5 m überspannt werden. Um die Masten herum verbreitert sich die Gehwegplatte erheblich: Hier sollte die Gelegenheit geboten werden, etwas zu verweilen, Sitzmöglichkeiten gibt es jedoch nicht. Trotz des schlanken Brückenträgers möchte man diese Brücke sicher nicht zu Leonhardts schönsten Brücken zählen. Zu wenig geht die Konstruktionsform auf die Situation ein, zu robust sind die Details ausgeführt.

Die tatsächlich elegantesten Fußgängerstege konnte Leonhardt in seiner heimatlichen Umgebung bauen. 1962 ließ sich in Mühlacker eine Rohrbrücke zur Fußgängerbrücke aufwerten, gebaut wurde ein 46,2 m weit spannender, 50 cm dicker Betonbogensteg (Abb. 3). Hier wurde im Lauf der Zeit nur der ursprüngliche Betonbelag durch einen rutschfesten ersetzt und das ursprünglich – natürlich rote – Geländer mehrfach, jetzt blau gestrichen. Es folgte 1967 die 27,35 und 27 m weit spannende, gevoutete Spannbeton-Balkenbrücke über den Adenauerring in Karlsruhe, in deren Mittelfeld ein 19,26 m langer, vorgespannter Fertigteilträger eingehängt wurde. Ein Jahrzehnt später entstanden in Waiblingen zwei kleine, feine Stege mit freien Spannweiten von gerade mal 18 und 28 m an der Erleninsel: kräftig geschwungene Parkbrücken mit zarten Geländern, die formal in die späten 1950er, frühen 1960er Jahre passen, vom postmodernen Geist ihrer Entstehungszeit sind sie – zum Glück, darf man sagen – verschont geblieben (Abb. 4).

In Leonhardts Büro reizten die jungen Mitarbeiter, vor allem Jörg Schlaich, die Fußgängerbrücke als Experimentierfeld aus, was sich bereits in den Rosensteinparkbrücken aus dem Gartenschaujahr 1977 abzeichnete. Über mehrspurige Bundesstraßen und Straßenbahngleise kombinierte das Büro die wohl erste selbstverankerte Fußgängerhängebrücke neuerer Zeit mit einer Seilfachwerkbrücke, deren Gehwegplatten direkt auf den Tragseilen liegen.

Es war dann ausgerechnet eine Fußgängerbrücke, die Ende der 1980er Jahre Meinungsunterschiede zwischen Fritz Leonhardt und Jörg Schlaich offenbarte. Bei Stuttgart sollte diese ein Wohn- mit dem Erholungsgebiet am Max-Eyth-See verbinden. Schlaich entwarf eine rückverankerte, an zwei Masten gehängte, 114 m weit spannende Seilbrücke mit gekrümmter Gehwegplatte. Leonhardt hatte die Ansicht vertreten, die Masten müßten seitlich stehen, und der Weg müsse gerade verlaufen. Es zeigte sich hier beim Thema Fußgängerbrücken sehr deutlich, daß beide unterschiedliche Ideen verfolgten und weiterentwickeln wollten. Fritz Leonhardts Interesse galt vor allem den großen Spannweiten und der Erfindung beziehungsweise Weiterentwicklung bautechnischer Verfahren, die hier Fortschritt versprachen. Fußgängerbrücken in ihrer Besonderheit auszuloten, war seine Sache nicht. Trotzdem gehören gerade die kleinen Betonbogenbrücken in Mühlacker und in Waiblingen, die er über Jahrzehnte kaum variierte, zum Besten, was das Genre zu bieten hat.

3. Betonbogensteg über die Enz, Mühlacker, 1962.
4. Betonbogensteg über die Rems bei Waiblingen, 1978–1980.

3. Concrete-arch pedestrian bridge over the Enz River, Mühlacker, 1962.
4. Concrete-arch pedestrian bridge over the Rems River at Waiblingen, 1978–1980.

(illus. 3). In the course of time, the original concrete screed was replaced by an anti-slip finish, and the original – obviously red – railing was repainted several times, now in blue color. Followed in 1967 a prestressed concrete beam bridge with rounded-out supports over the Adenauerring in Karlsruhe. It has 27.35 and 27 m spans, with a 19.26 m long precast, prestressed girder in the middle. In Waiblingen, along the Erleninsel (alder island), rose a decade later two fine, small bridges with spans of just 18 and 28 m: vigorously curved park bridges with delicate railings, fitting the late 1950s and the early 1960s. Luckily, we may say, they were not touched by the Postmodern spirit of their time (illus. 4).

In Leonhardt's office the young collaborators, above all Jörg Schlaich, went to the limits of experimentation with pedestrian bridges, manifesting itself already in the Rosensteinpark bridges of the garden exhibition 1977. To cross multi-lane federal highways and tramlines, the office combined, what must be the first self-anchored suspended footbridge of recent times, with a cable-truss bridge, the pavement slabs of which rest directly on the supporting cables.

It so happened, that a foot-bridge revealed in the late 1980s differences of opinion between Fritz Leonhardt and Jörg Schlaich. Near Stuttgart it was to connect a residential with a recreational area at Max-Eyth-See. Schlaich designed a rear-anchored, 114 m span cable bridge with two masts and curved walkway. Leonhardt held the view, the masts should be on the side, the path straight. The theme of pedestrian bridges shows clearly, that both followed different ideas in their development. The interest of Fritz Leonhardt was focused above all upon long spans and the creation or development of technical methods, which promised progress. To study the specific character of foot-bridges in depth was not his cup of tea. Nevertheless, the small, arched concrete bridges at Mühlacker and Waiblingen, hardly varied through the years, are among the best in this field.

Elisabeth Spieker

Die Planung des Olympiadachs in München. Fritz Leonhardts Mitwirkung und Impulse

Die Beteiligung Fritz Leonhardts an der Entstehung des Münchener Olympiadachs spiegelt die Planungsgeschichte einer Konstruktion, über deren Baubarkeit lange kontrovers diskutiert wurde. Durch die engagierte und vertrauensvolle Zusammenarbeit der Architekten und Ingenieure Behnisch & Partner mit Jürgen Joedicke, Frei Otto, Leonhardt, Andrä und Partner (LAP) konnte unter großem terminlichen Druck die mit dem 1. Preis ausgezeichnete Wettbewerbsidee eines zeltähnlichen »Regenschirms« von Behnisch & Partner (Abb. 1) in eine technisch realisierbare Lösung umgesetzt werden.

Die Beurteilung des Preisgerichts unter Vorsitz Egon Eiermanns gibt den Anstoß zu vehement geführten Diskussionen in der Öffentlichkeit: »Die große Problematik des Entwurfes liegt in der Zeltdachkonstruktion.« Es sei »fraglich, ob bei diesen Dimensionen das Vorbild der Montrealer Zeltkonstruktion für ein Dach dieses Ausmaßes ausgeführt werden kann. Das Preisgericht sieht sich nicht in der Lage, sich über die Brauchbarkeit dieses Vorschlages definitiv zu äußern und muß leider mit der Fragwürdigkeit der vorgeschlagenen Überdachung diesem in allen Teilen hervorragenden Entwurf in bezug auf die geforderte Haltbarkeit und Betriebssicherheit Einschränkungen auferlegen.«[1] Anstelle des Zeltdachs sollen gegebenenfalls andere Dachkonstruktionen verwendet werden, ohne die maßgebenden Qualitäten des 1. Preises zu verlieren.

Die Frage der Baubarkeit veranlaßt in den folgenden Monaten zahlreiche Ingenieure zu kontroversen Stellungnahmen. Günter Behnisch sucht unmittelbar die Unterstützung von Fritz Leonhardt, Frei Otto und Peter Stromeyer: »Ich habe von allen Herren Zusagen erhalten. Sie sind an der Aufgabe außerordentlich interessiert und sind bereit, an der Realisierung der Hängedächer mitzuarbeiten. Frei Otto hat betont, daß sein gesamtes Institut zur Verfügung steht; Leonhardt will beratend mitwirken; Stromeyer ebenfalls.«[2] Bereits Anfang November bitten die Geschäftsführer der Olympiabaugesellschaft (OBG) Fritz Leonhardt in einem Gespräch in Stuttgart um eine Stellungnahme. Eiermann hatte inzwischen der OBG den Stockholmer Ingenieur David Jawerth als Berater empfohlen, der am 11.11.1967 ein vernichtendes Urteil fällt. Das Dach sei aufgrund seiner hohen Eigenschwingung und zu geringen Dämpfung katastrophal instabil, eine Veränderung der Eigenschwingungszeit infolge veränderter Vorspannung sei praktisch unmöglich.[3] Die Wettbewerbsidee zeigt eine punktförmig mit wenigen Masten unterstützte, mit einem weit geschwungenen, freien Rand zu den Seiten abgespannte, kontinuierliche Dachfläche, die im Bereich der Mastspitzen sehr große Seilkräfte, stark gekrümmte sowie dazwischen sehr flache Bereiche aufweist. Unter Wind- und Schneelasten hätten sich Verformungen ergeben, die auch über eine hohe Vorspannung nicht auf ein zumutbares Maß hätten begrenzt werden können.

Leonhardt antwortet auf Behnischs Fragen am 30.11.1967. Er hält das Seilnetz von Montreal als Vorbild für geeignet. Windlasten, Verformungen und Eigenschwingungen seien durch das Maß der Vorspannung bzw. durch Spannseile in brauchbaren Grenzen zu halten. Er rät jedoch eindringlich von der im Wettbewerb vorgeschlagenen transparenten Dachhaut ab: »Als dauerhafte Dacheindeckung nenne ich folgende Möglichkeiten: 1. eine 5 cm dicke Perlite-Betonschicht mit Putzge-

1. Olympiagelände, München, Wettbewerbsentwurf von Behnisch & Partner, Oktober 1967.
2. Randgestützte Hängedächer als Alternative zu der punktgestützten Variante des Wettbewerbsentwurfs, Leonhardt und Andrä, Februar 1968.

1. Munich Olympics site, competition project by Behnisch & Partner, October 1967.
2. Edge-supported suspended roofs, as an alternative to the point-supported variant of the competition project, Leonhardt und Andrä, February 1968.

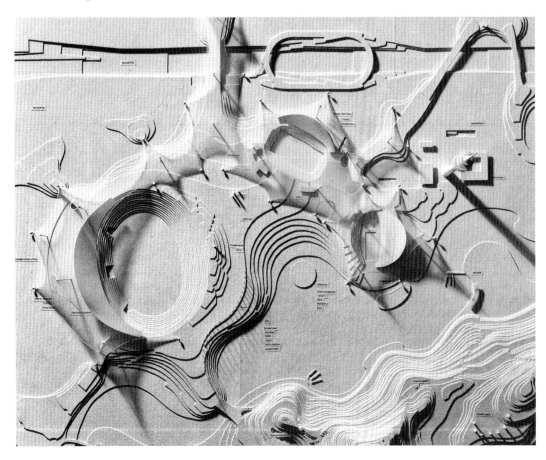

Elisabeth Spieker
Planning the Olympia roof in Munich. Participation and impulses by Fritz Leonhardt

The participation of Fritz Leonhardt in the generation of the Olympia roof in Munich reflects the planning history of a construction, the possible realization of which was hotly debated. In spite of a very tight schedule, the first prize competition idea of a tent-like "umbrella" by Behnisch & Partners (illus. 1) could be translated into a technically possible solution by the dedicated and trustful cooperation of the architects and engineers Behnisch & Partner with Jürgen Joedicke, Frei Otto, Leonhardt, Andrä und Partner (LAP).

The evaluation by the jury under the chairmanship of Egon Eiermann leads to vehement public discussions: "The big problem of the design is the tent roof construction." It is "questionable, if the Montreal tent-roof example could be realized at such dimensions. The jury is not able to definitely decide about the usability of the proposal, and is compelled to question the durability and safety of the proposed, dubious roofing, of an otherwise in all aspects outstanding design."[1] Without losing the decisive qualities of the first prize, a different roof construction might be used, in place of the tent roof.

In the following months numerous engineers discussed the feasibility of the roof. Günter Behnisch directly seeks the support of Fritz Leonhardt, Frei Otto and Peter Stromeyer: "All gentlemen have agreed. They are most interested in the problem and ready to participate in the realization of the suspended roof. Frei Otto stressed that his total institute is at my disposal; Leonhardt shall contribute as advisor, Stromeyer too."[2] Already at the beginning of November 1967 the managers of the Olympiabaugesell-

schaft (OBG), (Olympia construction company) in a meeting in Stuttgart ask Fritz Leonhardt for his position. In the meantime Eiermann recommended the Stockholm engineer David Jawerth as advisor to the OBG, his verdict of 11 November is devastating. Owing to a high natural oscillation and insufficient attenuation, the roof is terribly unstable, the modification of natural oscillation time by varying pretensioning is practically impossible.[3] The competition idea shows a far-flung, continuous roof surface, with few masts as point supports, tied down along the free edge, having strongly curved and very flat areas creating around the masts very high cable forces. Wind and snow loads would create deformations, which could not be limited to an acceptable degree by high pretensioning.

On 30 November 1967 Leonhardt answers the questions by Behnisch. He considers the Montreal cable net a valid model. Wind loads, deformations and natural oscillations could be kept under control by prestressing and additional stays. But he strongly advises against a transparent skin as proposed in the competition: "As permanent roofing I propose the following possibilities: 1. a 5 cm thick perlite-concrete layer reinforced by expanded metal […] 2. plywood panels in wooden frames with applied roofing 3. large-size transparent synthetic panels, such as Scobalit […] 4. metal sheets with suitable finish."[4] He expresses to Behnisch his conviction, that there will be solutions for the problematic wind oscillations, all construction details, cable forces and anchorage.

On December 14th, 1967, the OGB arranges a meeting between their managers and the expert advisors Hubert Rüsch, Georg Burkhardt and Fritz Leonhardt. They sign a common statement, in which Leonhardt clearly appears critical.

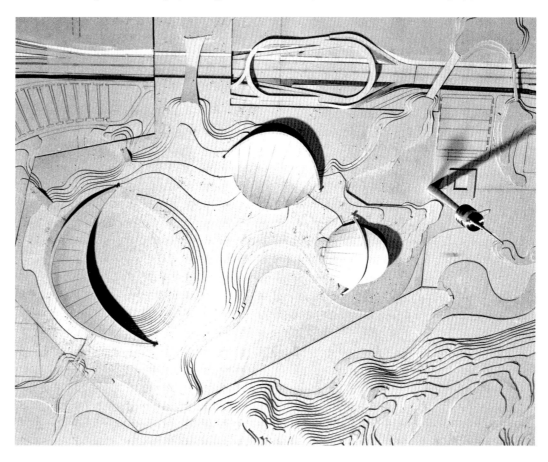

webe bewehrt [...] 2. Sperrholztafeln auf Holzrahmen mit geklebter Dachhaut 3. großflächige transparente Kunststofftafeln, wie etwa Scobalit [...] 4. Metalltafeln mit geeigneter Beschichtung.«[4] Er zeigt sich gegenüber Behnisch überzeugt, daß für die problematischen Windschwingungen und alle konstruktiven Details, Seilkräfte und Verankerungen Lösungen gefunden werden können.

Am 14.12.1967 veranlaßt die OBG ein Gespräch der Geschäftsführer mit den Gutachtern Hubert Rüsch, Georg Burkhardt und Fritz Leonhardt. Als Ergebnis wird eine gemeinsame Stellungnahme unterzeichnet, in der Leonhardt eine deutlich kritischere Haltung einnimmt: »Es wäre nicht ausgeschlossen, ein Dach in der vorgeschlagenen Form zu bauen. Die Erfahrungen von Montreal zeigen aber, daß eine solche Dachkonstruktion teuer ist. [...] Darüber hinaus zieht die vorgeschlagene Dachform eine Reihe von technischen Schwierigkeiten nach sich. [...] Es ist demnach aus technischen und wirtschaftlichen Gründen nicht sinnvoll, ein Dach in dieser Form und in diesem Ausmaß zu bauen, zumal vom Preisgericht festgestellt wurde, daß der künstlerische Wert der Konzeption beim Wegfall dieses Daches nicht beeinträchtigt würde.«[5] Die OBG hatte schon Mitte November 1967 entschieden, andere Preisträger alternative Überdachungen für das Konzept von Behnisch & Partner erarbeiten zu lassen, darunter auch die mit dem 3. Preis ausgezeichneten Architekten Heinle und Wischer. Deren Lösung war zusammen mit L+A unter der Federführung von Kuno Boll und mit Jörg Schlaich als Projektleiter entstanden. Ein von der OBG anberaumtes Gespräch Ende Dezember 1967 soll Behnisch, Heinle und L+A zur Zusammenarbeit bewegen. Behnisch wehrt sich jedoch dagegen, sein Konzept mit einem fremden Dach zu bauen. Auf den Vorschlag Heinles verständigt man sich dann aber über die Mitwirkung von L+A mit Jörg Schlaich als Projektleiter. Die Arbeit beginnt unmittelbar am nächsten Tag, zunächst mit der Entwicklung randgestützter Einzeldächer nach dem Vorbild des 3. Preises (Abb. 2).

Leonhardt wendet sich nun – in Kenntnis des von Behnisch inzwischen vorgelegten, weiterentwickelten Wettbewerbsdachs – öffentlich gegen die negativen Gutachten: »Aus meinem umfangreichen Wissen über das aerodynamische Verhalten von Bauwerken heraus kann ich sagen, daß das Urteil von Herrn Jawerth einfach falsch ist. [...] In dem von mir mit unterzeichneten Gutachten ist vor allem erreicht worden, der Behauptung entgegenzutreten, daß das Zelt von Behnisch nicht baubar sei. Ich hielt es jedoch in seinen Abmessungen und sonstigen Einzelheiten für nicht sinnvoll und viel zu teuer. Eine Reduktion der Zeltflächen und auch der Zelthöhen ist möglich, ohne den künstlerischen Grundgedanken des ausgezeichneten Behnischschen Entwurfs zu beeinträchtigen.«[6] Insbesondere Frei Otto hatte sich neben Egon Eiermann seit Mitte Oktober entschieden für die Realisierbarkeit des Daches ausgesprochen und die Vorgehensweise der OBG heftig kritisiert. Otto wird am 12.1.1968 von Behnisch um Stellungnahme zur überarbeiteten Dachkonstruktion gebeten und beteiligt sich nun an deren Entwicklung. Im Februar legt Behnisch der OBG Voruntersuchungen zu fünf von zuvor etwa zwanzig Varianten vor, die in Zusammenarbeit mit verschiedenen Ingenieurteams entwickelt wurden,

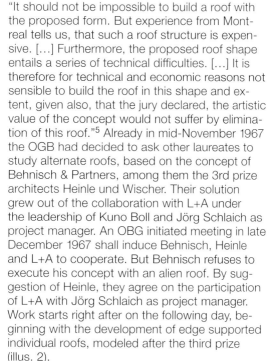

"It should not be impossible to build a roof with the proposed form. But experience from Montreal tells us, that such a roof structure is expensive. [...] Furthermore, the proposed roof shape entails a series of technical difficulties. [...] It is therefore for technical and economic reasons not sensible to build the roof in this shape and extent, given also, that the jury declared, the artistic value of the concept would not suffer by elimination of this roof."[5] Already in mid-November 1967 the OGB had decided to ask other laureates to study alternate roofs, based on the concept of Behnisch & Partners, among them the 3rd prize architects Heinle und Wischer. Their solution grew out of the collaboration with L+A under the leadership of Kuno Boll and Jörg Schlaich as project manager. An OBG initiated meeting in late December 1967 shall induce Behnisch, Heinle and L+A to cooperate. But Behnisch refuses to execute his concept with an alien roof. By suggestion of Heinle, they agree on the participation of L+A with Jörg Schlaich as project manager. Work starts right after on the following day, beginning with the development of edge supported individual roofs, modeled after the third prize (illus. 2).

In knowledge of the further developed competition roof, presented by Behnisch, Leonhardt now publicly turns against the negative assessments: "Based upon my extensive knowledge of the aerodynamic behavior of buildings, I can say that the verdict by Mr. Jawerth simply is wrong. [...] With the assessment also signed by me we have refuted the contention, that the tent roof by Behnisch can not be built. Because of its dimensions and other details I considered it unreasonable and much too expensive. It is possible to reduce the tent surfaces and heights, without compromising the artistic concept of the excellent design by Behnisch."[6] Since mid-October Frei Otto in particular and also Egon Eiermann pronounced themselves strongly for the feasibility of the roof and criticized the action by the OBG. On 12 January 1968 Behnisch asks Otto for his opinion about the redesigned roof construction, who from then on participates in its development. In February Behnisch submits to the OBG the preliminary designs of five out of twenty variants, which were elaborated in collaboration with several engineering teams, among them engineers Kupfer and Gattnar from Munich. Finally, on the 1st of March 1968, Behnisch & Partners obtain the commission for the overall concept, but not yet for the roof, for which two solutions should be evolved until 1 June 1968: a pretensioned hanging roof with a shell-like wooden covering and a circumferentially and radially supported suspended roof.[7]

In April 1968 Frei Otto presents in his Berlin studio several studies of point-supported solutions to Behnisch, Leonhardt, Auer and Schlaich, having solved the problem of nearly flat sections and the huge forces around the masts, in reference to the simultaneously designed roof over the stands of the Gelsenkirchen stadium. The roof surface of the stadium is subdivided into similar, saddle shaped net portions, each bordered by primary cables and supported by cable-stayed floating columns, which are suspended from external pylons and stabilized by tensioning the free linear edge cable against backside an-

chors (illus. 3, 4). This reduces spans and heights, increases curvature and generally stabilizes the system. Based on this solution the final decision for a point-supported, cable-stayed, suspended roof is reached on 26th June 1968.[8]

Apart from continuing doubts about the project's feasibility, the design work about to start is hampered by the scattering of tasks among various engineers. The composition of the roof planning team comprising the architects and engineers Behnisch & Partners, Frei Otto, Leonhardt Andrä und Partner remains unchanged, save a few exceptions (Heinz Isler deals with the stadium's substructure) (illus. 5). Following the wish of Behnisch, Herbert Kupfer and Richard Schuller are responsible for checking the structural calculations of the roof. LAP are entrusted with the overall engineering of the roof. Fritz Auer is project manager at Behnisch & Partners and Jörg Schlaich of the engineers. Leonhardt lets Schlaich freely select his collaborators at LAP: Rudolf Bergermann does the stadium, Knut Gabriel the sports hall, Ulrich Otto the swimming hall, Karl Kleinhanß the connecting roofs and Günter Mayr deals with overlapping structural questions. Frei Otto takes up the task of form finding, he advises on the preparation of measuring models, which aid in the determination of cable forces and lengths, of knots and the geometric tailoring of the cable netting, which is of decisive importance. He initiates the participation of Klaus Linkwitz,[9] who already in Montreal tailored the net, for the exact photogrammetric survey of the models. Leonhardt, Linkwitz and Schlaich complain in early 1969 about the inaccuracy of the measuring models. Linkwitz develops an electronic method, supported by Leonhardt vis-à-vis the OBG, to reduce the margin of error, also drawing programs for the automatic preparation of blank cuts – for lack of time they are applied only at the stadium and connecting roofs. Already in 1968 L+A tried to improve accuracy by replacing the measuring models with a calculation method. This is particularly important in the difficult case of the sports hall. In collaboration with the civil engineer John Argyris[10] they find a new, computer supported calculation method for cable length and their joints. Although Frei Otto was deeply disappointed by his diminishing influence on the conduct of the project, he acknowledged the work to be "a unique scientific masterpiece of the team Argyris, Leonhardt and Linkwitz".[11] The diverse approach of the closely cooperating engineers and architects – analytical thinking versus experimental work or the visual design prescriptions by Behnisch – leads to many more conflicts in technical questions. Frei Otto sees the missing appreciation of his work "rooted in the most stupid infighting, since the professions split into architects and engineers".[12] As far as possible, he wants to preserve the free forms of the competition design and, to reduce the risks of newly developed constructions, he tries to enter ideas for the detailing of the net according to solutions from Montreal. Fritz Leonhardt and Jörg Schlaich seek a construction system with as few special parts as possible, with mostly similar elements for rational production in series and in view of aesthetic unity.

Disagreement between Leonhardt, Schlaich and Otto starts with the net size. As in Montreal,

darunter auch die inzwischen hinzugezogenen Münchener Ingenieure Kupfer und Gattnar. Am 1.3.1968 erhalten Behnisch & Partner endlich den Auftrag für die Gesamtkonzeption, jedoch noch immer nicht für das Dach, für das bis zum 1.6. 1968 zwei Lösungen weiterentwickelt werden sollen: ein vorgespanntes Hängedach mit schalenartig wirkender Holzkonstruktion und ein umfangbzw. radialgestütztes Hängedach.[7]

Im April 1968 legt Frei Otto in seinem Berliner Atelier Behnisch, Leonhardt, Auer und Schlaich mehrere Untersuchungen zu punktgestützten Lösungen vor, bei denen er das Problem der fast krümmungslosen Bereiche und der großen Kräfte im Bereich der Mastköpfe nach dem Vorbild des gleichzeitig entworfenen Stadiontribünendachs in Gelsenkirchen gelöst hatte. Die Dachfläche des Stadions wird in mehrere gleichartige, sattelförmige Netzflächen unterteilt, jeweils mit Randseilen als Primärsystem eingefaßt sowie von seilunterspannten Luftstützen getragen, die von außerhalb der Dachfläche stehenden Pylonen abgehängt und linear gegen das frei verlaufende Randseil sowie die rückseitigen Zuganker abgespannt werden (Abb. 3, 4). Damit erreicht er geringere Spannweiten und Höhenentwicklungen, eine Verstärkung der Flächenkrümmungen und insgesamt eine Stabilisierung des Systems. Auf der Grundlage dieser Lösung fällt am 21.6.1968 die endgültige Entscheidung für das punktgestützte, seilverspannte Hängedach.[8]

Neben nicht nachlassenden Zweifeln an dessen Ausführbarkeit erschwert die Aufgabenverteilung an verschiedene Ingenieure die nun erst einsetzende Planungsarbeit. Die Zusammensetzung der Planungsgruppe Dach aus den Architekten und Ingenieuren Behnisch & Partner, Frei Otto, Leonhardt, Andrä und Partner bleibt mit einigen Ausnahmen (Heinz Isler bearbeitet die Unterkonstruktion des Stadions) unverändert (Abb. 5). Herbert Kupfer ist zusammen mit Richard Schuller auf Wunsch Behnischs zuständig für die Prüfstatik des Daches. LAP werden mit den gesamten Ingenieurleistungen für das Dach beauftragt. Projektleiter sind Fritz Auer bei Behnisch & Partner und Jörg Schlaich bei den Ingenieuren. Leonhardt stellt Schlaich die Auswahl der Projektmitarbeiter bei LAP frei: Rudolf Bergermann erhält das Stadion, Knut Gabriel die Sporthalle, Ulrich Otto die Schwimmhalle, Karl Kleinhanß die Verbindungsdächer und Günter Mayr übergreifende Fragen der Konstruktion. Frei Otto übernimmt die Aufgabe der Formfindung, die entwicklungstechnische Beratung und den Bau der Meßmodelle, mit deren Hilfe die Seilkräfte und -längen, die Knoten und die für Seilnetze entscheidend wichtige Zuschnittgeometrie ermittelt werden. Er regt zur genauen photogrammetrischen Vermessung der Modelle die Mitwirkung von Klaus Linkwitz[9] an, der schon in Montreal bei der Ausarbeitung des Zuschnitts für die Fertigung beteiligt war. Anfang 1969 beklagen Leonhardt, Linkwitz und Schlaich jedoch die Ungenauigkeit der Meßmodelle. Linkwitz entwickelt eine von Leonhardt mitgetragene und vor der OBG vertretene elektronische Methode zum Fehlerausgleich sowie Zeichenprogramme zur automatischen Erstellung der Zuschnittspläne, die aus Zeitgründen allerdings nur auf Stadion- und Zwischendächer angewendet werden können. Schon 1968 versuchen L+A, anstelle der Meßmodelle eine rechnerische Lösung

zur Verbesserung der Genauigkeit zu finden. Dies ist insbesondere bei der schwierigen Geometrie der Sporthalle notwendig. In Zusammenarbeit mit dem Bauingenieur John Argyris[10] wird eine bislang unerprobte computergestützte Berechnung der Seillängen und Verbindungspunkte gefunden. Obwohl der zunehmend geringere Einfluß auch auf die weiteren Arbeiten für Frei Otto eine herbe Enttäuschung war, erkannte er die Arbeit als »einmalige wissenschaftliche Meisterleistung des Teams Argyris, Leonhardt und Linkwitz«[11] an. Der unterschiedliche Arbeitsansatz der eng zusammenarbeitenden Ingenieure und Architekten – analytisches Denken gegenüber experimentellem Arbeiten mit den gestalterischen Vorgaben von Behnisch – führt zu weiteren zahlreichen Differenzen in technischen Fragen. Frei Otto sieht die mangelnde Anerkennung seiner Arbeit »in dem dümmsten Kompetenzgerangel begründet, das es im Bauwesen seit der Teilung in Berufsgruppen der Architekten und Ingenieure gab«.[12] Er will möglichst weitgehend die Freiheit der Form des Wettbewerbsentwurfs erhalten und versucht, insbesondere bei den Detailentscheidungen des Seilnetzes die für Montreal entwickelten Ideen einzubringen, um die Risiken der Neuentwicklungen für die komplizierte Konstruktion zu minimieren. Fritz Leonhardt und Jörg Schlaich streben ein Baukastensystem aus möglichst wenigen Sonderelementen an, mit vielen gleichartigen und auch rationell in Serie zu fertigenden Teilen im Sinne einer ästhetischen Einheit.

Schon bei der Maschenweite sind sich Leonhardt, Schlaich und Otto nicht einig. Otto bevorzugte wie in Montreal ein Netz mit einem Knotenabstand von 50 cm, um eine sichere Begehbarkeit zu gewährleisten und die schon erprobten Seile verwenden zu können. Leonhardt sieht als Alternative ein 150er Netz im Zusammenhang mit den von ihm vorgeschlagenen Eindeckungen aus Holzschalung auf Lattung mit PVC-beschichtetem Polyestergewebe und Perlite-Beton mit aufgespritztem Flüssigkunststoff vor. Um Sicherheitsaspekten Rechnung zu tragen, gleichzeitig aber die Anzahl der Kabel und Knoten und damit die Kosten in einem vertretbaren Maß zu halten sowie unabhängig von der erst später zu entscheidenden Dachhaut und Befestigung zu sein, wird der Abstand auf 75 cm festgelegt. Die Ingenieure setzen sich mit ihrem Vorschlag durch, den Frei Otto aber nur schwer akzeptieren kann.

Auch für die Verbindung der Knotenpunkte des Netzes kann nicht die Montrealer Lösung verwendet werden. Um Winkelverschiebungen im Seilnetz aufnehmen zu können, entwickeln die Ingenieure der ausführenden »Arbeitsgemeinschaft Stahlbau-Dach« einen beweglichen Knoten aus besonders korrosionsgeschützen, doppelten Litzen mit präzise fabrikseitig aufgepreßten Alu-Klemmen und einer mittig angeordneten Schraube. Diese erlaubt Bewegungen der Seilscharen zueinander und führt nicht wie bei der festen Verbindung in Montreal zu den den Zuschnitt erheblich erschwerenden Form- und Längenverzerrungen. Entsprechend dem Wunsch nach gleichen Elementen erhalten alle Rand-, Grat- und Kehlseile eine Seilstärke von 82 mm, die je nach Anforderungen addiert werden können. So ist es möglich, alle zugehörigen Klemmen, Umlenkpunkte und -nuten der Gußsättel zu vereinheitlichen.

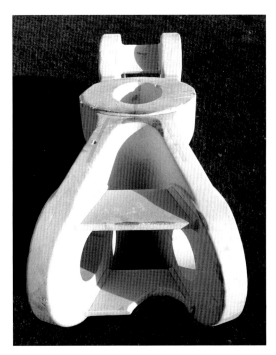

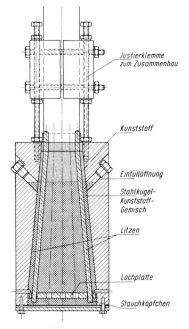

Bild 48. HiAm-Kaltverguß zur Verankerung der Litzenbündel im Seilkopf

Justierklemme zum Zusammenbau

Kunststoff

Einfüllöffnung

Stahlkugel-Kunststoff-Gemisch

Litzen

Lochplatte

Stauchköpfchen

Otto prefers a 50 cm knot distance, to assure walk-on stability and the use of proven cables. Leonhardt would rather have a 150 cm netting, in connection with his proposed roofing of wood siding on wood strips with PVC-coated polyester fabric and perlite concrete with sprayed liquid resin. Taking safety considerations into account and reducing the number of cables and knots to keep costs under control, while also to remain independent of the not yet chosen roofing material and its attachment, a grid size of 75 cm is decided upon. The engineers prevail with their proposal, which Frei Otto has difficulty to accept.

Neither can the Montreal solution for the connections at the net joints be applied. To accommodate variable angles at the cable joints, the engineers of the executing group "Arbeitsgemeinschaft Stahlbau-Dach" develop a moveable knot of special rustproofed double strands with factory-attached aluminum clips and a screw in the middle. It permits adjustment of the cable positions and avoids distortion of sizes and shapes, which made tailoring difficult with the fixed Montreal connections. Conforming to the wish of similar elements, all border-, ridge- and valley cables are of 82 mm thickness, being multiplied when needed. This way all fasteners, deflecting points and cast saddle grooves can be unified.

The rediscovery and advancement of steel casting technology is one of the most important innovations of the Munich roof. The complex geometry of the various connections for the tranfer of forces and tensioning, leading to a big variety of knots and individual pieces can be quickly and accurately produced. According to standards, the deflection radius of cables must be at least 40 times their diameter. To avoid very bulky saddles, the engineers dare to use a tenfold radius – without permission. By extended oscillation testing and many other testing series relevant proofs are obtained in the framework of SFB 64, which are important for the further development of cable stayed bridges (illus. 6, 10). Nevertheless, Leonhardt criticizes the dimensioning of many joints, anchors and masts, partly resulting

from design requirements by the architect, who wants little slope of the stadium roof and an external pylon at the swimming hall. Leonhardt's proposal showed a mast inside the hall, to be connected with the diving tower.

To gain time, the design and construction of foundations must begin in summer 1969, before roof geometry is fixed, complicating the flow of work and restricting the position of masts. Frei Otto insists subsequently on variable mast inclinations towards the ring, causing delays and Leonhardt's complaint about disorderliness. For every innovation time-consuming approvals have to be sought from the chief building authorities. For instance, prestressed ground anchors are only allowed for formal tensioning; skewbacks of the cable around the edge of the stadium must be mass concrete foundations (illus. 7), as originally applied in bridge construction, other guy fixations shall be built as slurry wall footings. One year later Leonhardt receives a special permission for the anchoring of bundled strands at the cable head by HiAm-cold-grouting, a high-strength procedure, developed by Wolfhart Andrä and Karl Krenkler for cable-stayed bridges.[13] With this steel-ball-synthetic-resin fixation the permitted cable tension can be doubled, creating the stiffness required for the avoidance of wind-induced oscillations (illus. 8).

At the end of 1968 color television demands a shadeless, translucent roofing, eliminating Fritz Leonhardt's earlier proposals. Polyester sheets, PVC-coated polyester fabric and acryl sheets are considered as alternatives. For once architects and engineers are in agreement. First of all Frei Otto speaks for the newly developed, pre-elongated and flame resistant plexiglass, which is accepted also by Behnisch, Leonhardt and Schlaich – by Behnisch and Otto for the whole roof, by Leonhardt only for the principal areas. He wants to span the *oculi* with light lattice beams and cover them with canvas, in order to improve the curvature of the cable net and to simplify tailoring of the small individual patches. In a commentary he warns strongly against the use of a membrane cover for the whole roof, as

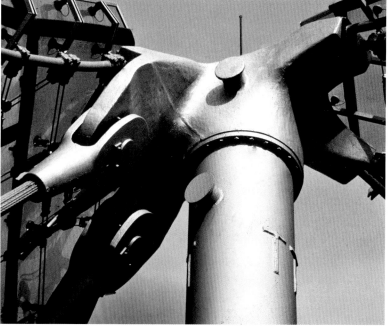

Die Wiederentdeckung und Weiterentwicklung der Stahlgußtechnologie gilt als eine der wichtigsten Innovationen des Münchener Daches. Für die komplexe Geometrie der verschiedenen Verbindungselemente zur Kraftumlenkung und Abspannung können die vielen unterschiedlichen Knoten und komplizierten Einzelelemente zeitlich schnell und präzise hergestellt werden. Der Krümmungsradius der Seile darf laut geltenden Normen nicht weniger als das 40fache ihres Durchmessers betragen. Um aber keine allzu unförmigen Sattel zu erhalten, wagen die Ingenieure ohne jegliche Genehmigung einen nur zehnfachen Radius. Mit Dauerschwingversuchen und zahlreichen Versuchsreihen werden die entsprechenden Nachweise geführt, die als Grundlage für weitergehende Forschungen im Rahmen des SFB 64 dienen und für die weitere Entwicklung von Schrägkabelbrücken von Bedeutung sind (Abb. 6, 10). Trotzdem kritisiert Leonhardt die Dimensionierung vieler Knoten, Verankerungen und Maste u. a. als Folge der gestalterischen Vorgaben des Architekten, der sich eine flache Dachneigung des Stadions und einen außenstehenden Pylon der Schwimmhalle wünscht. Leonhardts Vorschlag sah einen in der Halle stehenden Mast vor, mit dem der Sprungturm verbunden werden sollte.

Mit Berechnung und Bau der Fundamente muß aus Zeitgründen schon im Sommer 1969 begonnen werden, bevor die Dachgeometrie endgültig bestimmt ist, was den Arbeitsablauf erheblich erschwert und Einschränkungen für die Stellung der Maste zur Folge hat. Frei Otto setzt zudem nachträglich eine unterschiedliche Neigung der Maste in Ringrichtung durch, deren Unordnung Leonhardt sehr stört und die weitere Verzögerungen verursacht. Für jede Neuerung muß er langwierige Zulassungen bei der Obersten Baubehörde beantragen. So werden u. a. vorgespannte Erdanker nur für formgebende Abspannungen genehmigt. Insbesondere die Widerlager des Stadionrandkabels müssen als Schwergewichtsfundamente (Abb. 7), ursprünglich für den Brückenbau entwickelt, andere Abspannungen als Schlitzwandfundamente ausgeführt werden. Für die Verankerung der Litzenbündel im Seilkopf erhält Leonhardt erst nach Jahresfrist eine Sondergenehmigung für den HiAm-Kaltverguß[13], eine von Wolfhart Andrä und Karl Krenkler für Schrägkabelbrücken entwickelte Gußart mit hoher Festigkeit. Mit dem Stahlkugel-Kunststoffverguß können die zulässige Seilspannung verdoppelt und die zur Vermeidung von Windschwingungen notwendige Steifigkeit mit hoher Vorspannung erreicht werden (Abb. 8).

Ende 1968 wird für das Farbfernsehen eine verschattungsfreie, also transluzide Überdachung gefordert, so daß die schon früh von Fritz Leonhardt vorgeschlagenen Möglichkeiten fallengelassen werden müssen. Als Alternativen werden glasfaserverstärkte Polyestertafeln, PVC-beschichtetes Polyestergewebe und Acrylglastafeln in Erwägung gezogen. Hier sind Architekten und Ingenieure sich jedoch einig. Zunächst spricht sich Frei Otto für das neuentwickelte, vorgereckte und schwer entflammbare Plexiglas aus, dann folgen Behnisch, Leonhardt und Schlaich – Behnisch und Otto für das gesamte Dach, Leonhardt aber nur für die Hauptflächen. Er will die Augen mit leichten Fachwerkträgern und Planen überspannen, um die Krümmung des Seilnetzes zu verbessern und die Zuschnittsermittlung der gegen Maßfehler anfälligen kleinen Einzelfelder zu erleichtern. In einer Stellungnahme warnt er eindringlich vor der Verwendung der bis dato unausgereiften, aber von der OBG bevorzugten Plane für das gesamte Dach. Behnisch wünscht sich dagegen eine einheitliche Eindeckung, obwohl das der ursprünglichen konstruktiven Lösung widerspricht. Am 7.7.1970 fällt trotz der Bedenken der OBG die Entscheidung zugunsten einer einheitlichen Eindeckung mit graubraun eingefärbtem Acrylglas, punktförmig in den Netzknoten auf das Seilnetz montiert. Bewegungen und Dachlasten werden über zwischengelagerte Gummipuffer und Neoprene-Profile aufgenommen (Abb. 9).

Die nur unvollständig beschriebenen Entwicklungen konnten sich positiv auf die wissenschaftliche Forschung und auf den zukünftigen Einsatz von Leichtbaukonstruktionen auswirken. Im Herbst 1969 initiiert Fritz Leonhardt die Einrichtung eines Sonderforschungsbereichs »Materialforschung und Forschung im konstruktiven Ingenieurbau«, in den er die Notwendigkeit der Grundlagenforschung zu den in München bearbeiteten Problemen einbringt, und der dann auf den Bereich »Weitgespannte Flächentragwerke« (SFB 64) konzentriert wird. Als erstes Teilprojekt des von Leonhardt 1970–1976 geleiteten Projektbereichs »Konstruktiver Ingenieurbau« wird die begleitende Dokumentation der Münchener Netztragwerke[14] bearbeitet. Weitere Teilprojekte im von 1970–1985 geförderten SFB 64, an denen er mitwirkt, gelten der Untersuchung von Litzen, Seilen, Paralleldrahtbündeln und ihren Verbindungen und Verankerungen, analytischen Berechnungsverfahren für Seilnetze sowie dem Tragverhalten von Netzen.

Die Idee des »Regenschirms« in eine konstruktiv machbare Form umzusetzen – trotz enormen Zeitdrucks und der Differenzen zwischen Ingenieurvorstellungen und Gestaltvorgaben der Architekten – ist die herausragende gemeinschaftliche Leistung aller Beteiligten (Abb. 11). Das Dach wurde in vielfacher Hinsicht zum Symbol und läßt Leonhardt und Otto zu einem gemeinsamen Urteil kommen: »Das Dach in München ist ein großes gemeinschaftliches Werk, das keinem einzelnen zugeschrieben werden kann. […] Im technisch-konstruktiven Bereich ist es im Rahmen der Gegebenheiten bestmöglich gelöst. Hinsichtlich des Entwurfes, der Gestaltung mancher Details und der Wirkung des Ganzen sind wir mit dem Ergebnis zum Teil sehr unzufrieden, wobei unser beider kritisches Urteil nicht einmal identisch ist.«[15]

11. Luftbild der gesamten Sportanlage nach der Fertigstellung, 1972.

11. Aerial view of whole sports facilities after completion, 1972.

preferred by the OBG, but not yet fully developed. Against the original design solution, Behnisch would like a uniform cover. In spite of reservations by the OGB, the decision in favor of uniform roofing with grayish brown acrylic glass is reached on 7 July 1970. It shall be point supported at the cable joints, movement and loads will be accommodated by inserted rubber cushions and neoprene gaskets (illus. 9).

These incompletely described developments had a positive influence upon scientific research and the future use of lightweight construction. In fall 1969 Fritz Leonhardt initiates the establishment of a specialized field of investigation called »Materialforschung und Forschung im konstruktiven Ingenieurbau« (materials research and research in structural-engineering construction), stressing the need for basic research in problems, which were encountered at Munich; it crystallizes in the field of »Weitgespannte Flächentragwerke« (large-span surface structures) (SFB 64). From 1970 till 1976 Leonhardt is in charge of the area »Konstruktiver Ingenieurbau« (structural-engineering construction) and revises the documentation of the Munich net-structures.[14] Other sub-projects supported by SFB 64 from 1970 till 1985 with his participation concern the study of strands, cables, parallel wire bundles, their spli-

cing and anchoring, analytical calculation of cable nets and carrying behavior of net systems.

To transform the idea of the "umbrella" into a structural system – in spite of serious time pressure and the differences between engineering concepts and formal design prescriptions by the architects – is the outstanding collective achievement of all participants (illus. 11). In many ways the roof became a symbol and leads Leonhardt and Otto to the same conclusion: "The roof in Munich is a great collective work, which cannot be attributed to any single individual. […] On the technical-constructive level it is the best solution within the given circumstances. Concerning the design, the detailing and the effect of the whole, we are partially very unsatisfied, with differing critical observations by each of us."[15]

Fritz Wenzel
Fritz Leonhardt und die alten Bauten

Mein Bericht handelt von Fritz Leonhardts Anteil
an der statisch-konstruktiven Sicherung dreier his-
torisch bedeutsamer Bauwerke: Balthasar Neu-
manns barocker Klosterkirche Neresheim mit den
Kuppelfresken Martin Knollers, der gotischen
Stiftskirche Herrenberg mit ihrer barocken Zwie-
belhaube, schließlich der barocken Frauenkirche
George Bährs und ihrem Wiederaufbau in Dresden. Ich will vom fachlichen und persönlichen Miteinander und, zum Schluß, auch vom Gegeneinander berichten.

Klosterkirche Neresheim

Zur Klosterkirche Neresheim kam ich, zusammen
mit Klaus Pieper, das erste Mal im Jahre 1966. Der
Kirchbau war, starker Risse in den Kuppeln und
Wänden wegen, baupolizeilich geschlossen worden. Es gab eine hochrangig besetzte Baukommission, ihr gehörten der Präsident des Landes-
denkmalamts Baden-Württemberg, namhafte Professoren der Technischen Hochschule Stuttgart,
die Spitzen der baden-württembergischen Bau-
verwaltung, dazu erfahrene Architekten und Ingenieure aus der Praxis an. Fritz Leonhardt war Vorsitzender der Kommission, das Kloster als Bauherr war durch den damaligen Pater und heutigen
Abt Norbert Stoffels OSB vertreten. Ein in der
Denkmalpflege erprobter Ingenieurkollege hatte
ein erstes Sicherungskonzept für das gefährdete
Baugefüge erarbeitet. Wie bei bedeutenden Bau-
denkmalen nicht ungewöhnlich, empfahl die Baukommission, ein zweites Gutachten erstellen zu
lassen. Damit wurden Klaus Pieper und ich beauftragt, und so kam es zu enger Abstimmung mit
Fritz Leonhardt und seiner Kommission, insbeson-

dere nachdem die Vorschläge unseres Gutachtens zur Ausführung bestimmt worden waren.
Das war 1968.

Fritz Leonhardt war sich des bau- und kulturge-
schichtlichen Zeugniswertes und der architektonischen Bedeutung der Klosterkirche, welche den
Höhepunkt des spiralförmig ansteigenden Kloster-
ensembles bildet, von Beginn an bewußt. Er hielt,
zu Recht, das Innere der Kirche mit den sieben
Holzkuppeln und deren noch gut erhaltenen Fres-
ken (Abb. 1) für das Wichtigste, was es zu bewahren galt und was bei der Auswechselung des ma-
roden Holzdachs und der Verstärkung der Kup-
peltragwerke im Dachraum unbedingt zu schützen
war. Klaus Pieper und ich schlugen ein versetzba-
res Überdach vor, unter welchem die Auswechs-
lung und Verstärkung abschnittsweise hätten erfolgen sollen. Fritz Leonhardt dachte großzügiger:
Angesichts der eingeschränkten Arbeitsmöglich-
keiten unter einem engen Notdach und der Ge-
fahren durch Wind und Wetter und langen Winter
empfahl er, ein Schutzdach, besser gesagt eine
regelrechte Schutz- und Arbeitshalle über dem
Kirchendach zu errichten, mit Laufkatze zum Ab-
bau der alten und Einbau der neuen Dachkonstruktion. Wir hatten das auch erwogen, angesichts
der Kosten aber von einem solchen Vorschlag
abgesehen. Fritz Leonhardt dagegen setzte in
seiner Kosten-Nutzen-Rechnung den Wert des
zu schützenden Bauwerksinneren souverän und
ganz selbstverständlich um vieles höher an als die
eine Million Mark, die der Schutzbau über der Vierung gekostet hat. Sein Wort hatte Gewicht, das
Land als Geldgeber bewilligte den Plan und die
Mittel. Die Schutzhalle (Abb. 2) hat die Arbeiten an
Dach und Kuppeln bis hin zur Rückbefestigung
des gelockerten Freskoputzes sehr erleichtert,
manches überhaupt erst möglich gemacht.

Das alte hölzerne Dachwerk über der Vierung
war nicht zu retten, es war in vielen Knotenpunk-

Fritz Wenzel
Fritz Leonhardt and the old buildings

My report deals with Fritz Leonhardt's contribution to structurally safeguarding three important historic buildings: Balthasar Neumann's Baroque abbey church at Neresheim with cupola frescoes by Martin Knoller, the Gothic collegiate church Herrenberg with its Baroque onion-spire, and lastly, George Bähr's Baroque Frauenkirche in Dresden, including its reconstruction. I want to talk about our professional and personal togetherness and, at the end, of our controversy.

Neresheim abbey church

I visited Neresheim abbey for the first time in 1966, together with Klaus Pieper. The church had been closed by the authorities, because of big cracks in walls and domes. There was a high-ranking building commission, consisting of the president of the monuments office of Baden-Württemberg, well-known professors of the Technische Hochschule Stuttgart, the heads of the Land's building administration and well-versed practicing architects and engineers. Fritz Leonhardt was chair of the commission, the monastery, as client, was represented by Abbot Norbert Stoffels. Another engineer, well-tested in the preservation of historical monuments, had elaborated a basic concept to secure the endangered building. Not uncommon in the case of important monuments, the commission recommended a second assessment. This way Klaus Pieper and myself were assigned this project, leading to close cooperation with Leonhardt and his committee, particularly after our proposals were adopted for execution in 1968.

From the beginning Fritz Leonhardt was aware of the architectural value and historical significance of the abbey, constituting the climax of the spirally rising monastery buildings. With good reason he considered the church interior with its seven, wooden cupolas and their well-preserved frescoes as most important (illus. 1). This had to be preserved and safeguarded during the replacement of the rotten roof construction and the strengthening of the cupolas within the roof space. Klaus Pieper and myself proposed a movable protective roof, under which the replacement and strengthening could have been done in stages. Fritz Leonhardt thought more generously: in view of the limited work space under a tight provisory roof, and the dangers from wind and weather of a long winter, he proposed a proper, protective roof, creating an ample hall for working above the church, with a crane trolley for dismantling the old and constructing a new roof structure. We also had thought of this, but given the costs, we abandoned the idea. In contrast, Fritz Leonhardt with confidence entered in his cost-benefit calculation a much higher value for the church interior than the million Mark, to which amounted the protective roof over the central cupola. His word had importance, the state approved plan and budget. The protective hall (illus. 2) facilitated the work on roof and domes, the consolidation of loose fresco plaster and made many further things possible.

The old timber roof over the crossing could not be salvaged, it had decayed at many junctions and the dome over the crossing had settled as a whole. Fritz Leonhardt advocated to construct the new roof in steel and not again use wood. He enumerated the damages and deficiencies of the past and pointed out today's means and possibilities of doing better. He was not to repeat a construction which had not stood the test of time.

1. Klosterkirche Neresheim, Inneres mit Kuppelfresken.
2. Klosterkirche Neresheim, aufgeständerte Schutzhalle über der Vierung.
3. Klosterkirche Neresheim, unter dem Schutzdach neue Dach- und Kuppelträger, alte Vierungskuppel.

1. Neresheim abbey church, interior with cupola frescoes.
2. Neresheim abbey church, protective hall above the crossing.
3. Neresheim abbey church, new roof and cupola supports below protective roof, old dome over the crossing.

ten morsch geworden und als Ganzes auf die Vierungskuppel abgesunken. Fritz Leonhardt plädierte dafür, das neue Dachwerk aus Stahl und nicht wieder aus Holz zu fertigen. Als Gründe führte er die Mängel und Schäden aus der Vergangenheit an und die Mittel und Möglichkeiten der heutigen Zeit, es besser zu machen. Etwas baulich zu wiederholen, was sich nicht bewährt hatte, war seine Sache nicht. Im alten Dachraum herrschte große Enge zwischen Holzdach und hereinragender Vierungskuppel – die Stahlträger des neuen Daches (Abb. 3) gaben Platz für Kontrollstege und Zugang im Falle eines Feuers. Eine Bemessung mit Reserven für den Brandfall und eine Feuerverzinkung gegen den Rost erhöhten die Sicherheit und Dauerhaftigkeit der neuen Stahlkonstruktion. Das alte hölzerne Dachwerk war in den Kehlen ziemlich verschachtelt geraten und höchst witterungsanfällig – die neuen Stahlträger brauchten weniger Platz und ermöglichten bessere innere Erreichbarkeit und Wartung der Dachzwickel. Die alte Dacheindeckung mit den Biberschwänzen war den Herbst- und Winterstürmen der Ostalb nicht gewachsen, immer wieder waren Teile des Daches abgedeckt worden – das neue Kupferdach, wiewohl in dieser Größe in Süddeutschland nicht heimisch, brachte Abhilfe. Die Baukommission folgte den Vorschlägen Fritz Leonhardts, und Klaus Pieper und ich als die verantwortlichen Ingenieure taten dies ebenfalls.

Als das technische Konzept für die Sicherung der Neresheimer Klosterkirche erarbeitet und einvernehmlich beschlossen war und die Entwurfs-

und Ausführungsplanung begann, gab Fritz Leonhardt den Vorsitz der Baukommission weiter – die Fragen der Restaurierung traten jetzt in den Vordergrund, und dafür, sagte er, gäbe es kompetentere Kollegen. Aber Neresheim bedeutete ihm viel, als geschichtlicher, geistlicher, kultureller Ort, als Ort des Zusammenfindens und des Gesprächs. So führte ihn der Weg immer wieder einmal zurück; daran hatten auch seine Naturverbundenheit und Wanderlust und seine Liebe zur Alb als ganz eigener, unverwechselbarer Landschaft ihren Anteil.

Stiftskirche Herrenberg

Im Jahre 1972, als ich mit der Konstruktionsplanung und der statischen Berechnung für die Sicherung der Stiftskirche Herrenberg (Abb. 4) begann, fragte ich bei Fritz Leonhardt an, ob er bereit wäre, die Aufgabe des Prüfingenieurs für Baustatik zu übernehmen. Die Kirche, auf einer aufgefächerten Bergkante des Gipskeupers gegründet, senkte sich ungleichmäßig, der schwere Turm mehr als das Schiff und der Chor; dabei zerriß das Mauerwerk. Beides, Absinken und Aufreißen, dauerte schon 700 Jahre, alle 100 Jahre war eine große Reparatur angesagt. Jetzt war es wieder soweit, und ich schlug, um die entstandenen Risse zu schließen, eine umfängliche Vorspannung der Wände von Turm und Chor vor. Fritz Leonhardt schrieb zurück, die Herrenberger Kirche sei das Wahrzeichen des Gäus, er sehe sie immer im Vorbeifahren von der Autobahn, sie throne über den Häusern der Stadt

There had been very little space between the old timber roof and the bulging cupola over the crossing – the steel beams of the new roof (illus. 3) left room for catwalks and access in case of fire. Dimensioning, with added provision for the impact of fire and hot-dip galvanizing against rust, increased safety and durability of the new steel structure. The old timber roof was very intricate at the valleys, easily attacked by the weather – the new steel beams required less space, allowing better access and maintenance. The old roofing with flat roof tiles was not up to the fall and winter storms of the region, ever again parts of the roof were blown away – the new copper roofing, although in this size not typical for southern Germany, redressed the matter. The building commission followed the suggestions of Fritz Leonhardt, and Klaus Pieper and myself did the same as engineers in charge.

After the technical concept of safeguarding Neresheim abbey was completed and agreed upon and detailed design and execution plans were prepared, Fritz Leonhardt passed the chairmanship of the building commission on – now questions of restoration came to the fore, and for this, he said, there were more competent colleagues. But Neresheim meant a lot to him, as a place of history, spirituality and culture, a place of togetherness and dialogue. Time and again he returned, also because of his love of nature and walking, and the Alb mountains with their distinctive landscape.

Herrenberg collegiate church

When, in 1972, I began to plan and calculate the consolidation of Herrenberg church (illus. 4),

wie eine Glucke über den Küken. Sie müsse mit angemessenen Mitteln gesichert werden, und er sei bereit, als Prüfingenieur für Baustatik dabei mitzuhelfen.

Das Vorspannen von Mauerwerk – mit Längsbohrungen in den Wänden, Einziehen von Spannstäben und Verpressen des Hohlraums zwischen Stahl und Stein mit Zementmörtel – war keine ganz neue Technik, aber in diesem Ausmaß eingesetzt und in einem Standsicherheitsnachweis behandelt worden war sie noch nicht. Es gab dafür keine anerkannten Regeln der Bautechnik, so daß die hohe fachliche Anerkennung, die Fritz Leonhardt genoß, sowie seine Erfahrungen in der Entwicklung und Anwendung des Vorspannens von Beton dem Vorspannen des Sandsteinmauerwerks der Herrenberger Kirche sehr zugute kamen: Der Bauherr ließ sich vom Verfahren überzeugen, die Bauaufsicht trotz fehlender Normen zufriedenstellen, wir Ingenieure und ebenso die ausführende Firma erfuhren Rat und Unterstützung, bis hin zu meinem späteren Büropartner Jürgen Haller, auf dessen Doktorarbeit über das Vorspannen historischen Mauerwerks Fritz Leonhardt als Korreferent maßgeblich Einfluß nahm. Die Aufgabe als Prüfingenieur und Ratgeber bei der Sicherung der Stiftskirche Herrenberg – so berichtet sein damaliger Mitarbeiter Werner Dietrich – lag Fritz Leonhardt sehr am Herzen. Wieder, wie schon in Neresheim, war es für ihn selbstverständlich, Kulturgut von gestern mit der Technik von heute vor weiterem Verfall zu schützen. Dabei spielte die in der Denkmalpflege ausführlich diskutierte Frage der Reversibilität von Hilfsmaßnahmen für ihn keine Rolle. Wichtiger war ihm, daß die neuen Zufügungen zu den alten Bauten, die Fortschreibung der überlieferten historischen Bauwerke in die Zukunft, von hoher Qualität und Güte waren.

Es ging in Herrenberg nicht nur um das Vorspannen von Mauerwerk. Wo Wandöffnungen zu schließen waren, damit dort Kräfte fließen konnten, riet Fritz Leonhardt uns, einen Leichtbeton zu nehmen, dessen Steifigkeit derjenigen des benachbarten Mauerwerks angepaßt war. Das war hilfreich für die Vergleichmäßigung des Kräfteflusses im Bau. Uns aber davon zu überzeugen, daß die langen, durch Zwischenpodeste abgestuften Stahlbetonläufe der Außentreppen, den Fortschritten der Betontechnologie folgend, in einem Stück gegossen werden sollten, ohne Zwischenfugen, gelang ihm nicht – da gab er nach. Und als einer der schief stehenden Innenpfeiler in der Kirche (Abb. 5) wegen seiner Schäden abgetragen und wiederaufgebaut werden mußte, wollte er ihn gerade, das heißt vertikal stehen sehen. Als ich ihm erwiderte, dann stünde der vertikale Pfeiler ja schief, also verkippt zwischen den anderen geneigt stehenden Pfeilern, war das für ihn – ordentlich und korrekt, wie er war – zunächst ein Problem. Wir einigten uns dann, Wochen später, auf halb gerade bzw. halb schief.

Ordentlich und gut lesbar, schrieb er einem meiner Mitarbeiter bei der Sanierungsplanung für eine kleine schwäbische Dorfkirche ins Stammbuch, habe eine statische Berechnung, damals noch handgeschrieben, zu sein, sie sei schließlich ein Dokument. Und als von Bauherrenseite bei der Darstellung von Instandsetzungsfragen an einem bedeutenden badischen Münster nicht korrekt in den Zeitungen berichtet wurde, was am Tage vorher in einer Kommission mit Fritz Leonhardt ausgemacht worden war, reagierte er bemerkenswert:

Er erhöhte, des Zeitaufwands für die ärgerliche Zeitungslektüre wegen, sein Beraterhonorar von 750 DM auf das Doppelte.

Frauenkirche, Dresden

Auch für den Wiederaufbau der Frauenkirche Dresden hatte ich mir, zusammen mit meinem Ingenieurpartner Wolfram Jäger, Fritz Leonhardt als Berater gewünscht. Der Bauherr folgte unserem Wunsch. Das war 1992, gleich zu Beginn der Planung. Der Leitlinie des Wiederaufbaues, die neue Frauenkirche, wie die alte, wieder aus Stein und Eisen, d.h. aus Sandsteinmauerwerk und eingefügten Stahlankern, erstehen zu lassen, stand Fritz Leonhardt zunächst aufgeschlossen gegenüber. Wir erfuhren von ihm Unterstützung bei Gesprächen in Stuttgart und Dresden; ein von uns zur Verbesserung des Kraftflusses konzipiertes zusätzliches Ankersystem hieß er anfangs gut. Dann aber, beeinflußt durch die Einreden Dritter, besann er sich des ihm eigenen Materials, des Betons, den er zur Aussteifung um den Kuppelfuß herum flächig in die Steinkonstruktion eingegossen sehen wollte. Mit dem Beton wäre aber viel Fremdmaterial in ein Baugefüge gekommen, welches bislang nur aus Mauerwerk und Eisenankern bestand und ähnlich wieder erstehen sollte. Das war, von der Sache her, der Kernpunkt des Streites, der zwischen uns entstand: Wir, Wolfram Jäger und ich und mit uns der Prüfingenieur Jörg Peter, wollten die Schwäche des Bährschen Gefüges mit einer Ankerkonstruktion beseitigen, die nahe an der Konzeption des Originals blieb, Fritz Leonhardt wollte sie mit einer in Material und Wirkungsweise erkennbar aus heutiger Zeit stammenden Zutat überwinden. Wie groß sein Engagement für das Neue war, zeigte eine Begegnung auf einem Ingenieurkongreß in Rom: Während eines Empfangs in der Engelsburg suchte und sah er mich unter den Hunderten von Leuten, kam auf mich zu, zog die beiden hier abgebildeten Blätter (Abb. 6, 7) mit Berechnungen und Skizzen für eine Stahlbeton-Ringscheibe mit Fingern aus der Anzugtasche, gab sie mir und sagte, hier sei der Beweis, daß seine Lösung funktioniere und die richtige sei.

Die Auseinandersetzung mit Fritz Leonhardt war zum Schluß heftig und tat weh. Aber sie spornte auch an, unsere stählerne Ankerkonstruktion noch einfacher und robuster zu machen, als sie ursprünglich geplant war. Mein Respekt und meine Hochachtung vor Fritz Leonhardt, der als Bauingenieur und Baumeister den Bogen von der Theorie zur Praxis und vom Fachlichen zum Persönlichen spannte, auch an den alten Bauten, sind geblieben. Am Ende des Miteinanders und Gegeneinanders, von dem hier die Rede war, stand ein langer Händedruck.

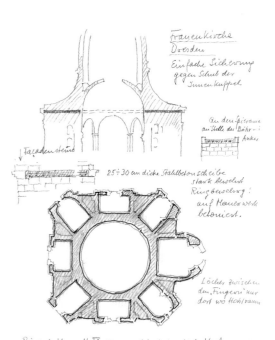

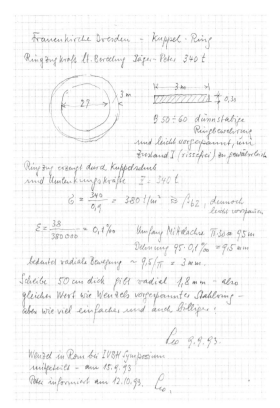

I asked Fritz Leonhardt, if he would be ready to act as checking engineer for statics. Resting on the ridge of a fanning-out gypsum hill, the church settled unevenly, the heavy tower more than nave and choir, thereby cracking the masonry. Both, settlement and damaged masonry, had occurred for 700 years, requiring big repairs every 100 years. Again we had reached this point and I proposed a circumferential pretensioning of the tower and choir walls to close the cracks. Fritz Leonhardt wrote back, the Herrenberg collegiate church is the landmark of this region, he sees it every time he passes by on the Autobahn, she dominates the houses of the town like a mother hen her chicks. She must be secured by appropriate means and he is ready to help as checking engineer of statics.

Prestressing masonry – drilling holes through the walls, inserting steel bars and injecting cement mortar into the void between steel and stone – was not a new technique, but being applied at such a scale and subjected to calculations of stability had not happened before. Since there were no accepted rules, the great professional renown of Fritz Leonhardt, his experience in the development and application of prestressed concrete, benefitted the prestressing of the sandstone masonry of the Herrenberg church: The client could be convinced of the procedure, building supervision was satisfied in spite of non existing norms, we engineers and also the executing contractor obtained advice and support, including my later partner Jürgen Haller, whose doctoral thesis, dealing with the prestressing of historical masonry, was greatly influenced by Fritz Leonhardt as co-advisor. Fritz Leonhardt took his task as checking engineer and advisor for the consolidation of Herrenberg collegiate church very much to heart, reports Werner Dietrich, his collaborator at the time. Like in Neresheim, he took it as a matter-of-course to keep the cultural heritage of yesterday with the means of today from deterioration. For him the question of the reversibility of supporting measures, as much discussed in historic preservation, did not play a role. It was important to him, that any addition to the old structures, ensuring a future for the inherited, historical buildings, were of excellence and quality.

In Herrenberg we did not only deal with the prestressing of masonry. Leonhardt advised us to use light-weight concrete with the same stiffness as the adjoining masonry, to fill in wall openings, in order to have a continuous flow of stresses. It helped the even load distribution in the building. However, he could not convince us to cast the long, external concrete stairs with their landings in one piece, without joints, as the progress of concrete technology would have allowed. He gave in. And when one of the leaning inner pillars (illus. 5) of the church had to be dismantled and rebuilt, he wanted it straight, meaning vertical. I told him, then the vertical pillar would appear inclined to all the other leaning columns, which was a problem for his sense of correct and orderly conditions. Weeks after, we agreed to half straight, half inclined.

Into the album of one of my assistants for the consolidation of a small Swabian village church, he entered the advice, that calculations of statics – then still handwritten – had to be neat and legible, after all they were documents. And when newspapers reported questions of the renovation of an important cathedral in Baden incorrectly, as conveyed by the client, not as agreed a day before in a meeting with Fritz Leonhardt, he reacted strongly: he doubled his consultancy fee of 750 DM, due to extra time consumed by the annoying review of newspapers.

Frauenkirche, Dresden

For the reconstruction of the Frauenkirche in Dresden, together with my partner Wolfram Jäger, I desired Fritz Leonhardt as consultant. The client agreed – right at the start of planning in 1992. In the first instance, Leonhardt was well disposed to the principle of rebuilding the church the old way, with stone and iron, that means in sandstone masonry with inserted steel anchors. We received his support during discussions in Stuttgart and Dresden; he had no objection to our additional system of anchors, improving the flow of forces. Then, however, initiated and influenced by other experts, he returned to his preferred material, concrete, which he wanted to cast over the stone masonry, all around the base of the dome, as stiffening. This concrete would have introduced much foreign material into a building fabric, so far consisting of masonry and iron anchor bars, and to be rebuilt this way. It was the core of the issue, creating a debate between us: we, Wolfram Jäger and I, and with us the checking engineer Jörg Peter, wanted to eliminate the weakness of Bähr's construction with a system of anchors, which remained close to the original concept, while Fritz Leonhardt wanted to achieve this with the application of materials and methods distinctly of our time. An encounter during an engineers' congress in Rome demonstrated his engagement for novelty: at a reception in the Castel Sant'Angelo he searched and saw me among hundreds of people, came towards me, pulled out of his pocket the two pages shown (illus. 6, 7), with calculations and sketches, and handed them to me as proof, that his concrete solution was the correct one.

In the end, the controversy with Fritz Leonhardt was impetuous and painful. But it drove us to make our anchorage construction in steel simpler and stronger than planned originally. I retained my respect for and my esteem of Fritz Leonhardt, who as civil engineer and master builder, was able to join theory with practise, the professional with the personal – also when it concerned old buildings. At the end of unity or division, as just talked about, was a long handshake.

Theresia Gürtler Berger
Fritz Leonhardts Erbe. Zum Umgang mit seinen Bauten

Sie sind allgegenwärtig, werden täglich benutzt und doch kaum bewußt wahrgenommen: die technischen Bauwerke oder einfach »Ingenieurbauten«. Vereinzelt stechen zeitgenössische und immer mehr historische Ingenieurbauten aus der mittlerweile schier endlosen Masse von Zweckbauten wie Brücken, Stellwerken, Stauanlagen, Sende-, Kühl- oder Fördertürmen, Elektrizitätsbauten, Müllverbrennungsanlagen und diversen anderen Infrastrukturbauten hervor. Sie sind elegant und kühn in der Form, in der Funktion optimiert und wohlproportioniert. Material und Konstruktion stimmen bis in die Oberflächentextur überein, und sie sind perfekt in die Landschaft eingefügt.

Umgang mit Leonhardts Erbe

Nach der Phase des Wiederaufbaus in Deutschland werden ab den 1970er Jahren erstmals »die ingenieurmäßige Sanierung, der Umbau (Verbreiterungen) und die Erneuerung von Brücken unter Verkehr«[1] ein Schwerpunktgebiet in den Ingenieurbüros – auch im Büro Leonhardt Andrä und Partner (LAP). Die in den Bauboomjahren der 1960er und 1970er Jahre neu erstellten Infrastrukturbauten bescheren den Ingenieurbüros heute zunehmend komplexe Fragestellungen zu Instandsetzung, Umbau, Ertüchtigung sowie dem kontrollierten Abbruch und Neubau. Als Gutachter, Prüfungsexperten oder ausführende Ingenieure folgen LAP hier der Spur Leonhardts.

Aufgrund seines langen Berufslebens begegnete Leonhardt seinen zahlreichen Bauten mehrmals und in unterschiedlichen Funktionen: zum einem bereits nach wenigen Jahren wie beim Wiederaufbau nach dem Zweiten Weltkrieg, zum anderen in der ersten Sanierungs- und Ertüchtigungswelle der 1970er Jahre oder bei der zweiten Welle zum Beginn der 1990er Jahre.

Beispiel Brücken

1938 hatte Leonhardt mit der Rodenkirchener Autobahn-Brücke in Köln die erste große und »echte« Hängebrücke über den Rhein konstruiert. Kurz »vor Kriegsende, im Februar 1945, wurde das oberstromige Kabel zweimal getroffen und brach. Die Brücke stürzte ein, die Pylone blieben jedoch dank der Einspannung am Fuß stehen. Den vielen am Bau Beteiligten blutete das Herz« (Abb. 1)[2], kommentierte Leonhardt seinen »großen Schmerz« angesichts der Kriegszerstörung, kritisch allerdings auch den Wiederaufbau. »Erst 1952 begann der Wiederaufbau – ohne meine Beteiligung. Hellmut Homberg aus Hagen wurde mit dem Entwurf und August Klönne mit der Ausführung beauftragt. Das äußere Bild blieb erhalten, die Träger wurden jedoch geschweißt. Durch den Wegfall der Winkel und Niete ging im Aussehen etwas an Maßstäblichkeit verloren. Homberg machte die Stahlbeton-Fahrbahnplatte fugenlos und schloß sie mit einem verschieblichen Verbund an die Obergurte der Versteifungsträger an, zweifellos ein Fortschritt. Er sparte jedoch bei der Bemessung so sehr, daß

später keine Reserve vorhanden war, als Streusalzschäden das Aufbringen einer Dichtung und eines Belags nähe legten.«[3] Leonhardt bleibt sich treu, er bemängelt detailorientiert den Gestaltverlust des Wiederaufbaus und lobt gleichzeitig die technische Verbesserung, unterschlägt aber, daß Homburg die Flußpfeiler und die Stahlpylone der alten Brücke übernimmt. Er verweist vielmehr auf die fehlende Traglastreserve als zukünftige Hypothek zum weiteren Fortbestand der Brücke, denn die »Zunahme des Verkehrs machte den sechsspurigen Ausbau dieser Autobahn nötig. Im Jahr 1980 begannen die Vorarbeiten unter Beteiligung von Gerd Lohmer als Architekt [...]. Lohmer erreichte, daß mein Büro für diese Planung eingeschaltet wurde. Eine Hängebrücke kann man nicht einfach verbreitern, so wurde zunächst eine Zwillingsbrücke erwogen. Schließlich kam Herr Rosen von der zuständigen Bauabteilung auf den Gedanken, mit Hilfe einer Leichtfahrbahn die zusätzlichen Fahrbahnen mit nur einem neuen Kabel, also drei Kabeln, zu schaffen und den neuen Teil direkt mit dem alten zu verbinden. Diese Lösung wird nun voraussichtlich gebaut.«[4]

Sie wurde wirklich realisiert, so daß »die klassisch schöne Form der Brücke erhalten«[5] blieb. 1990–1993 wurde die Brücke auf die doppelte Fahrbahnbreite ausgebaut (Abb. 3). Ein drittes Kabel führt über die nun verdoppelten Portale (Pylone), entsprechend wurden auch die Flußpfeiler verbreitert. Die neue Brücke wurde geschweißt, so daß genietete Elemente – wie die 1954 wiederverwendeten genieteten Stahl-Pylone – neben den geschweißten Pylonteilen stehen (Abb. 2). Aktuell steht eine weitere Sanierung u.a. der fast 100jährigen Rampen (noch Teile des Vorgängerbaus) und der zum Teil undichten Brückenhohlkästen an. Erwogen wird hier neben der Sanierung auch der Abbruch und Neubau der Rampen.[6] Die Wahrung der Form rechtfertigt für Leonhardt die Verbreiterung bzw. die Transformation der Brücke unter Auslotung der aktuellen technischen Möglichkeiten wie Stahlleichtfahrbahn oder eine dreikabelige Aufhängung. Gleichzeitig erreichte man, daß »aufgrund der großen Stützenweite und Brückenbreite [...] mit Hilfe einer Verkehrslastsonderregelung durch das Bundesministerium für Verkehr die nach den Vorschriften anzusetzende Verkehrslast reduziert [...] [und] die vorhandenen Versteifungsträger auch der weiteren Nutzung«[7] genügen. Aus der ursprünglich weitestgespannten, erdverankerten Hängebrücke Deutschlands wurde die erste dreikabelige, erdverankerte Hängebrücke Deutschlands. Ihre Geschichte läßt sich an Schweißnähten bzw. Nieten ablesen.

»Damit ist die Geschichte unserer Rheinbrücken noch nicht zu Ende.«[8] Um das steigende Verkehrsaufkommen aufnehmen zu können, hatte Leonhardt in den 1970er Jahren ebenfalls mit einer Verdopplung, aber diesmal mit einem bewußten Materialwechsel, schon seine Deutzer Brücke von 1948 »ertüchtigt« (Abb. 4). Sie ersetzte die im Februar 1945 bei Reparaturarbeiten überraschend zusammengebrochene Hindenburgbrücke (1913–1915). Die Deutzer Brücke gilt als erste Stahlkastenträgerbrücke der Welt (Abb. 5, 6). »1973 beschloß die Stadt Köln, die Deutzer Brücke zu verbreitern. [...] Die Verbreiterung sollte auf nur einer Seite liegen. Dies bedeutete, eine zweite Brücke neben die alte zu stellen und die Pfeiler dafür zu verlängern. Die neue Brücke mußte die gleiche Form haben, wenn

Theresia Gürtler Berger
Fritz Leonhardt's legacy. How to deal with his buildings

Technical buildings, or simply "engineering works", are ever present; we use them daily and yet, we are hardly aware of them. Sporadically, contemporary, or even more often historical engineering works, stand out from the limitless mass of utilitarian buildings, such as bridges, signal boxes, barrages, transmission, cooling or shaft towers, power stations, incinerators and other infrastructure installations. They are elegant and daring in their shapes, functionally optimized and well proportioned. Material and construction, including the surface texture, are compatible, they fit perfectly into the landscape.

How to deal with Leonhardt's legacy

For the first time, beginning with the 1970s, after the period of reconstruction in Germany, "engineering based restoration, improvement (widening) and renewal of existing bridges"[1] become a field of attention for engineering consultancies – also in the office of Leonhardt Andrä und Partner (LAP). The newly built infrastructure of the construction boom during the 1960s and 70s is giving today's engineering bureaus increasingly complex questions concerning its renovation, alteration, improvement, as well as circumspect demolition or new construction. As expert advisors, evaluators or consulting engineers LAP follows Leonhardt's path.

Due to his long professional life, Leonhardt met with his many works several times and in varying capacities: on the one hand few years later, during reconstruction after the Second World War, on the other during the first wave of rehabilitation and improvement in the 1970s and the second wave at the beginning of the 1990s.

Example: bridges

In 1938 Leonhardt built the first, "true" suspension bridge over the Rhine, the Autobahn bridge at Köln-Rodenkirchen. Shortly "before the end of the war, in February 1945, the upriver cable was hit twice and broke. The bridge collapsed, thanks to their anchorage at the base, the pylons remained standing. The many who had participated in its construction suffered bleeding hearts" (illus. 1).[2] Thus conveys Leonhardt his "great pain" in view of the war destruction, but also critically comments the reconstruction. "Not before 1952 began the reconstruction – without my participation. Hellmut Homberg from Hagen was commissioned with the design, August Klönne with the execution. The overall appearance was preserved, but the girders were welded. With the exclusion of angles and rivets, visual scale was lost. Homberg made the reinforced concrete deck jointless, connected it flexibly with the upper flange of the stiffening beams, doubtlessly an improvement. But he economized too much at dimensioning, there was no reserve for the addition of waterproofing and a screed to stop deterioration caused by road salt."[3] True to himself, detail-oriented Leonhardt finds fault with the poor appearance of the reconstruction, at the same time praises the technical improvement, but does not tell that Homburg reuses the river piers and pylons of the old bridge. He rather points out the missing bearing capacity as a mortgage upon the future of the bridge, because "the increase in traffic necessitates the six-lane enlargement of the Autobahn. The preliminaries started in the year 1980 with the participation of Gerd Lohmer as architect […]. Lohmer attained the inclusion of my office for the planning. A suspension bridge cannot simply be widened, we considered a twin-bridge. Finally, Herr Rosen of the responsible building department, had the idea to create the extra lanes with the help of light-weight road decks, needing only one new cable, and to connect the new part directly with the old one, all under three cables. Most likely, this solution shall be executed."[4]

1. Rheinbrücke in Köln-Rodenkirchen, nach der Zerstörung, 1945.
2. Rheinbrücke in Köln-Rodenkirchen, neue und alte Querriegel, geschweißt und genietet, 1993.
3. Rheinbrücke in Köln-Rodenkirchen, nach der Verbreiterung, 1993.

1. Bridge over the Rhine at Köln-Rodenkirchen, after destruction, 1945.
2. Bridge over the Rhine at Köln-Rodenkirchen, new and old cross bracing, welded or riveted, 1993.
3. Bridge over the Rhine at Köln-Rodenkirchen, after widening, 1993.

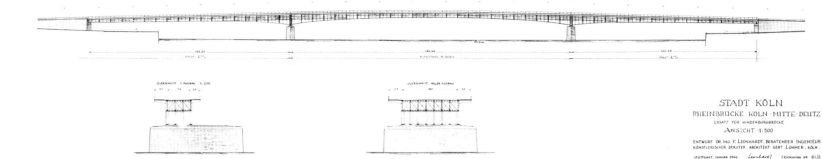

die allgemein anerkannte Schönheit der alten Brücke nicht gestört werden sollte. Mir war klar, daß im Jahr 1973 diese Brücke mit Spannbeton billiger gebaut werden konnte als mit Stahl. Wir entwarfen beides, um durch den Wettbewerb zwischen beiden Baustoffen günstige Kosten für die Stadt zu erzielen. Die Angebote für die Spannbetonbrücke waren tatsächlich niedriger, und so wurde diese gebaut. Mein junger Partner Dr.-Ing. H. Falkner betreute dieses Bauwerk, das im Hinblick auf die Schlankheit an der Grenze des konstruktiv Möglichen lag.«[9]

Die angeschobene, zweite, massive Spannbetonbrücke (Abb. 7–9) war heftig umstritten. Sie wurde »mit vertikalen Rippen und einem unten aufgesetzten Flansch«[10] gegliedert, um sie optisch der Stahlkastenbrücke anzugleichen. Erneut waren Form und Erscheinungsbild wichtig: die alte Brücke ist erhalten und doch zu einer neuen Doppelbrücke (von 20,60 m auf 32,60 m Breite) transformiert, technisch fortschrittlich und gleichzeitig ökonomisch.

Beiden Brückenerweiterungen ist gemein, daß die alten Brücken in Teilen erhalten blieben. Die jeweils zweite Brücke wird so angesetzt oder überarbeitet, daß auch die ursprüngliche typische Brückenform gewahrt bleibt. Eine ökonomisch und auch betrieblich pragmatische Lösung, ermöglicht durch technische und materialbedingte Innovationen und logistische Konzeption des Bauablaufs – beide wurden unter Verkehr erweitert bzw. im Bestand überholt.

Auch bei der Sulzbachtalbrücke, der ersten Brücke Leonhardts mit Paul Bonatz, spielt sich derselbe erste Veränderungsprozeß wie bei der Rodenkirchener Brücke ab. Nur mit anderem Ausgang bei der Ertüchtigung in der 1980er Jahren: Sie wird abgebrochen und ersetzt.

»Paul Bonatz fand den Entwurf der Sulzbachtalbrücke in den Grundzügen – wie die Wahl der Spannweiten und die zur Mitte anschwellende Balkenhöhe – gut. Er verbesserte jedoch die Form der Stahlkonsolen und die Gesimshöhe. Die Stahlstützen waren ihm zu steif, er gab ihnen Anlauf und verbesserte die Größe und Form der Gelenke. Alles leuchtete ein – nichts, was den Ingenieur zu Widerspruch reizen müßte.«[11] »Die Brücke wurde so gebaut, gefiel allgemein, wurde mehrfach nachgeahmt, im Wahnsinn des Kriegsendes 1945 gesprengt, in fast gleicher Art wieder aufgebaut, jedoch von Homberg so schwach bemessen, daß sie beim sechsspurigen Ausbau der Strecke 1980 durch eine Spannbetonbrücke, wieder unter meiner Beteiligung, ersetzt werden mußte. Die harmonische Stützenteilung wurde beibehalten. So haben auch Brücken ihre Schicksale.«[12]

Beispiel Stuttgarter Fernsehturm

Ein Paradebeispiel für die Entwicklung in der Instandsetzung, Sanierung, Restaurierung, Ertüchtigung bzw. Erneuerung bestehender technischer Denkmale ist Leonhardts Stuttgarter Fernsehturm, 1986 unter Denkmalschutz gestellt. Aus dem laufenden Unterhalt wird mit den Jahren angesichts gestiegener Normen, wachsender Erkenntnis zur Materialbelastbarkeit und zum -verschleiß der vollumfängliche Ersatz von Baukörpern: 1979–1983 bautechnische Modernisierung von Aufzug, Energie, Klima, Küche und Plattformisolierung, 1984 Schutzgitter um die Plattform als Absturzsicherung, 1994–1995 Betonsanierung, Neuanstrich Sendemast, 1998–1999 Modernisierung der Inneneinrichtung von Turmkorb und Restaurant am Turmfuß, Anbau Wintergarten, Neugestaltung Eingangshalle, 2001–2003 Modernisierung Eingangshalle, Erneuerung der Aufzugsanlage, 2005 Außenrestaurierung des Turmkorbes (korrodierte Halterungen der Aluminiumbleche), innen Räumung des Turmkorbs, nur das Café wird wieder eingerichtet.[13]

Man erzählte sich, »kein Loch durfte man bohren, ohne daß man vorher bei ihm oder in seinem Büro nachfragte«.[14] Wieweit Leonhardt wirklich bei den diversen Sanierungen und Unterhaltsmaßnahmen mitbestimmte, ist offen. Die Betonsanierung des Turmschafts 1994 allerdings wurde auf seine Interventionen hin mit einem Anstrich abgeschlossen, gegen das Votum der Denkmalpflege. »Leonhardts Hartnäckigkeit war es zu verdanken, daß der Turm doch überpinselt wurde, ›sonst wären die Narben [...] sichtbar geblieben‹.«[15]

Die fortgesetzte Einwirkung von Kondensat und die damit einhergehende Korrosion der Halterungen erforderte 2005 die totale Rekonstruktion und thermische Ertüchtigung[16] der Aluminiumfassade des Turmkorbs.[17] Die Profile einer der ersten Aluminium-Elementfassaden[18] in Europa waren damals aus den USA eingeführt worden. Gefordert war deshalb von der Denkmalpflege die »millimetergenaue Nachbildung der Fassadenprofile«,[19] ein schwieriges Unterfangen angesichts zusätzlicher Wärmedämmung und mittlerweile erhöhten Normen der Windlastannahmen. Die neue Aluminiumfassade mußte massiv ausgeführt werden, wobei die durch das Kondensat erodierten Halterungen und Bohrstellen nicht mehr verwendet werden konnten. Die diffizile Bewehrungen des feingliedrigen Betonschafts erlaubte nur wenige Bohrungen, man entschied sich für Konsolen statt der bisherigen Ankerschienen. Die prägende horizontale Schichtung des Turmkorbs war durch die »bereits stark fortgeschrittene Abwitterung der schwarzen

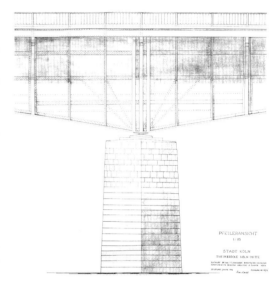

4. Rheinbrücke in Köln-Deutz, Ansicht und Schnitte, Januar 1946.
5. Rheinbrücke in Köln-Deutz, Pfeileransicht, Januar 1946.
6. Rheinbrücke in Köln-Deutz, Montageplan »normaler Querschnitt«, März 1947.

4. Bridge over the Rhine at Köln-Deutz, elevation and sections, January 1946.
5. Bridge over the Rhine at Köln-Deutz, elevation of pier, January 1946.
6. Rhine bridge Köln-Deutz, execution drawing "normal cross section", March 1947.

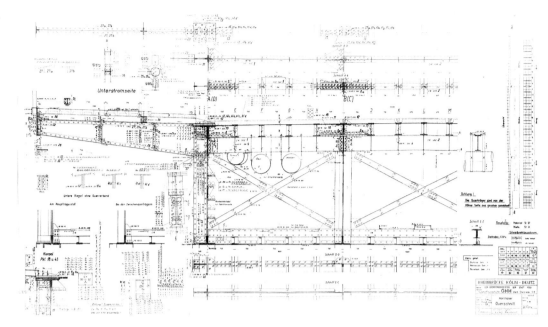

So it was indeed realized, "preserving the classic beauty of the bridge".[5] 1990–1993 the bridge was enlarged to twice the pavement width (illus. 3). A third cable runs over the doubled pylons on widened river piers. The new bridge was welded, therefore riveted parts – like the riveted steel pylons reused in 1954 – stand next to the welded pylons (illus. 2). At the moment further repairs are needed, of the nearly 100 year old ramps (parts of the previous bridge) and leaky box girders. Apart from repair, the demolition and reconstruction of the ramps is being considered.[6] The preservation of form justifies for Leonhardt the transformation of the bridge by means of new technical possibilities, such as a light-weight steel road deck or three-cable suspension. At the same time one succeeded to obtain "the granting of a special traffic-load provision by the federal traffic ministry, reducing the officially prescribed traffic load, in view of the large span and width of the bridge, with acceptance of the existing bracing beams".[7] Germany's originally longest-span, earth-anchored suspension bridge became the first three-cable, earth-anchored suspension bridge of Germany. Its history can be observed from welding seams and rivets.

"This does not end the history of our Rhine bridges."[8] To absorb increasing traffic volume, Leonhardt "enabled" in the 1970s his 1948 bridge at Deutz, again doubling it, but this time changing the material (illus. 4). It replaced the Hindenburg-Brücke (1913–1915), which collapsed unexpectedly in February 1945 during repair works. The Deutz bridge passes for the first steelbox girder bridge in the world (illus. 5, 6). "In 1973 the city of Cologne decided to widen the Deutz bridge. [...] The additional width should be on one side only. This meant, placing a second bridge next to the old one, widening the piers. The new bridge had to have the same shape, not to disturb the widely acknowledged beauty of the old bridge. It was clear to me, that in the year 1973 this bridge was cheaper in prestressed concrete than in steel. We designed both versions, to achieve more economy for the city through the competition of two materials. Bids for the prestressed concrete bridge were lower indeed, and it was built. My young partner Dr.-Ing. H. Falkner handled this

construction, which, concerning slenderness, reached the limits of structural possibilities."[9]

The attached, second, massive prestressed concrete bridge (illus. 7–9) was very controversial. It was articulated "with vertical ribs and an added flange at the bottom"[10] to match it visually with the steel-box bridge. Again form and appearance were important: to keep the old bridge and yet, transform it into a new double bridge (from 20.60 m to 32.60 m width), technically advanced and at the same time economical.

Both bridge enlargements preserve parts of the old bridges. The second bridge is added and adapted in a way that the original, typical form of the bridge is retained. Both bridges were enlarged or renewed while traffic continued, a pragmatic solution as regards economy and management – made possible by technical and material innovations with a logistic concept of execution.

The Sulzbach-valley bridge, the first bridge by Leonhardt and Paul Bonatz, shares with the Rodenkirchen bridge the same process of change. But with a different result during rehabilitation in 1980: it is demolished and replaced.

"Paul Bonatz basically liked the design of the Sulzbach-valley bridge – the choice of its span, the rise in the middle. He improved the shape of the steel consoles and the height of the cornice. The steel supports were too rigid, he haunched them and improved form and size of the joints. Everything made sense – nothing provoked the engineer's opposition."[11] "The bridge was built, was generally liked, several times imitated, blown-up 1945 in the end-of-war insanity, nearly identically rebuilt, but so weakly dimen-sioned by Homberg, that it had to be replaced by a prestressed concrete bridge, when the route was widened to six lanes in 1980 – again with my participation. The harmonious distribution of supports was retained. Bridges also have their fortunes."[12]

Example Stuttgart television tower

A textbook example of the developments in rehabilitation, repair, renovation, improvement or renewal of existing engineering monuments is Leonhardt's television tower in Stuttgart, classified as

Profilbeschichtungen« zu einem »gitterförmigen Raster«[20] mutiert. Für die schwarzen Profilteile wurde »ein Lacksystem auf Fluorpolymer-Basis (Duraflon)«[21] verwendet. Die geforderte neue Isolierverglasung mit Wärmeschutzbeschichtung konnte sogar mit einer »neutralen« Sonnenschutzbeschichtung versehen werden, die »keine erhöhten Reflexionen oder veränderte Farbeindrücke«[22] erzeugte. Auf den kostenrelevanten »Selbstreinigungseffekt« der Außenverglasungen wurde zugunsten des Denkmalschutzes verzichtet, da diese an sich farbneutrale Beschichtung zu Interferenzen geführt und damit einen »ins Violette gehenden unerwünschten Farbeffekt«[23] ausgelöst hätte.

Der Stuttgarter Fernsehturm spiegelt in seiner Sanierungsgeschichte exemplarisch die Entwicklung der Unterhalts- und Sanierungspraxis an einem technischen Denkmal der frühen 1950er Jahre wider. »Technische Denkmäler sind ein spät entdeckter Typus. Zu dieser Gruppe gehören z.B. Verkehrsanlagen wie Eisenbahnstrecken, Kanäle und Brücken, auch Anlagen der Energieversorgung mit Gas und Strom, der Wasserversorgung sowie Fabrikationsstätten von Industrie- und Konsumgütern.«[24] Das aktuelle Dilemma der Denkmalpflege mit diesen Bauten wird überdeutlich: Zur Zeit scheint nur der bildhafte Erhalt ohne substantiellen Erhalt möglich zu sein.

Heutiger Umgang

Folgt man der zeitgenössischen Fachliteratur[25], so finden sich aktuell unter dem Begriff »Brückensanierung« allein über 88 Artikel zum Abbruch mit anschließendem Neubau einer Brücke. Die Infrastruktur- und Verkehrsbauten vor allem der Boomjahre im deutschsprachigen Raum sind in die Jahre gekommen: Sie müssen saniert, optimiert und für erhöhte Kapazitäts- und Sicherheitsansprüche erweitert werden. Ökonomisch werden Kenngrößen für Verkehrsunterbrechung, Bauzeit, bautechnische Komplexität, Nutzbarkeit und Kapazität oder Normengerechtigkeit dem Sanierungsaufwand, der neuen Lebensdauer und den Kosten eines sanierten Baues gegenübergestellt. Der Ersatzneubau dominiert zumeist und erfordert den Abbruch von 30- bis 40jährigen Verkehrsbauten wie beispielsweise Brücken.

Abbruch ist aber nicht mehr identisch mit einer »bloßen« Sprengung: Unter weiterlaufendem Verkehr, in oftmals dichter Besiedlung und komplexen Infrastrukturnetzen ist spätestens beim geforderten nachhaltigen Baustoffrecycling – neben dem logistischen Management – verstärkt baukonstruktives Know-how zum »effizienten Zerlegen« der Bauten erforderlich. Der Abbruch hat sich dabei längst zu einer festen Größe in der Forschung etabliert: Wie beim kindlichen Spielen läßt sich beim »zerlegenden Abbrechen« mehr zum Konstruktions- und Materialverhalten, zur Langlebigkeit, zur Verformung oder gar zum Bruchverhalten im 1:1-Modell erfahren.

Nur vereinzelt finden sich dagegen in der aktuellen Literatur Aufsätze zu historischen Ingenieurbauten wie Brücken, oft ausführliche und liebevoll gestaltete Bau- und Konstruktionsgeschichten. Vermehrt tauchen aber auch Berichte zu gelungenen oder fehlgeschlagenen Sanierungen von technischen Baudenkmälern wie Brücken auf: Das

Repertoire umfaßt Sanierungsberichte, aber auch Einzelfragen zur konstruktiven, materiellen oder funktionellen Ertüchtigung. Nach wie vor dominieren die Teilabbrüche über sanfte – substanzerhaltende – Sanierungen. Die Wiederverwendung einzelner Bauteile wie Pfeileranlagen vermag dabei nur wenig über die ersatzlosen Abbrüche bzw. die Rekonstruktion denkmalgeschützter Anlagen oder die gestalterisch verändernden Erweiterungsmaßnahmen hinwegtrösten.

Lange Zeit schienen Ingenieurbauten reine Zweckbauten zu sein, die – kaum außer Funktion – schon dem Vergessen und Verschwinden anheimfielen. Der Fortschritt erforderte und erlaubte ihre Umformung, ihren Ersatz oder ersatzlosen Abriß. Eine ganze Disziplin – das Bauingenieurwesen – schien kein oder kaum Interesse an der Geschichte des eigenen Faches und damit an der Geschichte seiner Bauwerke zu haben. Mittlerweile geht mit der Verschiebung der Bautätigkeit in den Bestand, dessen Sanierung, Erweiterung, Ausbau und Transformation auch eine Veränderung im Bereich der Bauingenieure und ihres Verhaltens zum eigenen Baubestand einher.[26] Auch das öffentliche Interesse ist gestiegen, wie die Nominierung der »Düsseldorfer Brückenfamilie« – darunter Brücken von Fritz Leonhardt – »für die Auszeichnung als Historisches Wahrzeichen der Ingenieurbaukunst in Deutschland«[27] 2007 zeigt.

Aufmerken lassen die Herangehensweise und die aktuellen innovativen Arbeiten von nach wie vor einzelnen Bauingenieuren – etwa Werner Lorenz bei den historischen Eisenkonstruktionen der Berliner S-Bahnbrücken, Eugen Brühwilers Sanierungen und Ertüchtigungen von Betonbrücken Robert Maillarts oder Jürg Conzetts Sanierungen im Bestand. Sie stehen ein Stück weit in der Leonhardtschen Tradition, gehen aber weit über ihn hinaus. Die schon immer kleine Schar von Bauingenieuren im Bereich der Erhaltung steigt nur allmählich. Wenige erkennen den behutsamen Umgang mit dem Bestand an Ingenieurbauten als Bauaufgabe und gleichzeitig als Lehrinhalt. Nur allmählich wächst das Geschichtsbewußtsein für die eigene Disziplin, das Bewußtsein für die auch Zweckbauten innewohnende Baukultur.[28] Schlaich und Schüller wiesen im Vorwort ihres Ingenieurbauführers auf das mangelnde Geschichtsbewußtsein der eigenen Disziplin hin, wobei ihre Thesen gleichzeitig Leonhardts Ästhethik-Argumente widerspiegeln: »Was soll dieser Ingenieurbauführer? Die eigene Anschauung und der Respekt vor den Leistungen ihrer Vorfahren und Kollegen soll den kritischen Blick der tätigen Bauingenieure im Hinblick auf die Qualität ihrer eigenen Arbeit schärfen und ihren schöpferischen Ehrgeiz anspornen. Während der Recherchen […] wurde der faszinierend feingliedrige und technisch hochinteressante Stuttgarter Teleskop-Gaskessel aus dem Jahre 1906 abgerissen. Ein Architekt, Professor Roland Ostertag, tat alles, um dies zu verhindern […]. Die Stuttgarter Ingenieure nahmen aber von diesem Vorgang überhaupt keine Notiz und so fühlten sich die von ihnen gewählten Vertreter auch nicht aufgefordert, dieses Denkmal zu erhalten. […] ohne Geschichtsbewusstsein und intime Kenntnis seines zeitgenössischen Umfeldes und ohne die kritische Diskussion im Kollegenkreis verfällt ein technisch orientierter Beruf in die Technokratie, die nur Funktion und die Ökonomie

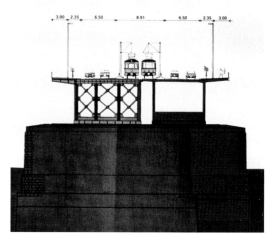

7, 8. Rheinbrücke in Köln-Deutz, Verbreiterung im Querverschub, 1980.
9. Rheinbrücke in Köln-Deutz, die alte Stahl- und neue Spannbetonbrücke, Querschnitte in Brückenmitte (oben) und über dem Pfeiler (unten).

7, 8. Bridge over the Rhine at Köln-Deutz, widening by transverse shifting, 1980.
9. Bridge over the Rhine at Köln-Deutz, the old steel bridge and the new prestressed-concrete bridge, cross sections in the middle of the bridge (top) and above pier (bottom).

landmark building in 1986. In view of stricter building codes, increased knowledge of the strength of materials and their deterioration, common maintenance turns with the years into complete renewal of building parts: 1979–1983 technical improvement of elevator, air-conditioning, kitchen and insulation of the platform, 1984 safety grill around the platform to prevent plunges. 1994–1995 rehabilitation of concrete, repainted mast, 1998–1999 modernizing the interior decoration of the top viewing space and the bottom restaurant, addition of a winter garden, redesign of the entrance hall, 2001–2003 modernizing the entrance hall and renewal of the lifts, 2005 external reconditioning of the "crow's nest" (corroded fixations of aluminum sheets), inside clearing of the crow's nest, only the coffee shop is retained.[13]

People said, "you couldn't drill a hole without asking him or his office".[14] We don't know how far Leonhardt really participated in various repairs or renovations. In 1994, at his intervention, the concrete stabilization of the tower's shaft was completed with a coat of paint, against the wish of the historic preservation agency. "We owe it to Leonhardt's insistence that the tower was painted over, 'otherwise the scars […] would be visible'."[15]

The continuous effect of condensate, causing corrosion of the attachments, entailed in 2005 the total reconstruction and thermal improvement[16] of the curtain wall of the "crow's nest".[17] The sections of one of the first aluminum façades[18] in Europe had been imported from the USA. Historic preservation demanded "exact reproduction of the profiles to the millimeter",[19] difficult in light of extra thermal insulation and higher standards for wind loads. The new curtain wall had to be massive, condensate-eroded attachments and drillings could no more be used. The difficile reinforcement of the lean concrete shaft permitted few holes, it was decided to use consoles instead of anchor

rails. The horizontal stratification of the cabin had changed, to "a lattice-work grid due to progressive weathering of the black section coating".[20] A "varnish based upon fluoric polymer"[21] was applied to the black parts. The prescribed new thermal glazing with heat-reflection coating received a "neutral" sun protection coat, without "increased reflections or altered color perception".[22] In favor of historic preservation, "self-cleaning" glazing – which would save in maintenance – was abandoned; it would have induced interference with "an undesirable purple tint".[23]

The rehabilitation history of the Stuttgart television tower reflects exemplarily the development of maintenance and restoration of an engineering monument from the early 1950s. "Monuments of technology have been belatedly perceived as a category. They include traffic installations such as railroad lines, canals, bridges and plants for the generation of gas or electricity, water works and all kinds of manufacturing facilities."[24] Such buildings clearly show today's dilemma of monument preservation: at our time we can only preserve appearance, not substance.

Today's management

Looking into current professional sources,[25] we find alone under the heading "Rehabilitation of Bridges" over 88 articles about the demolition and subsequent new construction of bridges. Infrastructure and traffic facilities are ageing, in particular those of the boom years of the German speaking region: they must be rehabilitated, optimized and enlarged to meet increased requirements for capacity and safety. On the economic level, parameters for traffic interruption, construction time, technical complexity, performance and capacity, and adherence to standards, are matched against

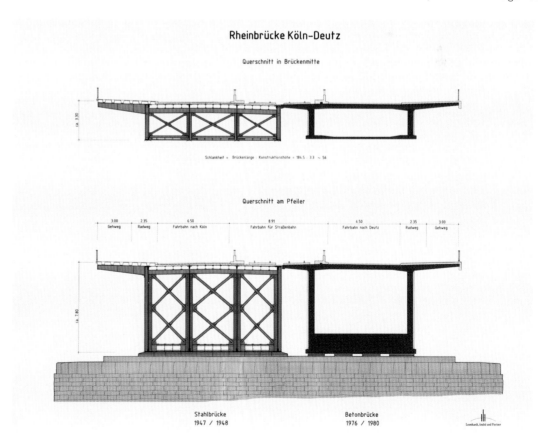

Rheinbrücke Köln–Deutz

Querschnitt in Brückenmitte

Querschnitt am Pfeiler

Stahlbrücke
1947 / 1948

Betonbrücke
1976 / 1980

10. Rheinbrücke in Köln-Deutz nach der Fertigstellung, 1948.

10. Bridge over the Rhine at Köln-Deutz after completion, 1948.

sieht.« Gleichzeitig hofften die beiden Autoren, daß die »große Zahl gut gelungener alter und neuer Ingenieurbauten [...] einen kreativen Nachwuchs anlocke[n].«[29]

Exkurs: Leonhardt und die Denkmalpflege

Trotz seines kulturellen und geschichtlichen Interesses an historischen Ingenieurbauten, der Leitung der Baukommission zur Sanierung der Klosterkirche von Neresheim – nach Leonhardts eigener Einschätzung ein »Denkmal von nationaler Bedeutung, ein Kulturgut von europäischem Rang«[30] – oder seiner Anregungen zur Stabilisierung des Schiefen Turms von Pisa war Fritz Leonhardt kein »denkmalpflegender« Bauingenieur. Als Gutachter oder Experte zugezogen, antwortete Leonhardt selber zumeist mit modernsten Konstruktionen und Materialien auf konstruktive Fragestellungen bei historischen Bauten.

Er ging nicht per se vom Erhalt der historischen Substanz aus. Er versuchte nicht, die bestehende historische Konstruktion zu ertüchtigen oder aus ihr heraus statische Probleme zu lösen. Ihn interessierte die Wahrung der Gestalt oder als zu lösende Aufgabe der Erhalt mittels neuer, effizienter Techniken: Entstehen, Abbrechen oder Verändern gehörten für ihn zum Wesen eines Zweckbaus. Er sah nicht die identitätsstiftende Wirkung, die Bedeutung der Substanz oder gar der konstruktiven Idee. Leonhardt hatte aber die Rolle »des großen Namens«,[31] dem man angesichts seiner Reputation nicht widersprechen und den man fachlich nur schwer widerlegen konnte. Ein bewährtes strategisches Vorgehen bei heiklen denkmalpflegerischen Fällen wie dem millionenteuren Schutzdach für die Klosterkirche Neresheim (siehe S. 126 ff.).[32]

Aber seine Arbeitsweise als Bauingenieur läßt für den im Bestand arbeitenden Bauingenieur und die Denkmalpflege aufhorchen. Leonhardts Eigenheit, sich von Normen zu lösen, die rechnerische Sicherheit von Handbüchern, Tabellen und theoretischen Annahmen zu hinterfragen, sich verstärkt

über Erfahrungswerte sowie mit Modellversuchen, auch im Maßstab 1:1 an die komplexe Realität eines Bauwerks heranzutasten, Konstruktion und Material in der Realität auszutesten und zu bemessen, ist für den substantiellen Erhalt von unschätzbaren Wert. Dem folgen aktuell Bauingenieure wie beispielsweise Werner Lorenz mit seiner Methode, alte Tragwerke realitätsnah zu modellieren bzw. im realen Tragverhalten zu messen. Das »real« modellierte bzw. getestete Tragwerksverhalten kann durchaus dem erhöhten Nutzungsdruck, den Normanforderungen, Sicherheitsauflagen und komplexen Haftungsfragen sowie dem hohen ökonomischen Druck beim Erhalt technischer Denkmale standhalten.

Leonhardt fühlte sich als kulturell verankerter und zugleich vorwärts gerichteter Bauingenieur am Lebensende scheinbar im Zwiespalt: »Neues«, so bemerkte er später mit überraschender Distanz, »entsteht erst mit der Zerstörung des Alten.«[33]

expenditure, new life expectancy and running costs of the repaired structure. Normally, new construction wins, entailing demolition of 30 to 40 years old traffic structures, such as bridges.

But demolition is no more identical to "simple" blasting operations: with continuing traffic, often dense population, complex infrastructure networks and the demand for effective recycling of materials, we need next to good logistics, growing know-how for the "efficient dismembering" of structures. Demolition has become an established object of research. As with child-like play, "dismembering demolition" tells us at scale 1 : 1 a lot about behavior of structures and materials, their durability, deformation or failure.

Only scattered in current literature, we find articles about historical engineering works like bridges, often as detailed and lovingly-told building and construction stories. Increasingly appear reports about successful or failed rehabilitations of engineering monuments such as bridges. They include accounts of renovations but also deal with questions of structural, material and functional rehabilitation. Partial demolition still dominates gentle, preserving rehabilitation. There is little consolation from the re-use of individual building elements such as piers, if most is demolished or reconstructed with modifying additions.

For a long time engineers' buildings seemed to be purely utilitarian – forgotten and gone as soon as being out of service. Progress demanded or allowed their modification, replacement or demolition. The whole discipline of civil engineering seemed to have no interest in its own history or the history of its works. Meanwhile, the shift of construction activity towards existing buildings, their rehabilitation, enlargement, improvement and modification, brings a change in the attitude of civil engineers to their building stock.[26] Also public interest has increased, as shown by the 2007 nomination of the "Düsseldorf family of bridges" – with bridges by Leonhardt – "for the award of historic landmark of German civil engineering".[27]

We should take notice of the approach and innovative work by some, still isolated, civil engineers – e. g. Werner Lorenz and his historic iron structures of Berlin elevated trains, the rehabilitation and improvement of Robert Maillart's concrete bridges by Eugen Brühwiler, or Jürg Conzett's heritage repair. They are part of the Leonhardt tradition, but exceed it by far. The ever small number of civil engineers in the field of preservation increases gradually. Few consider the careful handling of the engineering heritage as a task for builders and for teachers. Bit by bit grows an awareness of their own specialty's history, the recognition of the cultural value of utilitarian buildings.[28] In the preface of their guide of engineering structures Schlaich and Schüller point out the missing historical awareness of their own discipline, their pronouncements mirror Leonhardt's arguments on aesthetics: "What's the point of this industrial building guide? Their own regards and the respect for the achievements of their ancestors and colleagues should sharpen the critical view of practicing civil engineers for their own work and incite their creative ambition. During our research [...] the technically most interesting, fascinating filigree construction of the telescoping Stuttgart gas tank of the year 1906 has been demolished. An architect, Professor Roland Os-

tertag, tried everything to prevent this [...]. The engineers in Stuttgart did not take any notice; therefore their elected representatives did not feel encouraged to preserve this monument. [...] Without knowledge of history and the understanding of contemporary conditions, and without critical discussion among colleagues the technical profession deteriorates into technocracy, concerned only with function and economy." At the same time the two authors hoped, that the "large number of successful old or new engineering structures [...] shall attract a creative new generation."[29]

Digression: Leonhardt and historic preservation

In spite of his cultural and historical interest for old engineering structures, of having been in charge of the building commission for the rehabilitation of Neresheim abbey – according to Leonhardt a "monument of national significance and a heritage of European rank"[30] –, or his suggestions for stabilizing Pisa's leaning tower, Fritz Leonhardt was not a civil engineer keen to preserve historical monuments. Being called as advisor or expert, Leonhardt responded to structural questions concerning historical buildings mostly with most modern constructions and materials.

Per se he did not start from the preservation of historical substance. He did not try to improve the existing historical construction, to solve inherent problems of stability. He was interested in safeguarding the form, to protect it by means of new, efficient techniques: building, demolishing or changing were for him aspects of utilitarian construction. He did not see the identifying power and effect of substance or of a constructive idea. Leonhardt played the role of "a great name",[31] his reputation could not be contradicted and professionally he was difficult to disprove. It was a reliable strategic procedure in difficult cases of monument preservation, such as the multimillion protective roof for the Neresheim abbey (see pp. 126 ff.).[32]

Civil engineers dealing with old buildings should note his methods as civil engineer: Leonhardt's peculiarity of disregarding standards, to question safe calculations in handbooks, tables and theoretical assumptions, to rely on experience and to conduct modeling tests, even at full scale, in order to get closer to the complex reality of a building. To examine and dimension construction and material realistically, is of inestimable value for the preservation of substance. A civil engineer of today, such as Werner Lorenz, is following with his method to model old structures in kind, to test them realistically. By all means, the realistically modeled and tested structure can sustain the increased performance requirements for loading and safety, the complex liability questions and serious economic constraints, which are encountered in the preservation of engineering monuments.

At the close of his life Leonhardt seems to have been of two minds, as culturally rooted, and, at the same time, progressive civil engineer; he remarked with surprising detachment: "The new arises only out of the destruction of the old."[33]

Norbert Becker
Fritz Leonhardt als Professor und Rektor der Universität Stuttgart

Berufung an die Technische Hochschule Stuttgart

»Bei meiner Praxis und Forschung war es nicht verwunderlich, daß Hochschulen sich bemühten, mir einen Lehrstuhl anzubieten. So hatte ich in den Jahren 1950–1955 drei Anfragen.«[1] So erinnert sich Fritz Leonhardt, für dessen Generation die Berufung als ordentlicher Professor an eine deutsche Hochschule noch in selbstverständlicher Weise den Höhepunkt der beruflichen Karriere bildete. Es war noch die Zeit, als man sich um eine Professur an einer deutschen Hochschule nicht selbst bewerben konnte, sondern die Kandidatenliste aufgrund von Empfehlungen auswärtiger Professoren oder einflußreicher Fachvertreter aufgestellt wurde.

Als 1956 der Lehrstuhl für Massivbau an der Technischen Hochschule Stuttgart neu zu besetzen war, begann eine »schwierige Berufungsangelegenheit«, wie später im Protokoll des Großen Senats festgehalten wurde.[2] Ausgangspunkt der Schwierigkeiten war Fritz Leonhardt. Er hatte, auf sein Interesse an der Professur angesprochen, ein ungewöhnlich selbstbewußtes Schreiben an den Vorsitzenden der Berufungskommission gerichtet, in dem er umfangreich Personal und Sachmittel sowie Forschungsmöglichkeiten an der Materialprüfungsanstalt der Technischen Hochschule (Otto-Graf-Institut) einforderte und auch Kritik an aktuellen Zuständen der Abteilung Bauingenieurwesen übte.[3] Die Reaktion der Professoren des Bauingenieurwesens war vehement und teils höchst emotional: Fritz Leonhardt käme für eine Berufung nicht in Frage. Hiergegen sträubten sich jedoch einige Professoren der Architekturabteilung, die mit den Bauingenieuren zusammen die Fakultät für Bauwesen bildete. Die »Ablehnung einer so anerkannten, mehrfach als genial bezeichneten Persönlichkeit« sei nicht zu rechtfertigen.

Bei einem klärenden Gespräch zwischen Leonhardt und dem Vorsitzenden der Berufungskommission kam dann zutage, daß Leonhardt bereits von dem im Kultusministerium für die Berufungen zuständigen Ministerialrat Franz Schad (1907 bis 2007) zu einem Gespräch gebeten worden war. »Es waren wohl Kräfte außerhalb der Hochschule, die das Ministerium veranlaßten, gleich mit mir zu verhandeln«,[4] resümiert Leonhardt später in seinen Lebenserinnerungen. Schad war seit 1954 in der Hochschulabteilung des Kultusministeriums tätig und sollte in den folgenden Jahren die Wissenschaftspolitik des Landes durch unkonventionelle Personalentscheidungen fördern. Er hatte Leonhardts Forderungen wohlwollend aufgenommen. Darüber hinaus hatte Leonhardt auf Schads Rat hin auch schon mit Ministerpräsident Gebhard Müller gesprochen, der bestätigte, daß man über die einzelnen Punkte durchaus verhandeln könne. Nun konnte die Berufungskommission Leonhardt nicht mehr ignorieren. Er wurde zum Probevortrag an die TH Stuttgart eingeladen, und obwohl dieser, wie Leonhardt später schrieb, »der schlechteste Vortrag meines Lebens wurde«[5], setzte man seinen Namen auf die Berufungsliste, wenn auch nur auf Platz zwei. Als die Berufungsliste der Hochschule im Ministerium anlangte, stand dessen

Wahl offensichtlich schon fest. Der Erstgenannte auf der Stuttgarter Berufungsliste scheint vom Ministerium gar nicht erst angesprochen worden zu sein. Fritz Leonhardt wurde Ende April 1958 zum ordentlichen Professor ernannt und begann im selben Monat seine Lehrtätigkeit (Abb. 1).[6]

»Ich wurde kein typisch deutscher Professor«, ist in Fritz Leonhardts *Erinnerungen* zu lesen.[7] Tatsächlich blieb ihm auch als Mitglied der Technischen Hochschule die Skepsis gegenüber diesem Berufsstand, dem er nun selbst angehörte, dauerhaft erhalten. Sie wurde zu einem wichtigen Handlungsmotiv, als es zehn Jahre später darum ging, die Gruppeninteressen der Studierenden und Assistenten gegen diejenigen der Professoren zu vertreten.

Als Fritz Leonhardt seine Professorenstelle antrat, gehörten zur Technischen Hochschule Stuttgart ca. 4 800 Studierende, ca. 70 Professoren und ca. 220 wissenschaftliche Assistenten und Mitarbeiter; bei seinem Ausscheiden als Rektor 1969 waren es bereits 7 200 Studierende, ca. 135 ordentliche Professoren und ca. 1 000 (!) Mitarbeiter im wissenschaftlichen Dienst.[8] Die Technische Hochschule, 1967 in Universität umbenannt, erlebte in diesen Jahren einen enormen Aufschwung: Es wurde ein umfangreiches Bauprogramm sowohl am alten Standort in der Stuttgarter Stadtmitte als auch am neuen in Stuttgart-Vaihingen realisiert. Nicht nur die klassischen Fächer der technischen Hochschulen, sondern auch die Geistes- und Naturwissenschaften und neue Disziplinen wie Informatik wurden erheblich ausgebaut, das Rechenzentrum zu einem der leistungsfähigsten an einer deutschen Hochschule. Die Bildungsreformen der 1950er und 1960er Jahre mit neuen Studienförderprogrammen wie dem Honnefer Modell (seit 1957) führten die Hochschule, die in Leonhardts eigener Studienzeit noch personell überschaubar war, auf den Weg zur »Massenuniversität«.[9] Fritz Leonhardt begleitete diese Entwicklung als Leiter der Abteilung Bauingenieurwesen (1961–1962) und Dekan der Fakultät für Bauwesen (1963–1964).[10] Er interessierte sich für Bildungspolitik und beteiligte sich am Arbeitskreis für Bildungsplanung des Kultusministeriums.[11] Es kam also nicht von ungefähr, daß seine Professorenkollegen ihn für die Zeit vom Mai 1967 zunächst für ein Jahr und darauf noch einmal für das kommende Jahr (bis 24. 4. 1969) zum Rektor wählten (Abb. 2).

Fritz Leonhardt als Rektor der Universität Stuttgart und die Studentenunruhen

»Diese zwei Rektorenjahre waren die verrücktesten in meinem Leben.«[12] Ein prägnantes Urteil Fritz Leonhardts, das sich aber nicht auf die Ergebnisse seiner Amtstätigkeit, als vielmehr auf die enorme Arbeitsbelastung bezog, der er sich in dieser Zeit in der dreifachen Funktion als Professor, selbständiger Ingenieur und Rektor der Universität Stuttgart unterzogen hatte. Für Leonhardt galt aber: »Wenn schon gewählt, dann wollte ich Zeichen setzen.«[13]

Hierzu hatte er bald Gelegenheit, als nämlich die Jugendunruhen im Sommer 1967 auch die nun in Universität umbenannte Hochschule ergriffen.[14] Es spricht für Fritz Leonhardt, daß er sein Amt nicht aus einer Selbsteinschätzung als Primus

1. Fritz Leonhardt während einer Vorlesung an der Tafel.
2. Fritz Leonhardt als Rektor der Universität Stuttgart.

1. Fritz Leonhardt at the blackboard during lecturing.
2. Fritz Leonhardt as rector of the University of Stuttgart.

Norbert Becker
Fritz Leonhardt as professor and rector of the University of Stuttgart

Appointment at the Technische Hochschule Stuttgart

"Considering my experience and research, it was not surprising that universities should endeavor to offer me a department's chair. In the years 1950 to 1955 I had three inquiries."[1] So remembers Fritz Leonhardt, for whose generation the call of a German university to a position as full professor certainly was the peak of a professional career. It was a time when one could not apply for a professorship at a German university, instead lists of candidates were based upon recommendations by external professors or influential practitioners.

As stated in the protocol of the grand senate, a "difficult case of appointment" began, when in 1956 the chairman for concrete construction at the Technische Hochschule Stuttgart was to be selected.[2] Source of the difficulties was Leonhardt himself. Contacted regarding a professorship, he addressed an extraordinarily self-assured letter to the chair of the appointment committee, in which he demanded extensive funds for personnel and equipment, as well as the possibility of research at the materials testing institute of the Technische Hochschule (Otto-Graf-Institut). He also criticized the current conditions at the department of civil engineering.[3] The reaction of the professors of civil engineering was impetuous and highly emotional: an appointment of Fritz Leonhardt was out of question. However, a few professors of the architecture department, which together with the civil engineers formed the faculty of building, contested this view. The "rejection of such a recognized personality, several times being called a genius", could not be justified.

At a clarifying conversation between Leonhardt and the commission chair it turned out, that Leonhardt had already been invited to a dialogue by Ministerialrat Franz Schad (1907–2007), who was responsible for appointments at the ministry of culture. Leonhardt sums up in his memoirs: "There were powers outside the university, which caused the ministry to negotiate with me directly."[4] Schad had been active in the university department of the ministry of culture since 1954 and advanced science policies of the state by unconventional management of human resources. He was well-disposed towards Leonhardt's demands. Furthermore, Leonhardt had already talked with prime minister Gerhard Müller, who confirmed, that there was room for negotiation. Now the appointment committee could no more ignore Leonhardt. He was asked to deliver a sample lecture at the Technische Hochschule Stuttgart, and although according to Leonhardt, it was "the worst lecture of my life",[5] he was short listed in second place. It appears, his selection was already agreed upon, when the appointment list reached the ministry. The first ranking candidate was not even contacted by the ministry. By the end of April 1958 Fritz Leonhardt was appointed full professor and began teaching the same month (illus. 1).[6]

"I did not become a typical German professor", we read in the memoirs of Fritz Leonhardt.[7] Matter-of-fact, also as member of the Technische Hochschule, he permanently retained his sceptical attitude towards the academics. This influenced him greatly when, ten years later, the interests of students and assistants had to be defended against those of the professors.

When Fritz Leonhardt assumed his professorship, the Technische Hochschule Stuttgart had about 4800 students, 70 professors and 220 academic assistants and co-workers; at the time of his departure as rector in 1969 there were 7200 students, about 135 full professors and about 1000 (!) scientific assistants.[8] In 1967 the misleading German term "Hochschule" = highschool, was changed to university, reflecting tremendous progress. There was a huge building program, at the original site in the center of Stuttgart, as well as at its new location in Stuttgart-Vaihingen. Not only the traditional fields of technical universities, but also arts and sciences, as well as new disciplines, such as computer science, were greatly expanded. The computer center became one of the most powerful in German universities. The educational reforms of the 1950s and 1960s, with new support programs for students, like the Honnefer Modell of 1957, pushed the university, which at Leonhardt's time of studies was easy to grasp, on a path towards mass education.[9] Fritz Leonhardt accompanied this development as department head of civil engineering (1961–1962) and dean of the faculty of building (1963–1964).[10] He was interested in educational policies and participated in the working group for educational planning of the ministry of culture.[11] It was not by chance, that his academic colleagues elected him rector in May 1967 for one year, and once more till 24.4.1969 (illus. 2).

Fritz Leonhardt as rector of the University of Stuttgart and the student disturbances

"These two years as rector were the craziest of my life."[12] A terse judgment by Fritz Leonhardt, not related to his achievements as official, but referring to his enormous work load in the three functions as professor, independent engineer and rector of the University of Stuttgart. His motto was: "Once elected, I have to make my mark."[13]

Soon he had that opportunity, when in the summer of 1967 youth agitation seized the university.[14] It speaks for Leonhardt, that he does not see himself as *primus inter pares* among the professors, as the charter of German universities prescribed at that time, but rather considered his task of urgent socio-political responsibility, to seek the dialogue, to find consensus between the opposing factions, by daring to point out grievances in society and university, and rather to conflict with his academic colleagues than to lose sympathy with the students. His reasoning could be quite harsh and blunt, as much of his correspondence at the time shows.[15] "It caused many professors […] apprehension, that our rector Fritz Leonhardt openly acknowledged with youthful idealism the demands of students and assistants […] Professionally founded objections by colleagues, […] to bear in mind differences, which are basic to the university as a place of higher learning, were dismissed as indisputably conservative."[16] This was the view of Fritz Leonhardt's administration according to Heinz Blenke[17] (1920–1996), professor of chemical engineering and representative of a

inter pares seiner Professorenkollegen verstand, wie dies die Verfassungswirklichkeit der deutschen Hochschulen in dieser Zeit vorgab, sondern als eine Aufgabe mit vordringlich gesellschaftspolitischer Verantwortung, daß er vor allem das Gespräch suchte, auf Konsens der widerstreitenden Gruppen achtete, die Mißstände in Gesellschaft und Hochschule als solche zu benennen sich traute, nie die Sympathie für die Studierenden verlor und hierbei auch den Konflikt mit den Professorenkollegen aufnahm, wobei er allerdings oft hart und schroff urteilte, wie viele seiner damaligen Schreiben zeigen.[15] »Da bereitete es vielen Professoren […] Sorge, daß unser Rektor Fritz Leonhardt sich mit geradezu jugendbewegtem Idealismus offen in Wort und Schrift zu Forderungen der Studenten- und Assistentenfunktionäre bekannte […] Fachlich begründete Einwände von Kollegen, […] alle Unterschiede, von denen schließlich die Universität als Bildungseinrichtung lebt, zu berücksichtigen, wurden oft als unbelehrbar konservativ ›abgekanzelt‹.«[16] So beurteilt Heinz Blenke[17] (1920–1996), Professor für chemische Verfahrenstechnik und Vertreter der Gruppe der Professoren, die die Hochschulverfassung unverändert bewahren wollten, aus seiner Sicht die Amtsführung Leonhardts. Mit der großen Gruppe konservativer Professoren hatte dieser sich am Ende seiner Rektoratszeit heillos überworfen. Sie stellten ihrem als zu liberal empfundenen Rektor ab März 1968 Heinz Blenke als Prorektor zur Seite, um »einen Ausgleich im Rektorat« (Blenke) zu schaffen.[18] Das Verhältnis zwischen Leonhardt und Blenke blieb kollegial, doch persönliche Spannungen waren wohl unvermeidlich und scheinen sogar noch Jahrzehnte später in beider Lebenserinnerungen auf.

Was war geschehen? Als Leonhardt am 5. Mai 1967 von seinem Vorgänger in einem traditionellen feierlichen Festakt die Amtskette des Rektors übernahm, brach er mit der Tradition, als neuer Rektor aus seinem Fachgebiet einen Vortrag zu halten. Statt über die neusten Entwicklungen im Massivbau trug er seine Gedanken zu einer zukünftigen Bildungspolitik vor. Aus heutiger Sicht sind nicht so sehr seine weitblickenden Forderungen nach guter Berufsberatung für Studierende, nach dem Ausbau der Fachhochschulbildung und zuletzt nach interdisziplinär vordenkenden Akademien interessant als vielmehr ein grundlegendes Unbehagen, das er an vielen Stellen durchblicken läßt. Es betrifft die aktuellen gesellschaftlichen Verhältnisse in der Bundesrepublik, auch die Lern- und Arbeitsbedingungen an den Hochschulen. »Wir sind ein Volk von Untertanen«, ist zu lesen, wie auch Kritik an unaufgeklärtem kirchlichem Dogmatismus, am Materialismus und dem Streben nach wirtschaftlicher Sicherheit der Nachkriegsdeutschen oder auch von tierischen Instinkten nach Konrad Lorenz, die als »Imponiergehabe« auch »bei Professoren vorkommen«.[19] Kein Wunder, daß Leonhardt im Grundsatz mit der bald aus gleichem Unbehagen aufbegehrenden Studentengeneration übereinstimmte, übrigens keineswegs als einziger Stuttgarter Professor.[20] Im November 1967 hören die Neuimmatrikulierten der Universität Stuttgart von ihrem Rektor Fritz Leonhardt, daß die politische Mitverantwortung des Wissenschaftlers auch schon die Studierenden betreffe, die verpflichtet seien, »sich politisch zu bilden und politisch wachsam zu sein. Die politische Unruhe un-

ter unseren Studenten ist in diesem Sinne positiv zu bewerten«.[21] Es scheint sogar, daß Leonhardt im Laufe seines Rektorats in fortschreitendem Maße sich Argumente und Themen der Studierenden zu eigen machte. Im November 1967 zeigt er Sympathie für Studierende, die es ablehnen, die Lebenserfahrung ihrer Eltern und Lehrer aus der NS-Zeit als Richtschnur zu nehmen; in seinem Buch *Studentenunruhen. Ursachen – Reformen* (Abb. 3) fordert er im Juli 1968 u. a. die Verminderung der Rüstungsausgaben und »Die außerparlamentarische Opposition muß als wirksames Kontrollorgan anerkannt werden«. Bei der Immatrikulationsfeier im November 1968 stellt er fest, daß die Universitäten noch keineswegs ausreichend demokratisch organisiert seien.[22]

Natürlich ist Leonhardt kein Radikaler. Provokationen, Störungen von Veranstaltungen, der Sozialistische Deutsche Studentenbund (SDS) und die Forderung nach einem allgemeinpolitischen Mandat stoßen bei Leonhardt auf Ablehnung (Abb. 4). Dem Unbehagen an den gesellschaftlichen Zuständen und den Forderungen und Auftritten der Studierenden setzt Leonhardt kein linkes, sondern sein bürgerliches Weltbild entgegen. In seinen Reden und hochschulpolitischen Schriften kommt es zum Ausdruck, wenn er Toleranz zwischen den Kulturen und Religionen, Verantwortung der Hochschulabsolventen im politischen und sozialen Bereich einfordert, sich gegen Standesdünkel wendet und Kategorien wie Familie, Pflichten, Rechte, Verantwortung und Freiheit, die an Ethik und gesellschaftliche Verantwortung gebunden sei, der Persönlichkeitsentwicklung zugrunde legen will. Etwas Mut gehört schon noch am Ende der 1960er Jahre dazu, die eigene religiöse Verunsicherung zum Anlaß von öffentlich vorgetragenen Überlegungen zu nehmen. Leonhardts Gesellschaftsbild blieb im wesentlichen unerschüttert das eines Kindes aus bürgerlicher Familie, denn zu seinen Grundüberzeugungen gehörte auch der naive Glaube des Erfolgreichen, daß Begabungen die Auswahl der Führungskräfte im staatlichen und wirtschaftlichen Bereich bestimmten. »Begabung« war ein Schlüsselbegriff in seinen Vorstellungen zur Hochschulpolitik: »Die Begabungsunterschiede gehen quer durch die Familien hindurch, ganz einerlei auf welcher Stufe sich eine Familie gerade befindet. Wesentlich ist nur, daß man das Vorhandensein von Unterschieden der Begabungen nach Art und Höhe als Tatsache anerkennt, und daraus ergibt sich zweifellos Auslese und Hierarchie.«[23]

Seine Grundhaltung ist patriarchalisch und hierbei wohlwollend, was gerade auch zutage tritt, wenn er als Ratgeber zu den Neuimmatrikulierten in sehr konservativem Sinne über Liebe und Eros spricht.[24] Auch die Formen, in denen Leonhardt Hochschulpolitik betreibt, sind einem konservativen Gesellschaftsbild und Politikverständnis geschuldet. Es liegt ihm fern, über Gremien, Parteien oder Interessenverbände Einfluß erlangen zu wollen, wie es die 68er-Generation für die Zukunft einführen wird. Leonhardt korrespondiert direkt mit einflußreichen Männern, und zwar in Stil und Selbstbewußtsein auf Augenhöhe: Bundes- und Landesministern, Vorständen großer Konzerne.[25] Seine Unabhängigkeit von konservativer Politik bewahrt er aber stets: Als 1969 Pläne aufkamen, die verfaßten Studentenschaften als eigenständige Körperschaften an den Hochschulen aufzulösen,

3. *Studentenunruhen. Ursachen – Reformen. Ein Plädoyer für die Jugend*. Das Exemplar der Universitätsbibliothek Stuttgart trägt die Widmung Leonhardts: »Der Bibliothek meiner / Universität überreicht / Leonhardt / 12. Juli 1968«.
4. Geschmier an Uni und Kunstakademie: Studentenunruhen in Stuttgart, März 1969. »Blenke halt den Penis fest die APO klaut dir eh den Rest«, »Leonhards Friedhof« sowie »GO = Bauchbinde der Ordinarienherrschaft«.

3. *Studentenunruhen. Ursachen – Reformen. Ein Plädoyer für die Jugend* (student disturbances. causes – reforms. A plea for youth): the copy of the University of Stuttgart library carries Leonhardt's dedication: "Der Bibliothek meiner / Universität überreicht / Leonhardt / 12. Juli 1968" (to the library of my university, 12 July 1968).
4. Graffiti at university and art academy): student disturbances in Stuttgart, March 1969. "Blenke halt den Penis fest die APO klaut dir eh den Rest" (Blenke hold onto your penis, the APO pinches the rest), "Leonhards Friedhof" (Leonhardt's cemetery) and "GO = Bauchbinde der Ordinarienherrschaft" (GO = ceremonial band of professors' rule).

Fritz Leonhardt
Studentenunruhen
Ursachen-Reformen

Ein Plädoyer
für die Jugend

*Der Bibliothek meiner
Universität überreicht*

Leonhardt

12. Juli 1968.

Seewald Verlag
Stuttgart

group of professors who wanted to keep the university charter unchanged. By the end of his tenure as rector he was at odds with a large group of conservative professors. As of March 1968, they added Heinz Blenke as prorector to their liberal rector, in order to "equilibrate the office of the rector" (Blenke).[18] The relationship between Leonhardt and Blenke remained friendly, but discord was unavoidable and appears decades later in their memoirs.

What had happened? On 5 May 1967, when Leonhardt in a traditional ceremony took possession of the rector's chain from his predecessor, he broke with the tradition of giving a lecture in his professional specialty. Instead of reviewing recent developments in concrete construction, he aired his thoughts on future educational policy. From today's point of view his farsighted demands for professional counseling of students, for the extension of »Fachhochschulbildung« (education in technical colleges), and finally for interdisciplinary academies, are not as much of interest, as the underlying uneasiness, which prevailed in his speech. It concerns the actual social conditions in the Federal Republic, as well as the study and working conditions at the universities. "We are a people of subjects" one can read, he also criticizes uninformed ecclesiastical dogma, materialism and the craving of the postwar Germans for economic security, even mentions animal instincts, as described by Konrad Lorenz, which manifest themselves as "showing off by professors".[19] No wonder, that Leonhardt – by no means the only professor in Stuttgart to do so – agrees with a generation of students, who protest out of a similar concern.[20] In November 1967 the freshmen of the University of Stuttgart are told by their rector Fritz Leonhardt, that political responsibility of scientists includes the students, they are called to "educate themselves in politics and to be vigilant. The political disquiet among our students should be positively appreciated".[21] It even seems, that Leonhardt in the course of his rectorship increasingly adopted arguments and topics from the students. In November 1967 he shows

sympathy for students, who refuse to be guided by the Nazi-time experience of their parents or teachers. In his book *Studentenunruhen. Ursachen – Reformen. Ein Plädoyer für die Jugend* (illus. 3) he demands the reduction of armament expenditures and stipulates "the extra-parliamentary opposition must be accepted as an effective controlling body". At the enrollment ceremony of November 1968 he declares, that the universities are by far not sufficiently democratic in their organization.[22]

Certainly, Leonhardt is not a radical. Provocations, disturbance of meetings, the German socialist student association (SDS) and the demand for a general political mandate meet with Leonhardt's rejection (illus. 4). Leonhardt does not use a leftist model to counter the discontent with social conditions or the students' demands and behavior, he rather offers a middle-class world view. He expresses this in his speeches and essays concerning university policies, by urging tolerance between civilizations and religions, emphasizes responsibility of graduates in the political and social realm, and opposes professional pride. He postulates categories such as family, duties, rights, responsibility and freedom as basis for personal development, tied to ethics and societal accountability. At the end of the 1960s it required courage to admit one's religious uncertainty in a public discourse. Leonhardt's view of community remained that of an academic family's child, which was basically the naïve belief of a successful person, that ability determined the selection of leading staff in government and economy. "Giftedness" was a key item in his ideas on university policies: "Differences in ability run through families, irrespective of the family's status. It is crucial to recognize the differences in ability, as far as their character and depth are concerned, which result in selection and hierarchy."[23]

His attitude is that of a kind patriarch, very well expressed in his conservative counsel to freshmen in matters of love and sex.[24] The form of Leonhardt's university politics is also shaped by his conservative view of society and public service.

attestierte er den konservativen Politikern NS-bedingte Demokratiedefizite: »Man kann eben nicht durch das Hochschulgesetz die Mitwirkung der Studenten verlangen und ihnen dann die Basis für eine demokratisch gewählte Repräsentation entziehen […] Aufgabe der Universität muß es zweifellos auch sein, die studentische Jugend zur Demokratie und zum demokratischen Verhalten zu erziehen, etwas was die ältere Generation in Deutschland leider nie richtig gelernt hat, wie erneut durch die beabsichtigte Auflösung der Studentenschaft bewiesen wird.«[26]

Grundordnungsversammlung und neue Grundordnung

Neben und auch im Zusammenhang mit der Bewältigung der Studentenunruhen erwuchs Leonhardt eine für die weitere Entwicklung der Universität Stuttgart zentrale Aufgabe, als in Baden-Württemberg am 1.4.1968 ein neues Hochschulgesetz in Kraft trat, das die Ausarbeitung einer neuen Hochschulverfassung, einer »Grundordnung«, verlangte. Das Gesetz intendierte die lange überfälligen Reformen im Hochschulwesen und führte die »Gruppenuniversität« ein, die den akademischen Mitarbeitern, die nicht ordentliche Professoren waren (dem sogenannten »Mittelbau«), sowie den Studierenden in den Gremien der Hochschule (Senat, Großer Senat, Verwaltungsrat und Fakultäten) weitgehende Mitsprache und Mitentscheidungsrechte zubilligte.

Aus dem Rückblick erscheinen dieses Gesetz sowie die auf diesem beruhende neue Grundordnung der Universität als eine von vielen Maßnahmen, die eine fortschreitende Demokratisierung von immer mehr Lebensbereichen herbeiführen sollten und die in den 1960er und 1970er Jahren weitgehend parteiübergreifend getragen wurden. Als Rektor und Vorsitzender der Grundordnungsversammlung, die die neue Hochschulverfassung zu erarbeiten hatte, kämpfte Leonhardt gegen zahlreiche Widerstände, vor allem – aus seiner Sicht – von seiten eines Teils seiner Professorenkollegen. Einer von ihnen schrieb ihm am Ende der Rektoratszeit: »Ich kann Ihnen versichern, daß Ihre Tätigkeit bei vielen der Kollegen mit großer Skepsis beurteilt und beobachtet wird.«[27] Leonhardt argumentierte wiederum aus einer gesellschaftspolitischen Perspektive, die außerhalb des für ihn engen Blickwinkels der Hochschule lag; der emotionale Antrieb für seine Konfliktbereitschaft beruhte jedoch auf seinem latent negativen Professorenbild. Die beruflichen Erfahrungen mit der verantwortungsvollen Teamarbeit der Bauingenieure dürften dazu geführt haben, daß er bezüglich des »Mittelbaus« die Ansicht vertrat, es sei »vollkommen natürlich, daß diese große Gruppe des Lehrkörpers zu den vielen Pflichten, die man ihr überträgt, nun auch Rechte auf Mitwirken und Mitbestimmen fordert«.[28] Damit geriet Leonhardt in schroffen Gegensatz zu einer Gruppe konservativer Professorenkollegen, vor allem aus den Bereichen Maschinenbau und Elektrotechnik. Am Ende seines Rektorats warb er bei seinen Professorenkollegen für die neue Grundordnung und resümierte: »Ich habe in den letzten Monaten viel Kritik direkt oder indirekt hören müssen. Man bezeichnet mich zum Teil als Totengräber der Universität. […] Ein Dekan einer Fakultät hat mir im Auftrag seiner Kollegen mitgeteilt, daß diese bei der Rektoratsübergabe demonstrativ die Liederhalle verlassen würden, wenn ich mich kritisch über Professoren äußern sollte. Ich werde dies mit Fassung zu tragen wissen. Man wirft mir zu große Nachgiebigkeit und Benachteiligung der Professoren vor.«[29] Für die Studierenden bricht er unbeeindruckt von allen Unruhen und Krawallen erneut eine Lanze: »Der kritische Student muß uns der wertvolle Student sein, auch wenn seine Kritik manchmal vorschnell, vielleicht auch ungerecht und unvernünftig sein mag […] Sie kennen mein Plädoyer für die Jugend.«[30] Die Bewertung von Leonhardts Hochschulpolitik muß jedoch mit seiner Selbststilisierung als idealistischer Reformer, die er in vielen Briefen und in den Lebenserinnerungen vortrug, kritisch umgehen.

Das Bild der Hochschulpolitik, die Fritz Leonhardt vertrat, wäre unvollständig, würde man die Argumente der konservativen Professoren, so emotional sie auch vorgetragen wurden, unberücksichtigt lassen. Die im Rückblick wohl nicht ganz unberechtigte Kritik, Leonhardt habe einen zu idealistischen Blick auf die Interessen von Mittelbau und Studierenden gehabt, insbesondere die Augen davor verschlossen, daß der Mittelbau über die Mitbestimmungsrechte zugleich viele persönliche Hochschulkarrieren durchsetzen wollte und die Studierenden mit den radikalen politischen Forderungen auch eine Gefahr für die Demokratie dargestellt hätten,[31] stellt die Schwachpunkte in Leonhardts Hochschulpolitik heraus. Nicht unwahrscheinlich, daß dieser Idealismus auch deshalb möglich war, weil Leonhardt sich nicht allein als Mitglied der Hochschule definierte, sondern sein Selbstbewußtsein und seine Identität in erster Linie auf seinen Arbeiten und auf seinem bisherigen Lebenswerk beruhten. Nicht von ungefähr wählte er zehn Jahre später – inzwischen war Leonhardt im September 1974 emeritiert worden – in einem Schreiben an seinen Nachfolger im Rektoramt die Worte: »Meiner Universität bleibe ich gern stets verbunden«,[32] im Grunde doch eine Selbstverständlichkeit für einen ehemaligen Rektor, die doch keiner Beteuerung bedürfte, wäre diese Verbundenheit für ihn nicht auch einmal fraglich gewesen.

He is far from trying to influence administrative bodies, parties or lobbies, as the 1968 generation shall institute in the future. Leonhardt corresponds with influential persons, such as federal and state ministers or executives of large companies on an equal level and with self-confidence.[25] However, he always keeps his independence of traditional politics: when it was intended in 1969 to dissolve incorporated student groups as independent bodies, he blamed conservative politicians for Nazi-engendered democracy deficits: "One cannot claim the cooperation of students in a university charter, without giving them the basis for a democratically elected representation […] Without doubt it is the task of the university to promote democracy among the youth, and to train the students in democratic behavior. As demonstrated by the attempted dissolution of student organizations, the older generation in Germany never learnt such a thing."[26]

Basic constitution and constitutional assembly

Next to, and in connection with, the handling of the student disturbances, Leonhard had a further important task regarding the development of the University of Stuttgart: on 1 April 1968 a new university law went into force, which stipulated the elaboration of a new university constitution, a "Grundordnung". The law contained long overdue reforms and introduced the "Gruppenuniversität", which granted academic staff below full professorship (the »Mittelbau« or middle echelon) as well as students, a significant voice and participation in the university's bodies (senate, grand senate, administrative board, faculties).

In retrospect, we see this law and the resulting new order at the university as one of many measures to promote democracy in all aspects of life, as supported by all parties in the 1960s and 70s. Leonhardt, as rector and chairman of the constituting assembly, which had to formulate the new university constitution, had to fight much resistance – as he saw it – mainly by a portion of his colleagues. One of them wrote to him at the end of his tenure: "I can assure you that many colleagues watch and judge your work with much skepticism."[27] Leonardt again argued from a societal platform, which was beyond the narrow vision of the university; the emotional drive for this confrontation derived from his latent negative view of professorship. His professional experience of responsible teamwork among civil engineers will have led him to proclaim in regard to the "Mittelbau": "it is absolutely natural, that this large group of teaching staff with all its duties, receives the right of participation in decision making."[28] On this Leonhardt encountered stiff opposition from a group of conservative professors, mainly in the fields of mechanical and electrical engineering. At the end of his rectorship he solicited support for the new constitution from his colleagues and summed up: "I had to hear much direct or indirect criticism these past months. Sometimes I am called the gravedigger of the university. […] The dean of a faculty told me by request of his colleagues, that they would leave the hall during the change of rectors, if I should make critical remarks about professors. I shall face this with equanimity. I am accused of too much leniency and discrimi-

nation of professors."[29] Unimpressed by all unrest and riots, he again stood up for the students: "The critical student should be a valuable student to us, even if his fault finding is sometimes hasty, maybe even unfair or unsound […] You know my pleading on behalf of the youth."[30] We must be cautious in evaluating Leonhardt's university performance, given his self-styled position as idealist reformer, expressed in many letters and in his memoirs.

The picture of university politics as advocated by Leonhardt would be incomplete without the arguments of conservative professors, often emotionally presented. Looking back, we may admit, that Leonhardt had too idealist an image of "Mittelbau" and students, had closed his eyes to the fact, that the middle echelon tried to push personal careers via participation in decision-making, that the radical demands of the student body even were a danger for democracy.[31] Maybe this idealism was possible, because Leonhardt did not see himself as a member of the university only. Primarily his self-esteem and identity are based upon his work and professional achievement. Leonhardt had been promoted to *professor emeritus* in September 1974. Not for nothing he chose ten years later, in a letter to his successor as rector, the words: "I should like to be perpetually associated with my university".[32] Had his attachment to the university not been questioned at a time, this should have been a matter of course for a previous rector, not requiring any affirmation.

Fritz Weller
Fritz Leonhardt. Wie ich ihn als Rektor erlebt habe

Persönliches

Mit dem Titel »Magnifizenz« – auf diese Anrede hätte Professor Fritz Leonhardt nach der damals geltenden Satzung der Technischen Hochschule Stuttgart Anspruch gehabt – ließ er sich von keinem Gesprächspartner anreden – auch von mir nicht. Schon dieser Verzicht – im Frühjahr 1967 ein Novum an der TH Stuttgart – ist vielsagend und damit wegweisend für Leonhardts Verständnis vom für ihn neuen Amt eines Rektors einer wissenschaftlichen Hochschule.

In Begegnungen mit Mitgliedern des Lehrkörpers und mit Studenten war er stets bereit, lange und gut zuzuhören, zeigte er Gelassenheit, eine Unerschrockenheit zu widersprechen und auch eine Bereitschaft, dann zu streiten, wenn er die Thematik hierfür geeignet hielt. In diesem Zusammenhang sagte er mir einmal im Anschluß an eine dienstliche Besprechung mit einem Kollegen: »Dünkel und Überheblichkeit können auch Zeichen von Dummheit sein, die ja gerade eine Hochschule nicht auszeichnet.« Jedwedes Imponiergehabe war Leonhardt zuwider. Für ihn galt: Autorität – gerade die formalisierte eines Ordinarius – müsse als Fundament und zur Legitimation eine nachweisbare überragende Leistung haben. Seine Distanz zu unqualifizierten, verbalen Attacken, egal gegen wen sie gerichtet waren, zeigt auch der folgende von mir miterlebte Vorgang: Ein Student griff ihn mit grob-frechen Vokabeln an. Leonhardt schwieg dazu. Er zahlte nicht mit gleicher Münze zurück. Als ich ihn hierauf ansprach, sagte er mir: »Ein Dummkopf kann mich nicht beleidigen!« Für eine sterile Aufgeregtheit hatte er nur ein Schmunzeln parat.

»Leo« – mit dieser Abkürzung zeichnete er Schriftstücke ab, und so nannten wir ihn intern im Rektorat – war ein schlauer Fuchs. So gewann er einmal, als die Studentenunruhen größere Ausmaße annahmen, bei schwäbischem Vesper und einem guten Viertele die wichtige Stuttgarter Presse für sich. In einem anderen Fall schleuste er vor der entscheidenden letzten Sitzung der »Grundordnungsversammlung« einen Korporierten seiner Studentenverbindung Vitruvia ein in die Gruppe der »Rebellen«, wie er sie nannte, um zu erkunden, mit welcher Störung zu rechnen war. Dieser »unser« Mann leistete gute Arbeit. Wir wußten jetzt, daß rohe Eier im Senatssaal – kurz vor der Schlußabstimmung – fliegen würden. Dazu kam es auch. Leonhardt brach die Sitzung ab, und wir fuhren mit einem von ihm vorsorglich bestellten Bus zum Universitätsgelände Pfaffenwald in Vaihingen, wo dann die Sitzung fortgesetzt und die neue Universitätsverfassung mit großer Mehrheit verabschiedet wurde.

Leonhardts Verständnis von akademischer Freiheit

Rektor Leonhardt wies in seinen Gesprächen immer wieder darauf hin, daß es auch im Hochschulbereich Freiheit ohne Ordnung und Pflichten nicht geben könne. Ohne letztere könne eine Universität ihren Auftrag nach Landesrecht nicht erfüllen, was übrigens auch der sehr kritische Teil der Studentenschaft zugestand.

Unter studentischer Freiheit verstand Leonhardt insbesondere, daß die jungen Leute, ohne sich vor einer Sanktion fürchten zu müssen, die Freiheit haben müßten, ihre Professoren zu kritisieren, allein schon deshalb, weil sie einen Anspruch auf Gehör hätten und die Formulierung einer guten Frage wichtig sei für ihre Persönlichkeitsbildung. Entscheidend sei hierbei, daß es zu einem offenen, sachorientierten, also ideologiefreien Dialog käme, von dem jeder Gesprächsteilnehmer profitiere.

Leonhardt schnitt bei Diskussionen einem Sprecher nie das Wort ab, auch wenn sich das Statement hinzog und es zu Wiederholungen von schon Gesagtem kam. Von seinen Kollegen im Lehrkörper forderte Leonhardt, daß sie ihre Freiheit in voller Verantwortung für das, wozu sie da sind, nutzten, nämlich neben ihrer Forschungsarbeit den Studenten etwas »Gscheits« – wie er es nannte – gut verständlich zu vermitteln.

Fazit: Die akademische Freiheit müsse wegen des ihr inne wohnenden hohen Anspruchs von allen an der Alma Mater »richtig« gebraucht werden, was Orientierung des Denkens und Handelns ausschließlich am Ziel einer Universität bedeute: Ausweis bester Ergebnisse in Forschung, Lehre und Bildung, wobei diese Maximen gleichwertig seien.

Leonhardts Demokratieverständnis

Wie allgemein bekannt, waren in der Zeit der »68er« Amt und Wirken eines Universitätsrektors hochschulpolitisch brisant und herausfordernd. Ein Rektor mußte mit einer eigenen, klaren Position in die Auseinandersetzungen gehen. Leonhardt bekannte sich öffentlich zu keiner politischen Partei. Die Landespolitik – hier vor allem die Schulpolitik – kritisierte er generell, weil naturwissenschaftliche Fächer sowie Technik und Wirtschaft in den Stundenplänen der allgemeinbildenden Schulen zu kurz kämen. Aus den Reden, Schriften und vielen Gesprächen des Rektors Leonhardt läßt sich jedoch unschwer ableiten, daß er nach meiner Überzeugung ein Wertkonservativer liberal-fortschrittlicher Prägung war. So zitierte er mehrfach, und dabei lobend, Äußerungen der liberalen Politiker Theodor Eschenburg und Ralf Dahrendorf.

In der Praxis bedeutete Demokratie an einer Hochschule für Leonhardt nicht die Abschaffung der sogenannten »Ordinarien-Uni«. Er wandte sich damit gegen die Forderung »gleiche Rechte für alle an einer Uni«. Besonders habe dies eine Nivellierung nach unten zur Folge, wogegen sich eine Universitätsleitung standhaft wehren müsse. Gesetzliche Regelungen zur Mitbestimmung der einzelnen Gruppen an einer wissenschaftlichen Hochschule sollten sich nach Leonhardt insbesondere richten nach dem Sachverstand, also Umfang und Tiefe von Erfahrungswissen, und nach der Bereitschaft und Fähigkeit, Verantwortung für die Folgen einer Entscheidung zu übernehmen. Da es bei diesen beiden Kriterien große Unterschiede zwischen den Personengruppen gäbe, könne es die von Studenten und teilweise auch von Assistenten gemeinsam geforderte »Drittelparität« in Gremien mit Entscheidungsbefugnissen nicht geben. Gleichwohl: Eine

Fritz Weller
Fritz Leonhardt. How I have known him as rector

Personal matters

According to the charter of the University of Stuttgart, Leonhardt had the right to carry the title "magnificence" – but he let nobody, myself included, address himself this way. This renunciation – in the spring of 1967 unheard of at the university – says a lot and is indicative of Leonhardt's concept of his new position as rector in an institution of higher scientific learning.

During encounters with teaching staff or students, he was always ready to listen attentively at length, he remained detached and was not afraid to contradict, nor to enter a debate, if the subject so merited. In this connection he once said after a business conversation with a colleague: "Presumption and arrogance can be signs of stupidity, which would be no credit for a university." He detested any kind of put-on. He believed that authority, in particular the formal one of a professor, in order to be legitimate, had to have a proven base of excellent performance. The following incident I witnessed, shows his reaction to unqualified verbal attacks, no matter against whom: a student attacked him with blunt and insolent words. Leonhardt kept silent. He did not reply in kind. When I asked him about it, he said: "A blockhead can't insult me!". He only had a grin for sterile excitement.

He initialed documents with the abbreviation "Leo". That's how we called him within the rectorate. He was a sly fox – once, during growing student disturbances, he won over the important Stuttgart press at a "Swabian vesper" with a good glass of wine. In another case, he infiltrated the "group of rebels", as they were known, by a corporate student of the Vitruvia fraternity. Before the last and decicive gathering of our "constituting assembly", he found out what perturbations were planned. Our insider was effective, we now knew, that raw eggs were to be thrown in the senate. So it happened. Leonhardt discontinued the meeting and with a bus, hired by him in advance, we went to the university grounds at Vaihingen, where the session was resumed and our new university constitution passed by a large majority vote.

Leonhardt's notion of academic freedom

In his discourses Leonhardt pointed out time and again, that also at the academic level, there could be no freedom without order and duties. Without the latter a university could not accomplish its public mission, something agreed upon even by the most critical wing of the student body.

In particular, students' freedom was for Leonhardt the liberty of young people to criticize professors without the fear of sanctions; they had the right to be heard and formulating good questions in itself was important for their development. It was crucial that an open, objective, non-ideological dialogue would ensue, to the profit of all participants.

Leonhardt never cut a speaker short, even if a statement dragged on, or arguments were repeated. He demanded from his teaching colleagues, that, beside their research, they use their freedom with responsibility, teaching their students something "useful" – meaning comprehensible and practical.

Bottom line: academic freedom, because of her inherently high claim, ought to be correctly used by all members of the *alma mater*, meaning that all thoughts and deeds had to be entirely directed towards the university's goals: highest results in research, teaching and the general formation of students, each of these maxims carrying equal weight.

Leonhardt's notion of democracy

As generally known, position and actions of a university chancellor were politically challenging at the time around 1968. A rector had to face the altercations with a clear position of his own. In public, Leonhardt did not subscribe to any political party. He criticized local politics, mainly in education, because sciences, technology and economics did not receive their due in the programs of general education. His speeches, writings and many conversations convinced me, that he was a progressive liberal with conservative values. Several times he quoted approvingly liberal politicians, such as Theodor Eschenburg and Ralf Dahrendorf.

In practical terms, democracy at a university did not mean for Leonhardt the abolishment of the so-called "Ordinarien-Uni" (tenured professors' university). He opposed the claim of "equal rights for everybody at the university". This would be a downward leveling, which had to be resisted with tenacity. According to Leonhardt, rules for participation by individual groups in running a higher institute of scientific learning, had to be determined by competence, depth of experience and readiness as well as ability, to carry responsibility for the consequences of a decision. Since in this regard there were big differences between the groups, a "three-party parity" as demanded by students and assistants, was impossible. Nevertheless, Leonhardt deemed a university reform urgent, in order to improve research and teaching, to better motivate students and increase their desire to study. On the occasion of the suicide by a student, he immediately contacted the colleagues of the faculty concerned, to find out what caused this terrible deed.

Bottom line: a clear "yes" to reforms and more involvement of students and assistants in decision making, provided it lead to increased work efficiency at all levels.

Cooperation instead of confrontation – for Leonhardt an important rule in the modern world of science. The need to stand together, to create a symbiosis of natural science and philosophy, of technology and ethics, were for Leonhardt of great concern. To encourage mutual understanding and interest in the research and teaching of individual faculties, rector Leonhardt invited the chairs of various specialties to a beautiful hotel near a forest, always providing for food and drink. Afterwards, for the obligatory walk through the woods, he always chose as companion that colleague, who had most severely contradicted him in the previous discussions.

Hochschulreform hielt Leonhardt für dringlich, damit in Forschung und Lehre Verbesserungen einträten, um die Studenten stärker zu motivieren und ihre Lernfreude zu erhöhen. Bei einem studentischen Suizidfall, der Leonhardt tief berührte, nahm er sofort Kontakt mit den Kollegen der betreffenden Fakultät auf, um herauszufinden, welche Gründe zu dieser für ihn schrecklichen Tat geführt hätten.

Fazit: Ein klares Ja zu Reformen und auch zu mehr Mitbestimmung der Studenten und Assistenten insoweit, als dies sachdienlich sei, also beispielsweise eine höhere Effizienz des Arbeitens auf allen Entscheidungsebenen entstehen könnte.

Kooperation statt Konfrontation – für Rektor Leonhardt ein wichtiges Gebot in der modernen Welt der Wissenschaften. Die Notwendigkeit eines Miteinanders, der Herstellung einer Symbiose von Natur- und Geisteswissenschaften sowie von Technik und Ethik waren für Leonhardt ein wichtiges und großes Anliegen. Damit ein solches wechselseitiges Verständnis und Interesse für Forschung und Lehre in den einzelnen Fakultäten entstehen konnten, lud Rektor Leonhardt die Ordinarien verschiedener Fachbereiche zu Gesprächen – stets mit einem Vesper verbunden – in ein schönes Hotel in der Nähe eines Waldes zu einem interdisziplinären Gedankenaustausch ein. Beim sich anschließenden längeren Waldspaziergang – Teilnahme war Pflicht! – wählte er jenen Kollegen als Gesprächspartner aus, der ihm zuvor in der Diskussion im Hotel am heftigsten zugesetzt hatte.

Der Entstehung einer kooperativ ausgerichteten Geisteshaltung und einer entsprechenden Beziehung zwischen Natur und Geisteswissenschaften sollten auch die von Leonhardt initiierten Hoch-

schulabende dienen. Hierfür konnte er als Gastredner herausragende Persönlichkeiten aus Philosophie, Theologie, Psychologie und Wirtschaft gewinnen – so die Professoren Carl Friedrich von Weizsäcker, Georg Picht, Hans Küng, Robert Jungk und Hans L. Merkle. Ob die sich jeweils anschließenden, kontrovers geführten Diskussionen, die ich zu leiten hatte, für die Beteiligten letztlich ein Gewinn geworden sind, läßt sich schwer einschätzen. Leonhardts ganzheitlicher Denkansatz in seiner hochschulpolitischen Ambition – welcher der Philosophie des Holismus entspricht – hat sich nach meinem Eindruck für die weitere Entwicklung der Universität Stuttgart bis heute positiv ausgewirkt; sich etwa manifestierend in den neu gestalteten Lehrplänen mit interdisziplinär angebotenen Vorlesungen und Übungen.

Schlußbemerkung

Fritz Leonhardt erlebte ich als einen großartigen Menschen, als eine souverän wirkende Führungspersönlichkeit mit einer großen Ausstrahlung. Er war stets offen für gutes Neues. Die deutsche Universität müsse den zeitentsprechenden Anforderungen von Wirtschaft und Politik gewachsen und für Studenten aus aller Welt attraktiv bleiben. Fritz Leonhardt hat die große, mit einem Rektoramt verbundene hochschulpolitische Herausforderung mit Bravour gemeistert.

Similarly, university soirees, initiated by Leon-hard, were to enhance a cooperative frame of mind and close contacts between philosophy and natural sciences. He engaged prominent person-alities as guest speakers on philosophy, theology, psychology or economics – such as Carl Friedrich von Weizsäcker, Georg Picht, Hans Küng, Robert Jungk and Hans L. Merkle. It is difficult to judge, whether the contesting discussions, which I was supervising afterwards, were of profit for the par-ticipants. I believe, Leonhardt's comprehensive approach in his university ambitions, conforming to holistic philosophy, was positive for the further development of the university, taking shape in new study programs with interdisciplinary lectures and exercises.

Conclusion

I witnessed Leonhardt as a great human being, as a sovereign leader with great emanation. He was always open for the better. German universi-ties should be prepared for the latest demands by economy and politics, staying attractive for students from all over the world. Fritz Leonhardt mastered with bravura the challenge of his posi-tion as rector.

Jörg Peter
Meine Zeit mit Fritz Leonhardt. Begegnungen und Erlebnisse

Zur Vorbereitung meines Bauingenieurstudiums an der Technischen Hochschule Stuttgart absolvierte ich 1951–1953 eine Maurerlehre. Während dieser Zeit arbeitete ich 1952 auf einer Baustelle in Fellbach, wo ein großes Werkstatt- und Bürogebäude errichtet wurde. Die Tragwerksplanung lag in Händen des Büros Leonhardt und Andrä. Um die Bauhöhen der weitgespannten Unterzüge möglichst gering zu halten, wurden diese mit Leoba-Spanngliedern, benannt nach Leonhardt und seinem Partner Willi Baur, vorgespannt. Soweit ich mich erinnere, wurden im Hochbau erstmals für den Brückenbau entwickelte Spannglieder verwendet.

Leonhardt erschien häufig auf der Baustelle, um persönlich eine exakte Herstellung und Verlegung der Spannglieder zu überwachen. Da ich als Lehrling dem »Spannglieder-Montagetrupp« zugeteilt wurde, lernte ich damals Fritz Leonhardt kennen. Als er hörte, daß ich Bauingenieurwesen studieren wollte, erklärte er mir ausführlich den Sinn und Zweck des Spannbetons und damit auch den Unterschied zum Stahlbeton an einem Beispiel: »Legen Sie eine Reihe von Holzstücken lose hintereinander auf eine Unterlage, bohren durch die Holzstücke in der Längsrichtung ein Loch und schieben eine Stahlstange durch die Löcher, die an ihren beiden Enden ein Gewinde hat, drehen an jeder Seite eine Schraube auf und ziehen diese mit einem Schraubenschlüssel an. Dadurch wird die Stahlstange gedehnt und gezogen und die Holzstücke werden gestaucht und zusammengedrückt bzw. zusammengespannt. Dann können Sie die ganze Reihe der Holzstücke an den beiden Enden hochheben, ohne daß ein einzelnes Holzstück herausfällt.« Das leuchtete mir ein. Später haben wir am Lehrstuhl für Massivbau Modelle auf dieser Basis gebaut, um den Studenten die Wirkungsweise der Vorspannung zu verdeutlichen. Während dieser frühen Begegnungen mit Leonhardt konnte ich in keiner Weise ahnen, daß ich nach meinem Studium als Assistent am Lehrstuhl für Massivbau unter seiner Führung arbeiten würde und sich auch in der Zeit danach eine Vielzahl von Gelegenheiten beruflicher Zusammenarbeit und anderer Berührungspunkte ergeben würde.

Berufung von Fritz Leonhardt zum Hochschullehrer als Nachfolger von Karl Deininger

1939 wurde Karl Deininger als Nachfolger für Prof. Emil Mörsch – dem verehrten Lehrer Fritz Leonhardts – auf den Lehrstuhl für Statik der Massivbaukonstruktionen (Statik A) und konstruktiven Ingenieurbau A an der TH Stuttgart berufen. Nach dem Zweiten Weltkrieg entwickelte sich der Spannbeton sehr rasch und warf dabei eine Menge theoretischer und konstruktiver Fragen auf. So war z. B. die Erfassung von Spannungszuständen im Bereich der Einleitung von großen Vorspannkräften mit den damaligen mathematischen Hilfsmitteln nur unzureichend möglich. Daher gründete Deininger 1954 das Institut für Spannungsoptik. Ziel des Instituts war zunächst, durch spannungsoptische Untersuchungen mittels durchsichtiger isotroper Stoffe, wie z. B. Plexiglas und Araldit, Spannungszustände an scheibenförmigen Tragwerken zu er-

mitteln. Auch ein Balkenende, an dem Kräfte aus Vorspannung und meist die Auflagerkräfte eingeleitet werden, kann als Scheibe betrachtet werden.

Ich begann mein Studium im Wintersemester 1953 und hörte nach dem Vordiplom Vorlesungen über Massivbau bei Deininger. Eines Tages erzählte er von der Gründung des Instituts für Spannungsoptik und fragte uns Studenten, ob der eine oder andere Lust hätte, als Hilfskraft in diesem Institut mitzuarbeiten. Ich meldete mich spontan und arbeitete während des Studiums dort als Teilzeitkraft. Nach 17jähriger Lehrtätigkeit starb Deininger völlig überraschend 1956, drei Monate nach seinem 60. Geburtstag. Der Lehrstuhl war plötzlich verwaist und wurde kommissarisch von den damaligen Assistenten Egon Ruoff und Hans Otto Rittich verwaltet. Da hier viel zu tun war, wechselte ich als Hilfskraft zum Lehrstuhl für Massivbau.

Noch Ende 1956 wurde das Berufungsverfahren für die Nachfolge eingeleitet. Neben mehreren Kandidaten wurde auch Leonhardt gefragt, der sich bereit erklärte, einem etwaigen Ruf zu folgen (siehe S. 140 ff.). In seiner Autobiographie[1] beschreibt Leonhardt, daß er bei den Vorverhandlungen seine Berufung jedoch an Bedingungen knüpfte: Beibehaltung seines Ingenieurbüros Leonhardt und Andrä wegen des damit verbundenen unverzichtbaren Praxisbezugs, Bewilligung einer Planstelle für einen ständigen Mitarbeiter u. a. für die Erledigung von Routine- und Verwaltungsarbeiten sowie weitere Planstellen für mindestens drei Assistenten. Außerdem regte er die Gründung eines Lehrstuhls für Baustatik an, die sicher mehr als überfällig war! Denn die Statik zu Deiningers Zeit war unterteilt in Statik A und B. Deininger lehrte die Statik A für Massivbaukonstruktionen und Prof. Hermann Maier-Leibnitz lehrte parallel dazu die Statik B für Stahlkonstruktionen. Obwohl durch die meist graphischen Methoden diese Statik sehr anschaulich war, mußte doch aufgrund der schon damals einsetzenden modernen Berechnungsmethoden eine zusammenfassende, baustoffunabhängige Statik in die Lehrpläne übernommen werden. Das hatte schon damals Leonhardt »als Mann der Praxis« klar erkannt.

Nahezu parallel zu dem Berufungsverfahren von Fritz Leonhardt lief auch dasjenige für die Nachfolge von Maier-Leibnitz, das Walter Pelikan für sich entschied, der 1956 auf den, wie es damals noch hieß, Lehrstuhl für Statik B und konstruktiven Ingenieurbau B berufen wurde. Auch Pelikan war mit der Teilung der Statik in A und B nicht einverstanden und unterstützte die Bemühungen Leonhardts für einen eigenen Statiklehrstuhl.

Im Jahr 1957 erfolgten die obligatorischen Probevorträge für die Nachfolge Deiningers, die ich mir als Hilfsassistent des betroffenen Lehrstuhls natürlich mit großem Interesse anhörte. Leonhardt schreibt in dem zuvor zitierten Buch, »daß es der wohl schlechteste Vortrag meines Lebens wurde«.[2] Geschadet hat es ihm nicht. Er wurde 1957 auf den Lehrstuhl für Massivbau an der TH Stuttgart berufen und trat zum Sommersemester 1958 sein Lehramt an. Im gleichen Jahr wurde auch Friedrich Wilhelm Bornscheuer auf den neu gegründeten Lehrstuhl für Elastizitätslehre und Baustatik berufen.

Damit vertraten die drei Lehrstühle Bornscheuer, Leonhardt und Pelikan innerhalb der TH und späteren Universität die Gebiete des Bauwesens, die den konstruktiven Entwurf, die Errichtung und Standsicherheit von Hoch-, Industrie- und Brü-

Jörg Peter
My time with Fritz Leonhardt. Encounters and experiences

In preparation for my studies in civil engineering at the Technische Hochschule Stuttgart I served an apprenticeship as brick layer from 1951 till 1953. During this time I worked in 1952 at a building site in Fellbach, where a large workshop and office building were under construction. Structural design was in the hands of the engineering office Leonhardt und Andrä. To minimize the depth of long-span girders, they were prestressed by means of Leoba-tendons, named after Leonhardt and his partner Willi Baur. As far as I recall, this was the first time tendons developed for bridge construction were used in buildings.

Leonhardt visited the site frequently, to personally supervise the exact preparation and installation of the tendons. Since as apprentice I was a member of the "tendon installation team", I made the acquaintance of Fritz Leonhardt. When he heard that I wanted to study civil engineering, he explained to me at length the purpose of prestressed concrete and its difference to reinforced concrete by means of an example: "line up loosely a row of wood pieces on a base, drill a continuous hole through them, insert a steel rod with threads on each side, add nuts and tighten them with a wrench. This shall pull the rod and squeeze the wood pieces, or tie them together. Then you can lift the whole set at the ends, without a piece falling." This made sense to me. Later we have built at the Department of civil engineering models along this line, to demonstrate to students the principle of prestressing. During these early encounters with Leonhardt I could not imagine, that after my studies, I would work under his guidance as assistant at the department of civil engineering, with many opportunities for further contacts and collaboration in the years to come.

Appointment of Fritz Leonhardt as professor and successor to Karl Deininger

In 1939 Leonhardt's revered teacher Prof. Emil Mörsch was succeeded by Karl Deininger as chairman of statics in concrete construction and structural engineering at the Technische Hochschule Stuttgart. In the years after World War II prestressed-concrete construction developed rapidly and generated many theoretical and practical questions. For instance, the determination of the state of stresses in the zone of the application of prestressing was insufficient with mathematical methods of the time. Therefore Deininger established in 1954 the institute of photo-elasticity. To start with, the institute conducted photo-elastic studies on panel structures with transparent isotropic materials, such as plexiglass or araldite. Also the ends of beams, with combined prestressing and support stresses, were considered panels.

I began my studies in the fall semester 1953 and attended Deininger's lectures on »Massivbau« (concrete structures). One day he told us of the establishment of the institute for photo-elasticity and asked us students, if anyone would like to work as helper in this institute. I volunteered spontaneously and worked there part-time during my studies. After 17 years of teaching, Deininger died unexpectedly three months after his 60th birthday in 1956. His chair was suddenly deserted; Egon Ruoff and Hans-Otto Rittich, his assistants at the time, were commissioned to administer the department. Since there was much to do, I moved as helper to the chair of concrete structures.

Already by the end of 1956 the appointment procedure was initiated. Among several candidates also Leonhardt was asked, if he would be ready to follow a call (see pp. 141 ff.). In his autobiography[1] he writes, that in a preliminary hearing, he stipulated conditions: retaining his consulting bureau Leonhardt und Andrä, as being indispensable for staying in touch with practise; granting the position of a permanent assistant for administrative routine work, as well as positions for three more assistants. In addition he suggested the creation of a chair in statics, which was surely more than overdue! At Deininger's time statics were divided into statics A and B. Deininger taught statics A for mass-construction, while parallel to him Hermann Maier-Leibnitz taught statics B of steel structures. Although, due to mostly graphic analysis, statics were very descriptive, a new, comprehensive statics syllabus was needed, using modern calculation methods independent of construction materials. Leonhardt as "man of practical experience" clearly saw this.

Nearly parallel to the appointment procedures of Fritz Leonhardt went those for the successor of Maier-Leibnitz. Walter Pelikan was chosen to be the chair of statics B and engineering construction B, as known in 1956. Pelikan as well did not approve of the division into statics A and B and supported Leonhardt's endeavors for an independent chair of statics.

The prescribed sample lecture for Deininger's succession took place in 1957. As junior assistant at his department I listened with much interest. Leonhardt writes in the book quoted above, "… this was the worst lecture of my life".[2] It did not hurt him. In 1957 he was appointed chair of concrete structures at the Technische Hochschule Stuttgart and commenced lecturing in the spring semester 1958. In the same year Friedrich Wilhelm Bornscheuer was called as chair of the newly created discipline of science of elasticity and building statics.

Accordingly, within the university, the three chairs of Bornscheuer, Leonhardt and Pelikan handled in the faculty of building all specialties concerning structural design, stability and erection of building structures, industrial plants and bridges. The close contacts of the chairs and common tasks entailed a fruitful cooperation in teaching and research.

For research purposes the three chairs used the materials testing facility Otto-Graf-Institut, under the direction of Prof. Gustav Weil, and the institute for photo-elasticity, founded by Deininger. The latter's name was changed to institute for model-statics, headed and expanded by Robert K. Müller.

Leonhardt installed a special research team at the Otto-Graf-Institut and put René Walther in charge (see pp. 157 ff.). Tests and research covered stiffness, shear and torsion capacity of

ckenbauten betrafen. Aus der engen Verbindung der Lehrstühle untereinander und den gemeinsamen Aufgaben entstand eine enge und sich gegenseitig befruchtende Zusammenarbeit sowohl in der Lehre als auch in der Forschung.

Für Forschungszwecke standen den drei Lehrstühlen die Materialprüfungsanstalt unter Leitung von Prof. Gustav Weil zur Verfügung sowie das von Deininger gegründete spannungsoptische Institut, das in Institut für Modellstatik umbenannt und von Robert K. Müller geleitet und ausgebaut wurde.

Am Otto-Graf-Institut richtete Leonhardt eine eigene Forschungsgruppe ein und betraute René Walther mit deren Leitung (siehe S. 156 ff.). Beispiele für die dort durchgeführten Versuche waren Untersuchungen über die Steifigkeit und die Schub- und Torsionstragfähigkeit von Balken aus Stahlbeton und Spannbeton (Stuttgarter Schubversuche), die Ermittlung zweckmäßiger und damit wirtschaftlicher Bewehrungsanordnungen für übliche Stahlbetontragwerke, wandartige Träger, Schalen und Fundamente sowie langzeitige Kriech- und Relaxationsversuche am Beton und Leichtbeton.

Gemeinsame Lehrstuhlzeit

Bei seinem Antritt am Lehrstuhl für Massivbau übernahm Leonhardt zunächst die vorhandenen Mitarbeiter, also auch mich als Hilfsassistenten. Nach abgelegter Diplomprüfung im Juni 1958 wurde ich im Juli 1958 als wissenschaftlicher Angestellter und im Mai 1959 als erster Assistent unter Leonhardts Führung eingestellt. Nach dem Ausscheiden von Ruoff und Rittich kamen neue Assistenten hinzu, und Eduard Mönnig erhielt die Planstelle. Meine Diplomarbeit habe ich am Institut für Spannungsoptik angefertigt. Für eine auskragende Wandscheibe mit türgroßen Öffnungen als Bestandteil der sogenannten »Feidner-Bauweise« waren die Größe der Hauptzug- und Hauptdruckkräfte zu ermitteln und die zugehörigen Trajektoren darzustellen, außerdem die erforderliche Bewehrung und eine praktikable Bewehrungsführung vorzuschlagen. Diese Arbeit war die erste Diplomarbeit, die Leonhardt nach seiner Berufung korrigierte und die bei ihm großes Interesse fand.

Deininger hatte noch die gesamten Lehrinhalte an die Tafel geschrieben, dagegen erkannte Leonhardt sofort die Wichtigkeit und Notwendigkeit von Manuskripten. Und so begannen wir Assistenten unter seiner Anleitung und Mitwirkung von Mönnig, den gesamten Stoff über Stahlbeton, Spannbeton, Hochbauten und Massivbrücken systematisch als Grundlagen für die Vorlesungen aufzuarbeiten. Die Manuskripte mußten fortlaufend überarbeitet werden, um neue Erkenntnisse und Verfahren sowie geänderte Normen zu berücksichtigen. Zudem flossen Zug um Zug die Erkenntnisse aus den erwähnten Versuchen und Untersuchungen der Forschungsgruppe Leonhardt am Otto-Graf-Institut in die Manuskripte ein. Diese bildeten später die Basis für die von Leonhardt und Mönnig herausgebrachte sechsteilige Reihe *Vorlesungen über Massivbau*,[3] genannt die »roten Bücher«, Bestseller der Fachliteratur, sowie für Leonhardts vielbeachtete Veröffentlichung *Über die Kunst des Bewehrens von Stahlbetontragwerken*.[4]

Gegen Ende der 1950er Jahre begannen – u. a. auch am Lehrstuhl – die Vorbereitungsarbeiten für die zweite Auflage des bekannten Buches *Spann-beton für die Praxis*, die 1962 erschien.[5] Leonhardt betraute mich mit der Neubearbeitung des Kapitels 12, »Die rechnerische Behandlung der Einflüsse des Schwindens und Kriechens des Betons«.

Neben diesen technisch-wissenschaftlichen Tätigkeiten waren von uns Assistenten der Vorlesungsbetrieb vorzubereiten, Übungen zu halten, Studenten zu betreuen und Prüfungs- sowie Diplomarbeiten zu korrigieren. Letztere wurden gemeinsam mit Leonhardt durchgesprochen, der diese dann auch benotete. Leonhardt legte stets großen Wert darauf, seine Vorlesungen selbst zu halten, und stimmte seinen dicht gedrängten Terminkalender entsprechend ab. Nur in wichtigen Ausnahmefällen übernahm Mönnig oder einer der Assistenten eine Vorlesung.

Leonhardt arbeitete viel, sehr viel, bis zu 80 Wochenstunden, wie er selbst in seinen *Erinnerungen* schreibt. Auch während seiner Urlaube konnte er nicht ohne Arbeit sein. So mußte ich ihn, um wichtige Dinge durchzusprechen, mehrmals in Oberstaufen besuchen, wo er jedes Jahr eine Schrothkur absolvierte. Während seines Winterurlaubs in der Silvretta empfing er mehrere Assistenten, um über Vorlesungen und Manuskripte zu sprechen, aber auch um eine zweitägige Skitour zur Wiesbadener Hütte und auf die Dreiländerspitze zu unternehmen. Leonhardt war ein begeisterter Skitourengeher und wanderte viel und gerne. Auch an einem Lehrstuhlausflug nach Bürstegg, einer Alm zwischen Lech und Warth am Arlberg, zu der man 300 Höhenmeter mit Fellen aufsteigen mußte, hat er mit großer Freude teilgenommen.

Am Lehrstuhl für Massivbau waren wir ein gutes Team, Assistenten und Mitarbeiter paßten gut zusammen. Stellvertretend möchte ich Gerhard Aldinger, Hans Dietrich, Hansjörg Frühauf, Rudi Gebauer, Dieter Netzel, Horst Reimann und Otto Vogler, der leider schon verstorben ist, nennen. Ein guter Zusammenhalt wurde verstärkt durch sportliche Aktivitäten, gemeinsame Ski- und Bergtouren, Faustball und Schwimmen. Fritz Leonhardt unterstützte uns auch in dieser Hinsicht und war sehr stolz, wenn wir regelmäßig hochschulinterne Wettkämpfe zwischen den Lehrstühlen und Instituten gewannen. Als sich Otto Vogler aus Wien, empfohlen von Alfred Pauser, fachlich bestens vorbereitet, jedoch sichtlich nervös zum Vorstellungsgespräch in Stuttgart einfand, lautete des großen Meisters erste Frage »Können Sie schwimmen?« und seine zweite »Können Sie Ski fahren?« Vogler – völlig perplex – konnte beides und außerdem noch mehr und bekam die Stelle.

Doch zurück zum Fachlichen. Leonhardt schrieb unzählige Veröffentlichungen in nationalen wie auch internationalen Zeitschriften und Büchern. Er verstand es hervorragend, seine Mitarbeiter sowohl vom Lehrstuhl als auch von seinem Büro hierfür einzusetzen. Man mußte jedoch darauf achten, auch als Mitautor genannt zu werden.

Leonhardt hatte zudem viele Doktoranden, von denen ich stellvertretend einige nennen möchte, deren Arbeiten ich während meiner Assistententätigkeit miterlebt habe und die ein Bild geben über die vielfachen Probleme, mit denen Leonhardt sich beschäftigte und die er geklärt wissen wollte: Michael Saregious, »Beitrag zur Ermittlung der Hauptzugspannungen am Endauflager vorgespannter Betonbalken«, Jörg Schlaich, »Die Gewölbewirkung in durchlaufenden Stahlbetonplatten«,

plain reinforced and prestressed-concrete beams (Stuttgart shear tests); determination of appropriate and economical distribution of reinforcement in common structures, panel like beams, shells and foundations; long-term creep and relaxation in ordinary and light weight concrete.

Together at the department

When taking the chair of concrete structures, Leonhardt kept the existing staff, among it myself as auxiliary assistant. Receiving my diploma in June 1958 I became in July 1958 a scientific employee and in May 1959 first assistant under Leonhardt's leadership. After the departure of Ruoff and Rittich new assistants joined us, Eduard Mönning on permanent basis. I prepared my diploma thesis at the institute of photo-elasticity. I had to determine principal tension and compression forces and their trajectories in a cantilevering wall panel with door-size openings, similar to the "Feidner construction system" of the day. In addition I had to propose amount and distribution of reinforcement. This was the first diploma thesis which Leonhardt corrected with great interest.

Deininger still had written the content of his lectures on the blackboard, but Leonhardt perceived the importance and necessity of manuscripts. Accordingly, with his guidance and the help of Mönnig, we assistants systematically began to collect all material about reinforced concrete, prestressed concrete, building construction and bridge building, as basis for his lectures. The manuscripts required continuous editing, to include new insights and methods and to accommodate changes in technical standards. In addition, there was a constant flow of findings from the above mentioned tests and research by Leonhardt's team at the Otto-Graf-Institut. Later they formed the base for a six-part series *Vorlesungen über Massivbau*[3] by Leonhardt and Mönnig. They were known as the "Red Books" and bestsellers of professional publishing, similarly to Leonhardt's treatise *Über die Kunst des Bewehrens von Stahlbetontragwerken*.[4]

By the end of the 1950s began preparations – involving also our department – for the second edition of the universally known book *Spannbeton für die Praxis*, which appeared in 1962.[5] Leonhardt entrusted me with the new version of chapter 12, "Die rechnerische Behandlung der Einflüsse des Schwindens und Kriechens des Betons" (calculating the influences of shrinkage and creep on concrete).

Apart from such technical-scientific activity, we assistants had to prepare for lectures, conduct exercises, supervise students and to correct quizzes and diploma examinations. The latter were discussed with Leonhardt, who decided on the grade. Leonhardt placed much importance on lecturing himself and managed his crowded agenda accordingly. Only at important exceptions did Mönnig or one of the assistants take over a lecture.

Leonhardt worked a lot, a great lot, up to 80 hours per week, as he writes in his memoirs. Also during vacations he would not be without work. I had to visit him several times in Oberstaufen, were he passed his yearly Schroth treatment (sort of a health farm), to discuss important matters. During his winter break in the Silvretta mountains he met several assistants, to talk about lectures and manuscripts, but also to go on a two-day ski outing to the Wiesbaden hut and up to the Dreiländerspitze (three-country peak). He was an enthusiastic cross-country skier, he loved to hike. He gladly participated in a departmental excursion to Bürstegg, a pasture between Lech and Warth on the Arlberg, requiring a 300 m climb on skis with skins.

Our department of concrete structures formed a fine team, all staff was in harmony. I want to mention Gerhard Aldinger, Hans Dietrich, Hansjörg Frühauf, Rudi Gebauer, Dieter Netzel, Horst Reimann and Otto Vogler – who is regrettably deceased. Our firm friendship was enhanced by sports activities such as mountaineering, touch ball and swimming. Fritz Leonhardt supported us also in this and was proud, when we repeatedly won competitions among departments and institutes. When Otto Vogler from Vienna, recommended by Prof. Alfred Pauser, professionally fully prepared, but obviously nervous, appeared to an introductory meeting in Stuttgart, our master's first question was "can you swim?", the second was "can you ski?" Perplexed Vogler could both and much more, he got the position.

Back to our subject. Leonhardt published widely in national and international periodicals and books. He knew very well how to make use of his collaborators at the department or in his office. We had to make sure, to be mentioned as contributors. He also had many doctoral candidates, whose thesis I followed up as assistant and which reflect the many problems Leonhardt dealt with, searching for their resolution. I am listing a few representative examples:

Michael Saregius, "Beitrag zur Ermittlung der Hauptzugspannungen am Endauflager vorgespannter Betonbalken" (contribution to the determination of principal tensile stresses at the end support of prestressed-concrete beams), Jörg Schlaich, "Die Gewölbewirkung in durchlaufenden Stahlbetonplatten" (vaulting action in continuous reinforced concrete slabs), Horst Reinmann, "Zur Bemessung von dünnen Plattenbalkendecken auf Stützen ohne Kopf gegen Durchstanzen" (on the dimensioning of thin T-beam slabs against punching by columns without top-plate), and Harald Lenk, "Über das Schwingungsverhalten von Spannbeton- und Stahlbetonbalken" (on vibration in prestressed and ordinary reinforced concrete beams), including measurements at the Stuttgart TV tower.

A small story about this last work: the mechanical oscillation-recorder, writing with ink (today an antiquated instrument, but then the best thing available), could not be on all the time. I had the task to activate the instrument, when there was sufficient wind, and to ensure the supply of ink. However, these measurements did not include the natural frequency of the tower. For this we needed a predetermined push under calm conditions. To this end a long steel cable was attached to the base of the antenna and stretched down at 45° to a heavy mobile crane on the empty parking. The crane pulled the cable tight as much as possible, then the cable was cut. The resiliency of the tower induced oscillations, which could be measured, including their

Horst Reinmann, »Zur Bemessung von dünnen Plattenbalkendecken auf Stützen ohne Kopf gegen Durchstanzen« und Harald Lenk, »Über das Schwingungsverhalten von Spannbeton- und Stahlbetonbalken« mit Messungen am Stuttgarter Fernsehturm.

Zu dieser Arbeit eine kleine Geschichte: Da die mechanischen Schwingungsmesser mit Tintenschreiber (aus heutiger Sicht ein antiquiertes Instrument, aber damals das beste, was es gab) nicht dauernd in Funktion sein konnten, wurde mir die Aufgabe erteilt, bei entsprechenden Windstärken das Gerät einzuschalten und für genügend Tintenvorrat zu sorgen. Im Rahmen dieser Messungen konnte jedoch die Eigenfrequenz des Turmes nicht gemessen werden. Dazu war ein dosierter Anstoß bei Windstille notwendig. Zu diesem Zweck fand an einem windstillen Tag ein Versuch statt. Vom Fuß der Antenne aus wurde ein langes Stahlseil unter ca. 45 Grad Neigung bis zum Boden der geräumten Parkplätze geführt und dort an einem der schwersten Autokräne befestigt. Dann zog der Kran, so stark es sein Gewicht zuließ, das Seil an, wodurch sich der Turm geringfügig, aber für die angestrebte Messung ausreichend auslenkte, und das Seil wurde durchgeschnitten. Infolge der Rückfederung wurde der Turm in Schwingungen versetzt, wobei das Eigenschwingungsverhalten und die Dämpfung mit den installierten Schwingungsmessern bestimmt werden konnten. Da das Seil weithin sichtbar war, erschien am nächsten Tag ein Bild in der Zeitung mit der Frage, ob der Turm noch standsicher sei oder mit Seilen abgespannt werden müsse.

Ende 1960 trug mir Leonhardt ebenfalls eine Dissertation an mit dem Thema »Zur Bewehrung von Scheiben und Schalen für Hauptspannungen schiefwinklig zur Bewehrungsrichtung« und stellte mich von Aufgaben am Lehrstuhl teilweise frei. 1964 konnte ich meine Promotion abschließen. Erwähnen möchte ich, daß Prof. Gotthard Franz von der TH Karlsruhe Mitberichter war und Leonhardt bei der Dissertation von Fritz Ebner an der TH Karlsruhe zur gleichen Zeit und zum gleichen Thema, allerdings an Platten, als Mitberichter wirkte.

Nach einer sehr interessanten, abwechslungsreichen und dank Leonhardt überaus lehrreichen Zeit verließ ich 1965 nach fast sieben Jahren den Lehrstuhl.

Weitere Begegnungen mit Fritz Leonhardt

Noch kurz vor meinem Ausscheiden fragte mich Leonhardt, ob ich Lust hätte, in seinem Büro zu arbeiten. Ich lehnte ab, da ich mich selbständig machen wollte. Leonhardt akzeptierte diese Entscheidung und unterstützte mich sogar finanziell, indem ich für ihn in seiner Funktion als Prüfingenieur bautechnische Nachweise interessanter Bauvorhaben vorprüfen durfte. Auch vermittelte er mir Kontakte zu Heidelberger Zement, woraus sich für mein Büro eine langfristige Geschäftsbeziehung ergab.

Noch während meiner Assistententätigkeit ließ ich gegenüber Leonhardt mein Interesse an einer Tätigkeit im Ausland durchblicken. Kurz nach der Gründung meines Büros machte er mir das Angebot, einen Entwurf einer Spannbetonbrücke über den Ravi River bei Lahore in Westpakistan zu überarbeiten und anschließend vor Ort als resident engineer die Bauleitung zu übernehmen. Ich stimmte sofort zu und ging ein halbes Jahr nach der eigenen Bürogründung mit meiner Frau und drei kleinen Kindern für zwei Jahre nach Lahore. Da weder Leonhardt noch ich Erfahrungen mit den Lebensverhältnisse in Pakistan hatten, reichte das mit der pakistanischen Behörde vereinbarte Honorar in keiner Weise aus, und so mußte Leonhardt aus eigener Tasche einen erheblichen Betrag zuzahlen. Bei seinen Besuchen besichtigten wir auch Großbaustellen wie das Marala-Stauwehr und den Mangla-Staudamm. Zu Beginn der 1970er Jahre besuchten wir gemeinsam die Örtlichkeiten für eine weitere Brücke in Pakistan, die aber aufgrund veränderter politischer Verhältnisse nicht gebaut wurde.

Die Kontakte zwischen Leonhardt und mir haben auch in den Jahren danach nicht nachgelassen. So konnte ich mich u. a. auch bei ihm für seine anfängliche Hilfe zu Beginn meiner Selbständigkeit erkenntlich zeigen, indem ich ihn für die bautechnische Prüfung interessanter Bauwerke für die Zementindustrie, wie z. B. Silos und Wärmetauschertürme, vorschlug.

Im allgemeinen waren wir in der Beurteilung technischer Probleme einer Meinung. Nur in einer Sache haben wir heftig miteinander gestritten (siehe S. 130). Dies betraf ein Detail beim Wiederaufbau der Frauenkirche in Dresden. Der konstruktive Entwurf, die Erstellung der statischen Berechnung und Konstruktionspläne lagen in den Händen der Ingenieurgemeinschaft Fritz Wenzel, Karlsruhe, und Wolfram Jäger, Radebeul (IG). Die Baurechtsbehörde der Stadt Dresden beauftragte mich mit der Prüfung der statisch-konstruktiven Unterlagen. Da die inneren Hauptpfeiler der Kirche infolge der schweren Lasten der Hauptkuppel ursprünglich überlastet waren, mußte ein konstruktives Element gefunden werden, um beim Neubau die Pfeiler zu entlasten und dafür die wenig ausgenutzten Außenwände mehr zu belasten. Die IG hat zu diesem Zweck in voller Übereinstimmung mit mir einen frei schwebenden, nicht sichtbaren und nach außen verankerten, polygonal geführten vorgespannten Zugring vorgesehen. Leonhardt hat dagegen, obwohl er nicht an der Planung beteiligt und auch dazu nicht aufgefordert war, eine horizontale, fingerförmige Stahlbetonscheibe aus hochfestem Beton vorgeschlagen und gemeint, daß ich in meiner Funktion als Prüfingenieur seine Lösung durchsetzen solle. Dazu habe ich mich jedoch nicht bereit erklärt, da ich zusammen mit den Planern und dem Bauherrn die zuerst genannte Lösung, die auch realisiert wurde, für die eindeutig effektivere hielt. Leonhardt war darüber sehr verärgert, aber die Wogen haben sich dann doch wieder geglättet.

Angeregt durch Preisverleihungen bei anderen Berufsgruppen habe ich der Ingenieurkammer Baden-Württemberg vorgeschlagen, den Fritz-Leonhardt-Preis ins Leben zu rufen, um damit zum einen das Lebenswerk des weltweit bekannten Bauingenieurs auf Dauer zu ehren und zu würdigen und zum anderen das Ansehen des Berufsstands Bauingenieur innerhalb unserer Gesellschaft zu verbessern, wofür sich Leonhardt zeit seines Lebens vehement eingesetzt hat. Der Preis wurde und wird in dreijährigem Rhythmus vergeben. Die Verleihung des ersten Preises im Jahr 1999 konnte Leonhardt einen Tag nach seinem 90. Geburtstag und knapp ein halbes Jahr vor seinem Tod noch miterleben. Der vierte Preis wird am 11. Juli 2009 anläßlich seines 100. Geburtstags verliehen.

damping. The cable could be seen from afar and the day after, there was a newspaper picture with the question, whether the tower was unstable and needed to be stayed with cables!

By the end of 1960 Leonhardt proposed to me a dissertation with the subject "Zur Bewehrung von Scheiben und Schalen für Hauptspannungen schiefwinklig zur Bewehrungsrichtung" (on the reinforcement of panels and shells for principal stresses inclined to the prevailing reinforcement) and excused me of some departmental duties. In 1964 I received my promotion. To be mentioned, that Gotthard Franz of the Technische Hochschule Karlsruhe was my associated examiner, while at the same time Leonhardt was associated examiner at the university of Karlsruhe for the thesis on a similar subject concerning plates by Fritz Ebner.

After nearly seven years, which were thanks to Leonhardt most interesting, instructive and diverse, I left the department in 1965.

Further engagements with Fritz Leonhardt

Shortly before my departure, Leonhardt asked me, if I liked to work in his office. I declined, since I wanted to be independent. Leonhardt accepted my decision and even supported me financially, by enlisting me as preliminary checking engineer, preparing technical evidence from interesting projects. He also arranged contacts with the Heidelberger Zement company, resulting in long time business relations.

Already during my time as assistant, I intimated my interest in work abroad. Soon after I had established my office, he proposed that I should revise the design of a prestressed-concrete bridge over the Ravi River near Lahore in Pakistan and later be resident engineer in charge of construction. I agreed immediately and, three years after having opened my office, I went with my wife and three small children for two years to Lahore. My pay, as agreed with the Pakistani administration, was totally inadequate, neither Leonhardt nor I had experience with living conditions in Pakistan; Leonhardt had to pay substantially extra from his own pocket. During his visits we also went to the major construction sites of the Marala weir and the Mangla dam. Early in the 1970s we visited locations of further bridges in Pakistan, which were not built due to changed political conditions.

Contacts between myself and Leonhardt did not diminish in the following years. I also could reciprocate his help at the beginning of my independence, by proposing him for the technical evaluation of interesting constructions for the cement industry, such as silos and heat-exchange towers.

Normally, we had identical opinions when judging technical problems. Only in one case we had vehement debates. It concerned a detail of the Frauenkirche reconstruction in Dresden (see p. 131). The structural design, the calculation of statics and preparation execution drawings were in the hands of the joint office of Fritz Wenzel, Karlsruhe, and Wolfram Jäger, Radebeul. The building department of Dresden commissioned me with checking the documents dealing with statics and construction. Originally, the inner main piers of the church were overloaded by the heavy central cupola. For the reconstruction we wanted to shift some of the loads to the exterior walls. In full agreement with myself the engineers proposed a polygonal, externally anchored and hidden tie ring. Although not involved in the project and not asked for his opinion, Leonhardt proposed a horizontal RC disc with radiating beams of high-strength concrete. He urged me as controlling engineer, to insist on his solution. I was not ready to agree, since myself, the planners and the client considered our solution clearly more effective. So it was executed and Leonhardt was very cross; but the waves subsided after a while.

Stimulated by the establishment of prizes by other professions, I suggested to the Ingenieurkammer Baden-Württemberg, to create a Fritz Leonhardt prize to honor permanently the work of a world famous civil engineer, and to enhance the reputation of the civil engineering profession in our society. All his life Leonhardt was intensely dedicated to this. The prize is awarded in a three-year rhythm. In the year 1999 Leonhardt witnessed one day after his 90th birthday and hardly half a year before his death, the first awarding of this prize. The fourth prize shall be given on the 11 July 2009, on the occasion of his 100th birthday.

Hans-Wolf Reinhardt
Fritz Leonhardts Kontakte zur Materialprüfungsanstalt in Stuttgart

Als Fritz Leonhardt 1957 auf den Lehrstuhl Massivbau der TH Stuttgart berufen wurde und im April 1958 seine Tätigkeit aufnahm, hatte er sich vorgenommen, die Forschung auf dem Gebiet des Massivbaus mit Energie voranzutreiben. Vor dem Zweiten Weltkrieg hatte die Forschung in Stuttgart internationalen Rang. Emil Mörsch war durch seine theoretischen Arbeiten zur Bemessung und sein Standardwerk *Der Eisenbetonbau* bekannt. Otto Graf hatte zahlreiche Versuche zum Verbund von Stahl im Beton, zur Bewehrungsführung, zur Rißbildung und auch schon zur Vorspannung durchgeführt und ausführlich darüber veröffentlicht. Leonhardt wollte an diese Tradition anknüpfen. Bei seiner Berufung hat er mit dem damaligen Leiter des Otto-Graf-Instituts, wie die Materialprüfungsanstalt für das Bauwesen seit 1953 auch hieß, Friedrich Tölke, freie Wirkungsmöglichkeit für den Fall vereinbart, daß er die nötigen Mittel beschaffte. Aus diesem Grund hat Leonhardt zuweilen von »seinem« Institut gesprochen, wenn er vom Otto-Graf-Institut sprach. Leonhardt ist es tatsächlich geglückt, zahlreiche Zuwendungen aus der Industrie zu bekommen. Zudem gelang es ihm auch, bei öffentlichen Forschungsförderern, z.B. dem Deutschen Ausschuß für Stahlbeton und der Deutschen Forschungsgemeinschaft, Mittel für die Durchführung von Forschungsvorhaben einzuwerben. Im Zuge von Bauvorhaben, die er in seinem Ingenieurbüro bearbeitete, wurden weitere Forschungsaufträge akquiriert. Auch mit Mitteln seines Büros bezuschußte er manche Forschungsprojekte.

Anschaulich beschreibt Leonhardt in seinem Buch *Baumeister in einer umwälzenden Zeit*,[1] wie er auf die Suche nach einem Leiter seiner Forschungsgruppe ging. Er hatte zufällig einen Schweizer Bauingenieur in den USA kennengelernt, der seine Dissertation auf dem Gebiet der Schubtragfähigkeit vorbereitete. Dieser hatte an der ETH Zürich studiert und arbeitete jetzt in einem Forschungslabor in den USA. Er hatte also eine solide Ausbildung und praktische Versuchserfahrung, eine ideale Mischung für die neue Aufgabe. Leonhardt konnte 1960 René Walther überreden, seine Forschungsgruppe aufzubauen und zu leiten. Walther wurde dann Abteilungsleiter im Otto-Graf-Institut und blieb es bis 1968.

Die Abteilung Stahl und Stahlbeton wurde zum Zeitpunkt, als Leonhardt berufen wurde, von Gustav Weil geleitet. Weil war langjähriger Mitarbeiter von Graf und hatte große Erfahrung im Bau von Versuchseinrichtungen und in der Messtechnik. Aber die Anzahl der Mitarbeiter war zu gering, um alle Forschungsprojekte von Leonhardt ausführen zu können. Also mußten junge Diplomingenieure gefunden werden, die in der Forschung arbeiten wollten. Leonhardt erwähnt vier Namen, die für ihn besonders wichtig waren: Rainer Koch, Walter Dilger, Hannes Dieterle und Günter Schelling.[2] Diese bildeten die erste Generation von Versuchsingenieuren. Später kamen viele weitere hinzu, die bei Leonhardt promovierten oder deren Promotionen auf Anregungen von ihm zurückgingen.

Leonhardt sah in seinem Fach Massivbau noch erhebliche Lücken, die gravierendsten davon im Bereich von Schub und Torsion. Dort fand er sein erstes und sehr erfolgreiches Forschungsfeld. Die Schubbemessung ging auf Mörsch zurück, experimentell war aber schon festgestellt worden, daß die Spannungen in der Schubbewehrung deutlich kleiner waren als vorhergesagt. Also mußte die Theorie verbessert werden. Heute sind die »Stuttgarter Schubversuche« von Leonhardt und Walther Klassiker der Schubliteratur.[3] Mörsch ging in seiner Theorie davon aus, daß sich im Querkraftgebiet eines Biegeträgers schiefe Hauptzug- und Hauptdruckspannungen ausbilden. Die Hauptzugspannungen müssen von unter 45 Grad aufgebogenen Bewehrungsstäben aufgenommen werden, während die Hauptdruckspannungen den Betondruckstreben zwischen den Rissen zugewiesen werden. Ein Gleichgewicht der Kräfte ist nur möglich, wenn die Stäbe unter 45 Grad und die Schubrisse rechtwinklig dazu auch unter 45 Grad verlaufen. Wenn die Risse steiler werden, wie dies bei großen Momenten und kleinen Querkräften der Fall ist, können sich die gedachten Betonstreben nicht mehr ausbilden. Bei senkrechten Biegerissen und senkrechten Bügeln stellt sich ein anderes Tragsystem ein, das man als Bogen mit Zugband beschreiben kann. Das Ziel der Stuttgarter Schubversuche war einerseits, die Theorie zu verbessern und damit die berechnete Schubtragfähigkeit zuverlässiger zu machen, und andererseits, wirtschaftlicher zu bemessen. Zudem hatten seit Mörsch die Betonstähle eine höhere Festigkeit und waren im Gegensatz zu den früheren glatten Stählen gerippt.

Den Einflußfaktoren sollte konsequent nachgegangen werden, indem möglichst je Versuch nur ein Parameter variiert wurde. Dazu wurde ein ausführlicher Versuchsplan entworfen, der mit rechteckigen Einfeldbalken ohne Schubbewehrung begann. Damit sollte der Einfluß des Längsbewehrungsgrads, des Verbunds und der Belastungsart geklärt werden. Außerdem wurden das Momentenschubverhältnis und die absolute Balkenhöhe variiert. Im Hinblick auf die Neubearbeitung der DIN 1045 war es auch nötig, auf Schub hoch bewehrte Balken zu prüfen, vor allem um die maximale Schubtragfähigkeit in Abhängigkeit von der Betonfestigkeit zu bestimmen. Die Versuchsberichte wurden sehr ausführlich publiziert und können hier im einzelnen nicht beschrieben werden. Aber einige Schlußfolgerungen sollen erwähnt werden:
– Bei den Balken ohne Schubbewehrung ergab sich, daß die Schubtragfähigkeit durch die Verbesserung der Verbunds erhöht wird.[4]
– Mehrere dünnere Längsstäbe sind günstiger als wenige dicke.
– Bei schlechtem Verbund entstehen klaffende Biegerisse, und der Balken trägt als Bogen mit Zugband.
– Der Einfluß der absoluten Balkenhöhe ist beträchtlich. Mit zunehmender Balkenhöhe nahm die auf die Balkenhöhe bezogene Bruchlast deutlich ab. Da die Versuche nur bis 29 cm Höhe durchgeführt wurden und sich dabei schließlich ein flacher Kurvenverlauf ergab, wurde gefolgert, daß der Größeneinfluß bei noch höheren Balken nicht mehr ins Gewicht falle, eine damalige Einschätzung, die heute widerlegt ist.
– Bei der Ausbildung der Schubbewehrung wurde die Wirksamkeit wie folgt ermittelt: Am besten wirken schräge Bügel mit geringem Abstand, danach folgen lotrechte Bügel in engem Abstand, danach kommen schräge und lotrechte Bügel in üblichem Abstand, und am Schluß folgen Schrägstäbe.

Hans-Wolf Reinhardt

Fritz Leonhardt's contacts with the materials testing institute in Stuttgart

When Fritz Leonhardt in 1957 received the call as chair of the department of concrete structures at the Technische Hochschule Stuttgart, and in April 1958 took up his function, he was determined to pursue research in concrete construction with all his energy. Before the Second World War, research in Stuttgart had attained international fame. Emil Mörsch had become known through his theoretical work on dimensioning and his standard treatise *Der Eisenbetonbau, seine Theorie und Anwendung* of 1902. Otto Graf carried out many tests on bonding between steel and concrete, the layout of reinforcement, formation of cracks, even on pretensioning, resulting in much publishing. Leonhardt wanted to continue this tradition. At his appointment he agreed with Friedrich Tölke, then head of the Otto-Graf-Institut – as the materials testing labs were called since 1953 – to have full independence of action, as long as he secured the necessary financing. For this reason Leonhardt liked to speak of "his" institute when referring to the Otto-Graf-Institut. Indeed, Leonhardt succeeded in raising numerous grants from industry. He also obtained funds from public agencies, such as the German board for reinforced concrete and the Deutsche Forschungsgemeinschaft. Projects studied in his engineering office led to further research commissions. He also supported some research projects with money from his own engineering practise.

In his book *Baumeister in einer umwälzenden Zeit*[1] he describes vividly the search for the head of his research team. By chance he met in the USA a Swiss civil engineer, who prepared a dissertation on shear capacity of reinforced concrete. He had studied at the ETH Zürich and worked in a research lab in the USA. With a solid formation and practical research experience, he had the ideal mix for the new task. In 1960 Leonhardt persuaded René Walther to organize and direct his team. Until 1968 Walther was department head in the Otto-Graf Institut, resulting in a successful collaboration.

At the time of Leonhardt's appointment, Gustav Weil directed the department of steel and reinforced concrete. He had been a longtime colleague of Graf, having much experience in testing arrangements and measuring techniques. However, the number of assistants was too small to handle all of Leonhardt's research projects. They had to find young graduate engineers, interested in research. In the book mentioned above, Leonhardt gives four names of importance: Rainer Koch, Walter Dilger, Hannes Dieterle and Günter Schelling.[2] They formed the first generation of research engineers. Later on many more joined them, whose promotion had been accompanied or encouraged by Leonhardt.

Leonhardt discovered in his specialty of reinforced concrete considerable gaps, most seriously in the field of shear and torsion. This became his first and most successful subject of study. Design for shear was based upon the work of Mörsch, but experiments had shown, that stresses in shear reinforcement were much smaller than anticipated. The theory had to be improved. Today the Stuttgart shear experiments by Leonhardt and Walther are classics in shear literature.[3] Mörsch based his theory on the assumption, that in the shear zone of a beam under bending, inclined compression and tension stresses would develop. Principal tensile stresses must be absorbed by 45° bars, while main compression forces were taken up by thrust reinforcement between cracks. Equilibrium of forces was only possible, when the bars were at 45° and the shear cracks at right angle to them, also with 45° inclination. Steeper cracks, as the case with big moments and small shear, cannot be handled this way. Vertical bending fissures and vertical tie-bars belong to the arch-and-tension-cord system. The aim of the Stuttgart shear experiments was to improve theory, thus allowing a more accurate calculation of shear stresses with resulting economy. In addition, since Mörsch, reinforcing steel had higher strength and was ribbed.

In each testing procedure only one parameter was changed, in order to identify the influencing factors. A detailed testing schedule was elaborated, starting with rectangular single span beams without shear reinforcement. This was to clarify the influence of longitudinal reinforcement, bond and type of load. Moment-shear ratio and height of beam were also varied. In view of the revision of DIN 1045, shear in highly reinforced beams had to be studied, particularly to establish maximum shear capacity in relation to concrete strength. The test reports are very detailed and cannot be covered here. But some conclusions are in order:

– Beams without shear reinforcement have an increased shear capacity as bonding improves.[4]

– Many thin rods are better than few heavy ones.

– Poor bonding entails big bending cracks and the beam acts like an arch with tie rod.

– The influence of beam height is important. With increasing beam height, the load at failure related to beam height diminishes significantly. Since the tests were limited to a maximum beam height of 29 cm, resulting in a flat curve, it was felt, that a further increase of height was not of interest. This interpretation has been disproved, but is still a cause for hot debate.

– Regarding the design of shear reinforcement, its effectiveness was established as follows: best are closely spaced, inclined ties. Next come vertical ties, then closely spaced inclined and vertical ties as usual, with diagonal bend-up bars at the ends.

– Tests with heavy shear reinforcement revealed, that inclined principal compression stresses are much higher than calculated shear stresses. The beam center fails at cube strength of the concrete. The width of shear cracks at inclined ties is a third of cracks at vertical ties.

– From the above the authors deduced much higher permitted stresses then in force at the time. They proposed reinforcing rules, which are still valid today. Further tests [5] involved T-beams and continuous beams, leading to important results.

In the year 1968 René Walther left the Otto-Graf-Institut and Ferdinand Rostásy succeeded him as head of the department until 1976. The successful collaboration of Fritz Leonhardt with the Otto-Graf-Institut continued without interruption. Beams of variable height and T-beams with simultaneous tension were studied concerning shear behavior.[6]

Torsion is closely related to shear; no wonder, Leonhardt studied it. On the occasion of its 75th anniversary, the company Beton- und Monierbau provided Leonhardt with significant funds to conduct torsion tests of prestressed box-girders. These large-scale tests were made in the Otto-Graf-Insti-

– Aus den Versuchen mit hoher Schubbewehrung konnten einige Folgerungen gezogen werden. Die schiefen Hauptdruckspannungen sind viel höher als die rechnerischen Schubspannungen. Der Steg versagt, wenn die Prismendruckfestigkeit des Betons erreicht wird. Schubrißbreiten bei schrägen Bügeln sind nur ein Drittel so groß wie bei senkrechten Bügeln.

– Die Autoren haben daraus zulässige Spannungen abgeleitet, die deutlich über die damals gültigen hinausgingen, und sie haben Bewehrungsregeln vorgeschlagen, die heute noch gültig sind. In weiteren Versuchsreihen[5] wurden Plattenbalken und Durchlaufträger untersucht.

Im Jahr 1968 schied René Walther aus dem Otto-Graf-Institut aus, und Ferdinand Rostásy folgte ihm als Abteilungsleiter bis 1976. Die Zusammenarbeit Fritz Leonhardts mit dem Otto-Graf-Institut lief ohne Unterbrechung erfolgreich weiter. Auf dem Gebiet des Schubs wurden Träger mit veränderlicher Höhe sowie Balken und Platten mit gleichzeitigem Längszug untersucht.[6]

Torsion hängt eng mit Schub zusammen, und so war es nicht verwunderlich, daß sich Leonhardt damit beschäftigte. Anläßlich des 75jährigen Geschäftsjubiläums der Firma Beton- und Monierbau ist es ihm gelungen, einen beträchtlichen Betrag für Torsionsversuche an vorgespannten Hohlkastenträgern zu bekommen. Die Versuche waren als Großversuche geplant und wurden im Otto-Graf-Institut durchgeführt.[7] Noch viele Jahre später lagen die eindrucksvollen Versuchskörper im Außenbereich des Instituts und wurden von zahlreichen Besuchern bewundert. Als wesentliche Ergebnisse wurden ermittelt:

– Wie bei Schub zeigte es sich, daß die Hauptdruckspannungen für einen Torsionsbruch maßgebend sind, wenn die Hauptzugspannungen ausreichend durch Bewehrung abgedeckt sind.

– Gegenüber den damaligen Bemessungsvorschriften konnten die Druckspannungen wesentlich erhöht werden.

– Zur Rißbreitenbeschränkung sollte die Bewehrung in Richtung der Zugtrajektorien verlegt werden.

– Bei Hohlkasten für Brücken empfiehlt sich ein hoher Vorspanngrad.

– Die zulässigen Hauptdruckspannungen dürfen für Querkraft und Torsion nicht höher angesetzt werden als für Querkraft allein.

Diese Erkenntnisse sind auch heute noch gültig. Später wurden noch umfangreiche Versuche an Rechteckbalken durchgeführt, deren Ergebnisse in die Bemessungsnormen einflossen.[8]

Eine umgangreiche Forschungsarbeit, die am Otto-Graf-Institut durchgeführt wurde, betraf das Tragverhalten wandartiger Träger.[9] Leonhardt hatte bei seiner Entwurfstätigkeit von Hochbauten die Erfahrung gemacht, daß die Bemessung solcher Träger im gerissenen Zustand noch wenig erforscht war. Aufgrund der bisherigen Schubversuche mußte man davon ausgehen, daß die vorhandenen Bemessungsregeln zu konservativ waren und daß es wirtschaftlichere Möglichkeiten gab. Das Versuchsprogramm umfaßte Einfeldträger und Zweifeldträger mit unterschiedlicher Bewehrung, Belastungsart und Lagerungsart. Die wesentlichen Ergebnisse der Einfeldträger waren:

– Die Hauptbewehrung ist auf ein Fünftel der Trägerhöhe zu verteilen;

– die Schwächung der Hauptbewehrung durch aufgebogene Stäbe vermindert die Bruchlast;

– die Bruchgefahr liegt in den schiefen Hauptdruckspannungen;

– zur Reduzierung der Rißbreiten ist eine enge orthogonale Bügelbewehrung einzulegen.

Bei den Zweifeldträgern war auch die schiefe Druckstrebe an der Mittelstütze für den Bruch maßgebend. Die Bewehrung in Form einer Hauptbewehrung im unteren Fünftel der Wand und weiterer horizontalen und vertikalen Bügeln war ausreichend. Aufgrund dieser Ergebnisse konnte die Bewehrung wandartiger Träger sehr vereinfacht werden.

Zwang tritt auf, wenn sich Bauteile verkürzen, z.B. durch Temperaturänderungen oder Schwinden des Betons. Eigenspannungen entstehen durch eine nichtlineare Dehnungsverteilung in einem Querschnitt, z.B. durch einseitige Abkühlung oder Austrocknung. Leonhardt interessierte sich besonders für diese Probleme, seit sichtbare Risse im Fernsehturm von Stuttgart aufgetreten waren. Im persönlichen Gespräch hat er betont, daß die Bewehrung im Turm zu gering gewählt wurde und daß damals (also 1955) die Regeln für die Mindestbewehrung noch nicht bekannt waren. Das veranlaßte ihn, systematische Versuche auszuführen. Sein Mitarbeiter Horst Falkner hat sich dieser Thematik gewidmet und Bemessungsregeln für Zwang und Eigenspannungen abgeleitet, wobei er diese durch Versuche im Otto-Graf-Institut verifiziert hat.[10] Bei seinen Untersuchungen ergaben sich wesentlich höhere Bewehrungsgrade als bisher üblich, die in der Fachwelt zunächst angezweifelt wurden. Nach und nach setzte sich aber die Einsicht durch, daß diese Bewehrungsgrade richtig und notwendig sind. Seither ist die Bemessung auf Zwang, vor allem bei langen kontinuierlichen Tragwerken, Stand der Technik. Leonhardt hat dazu weitere Versuche, u.a. an Leichtbetonwänden, durchgeführt.[11]

Er legte immer großen Wert auf richtige Detaillierung der Bewehrung, richtig im Sinn von physikalisch begründet und wirtschaftlich verantwortlich. So verwundert es nicht, daß er dazu auch Versuche durchführte. Eine Versuchsreihe betraf Zugschlaufenstöße,[12] die ergab, daß die damalige DIN die Wirkung der Schlaufen bei kleinen Schlaufendurchmessern überschätzte. Ein anderes Versuchsprogramm betraf den Druckstoß von Bewehrungsstählen.[13] Die bisher übliche Art war der Übergreifungsstoß, der jedoch bei hoch bewehrten Stützen viel Platz beansprucht. So lag es nahe, den platzsparenden Kontaktstoß zu untersuchen. Dies geschah in mehreren Varianten, die zu überzeugenden Ergebnissen führten. Versuche mit hochfesten Stählen verfolgten auch das Ziel, die Bewehrung in hochbelasteten Stützen möglichst konzentriert auszubilden. Es wurde gezeigt, daß Stützen mit hochfestem Stahl vor allem für zentrischen Druck geeignet sind. Eine weitere Arbeit, die den Entwurf und die Bemessung von Stahlbeton betraf, beschäftigte sich mit Betongelenken.[14] Betongelenke sind in der Herstellung einfach und billig. Die Bemessungsvorschriften waren jedoch auf der sehr sicheren Seite, vor allem, was die einzulegenden Bewehrungsstäbe und die zulässigen Druckspannungen betrifft. Aus den Stuttgarter Versuchen wurde gefolgert, daß eine zulässige Spannung bis zum 1,8fachen der Prismendruckfestigkeit möglich ist, wenn die Gelenkgeometrie entsprechend ausgebildet und das Gelenk durch zentrische Dübelstäbe gesichert wird. Der Bericht ist sicher nicht vollständig, er könnte um weitere Arbeiten ergänzt werden.

1, 2. Materialprüfungsanstalt in Stuttgart, Torsions-
und Schubversuche, 1961.

1, 2. Materials testing institute in Stuttgart, torsion
and shear tests, 1961.

tut[7] and many years later, visitors still admired the impressive test pieces around the institute. Following a summary of the results:
– As with shear, the principal compression stress is critical for torsion failure, if the main tensile force is adequately taken care of.
– Compression stress could be significantly above the prevailing design standard.
– To limit the width of cracks, reinforcement should be placed in the direction of tensile trajectories.
– Box-profiles for bridges should be highly pre-stressed
– Permitted main compression stress must not be higher for shear or torsion than for shear alone.

These findings are still valid today. Later on extensive tests on rectangular beams were performed, the results of which became part of the design standards.[8]

Much research was done at the Otto-Graf-Institut on the behavior of bearing panels.[9] Structural design for buildings showed Leonhardt, that the failure of bearing panels had hardly been studied. Past shear research suggested, that the current rules of design were too strict, blocking more economical solutions. The testing program comprised single- and double-span beams with varying reinforcement, loading and supports. The single-span tests gave the following results:
– Principal reinforcement should be within one fifth of the beam height;
– the weakening of the main reinforcement by use of bend-up bars reduces the failure load;
– danger of failure is mainly due to inclined compression stresses;
– to reduce cracks, closely spaced orthogonal stirrups are recommended.

In double-span beams the inclined compression bars at the support in the middle sometimes lead to failure, while the main reinforcement in the lower fifth of the panel with adequate horizontal and vertical ties would suffice. In conclusion, the reinforcement of wall-like supports could be greatly simplified.

We experience restraint, when building parts shorten, either through temperature change or concrete shrinkage. Residual stress results from a non-linear distribution of elongation in a cross section, caused by one-sided cooling or drying. Since the appearance of cracks in the television tower of Stuttgart, Leonhardt took particular interest in such problems. He told me, that there was too little steel in the tower, since at the time (1955) no rules for minimal reinforcement were in force. He conducted systematic tests, his colleague Horst Falkner took up the problem and formulated design rules for restraint and residual stresses, verifying the tests in the Otto-Graf-Institut.[10] His studies arrived at much higher reinforcement rates than usual, meeting with doubt in professional circles. By and by the understanding spread, that such reinforcement rates are correct and necessary. Since then the design based on restraint, particularly for long, continuous structures, is accepted practise. Leonhardt conducted further experiments along these lines, e.g. on lightweight concrete walls.[11]

Leonhardt placed great importance on correctly detailed reinforcement, in the sense of being physically justified and economically feasible. No wonder, he conducted experiments on this problem. A test sequence regarding tensile bar hooks[12] indicated, that the current DIN (German industrial standard) overestimated the effect of hooks with small diameter. Other testing concerned splicing of compression bars.[13] Up to then overlapping was the common method, but it required much space in highly reinforced columns. Therefore space-saving contact joints were studied. Several variations were tried, leading to convincing results. Trials with high-strength steels had the aim of concentrating reinforcement in heavily loaded supports. It could be shown, that supports with high-strength steel are most suitable for concentric loads. Further work concerning design and dimensioning of reinforced concrete dealt with concrete hinges.[14] Their production is simple and cheap, but the design standards were too much on the safe side, particularly for the minimum of bars and permitted stresses. The Stuttgart studies indicated, that a permissible stress of 1.8 times the cube strength of concrete is possible, provided a proper hinge geometry and the addition of dowel bars. This report is not complete and could be supplemented by additional work.

Werner Sobek
Vom Institut für Massivbau zum Institut für Leichtbau Entwerfen und Konstruieren. Das Institut nach der Emeritierung von Fritz Leonhardt

Die Wurzeln des heutigen ILEK, des Instituts für Leichtbau Entwerfen und Konstruieren, gründen zu einem guten Teil in den 1960er und 1970er Jahren des 20. Jahrhunderts. In dieser Zeit wirkte Fritz Leonhardt als Nachfolger von Emil Mörsch und Karl Deininger als Ordinarius und als Direktor des Instituts für Massivbau an der Universität Stuttgart. Fritz Leonhardt und das Institut für Massivbau erlangten durch Arbeiten zur Erforschung der Stahl- und Spannbetonweise, durch die Entwicklung hoher Türme aus Stahlbeton sowie durch die Weiterentwicklung des Brückenbaus weltweites Renommee. Nach der Emeritierung von Fritz Leonhardt prägte Jörg Schlaich für ein Vierteljahrhundert die weitere Entwicklung des Instituts grundlegend. Wesentliche Merkmale seiner Arbeit waren dabei die Einführung des werkstoffübergreifenden Bemessens und Konstruierens sowie die Einführung des Entwerfens in die Ausbildung der Studierenden. Der Autor, Schüler von Jörg Schlaich, übernahm schließlich 2001 dessen Nachfolge und die Leitung des Instituts.

Die folgende Skizze beschreibt die Entwicklungen, die das Institut unter den beiden Nachfolgern von Fritz Leonhardt – Jörg Schlaich und dem Autor – genommen hat.

Schlaich übernahm im Oktober 1974 als Nachfolger Leonhardts den Lehrstuhl für Massivbau und das Institut für Massivbau an der Universität Stuttgart. Die unter Leonhardts Direktorat eingerichtete zweite Professur, die Eduard Mönnig bis 1975 innehatte, wurde im August 1976 von Kurt Schäfer übernommen. Gemeinsam mit diesem widmete sich Schlaich in den folgenden Jahren einer Vielzahl von Forschungsthemen. Unter anderem entwickelte er dabei wichtige Grundlagen und Methoden der Planung, des Bemessens und des Konstruierens von Tragwerken.

Unter den Forschungsarbeiten aus dieser Zeit besonders hervorzuheben ist die auf Emil Mörsch zurückgehende, von Jörg Schlaich und Kurt Schäfer weiterentwickelte Methode der Stabwerkmodelle. Diese Methode stellt einen wesentlichen Beitrag zum Verständnis des Tragverhaltens von Stahl- und Spannbetonkonstruktionen dar; sie ist mittlerweile ein weltweit anerkanntes und vielfach genutztes Verfahren für das Bemessen und Konstruieren mit Stahl- und Spannbeton. Bei der Methode der Stabwerkmodelle wird der Kraftverlauf im Tragwerk durch Fachwerke bzw. Stabwerke aus jeweils geraden, stabförmig gedachten Elementen, die ausschließlich durch Druck- oder Zugkräfte beansprucht sind, idealisiert. Das so entstehende Stabwerkmodell dient als Konstruktions- und Dimensionierungsgrundlage für die einzelnen Bauteile.

Im Gegensatz zu nahezu allen anderen seiner Kollegen vertrat Schlaich schon früh die Überzeugung, daß nur durch eine werkstoffübergreifende Betrachtung eine für das jeweilige Bauteil optimale Materialwahl möglich sei. Dementsprechend entwickelte er zusammen mit Schäfer konsequent ein entsprechendes werkstoffübergreifendes Lehrkonzept und benannte folgerichtig das »Institut für Massivbau« in »Institut für Konstruktion und Ent-

wurf« um. Mit dieser Umbenennung wurde die traditionelle Einteilung der Universitätsinstitute nach Baustoffen – zumindest an der Universität Stuttgart – endgültig aufgehoben.

Unter der Leitung von Jörg Schlaich öffnete sich das Institut auch den Leichtbauweisen. Wesentliche Anstöße hierfür kamen aus der Befassung mit den Bauten der Olympischen Spiele in München, bei denen Schlaich als leitender Ingenieur zusammen mit seinem Team unschätzbar wertvolle Erfahrungen bei der Planung und dem Bau der großen Seilnetzdächer gemacht hatte. Der an der Universität Stuttgart angesiedelte Sonderforschungsbereich (SFB) 64 »Weitgespannte Flächentragwerke«, in dem das Team um Jörg Schlaich zunächst im wesentlichen für die Weiterentwicklung der Seiltragwerke verantwortlich zeichnete, später aber auch bei der Erforschung dünnwandiger Kontinua (sog. Membranen) wesentliche Beiträge lieferte, war ein weiterer Impuls für die Öffnung zu den Leichtbauweisen hin. Die Arbeiten im SFB 64 lieferten zudem wesentliche Anstöße für das Überschreiten der durch die Zuordnung von Universitätsinstituten zu einzelnen Werkstoffen gezogenen Grenzen, somit also für das werkstoffübergreifende Entwerfen und Konstruieren. Darüber hinaus entstand während der Mitwirkung im SFB 64 innerhalb des Instituts die Überzeugung, daß das Bauwesen gerade durch die interdisziplinäre Bearbeitung von Problemstellungen wesentlich weiterentwickelt und bereichert werden könnte.

Das interdisziplinäre Arbeiten sowie die Hinwendung zum Leichtbau wurden auch durch die Arbeiten von Frei Otto, der seit 1964 an der Universität Stuttgart wirkte, wesentlich beeinflußt. Fritz Leonhardt hatte, nach seiner Autobiographie, Frei Otto seinerzeit nach Stuttgart geholt. Bereits nach dem ersten Treffen der beiden Protagonisten im Jahre 1954 hatte sich eine produktive und zukunftsweisende Zusammenarbeit angebahnt – eine Zusammenarbeit, zu der natürlich immer wieder auch kontrovers geführte Diskussionen gehörten. Während der Zeit als Ordinarius für Massivbau gelang es Leonhardt 1964, Frei Otto für eine Lehrtätigkeit an der Universität Stuttgart zu gewinnen. Dieser gründete noch im selben Jahr das Institut für leichte Flächentragwerke (Abb. 1) und baute nachfolgend bei bahnbrechenden Projekten wie dem Deutschen Pavillon für die Expo '67 in Montreal und den Bauten für die Olympischen Spiele 1972 in München die interdisziplinäre Zusammenarbeit mit anderen Instituten weiter aus. Eine besonders wichtige Rolle spielte hierbei der bereits erwähnte SFB 64.

Nach der Emeritierung von Frei Otto nahm der Autor im Jahr 1995 den Ruf auf die Nachfolge von Frei Otto an, verbunden mit der Leitung des Instituts für leichte Flächentragwerke (IL) sowie des Zentrallabors für den konstruktiven Ingenieurbau. Er hatte bis dahin als Ordinarius in Hannover gewirkt und setzte mit seiner Berufung eine breite Verankerung des Instituts für leichte Flächentragwerke in beiden Fakultäten, also den Fakultäten für Architektur und Bauingenieurwesen der Universität Stuttgart, in Forschung und Lehre durch.

Wenige Jahre später berief die Universität Stuttgart den Autor auch zum Nachfolger von Jörg Schlaich. Gleichzeitig mit Übernahme des ehemals von Fritz Leonhardt besetzten Lehrstuhls und des zugehörigen Instituts verschmolzen die

Werner Sobek

From the institute for concrete structures to the Institute for Lightweight Structures and Conceptual Design. The institute after Fritz Leonhardt's retirement

The roots of today's ILEK, the Institute for Lightweight Structures and Conceptual Design, rest for a good part in the 60s and 70s of the 20th century. At this time Fritz Leonhardt, being the successor to Emil Mörsch and Karl Deininger, was professor and director of the institute for concrete structures at the Technische Hochschule Stuttgart. Fritz Leonhardt and the institute for concrete structures attained a worldwide reputation through their exploration of steel and prestressed concrete, the development of tall reinforced concrete towers and the advancement of bridge building. After the retirement of Fritz Leonhardt, Jörg Schlaich for a quarter of a century fundamentally marked the further development of the institute. Principal characteristics of his work were the introduction of multi-material dimensioning and building and the inclusion of design in the program of studies. The author, a disciple of Jörg Schlaich, in 2001 took over his office and the management of the institute.

The brief article to follow describes the evolution of the institute under the two successors to Fritz Leonhardt – Jörg Schlaich and the author.

As successor to Leonhardt, Schlaich took up in October 1974 the professorship of concrete structures at the University of Stuttgart. A second professorship established under Leonhardt's directorate, until 1975 occupied by Eduard Mönnig, was assumed by Kurt Schäfer in August 1976. In the years to follow, Schlaich addressed together with him a multitude of research topics. Among others, he developed important fundamentals and methods for conceiving, designing and dimensioning structures.

Among outstanding research projects of the time is the method of strut and tie modeling, developed by Jörg Schlaich and Kurt Schäfer on the basis of Emil Mörsch's studies. This method is an essential contribution to the comprehension of bearing behavior by steel and prestressed-concrete structures; meanwhile it is a world-wide used method for the design of and construction with steel and prestressed concrete. The strut and tie method reduces the flow of forces in a structure to frameworks of straight, stick-like elements, subjected to either compressive or tensile forces. The model thus created is the basis for structural design.

In contrast to almost all of his colleagues, Schlaich was convinced early on that only a multi-material approach would allow the optimal choice of material for each structural member. Accordingly, he developed together with Schäfer, a multi-material orientated study concept, changing the name "institute for concrete structures" into "institute for construction and design". With this change of name the traditional division of university institutes by materials was – at least at the University of Stuttgart – definitively abolished.

Under the guidance of Jörg Schlaich the Institute also turned to lightweight construction. A major impetus came from the work on the Olympic Games buildings in Munich, where Schlaich as engineer in charge gained with his team invaluable experience in planning and building large cable-net roofs. Another impulse towards lightweight construction came from the special research unit SFB 64 "large-span surface structures" attached to the University of Stuttgart, where Jörg Schlaich's team developed cable-net structures, later also studied thin, continuous membranes, arriving at major conclusions. The SFB 64 work also furthered the elimination of boundaries between material related university

1. Aus der Vogelschau: Frei Ottos Institut für leichte Flächentragwerke an der Universität Stuttgart.

1. Bird's view of Frei Otto's Institute for Lightweight Structures at the University of Stuttgart.

beiden Lehrstühle und die beiden zugehörigen Institute mit Wirkung zum 1. April 2001 zum Institut für Leichtbau Entwerfen und Konstruieren (ILEK).

Mit der Vereinigung der beiden Lehrstühle wurden die beiden einstmals vereinten, sich jedoch spätestens seit der Gründung der École des Beaux-Arts und der École des Ponts et Chaussées immer weiter voneinander entfernenden Disziplinen Architektur und Bauingenieurwesen – in einem auch symbolisch zu verstehenden Akt – erstmals wieder in einem Institut zusammengefaßt. Das neue Institut vereinigte damit in Forschung und Lehre die bis dato eher in der Architektur zu findenden Schwerpunkte des Entwerfens und Gestaltens, also des »synthetisierenden Arbeitens«, mit dem eher dem Ingenieurwesen zugeordneten »analysierenden Arbeiten«, dem Berechnen und Dimensionieren und den Materialwissenschaften.

Die für das ILEK typische interdisziplinäre, material- und methodenübergreifende Arbeitsweise bildet die Grundlage einer Vielzahl von Forschungsvorhaben. Ein wichtiger Schwerpunkt ist hierbei der Leichtbau und damit die Fortführung der Arbeiten von Frei Otto und der Arbeiten von Jörg Schlaich auf diesem Gebiet. Die Hinführung des Bauens mit Beton zu einem »Betonleichtbau« ist eine zweite wesentliche Entwicklungslinie am Institut, deren Ursprünge bis auf die Arbeiten von Leonhardt und Schlaich zurückgehen. Die Aktualität gerade des letztgenannten Forschungsbereichs ist in Zeiten akuter Ressourcenknappheit besonders evident und braucht hier sicherlich nicht gesondert hervorgehoben zu werden.

Neben dem traditionellen Leichtbau widmet sich das Institut besonders den adaptiven Systemen, also dem vom Autor so bezeichneten Ultraleichtbau. Im Ultraleichtbau werden tragende Strukturen mit Sensoren, einer Steuerungseinheit und mit Aktuatoren so ausgestattet, daß sich die tragende Struktur autonom an die jeweils auf sie einwirkenden Belastungen anpassen kann. Mit diesen am Institut entwickelten und intensiv erforschten Systemen gelingt es nicht nur, den Materialverbrauch auf ein bisher nicht für vorstellbar gehaltenes Minimum zu reduzieren; es wird ebenso möglich, Verformungen zu reduzieren und Schwingungen unter dynamischer Beanspruchung zu dämpfen.

Vergleichbare Überlegungen lassen sich auch auf andere Bereiche des Bauens übertragen, beispielsweise auf die Hüllsysteme der Gebäude. Diese können bisher kaum bzw. gar nicht auf Veränderungen der Außen- wie der Innenwelt reagieren. Würde man es sich zum Ziel setzen, eine selbstgesteuerte Adaption der Gebäudehülle in ihren bauphysikalischen Eigenschaften allgemein, d.h. beispielsweise in ihrer Lichttransmission, ihrer Schallabsorption, ihrer Energiereflexion etc., zu implementieren, so würde man zu einer Hüllenlösung gelangen, die selbsttätig für unterschiedlichste Umgebungssituationen die jeweils optimale Innenraumsituationen herbeiführt. Alle die vorgenannten Aspekte sind Bestandteile der aktuellen Forschungsarbeiten am Institut.

Ein wichtiger Schritt hin zu einer adaptiven Gebäudehülle sind die am Institut entwickelten schaltbaren Gläser, deren Transmissionsverhalten sich gezielt und in Echtzeit beeinflussen läßt. Durch ein speziell entwickeltes Flüssigkristall-Element können sowohl der Licht- als auch der Wär-

meeintrag in ein Gebäude problemlos gesteuert werden. Energieeinsparungen und eine deutliche Steigerung des Nutzerkomforts sind die Folgen.

Auch die am Institut entwickelten textilen Gebäudehüllen zielen auf Systeme ab, die aktiv auf Veränderungen der Umgebungssituation reagieren können. Besonders wichtig ist hierbei eine Steigerung der bauphysikalischen Qualität: Herkömmliche textile Gebäudehüllen weisen aufgrund ihrer fehlenden Masse nur unbefriedigende bauphysikalische Eigenschaften auf. Diese können durch einen mehrlagigen Aufbau und den Einsatz sogenannter Phase Change Materials deutlich verbessert werden, ohne dabei die den Textilien innewohnende Formenvielfalt, Leichtigkeit und Transluzenz einzuschränken.

Viele andere am Institut derzeit durchgeführte Forschungen wie z.B. Vacuumatics, d.h. die Errichtung von vakuumstabilisierten Fassadenelementen und Tragstrukturen, können hier nicht weiter erläutert werden. Abschließend sei nur darauf verwiesen, daß selbstverständlich auch die klassischen Arbeitsgebiete des im ILEK aufgegangenen Instituts für Massivbau weiterhin durch umfangreiche Forschungsarbeiten abgedeckt werden. Die Entwicklung von Hochleistungsbeton, selbstverdichtenden oder faserbewehrten Betonen sowie Fragen der Dauerhaftigkeit und Bauwerkszuverlässigkeit sind in der Forschung und der werkstoffübergreifenden Lehre umfassend vertreten. Gewähr hierfür bietet nicht zuletzt die Zusammenarbeit mit dem stellvertretenden Institutsleiter Balthasar Novák, der dem Institut seit März 2000 als Nachfolger von Kurt Schäfer angehört.

Das ehemalige Institut für Massivbau hat seit der Emeritierung von Fritz Leonhardt im Jahr 1974 einen tiefgreifenden Wandel in bezug auf die beforschten Strukturen und Materialien und die dabei angewandten Methoden vollzogen. Dabei hat es sein wissenschaftliches Arbeitsgebiet kontinuierlich erweitert. Durch die Verschmelzung mit dem Institut für leichte Flächentragwerke zum Institut für Leichtbau Entwerfen und Konstruieren entstand ein in dieser Form wohl weltweit einmaliges Institut, in das die Arbeitsbereiche der beiden vormaligen Institute eingingen und in dem die Intentionen seiner ehemaligen Lehrstuhlinhaber weiterentwickelt werden mit dem Ziel, die Grenzen des im Bauschaffen sinnvollerweise Machbaren auszuloten und weiter hinauszuschieben hin zu einer von Architekten und Ingenieuren gemeinsam entwickelten und verantworteten Architektur des 21. Jahrhunderts.

institutes, this way encouraging multi-material design and building. Furthermore, the participation of the SFB 64 generated the conviction, that by interdisciplinary study of problems, building construction could be greatly enriched and advanced.

Interdisciplinary work and emphasis of lightweight construction were also influenced by Frei Otto, who was active at the University of Stuttgart since 1964. Fritz Leonhardt himself, according to his autobiography, had brought Frei Otto to Stuttgart. Right after the first meeting of the two in 1954, a productive and forward-looking collaboration was in the offing – a collaboration, which also included controversial discussions. During his tenure as professor of concrete structures, Leonhardt in 1964 engaged Frei Otto as teacher at the Technische Hochschule Stuttgart. The same year he founded the Institute for Lightweight Structures (illus. 1) and later developed the interdisciplinary cooperation with other institutes during innovative projects such as the German pavilion for Expo '67 in Montreal and the 1972 Olympic Games buildings in Munich. As mentioned, the SFB 64 played in this a very important role.

After Frei Otto's retirement, the author accepted in 1995 his succession, combined with the direction of the Institute for Lightweight Structures (IL) and the Central Laboratory for Structural Engineering. He had been professor in Hanover and his appointment achieved a strong integration of the Institute for Lightweight Structures into the faculty of architecture and the faculty of civil engineering of the University of Stuttgart, in research as well as in curricula.

Few years later the author received a call as successor to Jörg Schlaich at the University of Stuttgart. Simultaneous with the acquisition of Fritz Leonhardt's chair and its institute, both sections merged as of 1 April 2001 into the Institute for Lightweight Structures and Conceptual Design (ILEK).

With the combination of both sections, the once united disciplines of architecture and civil engineering, which had drifted apart since the establishment of the École des Beaux-Arts and the École des Ponts et Chaussées, were again brought together – albeit symbolically. The new institute combines in research and teaching the aspects of creative design, "synthetic work" mainly related to architecture, and of calculating and dimensioning in various materials, the "analytical work" by engineers.

ILEK's work, being characterized by an interdisciplinary approach, considering a large range of materials and methods, is fundamental to a multitude of research projects. The emphasis is on lightweight structures and the continuation of the work by Frei Otto and Jörg Schlaich. The evolution of concrete construction towards "lightweight concrete building" is another major concern of the institute, having its origins in the work of Leonhardt and Schlaich. The relevance of the latter field of study is self-evident in times of limited resources.

Apart from traditional lightweight structures, the institute also studies adaptive systems, called by the author ultra-light structures. In ultra-light structures the carrying structures are equipped with sensors, controlling units and activators, enabling the structure to respond to varying loads in an autonomous way. The systems, devised and thoroughly tested by the institute, not only allow a hitherto unimaginable reduction in the amount of material needed, but also diminish deformation and dynamically induced oscillations.

Similar considerations can be applied to other aspects of building, e. g. the outer skins of buildings. Up till now they hardly react to changes of external or internal conditions. Should we aim for a self-controlled skin, which could adopt variable physical properties, such as of light transmission, sound control or energy reflection, we would have a skin solution which would automatically adapt to different environmental conditions and create optimal interior climates. All mentioned items are part of the current research at the institute.

An important step towards an adaptive skin is the development of switchable glass, the transmission values of which can be programmed in real time. By means of special liquid crystal elements, light and thermal intake of a building can be controlled without problems. Energy savings and a significant increase in occupants' comfort are the result.

Also textile wrappings for buildings, developed at the institute, aim at systems, which would react to variations of the environmental conditions. Most important is the increase in physical quality: normal wrapping fabrics have no mass or qualities in building physics. Sandwich design, including so-called phase change materials, can bring great improvements without altering textile qualities like ease of shaping, low weight and translucence.

Much further research, conducted by the institute, such as in vacuumatics, the preparation of vacuum-stabilized façade elements and load-bearing structures, cannot be dealt with here. In closing we have to add, that also the classic fields of research by the previous institute of concrete structures, now part of ILEK, are fully covered. The development of high-performance concrete, self-compacting and fiber reinforced concrete, as well as questions of durability and guaranteed performance are comprehensively investigated. This is ensured by the cooperation with Balthasar Novák, since March 2000 deputy head of the institute and successor to Kurt Schäfer.

Since the retirement of Fritz Leonhardt in 1974, the one-time institute for concrete structures has accomplished a fundamental change concerning the research methods for structures and materials. The scientific scope has been continuously enlarged. The merging with the Institute of Lightweight Structures, leading to the Institute for Lightweight Structures and Conceptual Design, created a world-wide unique establishment, combining the fields of the previous institutes and continuing the intentions of their directors with the aim, to probe and advance the limits of what can be reasonably achieved in building, towards an architecture of the 21st century, which is elaborated and accounted for jointly by architects and engineers.

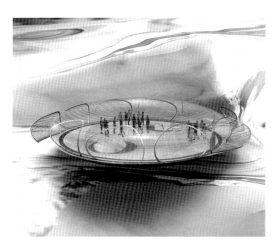

Gerhard Kabierske
Fritz Leonhardt. Etappen eines aktiven Lebens

Die chronologische Zusammenstellung versucht, einen Überblick über das an Ereignissen reiche, von größter Aktivität geprägte Leben Fritz Leonhardts zu geben. Sie basiert in erster Linie auf den umfangreichen Quellenmaterialien des Nachlasses im Südwestdeutschen Archiv für Architektur und Ingenieurbau: Taschenkalender, Photoalben, Briefwechsel, Urkunden, Ausweise etc. Dank des Entgegenkommens der Kinder konnten zudem auch im Familienbesitz verbliebene Dokumente ausgewertet werden. Angaben aus der Autobiographie von 1984, dem Interview von Klaus Stiglat mit Leonhardt von 1994 sowie der Biographie von Wilhelm Zellner aus dem Jahr 2001 wurden nach Überprüfung anhand der Quellen – und wenn nötig korrigiert – eingearbeitet. Von den rund 450 Publikationen Leonhardts werden die 22 wichtigsten Bücher nach der Auswahl von Wilhelm Zellner genannt.

1909
Am 11. Juli in Stuttgart geboren als erstes Kind des Architekten Gustav Leonhardt (1879–1966) und seiner Frau Karoline, geb. Schlecht (1880 bis 1960). Evangelisch getauft auf den Namen Friedrich Christof. Der Vater ist das neunte Kind eines Sindelfinger Bierbrauers, die Mutter stammt aus bäuerlichen Verhältnissen in Magstadt.

1911
Geburt des Bruders Wilhelm.

Erziehung der Kinder im Geist der Lebensreformbewegung mit Naturverbundenheit, Heimatliebe sowie kulturellen und historischen Interessen. Frühe Prägung des ältesten Sohnes durch den Vater, der nach einer Holzschnitzerlehre an der Baugewerkeschule Stuttgart Architektur studiert hatte und als selbständiger Baumeister vor allem kleinere, handwerklich solide Wohnhäuser errichtet, typologisch und formal geprägt von der Stuttgarter Architekturschule. Vermittelt dem Sohn Sensibilität im Hinblick auf das Erleben von Landschaft und Stadtbild, lehrt ihn die Bewertung historischer und zeitgenössischer Architektur.

um 1916
Frühe Erinnerungen an die Notzeiten des Ersten Weltkriegs mit langen, zu Fuß zurückgelegten Wegstrecken von Stuttgart aufs Land, um sich bei Verwandten mit Lebensmitteln zu versorgen.

1917
Eintritt in das Dillmann-Realgymnasium in Stuttgart. Breit gefächerte Ausbildung in neuen Sprachen und Latein sowie naturwissenschaftlichen Fächern. Zunächst Schüler mit eher durchschnittlichen Leistungen.

um 1923
Ferien bei einem Onkel im hessischen Münzenberg, der Leonhardt in seiner Schreinerei in dieses Handwerk einführt.

1924/1925
Erste größere Wanderungen im Schwarzwald, in Hohenlohe, Oberschwaben und im Voralpenland sowie Kinderheimaufenthalt an der Nordsee.

1925
Der Vater baut auf dem »Hardthöfle«, einem Waldbauernhof bei Schömberg im nördlichen Schwarzwald zwischen Freudenstadt und Alpirsbach, ein kleines Austragshaus für den alten Bauern. Im Dach Räume als Ferienunterkunft für die Familie Leonhardt. Von nun an jährlich mehrere Aufenthalte in Schömberg, abseits der Großstadt, mit Eltern, Bruder, alleine oder mit Kameraden, die seine Begeisterung für die Ideale der Wandervogelbewegung und das Skifahren teilen.

1926
Im Sommer erste Langstreckenwanderung mit zwei Schulfreunden von Innsbruck über die Tiroler und Vorarlberger Alpen zum Bodensee und über Schaffhausen nach Schömberg.

1927
Im Frühjahr Abitur am Dillmann-Gymnasium. Im Anschluß auf Vermittlung des Vaters Praktikant auf Baustellen der Firma Züblin, u.a. beim Neubau des »Industriehofs« in Stuttgart. Entscheidung, Bauingenieur zu werden, was Leonhardt angesichts der beruflichen Erfahrungen des Vaters als zukunftssicherer erscheint als der Architektenberuf. Ab Wintersemester Bauingenieurstudium an der TH Stuttgart. Wichtigster Lehrer im Grundstudium ist Otto Graf, Professor für Baustoffkunde. Eintritt in die studentische Verbindung »Vitruvia«, der Leonhardt lebenslang verbunden bleibt.

1928
Im Frühjahr Praktikum in einer Stahlbauwerkstatt. Im Juli Vermessungsübung in Backnang, Studienexkursion ins Wallis. In den Semesterferien Praktikum auf einer Baustelle der Firma Hochtief in der August-Thyssen-Hütte in Hamborn-Bruchhausen bei Duisburg. Konfrontation mit den Problemen des Industriereviers. Anschließend zu Fuß den Rhein entlang in die Niederlande mit Besuchen zahlreicher Städte sowie dem im Bau befindlichen Abschlußdeich der Zuidersee. Von dort über Ostfriesland nach Bremen, Cuxhaven, Hamburg und Lübeck. In den Weihnachtsferien Skifahren im Montafon.

Für einen Bauingenieur ungewöhnlich ist die vom Vater vermittelte Sicht auf Natur und gebaute Umwelt, die sich in Reiseskizzen und künstlerischer Photographie ausdrückt.

1929
Praktikant bei der Firma Züblin als Eisenbieger auf der Baustelle der Schule in Stuttgart-Zuffenhausen von Paul Schmitthenner.

Ablegung des Vordiploms. Prägende Leitfiguren im Hauptstudium werden die Lehrstuhlinhaber Emil Mörsch, der »Vater des Eisenbetons«, und Hermann Maier-Leibnitz, Professor für Stahlbau, die beide auch Statik unterrichten. Wenig Interesse an Wasserbau und Eisenbahnwesen. Wissen über den Straßenbau eignet er sich ausschließlich aus Büchern an.

An Wochenenden und an Feiertagen Ausflüge in die Umgebung Stuttgarts. Häufige Aufenthalte im »Hardthöfle«, zu dieser Zeit oft »Massenlager« des in die Natur ziehenden Leonhardtschen Freundeskreises. In den Sommerferien zwei Monate allein auf Wanderschaft nach Italien mit Durchquerung der Alpen. Klassische Stätten Italiens werden ebenfalls vorwiegend zu Fuß erreicht:

1. Seit 1925 Feriendomizil der Leonhardts: das »Hardthöfle« im Schwarzwald. Links das von Gustav Leonhardt errichtete Haus mit der Familienunterkunft im Dachgeschoß, 1926.
2. »Wieder auf Walz«: Fritz Leonhardt auf dem Futschölpaß in Graubünden bei seiner Nord–Süd-Durchquerung der Alpen zu Fuß im Sommer 1929.
3. Die Heimat als Künstler gesehen: Kinzigbrücke in Alpirsbach, 1927 gezeichnet von Fritz Leonhardt.

1. Leonhardt's vacation home since 1925: the "Hardthöfle" in the Black Forest. To the left the house built by Gustav Leonhardt with family quarters in the attic, 1926.
2. "Wieder auf Walz" (again on the hike): Fritz Leonhardt on the Futschöl Pass in the Grisons during his north–south crossing of the Alps on foot in summer 1929.
3. An artist's view of homeland: Kinzig bridge at Alpirsbach, drawn 1927 by Fritz Leonhardt.

Gerhard Kabierske
Fritz Leonhardt. Stages of an active life

The chronological compilation tries to give a survey of Fritz Leonhardt's most eventful life, which was marked by intense activity. First of all it is based upon the extensive sources from his legacy in the Südwetdeutsches Archiv für Architektur und Ingenieurbau: pocket agendas, photo albums, correspondence, certificates, documents etc. Thanks to the children's courtesy we had access to documents in the family's possession. Included is information from the autobiography of 1984, the interview by Klaus Stiglat in 1994 and the biography of Wilhelm Zellner from the year 2001, being checked with other sources and corrected, if necessary. Of the 450 publications by Leonhardt, 22 of the most important are listed, following a selection made by Wilhelm Zellner.

1909
Born on 11 July in Stuttgart as first child of architect Gustav Leonhardt (1879–1966) and his wife Karoline, born Schlecht (1880–1960). Baptized protestant as Friedrich Christof. The father the ninth child of a beer brewer in Sindelfingen, the mother from a rural background in Magstadt.

1911
Birth of his brother Wilhelm.

Upbringing in the spirit of the reform movement, stressing nature, patrimony, cultural and historical interests. Early formation of the older son by the father, who had studied architecture at the Baugewerkeschule Stuttgart after an apprenticeship as wood carver. As independent contractor he builds small, sound residences in the style of the Stuttgart school of architecture. He conveys to his son sensibility for landscapes and townscapes, teaches evaluation of contemporary and historical architecture.

About 1916
Early memories of World War I hardships, long walks from Stuttgart into the countryside, to collect food from relatives.

1917
Entering the Dillmann-Realgymnasium in Stuttgart. Broad instruction in modern languages, Latin and sciences. Average performance.

About 1923
Vacation at his uncle's woodworking shop in Münzenberg, Hesse.

1924/1925
First extensive hikes in the Black Forest, in Hohenlohe, Upper Swabia and the Pre-Alps, also stay in a children's home at the North Sea.

1925
Father builds at the Hardthöfle, a forest farm near Schömberg in the northern Black Forest between Freudenstadt and Alpirsbach, a small retirement house for the old peasant. From now on every year several sojourns in rural Schömberg with parents, brother, alone or with friends, who share his enthusiasm for the "Wandervogel" movement.

1926
First long-distance hike during the summer with two schoolmates, from Innsbruck over the Tyrolean and Vorarlberg Alps to Lake Constance and past Schaffhausen to Schömberg.

1927
In spring *Abitur* at the Dillmann-Gymnasium. By arrangement of the father practical work with Züblin contractors, such as the construction of the Industriehof in Stuttgart. Decision to become a civil engineer, which Leonhardt considers in view of his father's experiences more promising than architecture. Begins in the fall civil engineering studies at the Technische Hochschule Stuttgart. Most important teacher in basic studies is Otto Graf, professor of building materials. Joining the fraternity "Vitruvia", a lifelong attachment for Leonhardt.

1928
Spring practise at a workshop for steel construction. In July geodetic training in Backnang, study trips in the Wallis (Switzerland). During vacation, work on a site of Hochtief at the August-Thyssen works in Hamborn-Bruchhausen near Duisburg. Confrontation with the problems of this industrial region. Followed by hiking along the Rhine to Holland, visits of towns and the construction site of the Zuider Lake dike. Further on to eastern Friesland, Bremen, Cuxhaven, Hamburg and Lübeck. At Christmas skiing in the Montafon (Austria).

Travel sketches and photographs express the appreciation of nature and the built environment instilled by the father, being extraordinary for a civil engineer.

1929
Practical work with Züblin contractors, preparing steel reinforcement for a school in Stuttgart-Zuffenhausen by Paul Schmitthenner.

Intermediate diploma. Influencing figures during main studies are Emil Mörsch, the "father of reinforced concrete", and Hermann Maier-Leibnitz, professor of steel construction, both also teaching structural analysis. Little interest in hydraulic construction or traffic engineering. Private studies on road construction.

Weekend and holiday excursions in the vicinity of Stuttgart. Frequent visits of Hardthöfle, mass accommodation of Leonhardt's friends enjoying nature. Summer vacation: solitary trip to Italy, crossing the Alps. Walking to the classic Italian sites: Padua, Venice, Bologna, Florence, Rome, Naples, Pompeji, Sorrento. Return by freighter to Genova, by train to Viadossola, hiking to Visp via Saas Fee.

1930
At Easter last practise at the extension of Stuttgart gas works. Vacation trip to Salzburg, Melk and Vienna, to the fraternity friend Erwin Pirich at Pettnau on the Drau River in Yugoslavia and to the Adriatic. Intends to cross the Alps from the Tauern in the east to Geneva in the west. Cancelled because of pulled tendon.

1931
First participation in a students' competition for the enlargement of a lignite depot at the Rhine harbor in Karlsruhe. Easter: as guest of the Willes-

Padua, Venedig, Bologna, Florenz, Rom, Neapel, Pompeji, Sorrent. Mit einem Frachtschiff Rückfahrt nach Genua, mit der Bahn bis Viadossola und von dort wieder wandernd über Saas Fee bis nach Visp.

1930

An Ostern letztes Praktikum am Erweiterungsbau des Stuttgarter Gaswerks. Urlaubsreise über Salzburg, Melk und Wien zu seinem Bundesbruder Erwin Pirich nach Pettau an der Drau in Jugoslawien und an die Adria. Für den Sommer Planung der Durchquerung der Alpen von den Tauern im Osten bis Genf im Westen. Abbruch der Tour wegen einer Sehnenzerrung.

1931

Erste Teilnahme an einem Wettbewerb unter Studenten für die Erweiterung einer Braunkohlenlagerhalle am Karlsruher Rheinhafen. An Ostern als Gast der Willesden Polytechnic School Teilnehmer eines Stuttgarter Austauschs mit kulturellem und sportlichem Programm in London und Umgebung.

Weiterhin ungezügelter Drang zum Bergsteigen in den Alpen: an Pfingsten in Vorarlberg unterwegs, im Sommer im Tessin, im Wallis und in Tirol. Anfang November, nach kurzer Vorbereitungszeit in Schömberg, Ablegung der Abschlußprüfung: bestes Diplom unter 88 Absolventen, Note »sehr gut bestanden«. Ablehnung einer Stelle als Bauingenieur bei der Reichsbahn, obwohl wegen der Weltwirtschaftskrise nur vier Absolventen in ihrem Fach Arbeit finden.

1932

Von März bis August als Mitarbeiter des Stuttgarter Architekten Reinhold Haag Bauleiter beim Wiederaufbau der durch Brand zerstörten Süddeutschen Hammerwerke in Bad Mergentheim, verantwortlich ebenso für Statik und Bewehrungspläne. Die Firma produziert neben Tennisschlägern und Zelten auch Patentfaltboote, Anlaß, nun auch Wassersport zu treiben. Mit dem ersten eigenen Boot mehrfach zu längeren Fahrten auf dem Main unterwegs. Mit einem englischen Bekannten Besteigung des Säntis in der Schweiz. September bis Oktober Aushilfskraft als Statiker im Büro Prof. Kintzinger in Stuttgart.

Angebot des Rektors, für die TH Stuttgart einen Studienaustausch von Bauingenieurstudenten mit den USA zu organisieren. Die Hochschule stellt eine kostenlose Schiffspassage zur Verfügung. Spontane Zusage, obwohl die Finanzierung des Aufenthalts und ein Postgraduate-Studienplatz nicht gesichert sind. Otto Nissler, ein Onkel von Leonhardt, Entwurfskonstrukteur für Brücken bei der New Bethlehem Steel Corporation, kann in den USA als Anlaufadresse dienen.

Anfang November Einschiffung in Bremerhaven an Bord der *Bremen*. Dreiwöchiger Aufenthalt in New York. Überwältigt von der Größe der Stadt und ihrer Bauten, aber auch schockiert über die Arbeitslosigkeit und sozialen Probleme der Depressionsjahre. Kontaktfreudig und selbstbewußt, gelingen ihm rasch Kontakte zu führenden Ingenieuren, vor allem zu Othmar H. Ammann. Besichtigt die Baustelle des Rockefeller Center und die soeben fertiggestellte George Washington Bridge. Im Dezember Weiterfahrt per Bus zum Onkel nach Bethlehem, Pennsylvania, wo er Weih-

nachten verbringt und Grundsätzliches über den Stand des Brückenbaus in den USA erfährt. Besichtigung von Werkstätten in Pottstown, wo Teile der Golden Gate Bridge gefertigt werden, und der Versuchsanstalt der Lehigh University in Bethlehem.

1933

Erhält mit Hilfe des Instituts of International Education in New York einen Studienplatz an der Purdue University in West Lafayette, Indiana, zudem ein Stipendium von insgesamt 100 Dollar. Muß sich mit äußerst geringen Geldmitteln durchschlagen, da sich ein geplanter Handel mit Faltbooten der Süddeutschen Hammerwerke aus Devisengründen zerschlägt. Nach weiteren Besichtigungen, vor allem in Pittsburgh, ab Ende Januar an der Purdue University. Findet rasch Anschluß an Studenten und Professoren, besonders enger persönlicher Kontakt zu Prof. Solomon C. Hollister. An Ostern Studienreise per Anhalter nach Detroit, Cleveland, Akron, Columbus und Dayton.

Nach Semesterschluß Ende Juni Aufbruch zu einer Rundreise durch die USA und Mexiko. Legt bis zum Auslaufen seines Schiffes in New York Ende September über 24 000 km zurück, davon 16 000 km als Anhalter. Besichtigungen von Forschungseinrichtungen und Besuche von Großbaustellen wie der Golden Gate Bridge oder dem Hoover-Staudamm. Daneben Erkundung der wichtigsten Städte von Seattle über San Francisco, Los Angeles, Mexico City, Houston bis Washington sowie Erwanderung von Naturschönheiten wie dem Grand Canyon und dem Yosemite Park. Obwohl sich über den Onkel und Prof. Hollister gewisse Perspektiven für eine Anstellung in den USA eröffnen, steht für ihn die Rückkehr nach Deutschland außer Frage.

Schon im Frühjahr an der Purdue University Konfrontation mit amerikanischen Reaktionen auf die Machtübernahme Hitlers in Deutschland. Zeigt sich in mehreren überlieferten Briefen an Eltern und Freunde kritisch gegenüber NS-Staat und Antisemitismus. Eigene Eindrücke und Propaganda, der Leonhardt in den ersten Wochen nach der Rückkehr nach Stuttgart ab Mitte Oktober ausgesetzt ist, bewirken ein Umdenken. Am 13. November Versendung eines Rundbriefs von 17 Seiten an ein gutes Dutzend seiner neuen amerikanischen Freunde mit dem engagierten Versuch, Verständnis für den deutschen Nationalsozialismus zu wecken und Zweifel an der Friedfertigkeit Hitlers zu zerstreuen.

1934

Ab Januar Angestellter im Brückenbüro der Obersten Bauleitung der Reichsautobahnen (OBR) in Stuttgart. Vorgesetzter ist Karl Schaechterle, als Beamter der Reichsbahn in Zusammenarbeit mit Leonhardts Lehrern Mörsch und Graf 1912–1924 verantwortlich für die Verkehrsbauten des Stuttgarter Hauptbahnhofs von Paul Bonatz. Erste Entwürfe Leonhardts für Autobahnüberführungen mit neu entwickelten Leichtkonstruktionen, realisiert in Jungingen und Wendlingen. Planungen für die große Sulzbachtalbrücke und die Talbrücke Denkendorf, Beteiligung an der Donaubrücke Leipheim und der Rohrbachtalbrücke. Knüpft den für den weiteren Autobahnbau wichtigen Kontakt mit Paul Bonatz als architektonischem Berater. Alle Projekte Leonhardts verbinden modernste Technik

4, 5. Von Leonhardt geschätzte Lehrer an der Technischen Hochschule Stuttgart: Emil Mörsch (4) und Otto Graf (5). Gerahmte Porträtphotos, die seit 1954 im Arbeitszimmer Leonhardts hingen.
6. Prägende Eindrücke der Neuen Welt: Manhattan von der Brooklyn Bridge, photographiert von Fritz Leonhardt 1932/1933.
7. Neue Dimensionen des Bauens: auf der Baustelle des Rockefeller Center in New York. Aufnahme Leonhardts vom Dezember 1932.

4, 5. Leonhardt's valued teachers at the Technische Hochschule Stuttgart: Emil Mörsch (4) and Otto Graf (5). Framed portrait photos, since 1954 displayed in Leonhardt's studio.
5. Striking impressions of the New World: Manhattan from Brooklyn Bridge. Photo by Fritz Leonhardt 1933.
7. New dimensions of building: at the site of the Rockefeller Center in New York. Photo by Fritz Leonhardt from December 1932.

den Polytechnic School's student exchange visit of London and surroundings with cultural and sports program.

Unrestrained passion for hiking in the Alps: Whitsun in Vorarlberg, summer in Tessin, Wallis, Tyrol. Early November, after brief preparation in Schömberg, final examination: best diploma of 88 graduates, passed "very good". Rejects a post as civil engineer with the Reichsbahn, although due to the depression only four graduates find jobs.

1932

March to August site engineer for Stuttgart architect Reinhold Haag at the reconstruction of the Süddeutsche Hammerwerke destroyed by fire at Bad Mergentheim, responsible for statics and reinforcements. Apart from tennis rackets and tents, the firm produces patented collapsible boats, introducing him to water sports. With the first personal boat several long trips on the Main River. Climb of the Säntis in Switzerland with an English friend. September to October assisting in structural analysis in the office of Prof. Kintzinger in Stuttgart.

Invitation by the Technische Hochschule Stuttgart chancellor to organize a students' exchange with the United States. The college offers free passage by ship. Immediate acceptance, although the financing of the stay and a post-graduate study position are not assured. Otto Nissler, an uncle of Leonhardt and bridge designer at the New Bethlehem Steel Corporation, serves as reference.

Early November boarding the *Bremen* in Bremerhaven. Three-weeks stay in New York. Overwhelmed by the size of the town and its buildings, but shocked by unemployment and social problems during the Depression. Outgoing and self assured, he makes contact with leading engineers, above all Othmar H. Ammann. Visit of the Rockefeller Center site and the newly finished George Washington Bridge. In December by bus to his uncle in Bethlehem, Pennsylvania, where he spends Christmas and gets an introduction to bridge building in the USA. Visit of works in Pottstown, where parts for the Golden Gate Bridge are being prepared, and of the testing lab at Lehigh University in Bethlehem.

1933

With the help of the Institute of International Education he is admitted to Purdue University in West Lafayette, Indiana, receiving a 100 $ scholarship. Living on a reduced budget since a planned deal with folding boats of the Süddeutsche Hammerwerke cannot be realized due to currency problems. End of January, after further visits in Pittsburgh, at Purdue University. Quick acquaintance with students and professors, close personal contact with Prof. Solomon C. Hollister. At Easter study trip to Detroit, Cleveland, Akron, Columbus and Dayton by hitchhiking.

After studies, in June round trip through the USA and Mexico. Covers 24 000 km, 16 000 of it by hitchhiking, till the departure of his ship in New York at the end of September. Visit of research facilities and large building sites, such as the Golden Gate Bridge or the Hoover Dam. Also exploration of important cities from Seattle to San Francisco, Los Angeles, Mexico City, Houston to Washington, and enjoying the natural splendor of the

Grand Canyon or Yosemite Park by hiking. Although through his uncle and Prof. Hollister there were prospects of employment in the USA, the return to Germany was never questioned.

Already in spring at Purdue University confrontation with American reactions to Hitler's rise to power in Germany. Critique of the Nazi-government and anti-Semitism in several preserved letters to parents and friends. His own impressions and propaganda make him change his mind several weeks after his return in mid-October. On 13 November he sends a circular letter of 17 pages to more than a dozen of his new American friends, with the dedicated attempt to promote understanding for German National Socialism and to dispel doubts about Hitler's peacefulness.

1934

Starting January employment in the bridge office of the chief construction management of the Reichsautobahn (OBR) in Stuttgart. His superior is Karl Schaechterle, official of the Reichsbahn (national railways), together with Leonhardt's teachers Mörsch and Graf, from 1912–1924 in charge of the traffic installations at the Stuttgart main station by Paul Bonatz. First projects by Leonhardt are autobahn fly-overs in novel lightweight construction, executed near Jungingen and Wendlingen. Planning the big Sulzbach-valley bridge and the valley bridge near Denkendorf, participation in the Danube Leipheim bridge and the Rohrbach-valley bridge. Establishes contact with Paul Bonatz as architectural consultant – important for further Autobahn work. All projects by Leonhardt combine most modern technology (e.g. steelcell slabs) with economic use of material and well proportioned, light appearance. Aesthetically satisfying alternatives to the first bridges of the Autobahn Frankfurt-Heidelberg, causing displeasure by Hitler and Fritz Todt, general manager of Autobahn construction. On frequent inspection trips close personal contacts between Schaechterle, Bonatz and Leonhardt. Apart from successful cooperation in bridge construction, Leonhardt succeeds in introducing concrete as road finish, his durable "Stuttgart model" becomes standard in Autobahn construction. Schaechterle arranges participation in German standardization committees, above all the commission for reinforced and fair-faced concrete. Uses bridge-building conferences in May in Königsberg and in November in Weimar for his furtherance in German professional circles.

Apart from occupational efforts still time for hikes in the Schwäbische Alb, the Black Forest, the middle Rhine and in eastern Prussia, folding boat trips on the Neckar River, climbing Alpine peaks in Switzerland.

In spite of sympathy for National Socialism no joining of the NSDAP. The expected political commitment is satisfied by membership in a Stuttgart SA riding group. Takes riding instruction, participates in tournaments. Invited as young dancer to a meeting with Rotarians from England in Stuttgart, encounter with Liselotte Klein, daughter of a Stuttgart professional officer, who shares his love of hiking, climbing and boating.

1935

In March secret engagement with Liselotte Klein on a mountain peak in the Engadin.

(u. a. »Stahlzellenplatte«) und sparsamen Einsatz von Material mit einem wohlproportionierten, leichten Erscheinungsbild. Ästhetisch befriedigende Alternative zu den ersten Autobahnbrücken der Strecke Frankfurt–Heidelberg, die das Mißfallen von Hitler und Fritz Todt, dem Generalinspekteur für den Autobahnbau, gefunden hatten. Auf häufigen Inspektionsfahrten enge persönliche Kontakte zwischen Schaechterle, Bonatz und Leonhardt. Neben der erfolgreichen Zusammenarbeit im Bereich des Brückenbaus kann sich Leonhardt auch in bautechnischen Fragen des Fahrbahnbelags aus Beton durchsetzen, seine dauerhaftere »Stuttgarter Bauart« wird Standard beim Autobahnbau. Schaechterle vermittelt Mitarbeit in deutschen Normenausschüssen, vor allem in den Deutschen Ausschüssen für Stahlbau und Sichtbeton. Nutzt Brückenbautagungen im Mai in Königsberg und im November in Weimar zur Profilierung in der deutschen Fachwelt.

Neben beruflicher Anstrengung weiterhin Zeit für Wanderungen auf der Schwäbischen Alb, im Schwarzwald, am Mittelrhein und in Ostpreußen, für Faltbootfahrten auf dem Neckar sowie für die Bezwingung von Alpengipfeln in der Schweiz.

Trotz Sympathie für den Nationalsozialismus kein Eintritt in die NSDAP. Das im beruflichen Umfeld erwartete politische Engagement wird mit einer Mitgliedschaft in einer Stuttgarter Reitergemeinschaft der SA eingelöst. Nimmt dort Reitunterricht und beteiligt sich an Turnieren. Bei einem Treffen von Rotariern aus England und Stuttgart, zu dem er als junger Tänzer zugeladen ist, Begegnung mit Liselotte Klein, der Tochter eines Stuttgarter Berufsoffiziers, die seine Begeisterung für das Wandern, Bergsteigen und Faltbootfahren teilt.

1935

Im März heimliche Verlobung mit Liselotte Klein auf einem Berggipfel im Engadin.

Auf Veranlassung von Fritz Todt Versetzung Schaechterles in die Direktion der Reichsautobahnen im Berliner Reichsverkehrsministerium, nachdem Paul Bonatz bereits mit der gestalterischen Betreuung aller Neubauten von Autobahnbrücken im Reich betraut wurde. Schaechterle erreicht

über Todt, daß Leonhardt mitkommen kann. Ab März Dienstsitz in der Voßstraße im Zentrum des Berliner Regierungsviertels. Mit seinen organisatorischen Fähigkeiten im Umgang mit der Ministerialbürokratie, seinen Vorschlägen für kostengünstige, materialsparende und einer neuen Ingenieurästhetik verpflichtete Konstruktionen macht er sich in Berlin schnell einen Namen. Zu den Dienstaufgaben gehört auch die Korrektur von Entwürfen höherrangiger Baubeamter. Häufige Dienstreisen zusammen mit Schaechterle und Bonatz, auch im Flugzeug, zu Baustellen im gesamten Reichsgebiet. Freundschaft mit Friedrich Tamms, beratender Architekt für den Autobahnbereich Berlin. Teilnahme an der Brückenbautagung in Prien.

1936

Im Februar Abschluß der Prüfungen für den Höheren Staatsdienst mit Verleihung des Titels eines Regierungsbaumeisters. Unmittelbar darauf offizielle Verlobung mit Liselotte Klein. Anfang August standesamtliche Trauung in Berlin, im September kirchliche Hochzeit in Stuttgart. Hochzeitsreise in die bayerischen Alpen. Bezieht mit seiner Frau eine Neubauwohnung in Berlin-Zehlendorf, Schützallee 47.

Begeisterung über das Berlin der Olympischen Spiele, Befriedigung über die berufliche Tätigkeit, seinen wachsenden Einfluß auf das Baugeschehen in einer Phase des vermeintlichen Aufbruchs in eine bessere Gesellschaft. Negative Seiten des Nationalsozialismus werden nicht wahrgenommen, er drückt sich aber auch vor Diensten in der Berliner Reiter-SA.

Im Herbst Teilnahme am Kongreß der Internationalen Vereinigung für Brücken- und Hochbau (IVBH) in Berlin. Intensive Begegnungen mit ausländischen Kollegen, zu denen er wie zu den amerikanischen Freunden bis in den Krieg hinein Kontakt zu halten versucht.

Nach kritischer Begutachtung eines Vorprojekts der Kölner Baubehörde Beginn eigener Überlegungen für eine Autobahn-Hängebrücke in Köln-Rodenkirchen. Im Juni Vorstellung seiner Planung vor Todt am künftigen Bauplatz am Rhein.

By order of Fritz Todt, after the appointment of Paul Bonatz as design consultant for all Autobahn bridges, relocation of Schaechterle to the Reichsautobahn directorate at the Berlin traffic ministry. Schaechterle persuades Todt to invite Leonhardt. Since March office address in Voßstraße, center of the Berlin government quarter. He builds up his Berlin reputation by management skill within the bureaucracy and proposals for low-cost, material-saving and aesthetically innovative constructions. His duties include correction of designs by higher-ranking officials. Frequent business trips with Schaechterle and Bonatz, also by plane, to building sites in the whole country. Friendship with Friedrich Tamms, consulting architect for the Autobahn section Berlin. Participation at bridge conference in Prien.

1936

In February conferment of the title »Regierungsbaumeister« after passing examinations for higher government service. Right after, official engagement with Liselotte Klein. Early August civil marriage in Berlin, September church wedding in Stuttgart. Honeymoon trip to the Bavarian Alps. Moves with his wife to a new apartment in Berlin-Zehlendorf, Schützallee 47.

Enthusiasm about the Berlin Olympics, professional satisfaction with his growing influence in building matters during the alleged rise of a better society. Negative aspects of National Socialism are not perceived, however, he skips service in the Berlin riding-SA.

In fall, participation at the conference of the International Association for bridges and Structural Engineering in Berlin. Intensive encounters with foreign colleagues, he tries to maintain contacts with them and his American friends till the war.

After the critical review of a preliminary project by the Cologne building administration, he begins to think about a suspension bridge for the Autobahn at Köln-Rodenkirchen. In June presentation of his plan to Todt at the site on the Rhine.

1937

Publication of the book *Gestaltung der Brücken* (design of bridges) written with Schaechterle, recapitulating the essence of their work. Beginning a dissertation for Emil Mörsch at the Technische Hochschule Stuttgart, title: *Die vereinfachte Berechnung von Trägerrosten* (simplified calculation of beam grids).

From April to June military training with Pioneer Battalion 5 in Ulm. In autumn attempts of employment with the bridge construction firm MAN-Gustavsburg, probably to strengthen his position at the ministry of traffic. To keep Leonhardt, Todt entrusts him against all service regulations with the realization of his design of the Rodenkirchen bridge over the Rhine.

Late November, early December, participation in a training course initiated by Todt for all members of the Reichsautobahn team in the Plassenburg near Kulmbach.

End of December death of his brother, caused by scarlet fever.

1938

Moving from Berlin to Köln-Rodenkirchen, Frankstraße 31. As head of the construction unit, he establishes a site office, composing his own team. With Wolfhart Andrä, Hermann Maier, Helmut Mangold and Louis Wintergerst he chooses engineers known to him from his studies and the fraternity. Together with the secretary Annelis Dobran, they are to form the core of the later office Leonhardt. Intensive planning, calculations and testing for the project, based upon knowledge gained during the study visit of 1932/33 in the USA. Advice by Bonatz on design, by Schaechterle and ex-teachers Maier-Leibnitz and Graf on model testing. In March start of foundations. Contact with architect Gerd Lohmer, in the Bonatz office in Stuttgart responsible for stone facing of the abutments. Growth of a life-long friendship.

Joining the VDI (Verein Deutscher Ingenieure). Promotion to Dr.-Ing. at the Technische Hochschule Stuttgart.

October: birth of daughter Barbara.

1937

Publikation des gemeinsam mit Schaechterle geschriebenen Buches *Gestaltung der Brücken*, das die Grundsätze der gemeinsamen Arbeit zusammenfaßt. Beginn einer Dissertation bei Emil Mörsch an der TH Stuttgart mit dem Thema »Die vereinfachte Berechnung von Trägerrosten«.

Von April bis Juni Militärgrundausbildung beim Pionier-Bataillon 5 in Ulm. Im Herbst Bemühungen um eine Anstellung bei der Brückenbaufirma MAN-Gustavsburg, vermutlich nur, um seine Position innerhalb des Reichsverkehrsministeriums zu stärken. Um Leonhardt zu halten, überträgt ihm Todt entgegen aller Dienstvorschriften die Bauleitung für die Realisierung seines Entwurfs der Rodenkirchener Rheinbrücke.

Ende November, Anfang Dezember Teilnahme an einem der von Fritz Todt initiierten Schulungskurse für die am Autobahnbau Beteiligten auf der Plassenburg bei Kulmbach.

Ende Dezember Tod des an Scharlach erkrankten Bruders.

1938

Anfang des Jahres Übersiedlung von Berlin nach Köln-Rodenkirchen, Frankstraße 31. Mit Befugnissen des Vorstands einer Bauabteilung ausgestattet, Aufbau eines Büros an der Baustelle, für das er sein Team selbst zusammenstellen kann. Mit Wolfhart Andrä, Hermann Maier, Helmut Mangold und Louis Wintergerst wählt er ihm vom Studium und aus der Studentenverbindung bekannte Ingenieure, die zusammen mit der Sekretärin Annelis Dobran den personellen Grundstock für das spätere Büro Leonhardt bilden werden. Intensive Planungstätigkeit, Berechnungen und Versuche für das Kölner Projekt, mit dem Leonhardt an seine beim Studienaufenthalt in den USA 1932/1933 gewonnenen Erkenntnisse anknüpft. Beratende Beteiligung von Bonatz als Gestalter sowie Schaechterle und der ehemaligen Lehrer Maier-Leibnitz und Graf bei Modellversuchen. Im März Beginn der Gründungsarbeiten. Kontakt mit dem Architekten Gerd Lohmer, der im Büro Bonatz in Stuttgart für die Hausteinverkleidung der Widerlager zuständig ist. Es entwickelt sich eine lebenslange Freundschaft.

Beitritt zum VDI. Promotion zum Dr.-Ing. an der TH Stuttgart.

Im Oktober Geburt der Tochter Barbara.

1939

Veröffentlichung der Dissertation *Die vereinfachte Berechnung zweiseitig gelagerter Trägerroste* bei Ernst & Sohn in Berlin.

Ab März Montage der Pylone der Rodenkirchener Brücke. Im Juni Teilnahme an einem weiteren Lehrgang auf der Plassenburg.

Neben der Tätigkeit in Köln mit Unterstützung Todts Gründung des »Ingenieurbüros Dr.-Ing. Fritz Leonhardt, Regierungsbaumeister«, Galeriestraße 2 in München vor dem Hintergrund der dort zu erwartenden gigantischen städtebaulichen Projekte für die »Hauptstadt der Bewegung«. Vermutlich von Bonatz dem Architekten Hermann Giesler empfohlen, der 1938 von Hitler persönlich als »Generalbauinspekteur der Hauptstadt der Bewegung« eingesetzt wurde. Bis 1944 durch das Büro Bearbeitung von nachweislich mehr als 87 Aufträgen: NS-Prestigevorhaben wie Bonatz' Münchner Kuppelbahnhof oder Gieslers »Denk-

mal der Partei«, Elbehochbrücke und Gauhochhaus in Hamburg, Öresundbrücke in Dänemark oder Donaubrücke in Linz, aber auch Studien für Fertigbauteile, Hochspannungsmasten, Betonfahrspuren für S-Bahnen auf Gummireifen sowie Behelfsbrücken und Unterkünfte für Bombengeschädigte. Fast wöchentliches Pendeln mit dem Schlafwagen zwischen den verschiedenen Wirkungsstätten.

Nach dem deutschen Einmarsch in Polen im September zum Kriegsdienst bei den Pionieren eingezogen, jedoch nach zwei Tagen wieder freigestellt, um an seinen Projekten weiterzuarbeiten. Freistellungen auch für die meisten Mitarbeiter in Köln und München, da aus propagandistischen Gründen entschieden wird, die Hängebrücke trotz Material- und Personalmangel zu vollenden.

Erst nach Kriegsbeginn am 1. November mit der Nummer 7266993 Mitglied der NSDAP, nachdem Todt bereits bei Beauftragung mit der Rheinbrücke einen Eintritt nahegelegt hatte.

1940

Große Arbeitslast bei den Großplanungen für München und beim Bau der Hängebrücke in Rodenkirchen, wo im November in Anwesenheit Todts das letzte Trägerstück eingesetzt wird. Publikation des wichtigen Aufsatzes »Leichtbau – eine Forderung unserer Zeit«. Dennoch auch unter Kriegsbedingungen noch Zeit zum Skifahren und Bergsteigen in den Alpen. Austritt aus der evangelischen Kirche, bezeichnet sich in Fragebögen aber als »gottgläubig«.

Im November Umzug aus dem vom Luftkrieg bedrohten Köln nach München, wo die Familie in Laim, Agricolastraße 30, ein Haus bezieht.

1941

Ostern mit dem Mitarbeiter Hermann Maier in den Alpen, Besteigung der Zugspitze.

Im September Geburt der Tochter Sabine.

Ende September offizielle Einweihung der Rodenkirchener Rheinbrücke als erste echte Hängebrücke in Deutschland. Fritz Todt schenkt ihm als Dank eine Porträtaufnahme mit Widmung. Nach Beendigung der Baumaßnahmen in Köln Weiterbeschäftigung von Mitarbeitern im Münchner Büro. Mitglied im NS-Bund Deutscher Technik.

An Weihnachten Tod der dreijährigen Tochter Bärbel, die wie Leonhardts Bruder im Jahr 1937 einer Scharlacherkrankung erliegt.

1942

Mitarbeiter an der Publikation *Der Brückenbau der Reichsautobahnen*, erschienen im Volk und Reich Verlag Berlin.

Große Bestürzung über die Flugzeugexplosion, bei der Fritz Todt im Februar ums Leben kommt. Zweifel an der offiziellen Verlautbarung der Unfallursache. Bis in die 1990er Jahre Versuche der Rehabilitation des von ihm hochgeschätzten Vorgesetzten trotz dessen enger Verbindung mit dem NS-Regime.

Im Februar schwere Lungenentzündung, von der er sich anschließend bei seinem Studienfreund Erwin Pirich in Pettau an der Drau erholt. Zeitweilige Schließung des Münchner Büros und Einberufung einiger Mitarbeiter. Hoffnung, daß der Krieg bald zu Ende ist. Nach der Genesung Weiterarbeit in München, u.a. an Planungen für das Gauhochhaus in Hamburg und die Linzer Donaubrücke.

k. Ing. Fritz Leonhardt, dem beauftragten Bauleiter und Bauleiter z. Ing. an den Tag der Fertigstellung der Adolf Hitler Brücke zu Köln a. Rh. 20. Sept. Kriegsjahr 1941

1939

Publication of the thesis *Die vereinfachte Berechnung, zweiseitig gelagerter Trägerroste* (simplified
calculation of bilateral supported beam grids) by
Ernst & Sohn in Berlin.

Starting March erection of the pylons of the Rodenkirchen bridge. In June taking another training
course in the Plassenburg.

In addition to his work in Cologne and in view
of gigantic city planning projects for the "capital
of the movement" (Munich), with support from
Todt, foundation of the »Ingenieurbüro Dr.-Ing.
Fritz Leonhardt, Regierungsbaumeister«, Galeriestraße 2 in Munich. Most likely recommended by
Bonatz to the architect Hermann Giesler, who
was in 1938 appointed personally by Hitler "chief
building inspector of the capital of the movement".
Until 1944 the bureau handled demonstrably 87
commissions: NS-prestige projects such as the
Munich cupola station by Bonatz, the "monument
of the party" by Giesler, an Elbe high bridge and
district tower in Hamburg, Öresund bridge in Denmark and Danube bridge at Linz, also studies for
prefabrication, transmission pylons, concrete
tracks for S-Bahn with rubber wheels, as well as
emergency bridges and housing for bombed-out
citizens. Nearly weekly visits of various sites by
sleeper.

Drafted to the pioneers after the German September invasion of Poland, but excused from service after two days, in order to continue work in
Cologne and Munich, like most of his colleagues.
For propaganda reasons it is decided to complete
the suspension bridge in spite of the lack of personnel and materials.

After the outbreak of war becoming member
number 7266993 of the NSDAP, as Todt had suggested it already when giving him the Rhine bridge
project.

1940

Heavy workload for the planning of Munich and
the construction of the Rodenkirchen suspension
bridge, where in November in the presence of
Todt the last girder is placed. Publication of the
essay »Leichtbau – eine Forderung unserer Zeit«
(lightweight construction – a requirement of our
time). In spite of war conditions skiing and climbing in the Alps. Leaving the Protestant church, he
calls himself in documents »gottgläubig« (believing
in God, a current classification of faith).

In November moves from Cologne, already
threatened by air raids, to a house in München-
Laim, Agricolastraße 30.

1941

Easter in the Alps with colleague Hermann Maier,
climbing the Zugspitze.

In September birth of daughter Sabine.

End of September official opening of the Rodenkirchen bridge, the first true suspension bridge
in Germany. With thanks, Fritz Todt presents him a
dedicated photo portrait. After completion of construction in Cologne, employment of his staff in
the Munich office. Member of the NS-Bund Deutscher Technik.

At Christmas death of his three-year old daughter Bärbel, like Leonhardt's brother in 1937 caused
by scarlet fever.

1942

Co-author of the book *Der Brückenbau der
Reichsautobahn* (bridges of the Reichsautobahn),
published by Volk und Reich Verlag in Berlin.

Consternation about an airplane explosion,
killing Fritz Todt in February. Doubts about the official version of the accident. Till well into the 1990s
attempts to rehabilitate his esteemed superior, in
spite of his closeness to the NS regime.

In February serious pneumonia, convalescence
at his study friend Erwin Pirich in Pettau on the
Drau. Temporary closing of the Munich office and
conscription of some staff. Hoping for the war to
end soon. After recovery, again work in Munich,
planning the state high-rise building in Hamburg
and the Danube bridge at Linz.

1943

Professorship for bridge construction at the Technische Hochschule Karlsruhe is denied. In April
the only personal encounter with Hitler in Giesler's
Munich office. Introduction by the architect during
a discussion about the plans for a suspension
bridge at Linz: Hitler commends the Rodenkirchen
bridge, would like to have the Eiffel Tower painted
in the same patina-green color and complains that
the war is delaying his building projects.

In April birth of daughter Monika. Due to air
raids on Munich evacuation of wife and daughters
to a vacation home in Oberhof near Rottach on
the Tegernsee, property of the Wagner singer
Marta Fuchs, a family friend from Stuttgart.

In May summoned as "chief construction supervisor" to the Organisation Todt (OT), in charge
of a technical office in the planning administration.
Ordered to join OT deployment group Russia-
North, led by Hermann Giesler. Participates in the
planning of the Baltoil works in Estonia, where fuel
for the German war economy is to be produced
from oil-carrying shale. At first a plant at Kiviöli on
the Finnish Bay is built, of five intended hydrating
and power plants. Organization of a planning department, in which many architects from the Bureau Bonatz and engineers from Rodenkirchen are
working, accommodated in specially built barracks at Saka estate on the Baltic Sea. Through
Giesler, staff member Wolfhart Andrä is exempted
from military service. With Willi Baur and Willy
Stöhr some more collaborators of post-war importance are shifted from military service to home
duty. Frequent flights to Berlin, where the technical
equipment for the oil production is designed.

As Giesler continues his Linz projects, Leonhardt also pursues his private engineering consultancy for public works from Estonia. In an environment not affected by the war, development of
prefab construction and gaseous concrete. Prestressed concrete becomes the focus of research:
in June journey to occupied Paris to meet Eugène
Freyssinet, whose article about prestressed concrete in the periodical *Traveaux* (1941) fascinated
Leonhardt. Planning to employ the new technique,
which economizes steel, in a railroad overpass in
Trier. Freyssinet proposes collaboration against
OT promise to support the development of vibrating tensioning presses by Freyssinet. OT sponsored flight from Estonia to the Atlantikwall (At-
lantic bulwark) in November, expertise on the
safety of submarine bunkers in Brest. In October
cautious hints in a private letter, the war could
be lost.

1943

Anfang des Jahres Ablehnung einer Professur für Brückenbau an der TH Karlsruhe.

Im April einzige persönliche Zusammenkunft mit Hitler in Gieslers Münchner Büro. Vorstellung durch den Architekten bei einer Unterredung über die Planung einer Hängebrücke für Linz: Hitler lobt die Rodenkirchener Brücke, möchte den Eiffelturm in der gleichen patinagrünen Farbe gestrichen wissen und beklagt, daß der Krieg seine großen Bauvorhaben verzögere.

Im April Geburt der Tochter Monika. Wegen der Luftangriffe auf München Evakuierung von Frau und Töchtern in ein Ferienhaus in Oberhof bei Rottach am Tegernsee, Eigentum der bekannten Wagner-Sängerin Marta Fuchs, einer Freundin der Familie aus Stuttgarter Zeiten.

Im Mai Einberufung als »Hauptbauleiter« der Organisation Todt (OT), Leitung eines Technischen Büros im Planungsstab. Befehl zur OT-Einsatzgruppe Rußland-Nord, der Hermann Giesler vorsteht. Beteiligung an der Planung von »Baltöl«-Werksanlagen in Estland, wo aus ölhaltigem Schiefer Treibstoff für die deutsche Kriegswirtschaft gewonnen werden soll. Von fünf vorgesehenen Hydrier- und zwei Kraftwerken wird zunächst die Anlage von Kiviöli am Finnischen Meerbusen realisiert. Einrichtung der Planungsabteilung, in der viele Architekten aus dem Büro Bonatz und frühere Rodenkirchener Ingenieure tätig werden, untergebracht in eigens errichteten Baracken auf Gut Saka direkt an der Ostsee. Über Giesler Freistellung des Mitarbeiters Wolfhart Andrä vom Kriegsdienst in der Armee. Mit Willi Baur und Willy Stöhr werden weitere auch nach dem Krieg wichtige Mitarbeiter Leonhardts dienstverpflichtet. Häufige Flüge nach Berlin, wo die technischen Anlagen für die Ölgewinnung projektiert werden.

Wie Giesler seine Linz-Planungen, führt auch Leonhardt seine privaten Ingenieurberatungen für öffentliche Aufgaben von Estland aus weiter. In einer vom Kriegsgeschehen zunächst nicht tangierten Umgebung Beschäftigung mit der Entwicklung von Fertigteilbau und Porenbeton. Spannbeton wird zum Schwerpunkt der Forschungstätigkeit: Im Juni Reise ins besetzte Paris zu Eugène Freyssinet, dessen Aufsatz über Spannbeton in der Zeitschrift *Traveaux* (1941) ihn fasziniert hatte. Planung, die neue, stahlsparende Technik für eine Bahnüberführung in Trier einzusetzen. Freyssinet stellt eine Zusammenarbeit in Aussicht, im Gegenzug Zusicherung der OT, die Entwicklung vibrierender Spannpressen durch Freyssinet zu unterstützen. Im November Flug im Auftrag der OT von Estland an den »Atlantikwall« für ein Gutachten über die Sicherheit der U-Boot-Bunker in Brest. Im Oktober in einem privaten Brief vorsichtige Andeutungen, daß der Krieg verlorengehen könne.

1944

Ab Februar Einstellung der Planungen für die »Baltöl«, da die Front nahe rückt. Neue Aufgaben im Militärbrückenbau. Hofft noch auf eine Wende im Kriegsgeschehen durch neue deutsche Waffen, bringt aber bereits private Unterlagen in Sicherheit. Anfang März erster Versuch, in der Berliner OT-Zentrale eigene Vorstellungen von einer künftigen Forschungstätigkeit durchzusetzen. Zweite Hälfte April endgültiger Rückzug der OT aus Estland unter Zerstörung der Infrastruktur.

Ende April Befehl zum Einsatz im oberschlesischen Eulengebirge zusammen mit einigen Mitarbeitern. Leitung des Konstruktionsbüros für das Projekt »Riese«, einem seit September 1943 von Herbert Rimpl geplanten Führerhauptquartier sowie einer Fabrik zur Waffenproduktion in bombensicherem Untertagebau. Größte Baustelle im Reich. Für den Jahreswechsel 1944/1945 – Leonhardt ist zu diesem Zeitpunkt bereits abberufen – sind 23000 Arbeitskräfte nachzuweisen, hauptsächlich »Fremdarbeiter« und Häftlinge des KZ Groß-Rosen, die unter lebensvernichtenden Bedingungen zur Arbeit gezwungen werden. Unterbringung von Leonhardts Planungsgruppe abseits der Baustelle im idyllisch gelegenen Gebirgsort Wüstewaltersdorf. Sehr bald intensive Bemühungen Leonhardts um eine andere Verwendung, weil er – so seine nachträgliche Interpretation – nichts mit einem Führerhauptquartier zu haben wollte.

Erreicht im Juni über seine guten persönlichen Beziehungen zur OT-Zentrale in Berlin, zum Leiter einer neu gegründeten Abteilung »Bauforschung – Entwicklung und Normung« bestellt zu werden. Aufgaben: Förderung neuer Bauweisen, Unterbindung von Entwicklungsarbeit an bereits überholten Bauweisen, Vermeidung von Doppelarbeit auf dem Gebiet der Bauforschungen, Vorantreibung von Normung. Weiterhin Garantie des Status eines Freiberuflers. Gleichzeitig Übertragung von nicht näher bekannten Aufgaben in der OT-Zentrale in Berlin sowie Leitung eines Konstruktionsbüros der OT-Einsatzgruppe VI unter Hermann Giesler in München. Hier Aufgaben zur Planung bombensicherer Fabriken in Oberbayern, zur Begutachtung von Bombenwirkungen und zur Bergung Verschütteter nach Fliegerangriffen in München. Wiederum gelingt es, bewährte Mitarbeiter vom Kriegsdienst freistellen und nach München kommen zu lassen, wo sie ein eingespieltes Team bilden, für das Räume in einer Kaserne in Oberföhring bereitgestellt werden.

Die nächsten Monate erfüllt von fieberhafter Entwicklungsarbeit in Bereichen, die erst nach dem Krieg relevant werden sollten: Beschäftigung mit Leicht- und Spannbeton, Betondachsteinen, Tafelbauweise, Trümmerverwertung, Schüttbauweise, normgerechten Decken, Papiergipsplatten, Stahlleichtbau und Stahlrohrgerüsten. Kontakte mit Fachkollegen wie Otto Graf, Ulrich Finsterwalder, dem Bauunternehmen Hebel, Ernst Neufert oder Eugène Freyssinet. Ein zweites Treffen mit Freyssinet Ende Juni in Paris, nachdem die Alliierten bereits in der Normandie gelandet sind.

Hektische Reisetätigkeit, bei der Leonhardt unter immer schlechter werdenden Verhältnissen Tausende von Kilometern im Zug, Flugzeug und Auto zurücklegt. Nachweisbar noch bis Anfang September Fahrten ins Eulengebirge, daneben ein ständiges Pendeln zwischen München und Berlin sowie zahlreiche Besuche bei Frau und Töchtern am Tegernsee. Zudem Aufenthalte in Linz, Dresden, Köln, Trier, Saarbrücken, Stuttgart, Ulm, Hannover. Die Aufgabe der Beratung bei der Rettung Verschütteter in München übernimmt weitgehend der Mitarbeiter Hermann Maier. Äußert im September seiner Frau gegenüber die Überzeugung, daß der Krieg noch 1944 zu Ende sei und schlechte Zeiten erst noch kämen.

15. Vom Kriegsgeschehen eingeholt: Leonhardt
als Hauptbauleiter der Organisation Todt mit seinen
Mitarbeitern Wolfhart Andrä (links) und Röhm vor
der Planungsbaracke auf Gut Saka bei Kiviöli in
Estland, 1943.

16. Ingenieurplanung für die Kriegswirtschaft: von
Leonhardt entwickelte Bandbrücken aus genagel-
ten Holz-Netzfachwerkträgern zum Transport von
Ölschiefer im Baltöl-Werk, Kiviöli, Estland, 1943.

17. Trügerische Idylle nahe des KZ-Terrors: Leonhardts Unterkunft in Wüstewaltersdorf während
seines OT-Einsatzes bei der Planung des Führer-
hauptquartiers »Riese« im Mai und Juni 1944.

15. Caught up by the war: Leonhardt as main construction supervisor of the Organisation Todt with
his collaborators Wolfhart Andrä (left) and Röhm in
front of the office shed at Saka manor near Kiviöli
in Estonia, 1943.

16. Engineering design for the war effort: convey-
or-belt bridges of nailed wood trusses developed
by Leonhardt for transporting oil shale in the Baltöl
works, Kiviöli, Estonia 1943.

17. Deceiving idyll next to KZ terror: Leonhardt's
quarters in Wüstewaltersdorf during his OT assignment for planning Führer's headquarter »Riese«
(giant) in May and June 1944.

1944

In February, as the frontline approaches, planning
of Baltoil is abandoned. New tasks in military
bridge construction. Hopes for a turn in the war,
due to new German weapons, but takes private
references to safety. First attempt in early March to
push through his own vision of future research in
the Berlin OT headquarters. Second half of April:
final retreat of the OT from Estonia after demolition
of infrastructure.

End of April deployment with some colleagues
in the Eulengebirge of Upper Silesia. In charge
of the design office for the project "Riese" (giant),
planned since September 1943 by Herbert Rimpl,
to be a Führerhauptquartier (Führer's headquarter),
together with a subterranean factory for armament
production. Biggest construction site in the Reich.
For the turn of the year 1944/45 – Leonhardt at
this time has been recalled – there is proof of
23 000 workers, mainly foreign and inmates of the
KZ Groß-Rosen, who are forced to work under
deadly conditions. Leonhardt's planning group is
living away from the construction site in the idyllic
mountain village of Wüstewaltersdorf. Soon after,
determined efforts by Leonhardt to find different
service – as he later says – not wanting to be connected with the Führer's headquarter.

In June he succeeds, through his good personal connections with the OT center in Berlin, to
become head of the newly founded department of
Bauforschung – Entwicklung und Normung (building research – development and standardization).
Tasks: promotion of new building methods, abate-
ment of the development of outdated methods,
avoidance of building research in parallel, pushing
standardization. Continued guaranty of independent employment with assignment of not clearly
defined jobs in the OT center in Berlin, also in
charge of the design office of OT deployment
group VI under Herman Giesler in Munich. Planning of air-raid proof factories in Upper Bavaria, assessment of damage by bombardments and rescue of trapped people after air raids in Munich.
Again succeeds in exempting proven collaborators
from military service, to form an efficient team in
Munich, with housing in a barracks at Oberföhring.

The following months feverish development
work in fields, which shall have their relevance after the war: lightweight and prestressed concrete,
concrete roof tiles, panel construction, reuse of
rubble, casting methods, standard floor slabs,
plasterboard, lightweight steel construction and
tubular scaffolding. Contacts with colleagues such
as Otto Graf, Ulrich Finsterwalder, Hebel contractors, Ernst Neufert or Eugène Freyssinet. In late
June, after the Normandy landing of the Allies, a
second meeting with Freyssinet in Paris.

Hectic traveling, under deteriorating conditions.
Leonhardt covers thousands of kilometers by train,
plane or car. Till early September trips to the Eulen
mountains plus continuous commuting between
Munich and Berlin, many visits with wife and children to Tegernsee. In addition stays in Linz, Dresden, Cologne, Trier, Saarbrücken, Stuttgart, Ulm,
Hanover. Advice for the rescue of people trapped
under rubble in Munich is taken over by Hermann
Meier. In September he mentions to his wife the
conviction, the war would end in 1944, followed
by bad times.

In November birth of daughter Heidemarie in
Tegernsee. In December destruction of his private
office in Munich.

1945

After a New Year's visit with the family in Rottach,
in January and February three train journeys under
constant danger of air attacks to OT meetings in
Berlin. February: destruction of the Rodenkirchen
Autobahn bridge. With crumbling infrastructure regular work becomes impossible.

Claims to have given his staff in March »Marschbefehle« (deployment orders) to their native places.
Leaves Munich by bicycle when the Americans
cross the Lech River. Checks in Garmisch the security of transferred books from the Technische
Hochschule München and joins his family in Rottach. The Americans reach Tegernsee in early May.

In June military administration permit for a trip by
bicycle from Rottach to Swabia, to contact family
members. As non-resident of Bavaria without work,
he risks expulsion from Rottach and decides to
move to the Black Forest. In July journey with wife,
three daughters and a maid by his salvaged private
car and a self-built trailer to Schömberg.

Together with his father, who with mother also
moved to the Black Forest, after the destruction of
the Stuttgart apartment in 1944, upgrading of the
retirement house Hardthöfle. During difficult times
it serves the whole family as refuge in rural seclu-
sion, with assured provision of food and fuel.
Works with a carpenter in Schömberg. Several
times walking from Schömberg to the Rhine plain
to collect food.

In December surprise visit by a delegate of
the Cologne city council, who wants Leonhardt for
the reconstruction of the Rhine bridge at Deutz.

1946

Beginning of January first trip to Cologne under
most difficult postwar conditions. Shocked by the
extent of devastation. Convinces the city council
of the reconstruction of the Deutz bridge as a long-
span steel bridge. First planning with Wolfhart Andrä and Gerd Lohmer, whom he takes to Schömberg. In June, after a visit to the British headquarter in Bad Oeynhausen, approval of the plans by
the occupation administration, which so far en-
visaged a temporary bridge.

Already in June again establishment of engi-
neering office »Dr.-Ing. Fritz Leonhardt, Regie-
rungsbaumeister« in Stuttgart, first in Laustraße,
Stuttgart-Sonnenberg, then in the Weinsteige.
Apart from Wolfhart Andrä other collaborators
from wartime join in Stuttgart: Willi Baur, Helmut
Mangold and secretary Annelis Dobran, later
Eduard Mönnig. Establishment of a branch office
in Cologne, where Louis Wintergerst and Gerd
Lohmer handle planning and construction of the
Deutz bridge. Old contacts are renewed with Karl
Schaechterle, Otto Graf, Ernst Neufert, friends in
the USA and bridge construction enterprises like
MAN and Klönne. Inquiry by the Technische Hochschule Aachen, offering a professorship, but
no call possible, because »Entnazifizierung«
(clearance from Nazi involvement) has not been
achieved. Hope for further commissions to recon-
struct bridges over the Rhine, the Moselle and in
Stuttgart. Referring to 1944 ideas, study of the
utilization of rubble. Together with Otto Graf and
Ludwig Bölkow development of casting method

Im November Geburt der Tochter Heidemarie am Tegernsee. Im Dezember Zerstörung des privaten Büros in München.

1945

Nach Neujahrsaufenthalt bei der Familie in Rottach im Januar und Februar unter ständiger Gefahr von Bombenangriffen nochmals drei Zugreisen nach Berlin zur Teilnahme an Besprechungen in der Zentrale der OT. Im Februar Zerstörung der Autobahnbrücke in Rodenkirchen. Eine geregelte Arbeit wird angesichts der zusammenbrechenden Infrastruktur unmöglich.

Stellt nach eigenen Angaben im März den Mitarbeitern »Marschbefehle« mit dem Ziel Heimat aus. Verläßt München mit dem Fahrrad, als die Amerikaner den Lech überschreiten. Nachdem er sich in Garmisch um die Sicherung von ausgelagerten Buchbeständen der Bibliothek der TH München gekümmert hat, setzt er sich zu seiner Familie nach Rottach ab. Anfang Mai erreichen die Amerikaner den Tegernsee.

Im Juni Genehmigung der Militärverwaltung für eine Interzonenfahrt mit dem Fahrrad von Rottach ins Schwäbische, um Kontakt mit Familienmitgliedern aufzunehmen. Da ihm als Landesfremder ohne Arbeitsstelle die Ausweisung aus Bayern droht, Entscheidung zur Übersiedlung in den Schwarzwald. Im Juli Fahrt mit Frau, den drei kleinen Töchtern und einer Haushaltshilfe im geretteten Privatauto und einem selbstgebauten Anhänger nach Schömberg.

Zusammen mit dem Vater, der mit der Mutter nach Zerstörung der Stuttgarter Wohnung 1944 ebenfalls in den Schwarzwald gezogen war, Ausbau des Austragshauses im »Hardthöfle«, das nun der gesamten Familie in ländlicher Abgeschiedenheit und mit gesicherter Versorgung an Lebensmitteln und Brennmaterial als Zuflucht in schwieriger Zeit dient. Arbeitet bei einem Schreiner in Schömberg. Mehrmals zu Fuß von Schömberg bis in die Rheinebene, um Lebensmittel zu »hamstern«.

Im Dezember überraschender Besuch eines Abgesandten der Kölner Stadtverwaltung, die Leonhardt für den Wiederaufbau der Deutzer Rheinbrücke gewinnen will.

1946

Anfang Januar erste Fahrt nach Köln unter schwierigsten Nachkriegsbedingungen. Entsetzt über das Ausmaß der Zerstörungen. Überzeugt die Stadtverwaltung von einem Wiederaufbau der Deutzer Brücke als weitgespannte Stahlbrücke. Erste Planungen dafür mit Wolfhart Andrä und Gerd Lohmer, die er nach Schömberg holt. Im Juni nach einem Besuch im britischen Hauptquartier in Bad Oeynhausen Genehmigung der Entwürfe durch die Besatzungsbehörden, die bisher eine temporäre Notbrücke anstrebten.

Bereits im Juli Neuetablierung des »Ingenieurbüros Dr.-Ing. Fritz Leonhardt, Regierungsbaumeister« in Stuttgart, zunächst in der Laustraße in Stuttgart-Sonnenberg, dann an der Weinsteige. Neben Wolfhart Andrä kommen weitere Mitarbeiter der Kriegszeit wie Willi Baur, Helmut Mangold und die Sekretärin Annelis Dobran nach Stuttgart, später folgt Eduard Mönnig. Einrichtung einer Zweigstelle des Büros in Köln, wo Louis Wintergerst und Gerd Lohmer Planung und Ausführung der Deutzer Rheinbrücke betreuen. Alte Kontakte werden neu geknüpft zu Karl Schaechterle, Otto

Graf, Ernst Neufert, zu Freunden in den USA sowie zu Brückenbauunternehmen wie MAN und Klönne. Anfrage der TH Aachen, ob Interesse an einer Professur besteht, eine Berufung kommt aber wegen der noch ausstehenden Entnazifizierung nicht zustande. Hoffnung auf weitere Aufträge für den Wiederaufbau von Brücken am Rhein, an der Mosel und in Stuttgart. Unter Anlehnung an Ideen des Jahres 1944 Beschäftigung mit der Trümmerverwertung. Entwicklung der Schüttbauweise mit patentierten Stahlschalungen in Zusammenarbeit mit Otto Graf und Ludwig Bölkow. Bezieht im August ein Zimmer in Stuttgart, die Familie wohnt weiter in Schömberg. Bis 1949 zahlreiche Besuche dort und regelmäßiger Briefwechsel. Verbesserung der familiären Versorgungslage durch CARE-Pakete der amerikanischen Freunde.

Ende des Jahres Spruchkammerentscheid, Entnazifizierung mit Einstufung als »Mitläufer«.

1947

Im Februar offizielle Wiederzulassung als Beratender Ingenieur. Häufige Reisen ins Rheinland, an die Mosel und nach Frankfurt, um weitere Brückenprojekte zu befördern. Ungeduld über komplizierte Genehmigungsverfahren angesichts der noch nicht funktionierenden Verwaltungen, der Entscheidungsbefugnisse der Alliierten und des Materialmangels. Im Mai Erfolg bei der Stuttgarter Stadtverwaltung: Zuteilung eines großen Stahlkontingents für die Normschalungen der Schüttbauweise, die gemeinsam mit Ludwig Bölkow und der Stuttgarter Baufirma Bossert weiterentwickelt wird. Für den Vertrieb der Bauweise Gründung der Firma »mbb Moderner Bau-Bedarf«. Publikation *Künftige Wohnbauweisen* im Julius Hoffmann Verlag in Stuttgart.

Im August Kontaktaufnahme zu Othmar H. Ammann in New York, um Informationen über den neuesten Brückenbau in den USA und die 1940 eingestürzte Tacoma-Hängebrücke zu erhalten, da er sich im Zusammenhang mit der Moselbrücke in Wehlen weiter mit Hängebrücken beschäftigt.

Im September Geburt des Sohnes Hans-Jörg in Schömberg.

1948

Allmähliche Überwindung der größten kriegsbedingten Engpässe. Hoffnung auf einen großen Auftrag für die Errichtung von Produktionshallen bei den Ford Autowerken, die sich schließlich nicht erfüllt. Publikationen und Vorträge zur Durchsetzung der Schüttbauweise. Beratungen wegen der Einrichtung einer Porenbetonfabrik.

Ende August auf Einladung der französischen Besatzungsbehörden zusammen mit anderen deutschen Bauingenieuren zehntägige Studienreise durch Frankreich mit den Reiseetappen Marnetal, Rouen, Le Havre, Orléans, Loire- und Saônetal, Lyon und Grenoble. Zwei Tage in Paris, davon ein ganzer Tag Besprechung mit Freyssinet, zuvor Besichtigung von dessen Betonbrückenfabrik in Esbly an der Marne. Ausgangspunkt für die erneute Beschäftigung mit Spannbeton.

Im Oktober Einweihung der Köln-Deutzer Rheinbrücke, die Leonhardt große Anerkennung einbringt.

Im November Einzug der wiedervereinten Familie in das unter Verwendung der erhaltenen Außenmauern neu aufgebaute Haus Relenberg-

18, 19. Überlebensplanung nach dem Zusammenbruch: Umzug mit Frau, drei kleinen Kindern und einem Kindermädchen von Bayern in den Schwarzwald, Juli 1945. Auf der Fahrt photographiert Leonhardt die in den letzten Kriegstagen gesprengten Autobahnbrücken auf der Schwäbischen Alb.
20. Wieder vereint in Stuttgart: Familie Leonhardt bei einem Spaziergang, 1949.
21. Inmitten von Trümmern ein erstes Zeichen für bessere Zeiten: Einweihung der Köln-Deutzer Rheinbrücke, sitzend von links der Kölner Oberbürgermeister Ernst Schwering, der frühere OB Konrad Adenauer und der Kölner Kardinal Joseph Frings, rechts sitzend Leonhardt, Oktober 1948.

18, 19. Planning survival after doomsday: relocation from Bavaria to the Black Forest with wife, three small children and nanny, July 1945. On the way Leonhardt takes pictures of Autobahn bridges on the Schwäbische Alb, blown up during the last days of the war.
20. United again in Stuttgart: the Leonhardt family taking a walk, 1949.
21. In the midst of ruins a first sign of better times: inauguration of the Köln-Deutz bridge over the Rhine, seated from left Cologne chief mayor Ernst Schwering, his predecessor Konrad Adenauer and Cologne cardinal Joseph Frings, to the right sitting Leonhardt, October 1948.

with patented steel shuttering. August: taking a room in Stuttgart, family remains in Schömberg. Until 1949 frequent visits and correspondence. Improvement of living condition by CARE parcels from American friends.

End of the year: denazification by judicial ruling, classification *Mitläufer* (low-level collaborator).

1947
In February official registration as consulting engineer. Frequent trips to the Rhine, Moselle and Frankfurt, to promote bridge projects. Frustration about complicated approval procedures due to dysfunctional administration, control by Allies and shortage of materials. In May success at the Stuttgart city council: allocation of a large steel contingent for standard shuttering of the casting method, further developed with Ludwig Bölkow and the Stuttgart construction firm Bossert. Founding of the firm "mbb Moderner Baubedarf» (modern construction equipment) to market the system. Publication of *Künftige Wohnbauweisen* (future construction of dwellings) by Julius Hoffmann Verlag, Stuttgart.

In connection with the Moselle bridge at Wehlen and consideration of suspension bridges, in August contact with Othmar H. Ammann in New York for information about recent bridge construction in the USA and the Tacoma suspension bridge, having collapsed in 1940.

In September birth of son Hans-Jörg in Schömberg.

1948
Gradual overcoming of the biggest restrictions caused by the war. Hope for a large commission of building production facilities for Ford car company, will not realize. Publications and lectures to promote the casting method. Consultations for the establishment of a factory for porous concrete.

In late August invitation by the French occupation authority to a ten-day study trip with other German civil engineers through France, covering

the Marne valley, Rouen, Le Havre, Orléans, Loire and Saône valley, Lyon and Grenoble. Two days in Paris, of which one day conference with Freyssinet, after visiting his concrete bridge factory in Esbly on the Marne. Start of a new pursuit of prestressed concrete.

In October dedication of the bridge at Köln-Deutz, bringing Leonhardt much recognition.

In November: reunited family moves into Stuttgart residence, Relenbergstraße 56, until its destruction in 1944 was occupied by Leonhardt's parents, reconstructed within the retained exterior walls. Soon after, Leonhardt's office also moves into the building.

1949
Against the background of rapid economic rise and stabilized personal conditions, in July first postwar family trip abroad to Switzerland: roundtrip with a new VW Beetle through the Jura, Wallis and over the Gotthard to Lake Constance. Participates in activities of the revived fraternity "Vitruvia".

Dedication of Moselle bridges in Zeltingen, Schweich, Trittenheim and Wehlen. Together with Willi Baur intensive occupation with prestressed concrete construction, development of the Leoba method and the Baur-Leonhardt system of concentrated tendons. Bridges over the Elz River near Bleibach and Emmendingen are first examples of prestressed concrete construction.

1950
In March admission to the Stuttgart Rotary Club, active membership until his death. Employment of Lina Stedtler from Schömberg, who shall become for fifty years a principal support of the family as housemaid, nanny and finally as nurse. Vacation trips to Berchtesgaden, skiing in Reit im Winkl, first summer stay at the farmer Moser by Seehamer See in Upper Bavaria, where the family till 1998 will spend fifty vacations. Enlargement of the house in Schömberg.

straße 56 in Stuttgart, in dem bis zur Zerstörung 1944 die Eltern Leonhardt gewohnt hatten. Kurz darauf auch Umzug des Büros Leonhardt in das Gebäude.

1949

Vor dem Hintergrund des raschen wirtschaftlichen Aufschwungs und der Stabilisierung der persönlichen Verhältnisse im Juli erste Auslandsreise der Familie nach dem Krieg in die Schweiz: Rundfahrt mit einem neuen VW Käfer durch den Jura, das Wallis und über den Gotthard zum Bodensee. Beteiligt sich an Aktivitäten der neu gegründeten Studentenverbindung »Vitruvia«.

Einweihung der Moselbrücken in Zeltingen, Schweich, Trittenheim und Wehlen. Zusammen mit Willi Baur intensive Beschäftigung mit dem Spannbetonbau, Entwicklung des Leoba-Verfahrens und des Verfahrens Baur-Leonhardt mit konzentrierten Spanngliedern. Die Elzbrücken bei Bleibach und Emmendingen sind erste realisierte Beispiele für Spannbetonbrücken.

1950

Im März Aufnahme in den Stuttgarter Rotary Club, dem er bis zu seinem Tod aktiv verbunden bleibt. Einstellung von Lina Stedtler aus Schömberg, die als Haushaltshilfe, Kinderbetreuerin und schließlich als Pflegerin fünfzig Jahre lang eine große Stütze für die Organisation des Familienlebens bilden wird. Ferienreisen ins Berchtesgadener Land, Skiurlaub in Reit im Winkl sowie erster Sommeraufenthalt beim »Moser-Bauern« am Seehamer See im oberbayerischen Voralpenland, wo die Familie bis 1998 fünfzig Mal Urlaub machen wird. Erweiterung des Hauses in Schömberg.

Enge Kontakte zu Emil Mörsch, Karl Schaechterle und Emil Klett anlässlich der »Kornwestheimer Großversuche« zur Erprobung verschiedener Spannverfahren. Entwicklung wasserdichter Dehnungsfugen durch Gummiplatten und Gummitopflager. Im Oktober zusammen mit Otto Graf Teilnahme an einer Spannbetontagung der von Freyssinet gegründeten Fédération Internationale de la Précontrainte (FIP) in Paris, Besichtigungen in Rouen und Le Havre. Veröffentlicht gemeinsam mit Wolfhart Andrä in Weiterentwicklung seines Dissertationsthemas das Buch *Die vereinfachte Trägerrostberechnung*, erschienen im Julius Hoffmann Verlag in Stuttgart. In den folgenden Jahren Auseinandersetzungen mit dem Ingenieur Hellmut Homberg, der Leonhardt vor Gericht erfolglos des Plagiats bezichtigt.

Fertigstellung der Eisenbahnbrücke über den Neckarkanal sowie der Böckinger Brücke, zwei frühe Spannbetonbrücken in Heilbronn.

1951

Es erscheint das zuammen mit Paul Bonatz bei Langewiesche in Königstein/Taunus herausgegebene »Blaue Buch« *Brücken*, 2. Auflage 1960.

Im April große Rundreise durch Norditalien mit Besichtigung von Verona, Vicenza, Padua, Treviso, Venedig, Ravenna, Forlì, Florenz, Siena, Lucca, Pistoia, Pisa, La Spezia, Genua, und Como. Fertigstellung der Spannbetonbrücke in Neckargartach und der seit 1948 geplanten Köln-Mülheimer Rheinbrücke, an der Leonhardt die technische Oberleitung innehat. Zusammen mit Ingenieuren der MAN hierfür Entwicklung der orthotropen Platte.

1952

Mitglied der Internationalen Vereinigung für Brückenbau und Hochbau (IVBH). Erste Ehrung: Verleihung des Ehrenzeichens des VDI. Im September erster Nachkriegsaufenthalt in den USA, Vorträge in New York und Chicago. Infiziert sich in Amerika mit Hepatitis, die in Stuttgart einen zweimonatigen Krankenhausaufenthalt erforderlich macht.

1953

Im Januar Umzug in das repräsentative, nach seinen Vorstellungen von dem Architekten Alfred Gunzenhauser errichtete Einfamilienhaus Schottstraße 11b in bester Stuttgarter Höhenlage, das Leonhardt bis zu seinem Tod bewohnen wird.

Mischt sich mit dem Vorschlag eines innovativen Stahlbetonturms erfolgreich in die eigentlich schon abgeschlossene Planung für einen Stuttgarter Sendemasten ein, der auf dem Berg direkt gegenüber dem Leonhardtschen Haus entstehen soll. Im Zusammenhang mit der Tragwerksplanung für das BASF-Hochhaus in Ludwigshafen von Hentrich und Petschnigg neuartige Ausbildung des Hochhauskerns als steife Röhre zur Aufnahme der Windlasten, ein Konstruktionsprinzip, welches das Büro bei vielen wichtigen Bürohochhäusern der 1950er Jahre, etwa dem Thyssen-Hochhaus in Düsseldorf, dem Unilever-Hochhaus in Hamburg und dem Mannesmann-Hochhaus in Düsseldorf weiterentwickelt und das weltweit zum Standard wird.

Im Frühjahr Skiurlaub in der Silvretta, bis in die 1990er Jahre fast alljährlich Reiseziel Leonhardts. Im Herbst Schrothkur in Oberstaufen, der sich Leonhardt und seine Frau bis in die 1990er Jahre ebenfalls häufig unterziehen.

Aufnahme des Freundes und engen Mitarbeiters Wolfhart Andrä als Büropartner. Das Büro firmiert von nun an unter »Leonhardt und Andrä«. Leitbilder der Firmenführung: kein Fremdkapital, keine Schulden, nur mäßiges Wachstum, Führungskräfte aus eigenem Mitarbeiterkreis, vornehmlich konstruktiv anspruchsvolle Aufgaben, keine militärischen Anlagen, Beschränkung der betrieblichen Altersversorgung für Geschäftsführer.

Als Ergebnis der Beschäftigung mit dem Einsturz der Tacoma-Hängebrücke Patentanmeldung für eine windstabile Monokabelbrücke.

1954

Im März Teilnahme an der Einweihung der vom Vater Gustav Leonhardt umgebauten Schömberger Dorfkirche. An Ostern Holland-Reise mit Besichtigung des Wiederaufbaus von Rotterdam und der Landgewinnung an der Zuidersee.

Im Juni erster Spatenstich für den Stuttgarter Fernsehturm. Im Juli Betriebsausflug des Büros nach Interlaken und zum Sustenpaß. Im Herbst Urlaubsfahrt nach Lausanne, ins Rhônetal und zum Mont Blanc. Das erstmals international agierende Büro betreibt ein Projekt für eine Hubbrücke über den Rio Guaíba im brasilianischen Porto Alegre, deshalb im November/Dezember dreiwöchige Reise nach Südamerika mit Aufenthalten in Rio de Janeiro, Porto Alegre und São Paulo.

Im Dezember bezieht die Firma Leonhardt und Andrä das nach Plänen des Architekten Alfred Aldinger errichtete Bürohaus Lenzhalde 16 in Stuttgart.

22. Erste Ehrung mit 42 Jahren: Leonhardt erhält für seine Leistungen im Brücken- und Spannbetonbau zusammen mit seinem Lehrer Otto Graf (Mitte) das Ehrenzeichen des VDI, 1951.
23. Wirtschaftswunder privat: das neue, Anfang 1953 bezogene Wohnhaus der Familie Leonhardt an der Stuttgarter Schottstraße.
24. Geschäftliche Repräsentation eines nun weltweit Agierenden: Arbeitszimmer im 1954 errichteten Bürohaus der Firma Leonhardt und Andrä.

22. First honors at 42 years of age: together with his teacher Otto Graf (center), Leonhardt receives the order of merit by the VDI (Verein Deutscher Ingenieure) for his contribution to bridge and pre-stressed-concrete construction in 1951.
23. A private economic miracle: the new Stuttgart residence of the Leonhardt family in Schottstraße, occupied in early 1953.
24. Business representation of a world-wide actor: study in the office building of the Leonhardt und Andrä consultancy, built in 1954.

Close contacts with Emil Mörsch, Karl Schaechterle and Emil Klett on occasion of the Kornwestheimer Versuche (Kornwestheim tests) to try out various tensioning methods. Development of waterproof expansion joints with rubber plates and rubber bucket supports. With Otto Graf in October participation in a prestressed concrete conference by the Fédération Internationale de la Précontrainte (FIP) in Paris, visit of Rouen and Le Havre. Publishes with Wolfhart Andrä in extension of his thesis the book *Die vereinfachte Trägerrostberechnung* (simplified calculation of beam grids), distributed by Julius Hoffmann Verlag in Stuttgart. In the years to follow alterations with the engineer Hellmut Homberg, who accuses Leonhardt in vain of plagiarism.

Completion of the railroad bridge across the Neckarkanal, the bridge at Böckingen, of two early prestressed bridges in Heilbronn.

1951

With Paul Bonatz publication of the »Blaues Buch« *Brücken* (*bridges*), by Verlag Langewiesche, Königstein, second edition in 1960.

In April big roundtrip through Northern Italy, visiting Verona, Vicenza, Padua, Treviso, Venice, Ravenna, Forli, Florence, Siena, Lucca, Pistoia, Pisa, La Spezia, Genova and Como. Completion of the prestressed concrete bridge at Neckargartach and the Rhine bridge at Köln-Mülheim, where Leonhardt was in charge of construction. Together with engineers from MAN development of the orthotropic plate.

1952

Member of the International Association for Bridge and Structural Engineering. First mark of honor: conferment of the VDI decoration. In September first postwar stay in the USA, lectures in New York and Chicago. Catches hepatitis in America, requiring a two-month hospital stay.

1953

In January moving to a representative residence at Schottstraße 11b, built to his conception by architect Alfred Gunzenhauser in the best Stuttgart hill location, to be Leonhardt's home till his death.

Successfully interferes in the planning of a Stuttgart communication tower, to be built right across Leonhardt's house and the design of which is already completed. Proposes an innovative reinforced-concrete structure. In connection with the structural design of the BASF tower in Ludwigshafen by Hentrich und Petschnigg, conception of a rigid, tubular core to take up wind loads. This principle shall be used in many important office towers of the 1950s, such as the Thyssen tower in Düsseldorf, the Unilever tower in Hamburg and the Mannesmann tower in Düsseldorf, soon adopted worldwide.

In spring skiing vacation in the Silvretta, till the 1990s nearly every year the destination of Leonhardt. In fall »Schrothkur« (a health cure) in Oberstaufen, frequented often by Leonhardt and his wife till the 1990s.

Admission of friend and colleague Wolfhart Andrä as office partner. The office runs now under the name "Leonhardt und Andrä". Principles of management: no foreign capital, no debts, restricted growth, staffing leading positions from within, selection of structurally challenging projects, no military projects, limitation of employee pension schemes to business partners.

Resulting from the detailed study of the Tacoma suspension bridge collapse, patent application for an aerodynamically stable mono-cable bridge.

1954

In March participation in the dedication of the Schömberg village church, redesigned by Leonhardt's father Gustav. At Easter, Holland trip with survey of Rotterdam reconstruction and land reclamation at the Zuidersee.

In June breaking ground for the Stuttgart TV tower. In July office excursion to Interlaken and the Sustenpass. In fall vacation trip to Lausanne, the Rhône valley and Mont Blanc. First international project for an elevator bridge across the Rio Gualba in Porto Allegre, Brazil, entailing in November/December a three-week trip to South America with stay in Rio de Janeiro, Porto Allegre and São Paulo. In December transfer of the office Leonhardt und Andrä to an office building at Lenzhalde 16, Stuttgart, designed by architect Alfred Aldinger.

1955

In Berlin appears at Ernst & Sohn the standard work *Spannbeton für die Praxis* (prestressed concrete in practise), written with Wolfhart Andrä and Willi Baur, a recapitulation of ten years experience in prestressed-concrete construction. Further German language editions in 1962 and 1973. Translated into Russian without Leonhardt's knowledge, the book is available since 1956 in the Soviet Union. English edition in 1964, Spanish in 1967 and Serbo-Croatian in 1968.

In February ski vacation in the Karwendel, Whitsun in the Dolomites. End of April participation at the conference of the Betonverein in Hamburg. In July sojourn in London. In September jury member for the Cologne Severinsbrücke competition. Makes sure that the design of his erstwhile colleague Gerd Lohmer with a novel A-pylon will be executed.

1956

In February dedication of the spectacular Stuttgart TV tower, giving Leonhardt international renown. Until the 1980s successive commissions for this novel type of project: standard towers for the postal service, communication towers for Hanover, Hamburg, Mannheim, Cologne, Frankfurt and the Frauenkopf in Stuttgart, usually in collaboration with the Stuttgart architect Erwin Heinle.

Critical position against rearming the Federal Republic: Lecture »Haben militärische Mittel noch Sinn und Wert?« (are military means still of significance and value?).

In early summer participation at the first postwar congress of the IVBH in Lisbon. Visit of Spanish and Portuguese cities, lecture at the University of Coimbra. First vacation in Arolla, Wallis, a favorite place of Leonhardt's till old age, apart from his retreats in Schömberg, by Seehamer See and the Silvretta. With Willi Baur preparation of the book *Vorspannung mit konzentrierten Spanngliedern* (prestressing with concentrated tendons), appearing at Ernst & Sohn in Berlin.

1955

Als Zusammenfassung der über zehnjährigen Erfahrungen im Spannbetonbau erscheint das mit Wolfhart Andrä und Willi Baur gemeinsam verfaßte und von Ernst & Sohn in Berlin herausgegebene Standardwerk *Spannbeton für die Praxis*. Weitere deutschsprachige Auflagen 1962 und 1973. Ohne Leonhardts Wissen ins Russische übersetzt, wird das Buch bereits ab 1956 in der Sowjetunion vertrieben. In Englisch erscheint es 1964, in Spanisch 1967 und in Serbokroatisch 1968.

Im Februar Skiurlaub im Karwendel-Gebirge, an Pfingsten in den Dolomiten. Ende April Teilnahme an der Tagung des Betonvereins in Hamburg. Im Juli Aufenthalt in London. Im September Preisrichter im Wettbewerb um die Severinsbrücke in Köln. Sorgt dafür, daß der Entwurf seines früheren Kölner Mitarbeiters Gerd Lohmer mit dem neuartigen Pylon in Form eines A realisiert werden kann.

1956

Im Februar Einweihung des spektakulären Stuttgarter Fernsehturms, der Leonhardt internationales Renommee verschafft. Bis in die 1980er Jahre hinein Folgeaufträge für die neue Bauaufgabe: Normtürme der Bundespost sowie Fernmeldetürme, u.a. für Hannover, Hamburg, Mannheim, Köln, Frankfurt sowie den Frauenkopf in Stuttgart, meist in Zusammenarbeit mit dem Stuttgarter Architekten Erwin Heinle.

Kritische Haltung gegenüber der Wiederbewaffnung der Bundesrepublik: Vortrag »Haben militärische Mittel noch Sinn und Wert?«

Im Frühsommer Teilnahme an der ersten Nachkriegstagung der IVBH in Lissabon. Besuch spanischer und portugiesischer Städte, Vortrag an der Universität in Coimbra. Erster Urlaub in Arolla im Wallis, einem Reiseziel, dem Leonhardt neben seinen privaten Rückzugsorten in Schömberg, am Seehamer See und in der Silvretta über Jahrzehnte hinweg bis ins hohe Alter treu bleiben wird. Zusammen mit Willi Baur Verfasser des Buches *Vorspannung mit konzentrierten Spanngliedern*, erschienen bei Ernst & Sohn in Berlin.

1957

Beginn von Verhandlungen zur Übernahme des nach dem plötzlichen Tod von Karl Deininger vakant gewordenen Bauingenieur-Lehrstuhls an der Universität Stuttgart. Die Initiative dazu geht vom Kultusministerium aus. Zunächst deutlich abwehrende Haltung der akademischen Bauingenieure, deren Leistungsfähigkeit Leonhardt in internen Papieren kritisiert. Unterstützung in der Abteilung für Bauwesen von Seiten der Architekten. Da das Ministerium und der Ministerpräsident Gebhard Müller gewillt sind, Leonhardts weitgehenden Bedingungen für eine Neugestaltung des Instituts entgegenzukommen, kann Leonhardt der Lehrstuhl hochschulintern kaum verweigert werden.

Angesichts der abzusehenden Verpflichtungen als Hochschullehrer Entscheidung für eine große Studienreise, die an das Erlebnis der USA-Erkundung von 1932/1933 anknüpft: Von Februar bis Ende Mai zusammen mit seiner Frau Expedition mit dem eigenen VW Käfer durch Südamerika. Reiseroute durch Frankreich, Spanien und Portugal. An Bord der *Laennec* von Lissabon nach Rio de Janeiro. Besichtigung der Brückenbaustelle in Porto Alegre. Rundfahrt von 15 000 km durch Brasilien, Argentinien, Chile, Bolivien, Peru, Ecuador,

Kolumbien und Venezuela. Besichtigungen von Metropolen, archäologischen Stätten und Naturerleben vom Urwald bis zu Andengletschern, teilweise in Begleitung des deutschen Bergsteigers und Kameramanns der 1930er Jahre Hans Ertl. Rückflug nach Deutschland mit mehrtägigem Zwischenaufenthalt in New York.

Im Dezember Einweihung der Nordbrücke, der späteren Theodor-Heuss-Brücke, in Düsseldorf, seit 1952 zusammen mit dem Düsseldorfer Beigeordneten und Freund Friedrich Tamms sowie weiteren Beteiligten als innovative Schrägkabelkonstruktion entwickelt. Mit der 1969 fertiggestellten Rheinkniebrücke und der 1973 eröffneten Oberkasseler Brücke später Teil der stadtbildprägenden Düsseldorfer »Brückenfamilie«. Erste Zusammenarbeit mit Frei Otto bei dessen Membrankonstruktion für die Kölner Bundesgartenschau, starkes Interesse an dessen Vorstellungen vom Leichtbau. Teilnahme an der ersten World Conference on Prestressed Concrete in San Francisco sowie an einem Kolloquium der Réunion Internationale des Laboratoires et Materiaux (RILEM). Besuch der Interbau in Berlin. Im September erste Ostblockreise nach Polen. Hält Vorträge in Warschau und Danzig.

1958

Mit Wirkung vom 1. Mai Ernennung zum Ordentlichen Professor an der Universität Stuttgart, »Lehrstuhl für Statik der Massivkonstruktionen, Stahlbetonbauten und Massivbrückenbauten« an der Fakultät für Bauwesen. Neuorganisation des Instituts, dessen Geschäfte Eduard Mönnig als früherer Büromitarbeiter und Vertrauter führt. Von den Institutsmitarbeitern werden neun Professoren, 16 gründen ein eigenes Büro, viele erlangen führende Stellungen in der Industrie. 38 Doktorarbeiten entstehen unter Leonhardts Betreuung.

Auf Leonhardts Initiative Einrichtung eines weiteren Lehrstuhls für Baustatik, Besetzung mit Friedrich Wilhelm Bornscheuer. Starker Einfluß auf die weitere Entwicklung der Fakultät mit späteren Berufungen von René Walther an die ausgebaute Forschungs- und Materialprüfungsanstalt oder von Frei Otto an das Institut für leichte Flächentragwerke.

An Ostern Skiurlaub in den italienischen Alpen mit Aufenthalt in Mailand. An Pfingsten zum Wandern im Bayerischen Wald. Im Sommer Urlaub in Nordfrankreich. Im September erste Exkursion mit Studenten nach Duisburg-Rheinhausen. Besuch der Weltausstellung in Brüssel.

Veröffentlichung des mit Hermann Bay und Karl Deininger bearbeiteten Standardwerks *Brücken aus Stahlbeton und Spannbeton – Entwurf und Konstruktion*, erschienen bei Konrad Wittwer in Stuttgart. Veränderte Neuausgabe des Buches *Brücken aus Eisenbeton* von Leonhardts Lehrer Emil Mörsch.

1959

Der langjährige Mitarbeiter Willi Baur wird Partner des Ingenieurbüros. Büroleitung in den Händen von Wolfhart Andrä.

Erhält für den Fernsehturm den Paul-Bonatz-Preis der Stadt Stuttgart. Nicht realisierter Wettbewerbsentwurf für eine Monokabelbrücke über den Tejo in Lissabon als Ergebnis jahrelanger Forschungen zur Entwicklung aerodynamisch stabiler Hängebrücken.

25. Prototyp und Meisterstück: Einweihung des Stuttgarter Fernsehturms, von links Oberbürgermeister Arnulf Klett, Leonhardt, die Innenarchitektin Herta-Maria Witzemann, der Architekt Erwin Heinle sowie SDR-Intendant Fritz Eberhard, 1956.
26. Immer noch abenteuerlustig: Leonhardt in den Anden während seiner Reise quer durch Südamerika, 1957.

25. Prototype and masterpiece: dedication of the Stuttgart television tower, from left chief mayor Arnulf Klett, Leonhardt, interior architect Herta-Maria Witzemann, architect Erwin Heinle and SDR director Fritz Eberhard, 1956.
26. Still adventurous: Leonhardt in the Andes during his tour through South America, 1957.

1957

Initiated by the ministry of culture, start of nego-
tiations about acceptance of the civil engineering
chair at the University of Stuttgart, vacated by the
sudden death of Karl Deininger. Initially very negative position by the academic civil engineers,
whose effectiveness Leonhardt questioned in internal papers. Support by the architects. Since the
ministry and prime minister Gebhard Müller are
ready to accept Leonhardt's far reaching conditions for a reorganization of the department, Leonhardt cannot be denied the chair.

In view of the approaching duties of a profes-
sor, decision for a big study voyage, linked to his
1932/33 USA experience: from February till end of
May a VW Beetle expedition with his wife through
South America, via France, Spain and Portugal.
On board of the *Laennec* from Lisbon to Rio de
Janeiro. Visit of the bridge-construction site at
Porto Allegre. 15 000 km trip through Brazil, Argentina, Chile, Bolivia, Peru, Ecuador, Columbia
and Venezuela. Visiting the big cities, archaeologi-
cal sites and enjoying nature from jungle to the
Andean glaciers, partly in accompaniment by the
German mountaineer and camera man of the
1930s, Hans Ertl. Return flight to Germany after
several days in New York.

In December dedication of the Nordbrücke
in Düsseldorf, later called Theodor-Heuss-Brücke;
since 1952 developed as a novel cable-stayed
bridge with Düsseldorf associate and friend
Friedrich Tamms. Becomes later, with the 1969
Rheinkniebrücke and the 1973 Oberkassel bridge,
part of the Düsseldorf "bridge family". First collaboration with Frei Otto on the membrane structure
for the federal garden show at Cologne, great interest in Otto's ideas of lightweight structures.
Participates in the first World Conference on Prestressed Concrete in San Francisco, also a colloquy of the Réunion Internationale des Laboratoires
et Materiaux (RILEM). Visit of the Interbau in Berlin. In September first trip east to Poland. Lectures
in Warsaw and Gdansk.

1958

As of 1 May appointment as full professor at the
Technische Hochschule Stuttgart, department of
concrete structures at the faculty of civil engineering. Reorganization of the department, adminis-
tered by previous office staff member and confi-
dant Eduard Mönnig. Nine members of the department obtain professorships, 16 establish their
own offices, many reach leading positions in industry. 38 doctoral dissertations emerge under
his guidance.

Leonhardt initiates the creation of a chair in
structural analysis, entrusted to Friedrich Wilhelm
Bornscheuer. Great influence on the further development of the faculty, appointment of René
Walther to the research and testing institute, and
Frei Otto to the Institute for Lightweight Structures.

Easter skiing in the Italian Alps with stay in Milan. Whitsun hiking in the Bavarian Forest. Summer vacation in Northern France. In September
first student excursion to Duisburg-Rheinhausen.
Visit of the World Fair in Brussels.

Publication of *Brücken aus Stahlbeton und
Spannbeton – Entwurf und Konstruktion* (bridges
in reinforced and prestressed concrete – structures and conceptual design), reviewed with Hermann Bay and Karl Deininger, appearing at Konrad Wittwer in Stuttgart. Revised edition of *Brücken in Eisenbeton* (bridges in ferroconcrete) by
Leonhardt's teacher Emil Mörsch.

1959

Willi Baur, collaborator of many years, becomes
partner in consultancy. Wolfhart Andrä is chief
of office.

Receives Paul Bonatz prize of the city of Stuttgart. Competition entry of a monocable bridge
across the Tejo in Lisbon, result of long-standing
research in aerodynamically stable suspension
bridges, fails to be realized.

In June participates in colloquies in Madrid and
Lisbon. Visit of the CERN facility in Geneva. Beginning of the Stuttgarter Schubversuche (Stuttgart shear tests) at the Otto-Graf-Institut of the

Im Juni Teilnahme an einem Kolloquium in Madrid und Lissabon. Besichtigung der CERN-Anlagen in Genf. Beginn der von Leonhardt initiierten und zusammen mit René Walther bis 1964 durchgeführten »Stuttgarter Schubversuche« am Otto-Graf-Institut der TH.

Ende September elftägige Rußland-Reise auf Einladung des staatlichen Komitees für Bauwesen des Ministerrats der Sowjetunion. Aufenthalte in Moskau, Leningrad, am Schwarzen Meer und in Stalingrad. Vom Gastgeber vorbereitetes Programm, das neben touristischen Zielen speziell fachgebundene Besichtigungen von Universitäten, Akademien, Brückenbaustellen und Fertigteilwerken einschließt. Leonhardt schildert seine Eindrücke in einem unveröffentlichten Manuskript. Trotz der gespannten äußeren Situation mitten im »kalten Krieg« differenzierte Berichterstattung, erkennt positive wie negative Seiten der sowjetischen Gesellschaftsordnung sowie Vorrangpositionen in der technischen Entwicklung gegenüber dem Westen.

1960

Für ein Jahr Präsident des Rotary Club Stuttgart. Im Sommer Urlaub an der Costa Verde in Spanien, auf der Fahrt Besichtigung von Le Corbusiers Kapelle in Ronchamp. Beginn der jahrelangen Beschäftigung mit der Entwicklung von teflonbeschichteten Lagern. Auf dem IVBH-Kongreß in Stockholm als Vertreter der Bundesrepublik in den Ständigen Ausschuß und in eine Arbeitskommission gewählt.

1961

Im März Geburt der jüngsten Tochter Christine in Stuttgart.

Übernimmt bis 1962 die Leitung der Abteilung Bauingenieurwesen an der TH Stuttgart. Das kontinuierlich expandierende Büro Leonhardt und Andrä bezieht zusätzlich zum bisherigen Domizil das ebenfalls nach Plänen des Architekten Alfred Aldinger erbaute, nahe gelegene Gebäude Lenzhalde 10.

Auch der gemeinsam mit Gerd Lohmer entstandene Entwurf der Monokabelbrücke für die Rheinbrücke in Emmerich wird wie die Tejo-Brücke in Lissabon nicht realisiert, da der zuständige Beamte im Verkehrsministerium ihn für zu neuartig und riskant hält. Große Enttäuschung Leonhardts, der sich bei einem Bau zu Recht eine große Folgewirkung versprochen hatte. Weiterentwicklung der Ideen durch englische Ingenieure.

Fertigstellung des Schillerstegs in Stuttgart als Schrägkabelbrücke, Ausgangspunkt mehrerer ästhetisch befriedigender Fußgängerbrücken Leonhardts, die in den nächsten 20 Jahren vor allem in Südwestdeutschland entstehen. Bau der Ager-Brücke in Oberösterreich, dabei Erprobung der Grundlagen für das von Leonhardt und seinem Büro entwickelte Taktschiebeverfahren. Die Erfahrungen werden in den Wettbewerb für die Caroní-Brücke in Venezuela eingebracht, die im Folgejahr gebaut wird.

Politisches Aufsehen erregt in der Bundesrepublik und in der DDR die Tatsache, daß sich Leonhardt nicht abhalten läßt, nur wenige Tage nach dem Mauerbau am 13. August in die DDR zu reisen, um in Dresden, Meißen und Leipzig Vorträge zu halten. Bereits im Frühjahr hatte er mit einer

Vortragsreise nach Ungarn ein Zeichen gegen die Teilung Europas durch den »Eisernen Vorhang« gesetzt.

Die Sommerferien in den französischen Alpen nutzt Leonhardt zur Besteigung eines Viertausenders. Im September Exkursion mit seinen Studenten nach Düsseldorf zur Besichtigung des Thyssen-Hochhauses und der Nordbrücke. Teilnahme an der Sitzung des Comité Européen du Béton (CEB) in Monaco. Fahrt nach Rotterdam und zu den Baustellen des niederländischen Küstenschutzes.

Im Dezember Verleihung des Preises für Ingenieurbau der Fritz-Schumacher-Stiftung in Hamburg. Preisrichter im Wettbewerb für die Zoo-Brücke in Köln. Wiederum siegt ein Entwurf von Gerd Lohmer.

1962

Der Mitarbeiter Kuno Boll wird Partner des Büros. Leonhardts starke Heimatverbundenheit dokumentiert der Vortrag »Vom Wert des Wanderns und der heilsamen Wirkung der Natur«. Im Mai Teilnahme am FIP-Kongreß in Rom und Neapel, im Juli Schalenkolloquium in Paris, im Oktober Brückenbautagung in Smolenice in der Slowakei. Aufgrund von Planungen des Büros Reisen nach Kopenhagen, Helsinki und Göteborg sowie im Oktober Flug nach Venezuela und auf die Bahamas.

1963

Wahl zum Dekan der Fakultät für Bauwesen der TH Stuttgart, als solcher tätig bis 1964. Beginn der von ihm initiierten Torsions- und Schubversuche an vorgespannten Hohlkastenträgern am Otto-Graf-Institut der TH Stuttgart.

Vortragsreisen nach Dallas, Chicago, Helsinki, Brüssel, Kuwait, London und Edinburgh. Im Herbst dreiwöchige Studienreise anläßlich eines Vortrags auf der Tagung der American Society of Civil Engineers (ASCE) in San Francisco mit Aufenthalten in New York, Detroit, Chicago, Denver, Mexico City, Caracas, Miami und Nassau-Bahamas. Im Juli/August mit der Familie fast 9000 km mit dem Auto unterwegs auf einer großen Skandinavienrundreise bis zum Nordkap.

1964

Im April Teilnahme an der FIP-CEB-Sitzung in Nizza. Im Mai Rotarier-Treffen in Lausanne, Besichtigung der Expo. Im August Kongreß der IVBH in Rio de Janeiro, Besuch der Brückenbaustelle in Porto Alegre, Flug nach Brasília zur Besichtigung der neuen Hauptstadt Brasiliens. Im Dezember Verleihung des Werner-von-Siemens-Rings, später langjährige Tätigkeit in der Werner-von-Siemens-Stiftung.

1965

Im März wegen des Projekts für die Tejo-Brücke in Lissabon. Im April Reise nach Pakistan, Thailand und Japan, Besprechungen wegen Brückenplanungen sowie Vorträge. In Japan Aufenthalte in Tokyo, Kyoto, Sapporo, Osaka, Kobe und Okayama. Im Mai Rotary-Club-Treffen in Turin. Im September IVBH-Ausschuß-Sitzung auf Madeira. Das von Leonhardt und seinem Büro entwickelte Taktschiebeverfahren wird an der Autobahnbrücke über den Inn bei Kufstein angewendet.

27. Neue Aufgaben als Lehrstuhlinhaber an der Technischen Hochschule Stuttgart: Leonhardt bei einer Vorlesung.
28. In prominenter Runde: Empfang bei Knoll International in Stuttgart 1960. Von links Horst Linde, Sep Ruf, Pier Luigi Nervi, Leonhardt, eine Dolmetscherin und der italienische Konsul.

27. New tasks as professor at the Technische Hochschule Stuttgart: Leonhardt giving a lecture.
28. In a prominent circle: 1960 reception at Knoll International in Stuttgart. From left Horst Linde, Sep Ruf, Pier Luigi Nervi, Leonhardt, a translator and the Italian consul.

Technische Hochschule. Initiated by Leonhardt, they continue with René Walther till 1964.

End of September eleven-day journey to Russia by invitation of the state commission for buildings of the Soviet council of ministers. Stop-overs in Moscow, Leningrad, on the Black Sea and in Stalingrad. Apart from tourist sites, the program includes professional visits of universities, academies, bridge construction sites and prefabrication plants. Leonhardt describes his impressions in an unpublished manuscript. In spite of the tense "Cold War" situation, differentiated report, giving positive and negative aspects of the Soviet system, as well as advanced positions in technology as compared with the West.

1960

For one year president of the Stuttgart Rotary Club. Summer vacation on the Costa Verde in Spain, on the way visit of Le Corbusier's Ronchamp chapel. Start of yearlong development of Teflon-coated supports. Elected as German representative to the permanent commission and a study group of the Stockholm congress of the IVBH.

1961

March: birth of the youngest daughter Christine in Stuttgart.

Until 1962 chair of the department of civil engineering at the Technische Hochschule Stuttgart. The continually expanding office Leonhardt und Andrä takes additional space in a nearby building at Lenzhalde 10, also designed by architect Alfred Aldinger.

Like the bridge for the Tejo River in Lisbon, the project of a monocable bridge over the Rhine at Emmerich (with Gerd Lohmer) cannot be realized, because the responsible official in the ministry of traffic considers it too advanced and risky. Great disappointment Leonhardt's, who thought, its construction would have a great professional effect. Further development of it by British engineers.

In Stuttgart completion of the Schillersteg as cable-stayed construction, first example of many

aesthetically satisfying pedestrian bridges built by Leonhardt the following 20 years, mainly in Southwest Germany. Construction of the Ager bridge with testing of the step-by-step construction method, developed by Leonhardt and his office. Experience is used for the Caroni bridge competition in Venezuela, which is built the next year.

Political excitement in the FRG and the GDR about the fact, that Leonhardt does not cancel a lecturing trip to Dresden, Meißen and Leipzig, few days after the building of the Berlin Wall on 13 August. Already in spring he made a lecturing trip to Hungary, as demonstration against Europe's division by the "Iron Curtain".

Summer climb of a four thousand-meter peak in the French Alps. In September student excursion to Düsseldorf to visit the Thyssen tower and the Nordbrücke. Participation in the meeting of the Comité Européen du Béton (CEB) in Monaco. Trip to Rotterdam and the Dutch coastal protection works.

Dezember: conferment of the prize in civil engineering of the Fritz-Schumacher-Stiftung in Hamburg. Judge in the competition for the Zoobrücke in Cologne. Again, the design by Gerd Lohmer wins.

1962

Staff member Kuno Boll becomes office partner.

Leonhardt's strong native ties are expressed in a lecture »Vom Wert des Wanderns und der heilsamen Wirkung der Natur« (about the value of hiking and the wholesome effect of nature). In May participation in the FIP congress in Rome and Naples, in July colloquy on shell structures in Paris, in October bridge-building conference in Smolenice in Slovakia. Connected with projects by the office, journeys to Kopenhagen, Helsinki and Göteborg, and in October flight to Venezuela and the Bahamas.

1963

Election as dean of the faculty of building at the Technische Hochschule Stuttgart, active until 1964.

Im November Verleihung der Goldenen Ehrenmünze des Österreichischen Ingenieur- und Architekten-Vereins.

1966

Im März Tod des Vaters in Schömberg.

Im April Vortragsreise nach Stockholm und Kopenhagen. Beginn der gemeinsamen Planungen mit Gerd Lohmer für die Autobahnbrücke über das Moseltal bei Koblenz.

Im Juni IASS-Tagung über Türme in Bratislava und FIP-Kongreß in Paris. Anfang August zu einer Brückenberatung in Costa Rica. Anschließend Flug nach Kanada wegen seiner Beteiligung an der Planung für das Zeltdach des Deutschen Pavillons auf der Weltausstellung in Montreal 1967, das in Zusammenarbeit mit Frei Otto und Rolf Gutbrod entwickelt wird. Im Oktober erneute Reise in die DDR und die Tschechoslowakei, hält Vorträge in Weimar, Dresden und Prag. Im November Symposium zu Hängebrücken in Lissabon.

1967

Verleihung der Emil-Mörsch-Gedenkmünze des Deutschen Beton-Vereins. Im April FIP-CEB-Tagung in Venedig. Kurze Pakistanreise wegen des Auftrags für die Planung der Ravi-Brücke in Lahore. Ein erster Preis im Wettbewerb für eine Schrägkabelbrücke über die Straße von Messina, für die sich Leonhardt bis in die 1980er Jahre immer wieder einsetzen wird. Organisiert angesichts des »Prager Frühlings« einen Studentenaustausch mit der Tschechoslowakei, im Mai Exkursion nach Prag.

Anfang Mai Wahl zum Rektor der Technischen Hochschule Stuttgart, die in seiner Amtszeit im Dezember des Jahres den Rang einer Universität erhält. Die Antrittsrede erregt große Aufmerksamkeit, da Leonhardt – unter dem Eindruck der beginnenden Studentenunruhen – nicht wie traditionell üblich ein Thema aus seinem Fachbereich vorstellt, sondern seinen Wertevorstellungen entsprechend »Anregungen zur Bildungspolitik« gibt. Er übt Kritik an Materialismus, Streben nach wirtschaftlicher Sicherheit, kirchlichem Dogmatismus und professoralem Imponiergehabe, fordert politische Bildung und politische Wachsamkeit und äußert Verständnis gegenüber studentischen Forderungen.

Im September/Oktober vierwöchige Reise durch Kanada. Neben Besuch der Weltausstellung in Montreal Vorträge in verschiedenen Städten wie Calgary, Jasper und Toronto sowie touristisches Programm mit Wanderungen und Bergbesteigungen, vor allem am Lake Louise. Rückreise über die Niagara-Fälle und Besuch der Cornell University in Ithaca, New York.

Seit Ende des Jahres zusätzliches Engagement als Gutachter bei den Zeltdachplanungen für die Bauten der Olympischen Spiele 1972 in München. Komplexe und nicht immer spannungsfreie Teamarbeit mit Günter Behnisch & Partner, Frei Otto sowie vielen weiteren Beteiligten.

1968

Höhepunkt der Arbeitsleistung Leonhardts mit Aktivitäten in vielen Bereichen, von ihm selbst als »verrückte Zeit« bezeichnet: versucht als engagierter Rektor mit unkonventionellen Mitteln inmitten der Studentenrevolte der späten 1960er Jahre Einfluß auf die Entwicklung der Universität Stutt-

gart zu nehmen. Wird dabei einerseits als Vertreter der »Herrschenden« von aufbegehrenden Studierenden in Frage gestellt, andererseits durch sein Verständnis ihnen gegenüber und wegen seiner Kritik an universitären und gesellschaftlichen Verhältnissen von der konservativen Professorenschaft kritisiert. Seine Wiederwahl für eine zweite Amtszeit kommt nur zustande, weil Leonhardt ein konservativer Prorektor zur Seite gestellt wird. Schreibt als Zusammenfassung seiner Gedanken in kurzer Zeit das Buch *Studentenunruhen – Ursachen, Reformen*, das bereits im Juli im Stuttgarter Seewald-Verlag erscheint und große Beachtung findet.

Neben der Verwaltungs- und Repräsentationsarbeit für die Universität und der laufenden Lehrtätigkeit weiterhin umfangreiche Reisen: Im April auf Einladung der Universität Athen in Griechenland, im August in Ostberlin zur Besichtigung der Baustelle des Fernsehturms, im September Teilnahme am IVBH-Kongreß in New York, im September dreiwöchige Vortragsreise mit seiner Frau durch Südafrika mit Stationen in Johannesburg, Kapstadt, Durban und Pretoria. Dazwischen im Sommer der gewohnte Urlaub in Arolla im Wallis mit Besteigung eines Dreitausenders.

Übertragung der Ingenieurleistungen für das Dach der Olympiasportstätten an das Büro Leonhardt und Andrä, wo das Projekt vor allem von Jörg Schlaich betreut wird.

Bereits im März Verleihung der Médaille d'Or Gustave Magnel der Universität Gent.

1969

Im Januar 14tägige Indien-Reise zur Shear Conference in Coimbatore, Aufenthalte u. a. in Neu-Delhi, Benares, Bombay und Madras. Danach Teilnahme an der Sitzung der Kommission »Schub« des Comité Mixte des FIB-CEB in Aix-en-Provence. Organisiert einen Studentenaustausch zwischen der Universität Stuttgart und der Oregon State University.

Im April Ende der Amtszeit als Rektor. Die Abschiedsrede »Not und Hoffnung der Universität« wird, ungewöhnlich für die Zeit, nicht von Studenten gestört. Im Mai Teilnahme an Beratungen deutscher Rektoren zum Thema Hochschulreform im irischen Killarney. Im Anschluß Vorträge in London. Im Juni erste Reise nach Vancouver wegen des Brückenprojekts über den Burrard Inlet.

60. Geburtstag zurückgezogen in der Lüneburger Heide.

Im September IVBH-Sitzung in London, Vorsitzender der Technischen Kommission. Besichtigung der Severnbrücke, bei der Leonhardts Erkenntnisse zur Windstabilität von Hängebrücken von englischen Ingenieuren erstmals umgesetzt wurden. Danach CEB-Plenarsitzung in Delft und Scheveningen.

Initiiert an der Universität Stuttgart den Sonderforschungsbereich 64 «Weitgespannte Flächentragwerke», in dem er bis 1976 an Teilprojekten mitarbeitet. Erste Beschäftigung mit Aufwindkraftwerken, die jedoch zu seinem Leidwesen trotz nachgewiesener Wirtschaftlichkeit nur bis zu einer 1980–1982 von Jörg Schlaich projektierten Pilotanlage in Spanien entwickelt werden.

Beratungen zur statischen Sicherung der Rokokokirche in Steinhausen. Beteiligung an der Planung der Autobahnbrücke über das Taubertal bei Tauberbischofsheim.

29. Reformgeist unter dem Talar: sogar von Studenten in Aufruhr akzeptierter Rektor der Universität Stuttgart, 1967/1968.
30. Funktionär internationaler Organisationen: Leonhardt auf dem FIP-Kongreß in Paris, 1966.
31. Trotz vieler Verpflichtungen auch präsent im Büro Leonhardt und Andrä: Leonhardt mit Kuno Boll (rechts) bei einer Besprechung mit Vertretern des Verbands Beratender Ingenieure, September 1968.

29. Spirit of reform under a robe: rector of the University of Stuttgart, even accepted by students in rebellion, 1967/1968.
30. Official in international organizations: Leonhardt at the FIP Congress in Paris, 1966.
31. In spite of many commitments, also present in the office of Leonhardt und Andrä: Leonhardt with Kuno Boll (right) in a meeting with delegates of the Verband Beratender Ingenieure, September 1968.

Beginning of shear and torsional tests on pre-stressed box girders, initiated by him at the Otto-Graf-Institut.

Lecturing trip to Dallas, Chicago, Helsinki, Brussels, Kuwait, London and Edinburgh. In fall, on the occasion of a lecture given at the conference of the American Society of Civil Engineers (ASCE) in San Francisco, three-week study tour to New York, Detroit, Chicago, Denver, Mexico City, Caracas, Miami and Nassau-Bahamas. In Juli/August covering nearly 9000 km by car with the family on a Scandinavia tour up to the North Cape.

1964
In April participation in the FP-CEP meeting in Nice. In May meeting with Rotarians in Lausanne, visit of the Expo. In August congress of the IVBH in Rio de Janeiro, visit of the Porto Allegre bridge site, flight to Brasilia to see the new capital of Brazil. In December conferment of the Werner-von-Siemens-Ring, later many years of service in the Werner-von-Siemens-Stiftung.

1965
March visit to Lisbon for the Tejo bridge project. April journey to Pakistan, Thailand and Japan, conferences about bridge projects and lecturing. In Japan stop-overs in Tokyo, Kyoto, Sapporo, Osaka, Kobe and Okayama. In May Rotary Club meeting in Torino. In September IVBH committee meeting on Madeira. Step-by-step construction, developed by Leonhardt and his office, is applied at the Autobahn bridge over the Inn River in Kufstein.

In November the honorary gold medal of the Österreichischer Ingenieur- und Architektur-Verein.

1966
In March death of his father in Schömberg.

In April lecturing trip to Stockholm and Copenhagen. Jointly with Gerd Lohmer begin of planning the Autobahn bridge over the Moselle near Koblenz.

In June IASS conference on towers in Bratislava and FIP congress in Paris. Early August in Costa Rica for a bridge consultancy, followed by flight to Canada for participation in planning the tent roof of the German Pavilion at the Montreal World Fair 1967, realized with Frei Otto and Rolf Gutbrod. In October again journey to the GDR and Czechoslovakia, giving lectures in Weimar, Dresden and Prague. In November symposium on suspension bridges in Lisbon.

1967
Conferment of the Emil-Mörsch-Gedenkmünze of the Deutscher Beton-Verein. Short trip to Pakistan for planning the Ravi bridge near Lahore. First prize in the competition for a cable-stayed bridge over the Strait of Messina, persued by Leonhardt till the 1980s. In view of the "Prague Spring" organizing a student exchange with Czechoslovakia, in May excursion to Prague.

Beginning of May election as rector of the Technische Hochschule Stuttgart, which during his tenure will be upgraded to university status. His inaugural lecture causes much attention, since instead of the usual professional discourse, he presents "Anregungen zur Bildungspolitik" (suggestions for educational policy), based on his personal values and under the impression of the beginning

student disturbances. He criticizes materialism, the craving for economic security, ecclesiastical dogma and professional posturing, asks for political instruction and vigilance, expressing comprehension for student demands.

In September and October four-week voyage through Canada. Visits the World Fair in Montreal, lectures in various cities such as Calgary, Jasper and Toronto. Tourist program with hikes and climbs, above all at Lake Louise. Return via Niagara Falls, Cornell University in Ithaca and New York.

Since end of the year additional commitment as consultant for the tent-roof design of the Munich Olympics of 1972. Complex and sometimes strained teamwork with Günter Behnisch & Partner, Frei Otto and many more.

1968
Peak of Leonhardt's activities in many areas, labeled by himself as "crazy times": as dedicated rector he tries, in midst of student revolts, to influence the development of the University of Stuttgart, often with unconventional methods. He is questioned by the revolting students as part of the "ruling", and criticized by conservative professors for his critique of society and university conditions, and his sympathy for the students. His re-election for a second tenure is only possible by having a conservative pro-rector at his side. As a résumé of his thoughts he writes in a short time the book *Studentenunruhen – Ursachen, Reformen* (student disturbances – reasons, reforms), appearing already in June in the Stuttgart Seewald-Verlag and meeting with much attention.

Apart from administrative and representative activity for the university and continued teaching, extensive journeys: in April by invitation of Athens University to Greece, in August to East Berlin, visiting the TV tower site, September participation in the IVBH congress in New York, also three-week lecturing tour with his wife through South Africa: Johannesburg, Cape Town, Durban and Pretoria. In between summer vacation in Arolla (Wallis) and climbing a three-thousand meter peak.

Assignment of engineering work for the Olympic facilities roofs to the office of Leonhardt und Andrä, Jörg Schlaich supervises the project.

In March conferment of the Médaille d'Or Gustave Magnel by Gent University.

1969
In January 14-day India voyage to the Shear Conference in Coimbatore, stays in New Delhi, Benares, Bombay and Madras. Afterwards participation in the shear commission meeting of the Comité Mixte des FIB-CEB in Aix-en-Provence. Organizing a student exchange between the University of Stuttgart and the Oregon State University.

In April end of rectorship. Exceptional for the times, his parting speech »Not und Hoffnung der Universität« (distress and hope of the university) is not disturbed by the students. In May participation in deliberations of German rectors concerning university reform, in Killarney, Ireland. Lectures in London. In June first trip to Vancouver for the bridge project across the Burrard Inlet.

Passes 60th birthday withdrawn in the Lüneburger Heide.

In September IVBH meeting in London, chair of the technical commission. Visiting the Severn Bridge, where Leonhardt's findings about wind sta-

Verleihung des Martin P. Korn Award des Prestressed Concrete Institute in Chicago.

1970

Vor dem Hintergrund der Risiken des Auftrags für München Gründung der GmbH »Leonhardt, Andrä und Partner Beratende Ingenieure VBI, Stuttgart« (LAP), Aufnahme von Jörg Schlaich und Wilhelm Zellner als Geschäftsführer-Gesellschafter. Das bisherige Büro als Gesellschaft bürgerlichen Rechts »Leonhardt und Andrä« bleibt daneben bestehen für die Erstellung von Gutachten. Im Januar Reise nach Pakistan für das Projekt der Talibwala-Brücke.

Im Februar Kanada-Reise wegen der geplanten Burrard-Inlet-Brücke mit Vortrag in Vancouver.

Im März und Oktober Exkursionen mit Studenten nach Prag. Im April Vortrag an der Technischen Hochschule in Trondheim. Im Juni FIP-Kongreß in Prag. Berufung als Vorsitzender der Baukommission zur Wiederherstellung der Abteikirche in Neresheim. Im August Urlaub in den französischen Alpen mit Besteigung von zwei Dreitausendern. Weiterfahrt durch Südfrankreich zur IVBH-Vorstandssitzung nach Madrid, Gründung einer Arbeitsgruppe »Ästhetik der Ingenieurbauwerke«. Im Oktober wegen eines Hochstraßenprojekts in Istanbul.

Beginn der Planungen für die Autobahnbrücke über das Kochertal bei Geislingen, bei der die Entwicklung des Taktschiebeverfahrens durch das Büro LAP seinen Abschluß findet.

1971

Im Januar Teilnahme am Prestressed Concrete Design Seminar in Chicago. Beginn der Planung für die Paraná-Brücke bei Buenos Aires, die 1977 eröffnet werden kann. Im Mai in Mailand und Rom wegen Vorträgen und Besprechungen zur geplanten Schrägkabelbrücke über die Straße von Messina. Im Mai in Istanbul wegen einer projektierten Hochstraße und der Brücke über das Goldene Horn sowie auf der CEB-Vollsitzung in Leningrad. Im Juli CEB-Präsidiumssitzung in Neuchâtel. Über Weihnachten und Neujahr große Ostafrika-Safari mit Aufenthalten in Nairobi, Mombasa und am Kilimandscharo. Termine in München zur Besichtigung der Montage der Zeltdachkonstruktionen für die olympischen Sportstätten. Für das Buch *Brücken der Welt*, das auch in Verlagen in New York, Luzern und Ljubljana erscheint, schreibt Leonhardt ein Hauptkapitel »Zur Geschichte des Brückenbaus«.

1972

Verleihung der ersten Ehrendoktorwürde durch die TU Braunschweig. Ernennung zum Honorary Member des American Concrete Institute (ACI). Entwurfsskizzen für das Projekt der Pasco–Kennewick Bridge über den Columbia River im amerikanischen Bundesstaat Washington. Bearbeitung und Bauleitung durch Arvid Grant, Olympia, sowie das Büro LAP. In den nächsten Jahren mehrere Reisen und freundschaftliche Kontakte in die nordwestlichen USA, die Leonhardt bereits 1933 bereist hatte.

Unterstützt im Bundestagswahlkampf mit seinem Namen eine Wählerinitiative für die SPD, übt aber auch öffentlich Kritik an gewerkschaftlichen Positionen. Briefwechsel darüber mit dem Gewerkschaftschef Heinz Kluncker.

Weltweite Anerkennung der Zeltdachkonstruktion für die Olympischen Spiele in München.

Im Juli Besteigung des Piz Buin in den Alpen. Urlaub in den Dolomiten. Teilnahme am FIP-Symposion »Submarine Structures« in Tiflis, Sowjetunion, sowie am IVBH-Kongreß in Amsterdam. Exkursion mit Studenten nach Hamburg, in die Niederlande und an den Niederrhein.

1973

Im März Teilnahme an der CEB-Tagung in Lissabon. Im April Rundreise Paris, Madrid, Rio de Janeiro, São Paulo, Buenos Aires, Paraná, Lima, Los Angeles, Seattle. Sommerurlaub im Engadin. Beteiligung am Wettbewerb zur Sicherung des Schiefen Turms von Pisa.

Im Oktober Verleihung der Grashof-Denkmünze des Vereins Deutscher Ingenieure (VDI).

Als Ergebnis seiner Lehre an der TH Stuttgart veröffentlicht Leonhardt mit dem Band *Grundlagen zur Bemessung im Stahlbetonbau* den ersten Teil seines bis 1980 auf sechs Bände wachsenden Standardwerks *Vorlesungen über Massivbau*, die von Leonhardts Mitarbeiter Eduard Mönnig bearbeitet werden und im Springer-Verlag Berlin erscheinen. Es wird später in viele Sprachen übersetzt.

1974

Anläßlich des 65. Geburtstags wird Leonhardt von verschiedensten Seiten geehrt: Distinguished Service Award der Oregon State University, bei der Verleihung Treffen mit Solomon C. Hollister, dem Förderer des jungen Leonhardt während dessen USA-Aufenthalts 1932/1933. Ehrendoktorwürde der Technischen Hochschule in Kopenhagen. Ehrenmitgliedschaft der Architektenkammer Baden-Württemberg für seinen Beitrag zu einem »sinnvollen Zusammenwirken in einer zweckgerechten Planung«. Freyssinet-Medaille der Fédération Internationale de la Précontrainte, Paris (FIP).

Zum Ende des Sommersemesters Emeritierung als Lehrstuhlinhaber an der Universität Stuttgart. Nachfolger wird Leonhardts Schüler und Mitarbeiter Jörg Schlaich.

Große USA-Reise anläßlich des FIP-Kongresses. Aufenthalte in New York, Chicago, Oregon, Seattle, Olympia und Washington. Sommerurlaub in Schottland. Teilnahme am Tall Building Symposium in Oxford.

Der Carl Habel Verlag, Darmstadt, publiziert Leonhardts Buch *Ingenieurbau. Bauingenieure gestalten die Umwelt*. In der Reihe der *Vorlesungen über Massivbau* erscheint im Springer-Verlag, Berlin, der gemeinsam mit Eduard Mönnig bearbeitete Band *Grundlagen zum Bewehren im Stahlbetonbau*.

1975

Verstärkte theoretische Auseinandersetzung mit Fragen zur Zukunft der Menschheit und Ästhetik von Gebautem sowie der Verantwortung der Ingenieure. Im Januar an der Universität Stuttgart Vortrag zum Thema »Bauen als Umweltzerstörung«.

Seminar der International Association for Bridge and Structural Engineering (IABSE) in Bombay, Bangalore und Calcutta. Im Juni und August Flüge nach Florida wegen der Planung für die St. John's River Bridge. Anschließend Rundfahrt mit dem Auto durch Österreich, Ungarn, die Tschechoslowakei und die DDR mit Besuch des Symposiums

bility of suspension bridges are applied by British engineers. CEB plenary session in Delft and Scheveningen.

At the University of Stuttgart initiation of the Sonderforschungsbereich 64 "Weitgespannte Flächentragwerke" (longspan surface structures), participates until 1976 in various assignments. First study of updraft power plants; to his annoyance and in spite of proven economy, only a pilot project is designed 1980–1982 by Jörg Schlaich for Spain.

Consultation for structural stabilization of the Rococo church in Steinhausen. Participating in planning the Autobahn bridge over the Tauber valley at Tauber-Bischofsheim.

Conferral of the Martin P. Korn Award by the Prestressed Concrete Institute in Chicago.

1970

In view of the risks of the Munich project, founding of a limited liability consultancy, the "Leonhardt, Andrä und Partner – Beratende Ingenieure VBI GmbH, Stuttgart (LAP)". Admission of Jörg Schlaich and Wilhelm Zellner as managing partners. The existing registered office "Leonhardt und Andrä" continues advisory work.

In January trip to Pakistan for the Talibwala-bridge project. In February again in Canada for the planned Burrard Inlet bridge and lecture in Vancouver.

In March and October excursions with students to Prague. In April lecture in Trondheim. June FIP congress in Prague. Appointment as chair of the building commission for the rehabilitation of Neresheim abbey. In August vacation in the French Alps with ascent of two three-thousand meter mountains. Driving on through southern France to the IVBH executive board meeting in Madrid, forming of the working group "Aesthetik der Ingenieurbauwerke" (aesthetics of civil engineering works). In October in Istanbul for an elevated road project.

Starting plans for the Autobahn bridge across the Kocher valley near Geislingen, concluding development of the step-by-step construction method by the LAP office.

1971

In January participation in a prestressed-concrete design seminar in Chicago. Starting plans for the Paraná bridge at Buenos Aires, dedicated 1977. In May to Milan and Rome for lectures and review of the planned cable-stayed bridge over the Strait of Messina. May in Istanbul for elevated road and Golden Horn bridge, also CEB plenary session in Leningrad. In July CEB presiding committee meeting in Neuchâtel. Through Christmas and New Year great East-African safari with sojourns in Nairobi, Mombasa and at Kilimandjaro. Sessions in Munich to follow assembly of the tent-roof structure for the Olympic facilities. Writing the main chapter "Zur Geschichte des Brückenbaus" (on the history of bridge construction) for the book *Brücken der Welt*, also being published in New York, Lucerne and Ljubljana.

1972

Conferral of the first honorary doctorate by Braunschweig Technical University. Nomination as Honorary Member of the American Concrete Institute (ACI). Preliminary designs for the Pasco–Kennewick Bridge over the Columbia River in Washington State. Detailing and site supervision by Arvid

Grant, Olympia, and LAP. In the following years several journeys and friendly contacts in Northwestern America, known by Leonhardt since 1933.

Before German Bundestag elections he supports with his name an initiative for the SPD (German Socialdemocratic Party), but also criticizes publicly labor union positions. Correspondence with union secretary Heinz Kluncker.

Worldwide appreciation of the tent-roof construction for the Olympic Games in Munich. July climbing Piz Buin in the Alps. Furlough in the Dolomite Mountains. Participation in the FIP symposium "Submarine Structures" in Tbilissi and in the IVBH congress in Amsterdam. Student excursions to Hamburg, the Netherlands and the Lower Rhine.

1973

In March CEB session in Lisbon. In April roundtrip Paris, Madrid, Rio de Janeiro, Sao Paulo, Buenos Aires, Paraná, Lima, Los Angeles, Seattle. Summer vacation in the Engadin. Participation in the competition for safeguarding the Leaning Tower of Pisa.

In October granted the Grashof memorial medal by the Verein Deutscher Ingenieure (VDI).

As result of his teaching at the University of Stuttgart, Leonhardt publishes *Grundlagen zur Bemessung im Stahlbetonbau* (fundamentals on dimensioning concrete structures), the first volume of a total of six *Vorlesungen über Massivbau* (lectures on concrete structures), edited by Eduard Mönnig and distributed by Springer Verlag in Berlin. Later translated in many languages.

1974

On the occasion of his 65th anniversary Leonhardt receives honors from a variety of sources: Distinguished Service Award by Oregon State University, at the conferral, meeting with Solomon C. Hollister, young Leonhardt's patron during the USA stay 1933/34. Honorary doctorate by Copenhagen Technical University. Honorary membership of the Architketenkammer Baden-Württemberg for his contribution to "meaningful cooperation for pertinent planning". Médaille Freyssinet by the Fédération Internationale de la Précontrainte Paris (FIP).

Since the end of the summer term professor emeritus of the University of Stuttgart. Succeeded by Leonhardt's student and colleague Jörg Schlaich.

Big journey to the USA on occasion of the FIP congress. Sojourns in New York, Chicago, Oregon, Seattle, Olympia and Washington. Summer vacation in Scotland. Participation in the Tall Building Symposium in Oxford.

Carl Habel Verlag, Darmstadt, issue Leonhardt's book *Ingenieurbau. Bauingenieure gestalten die Umwelt* (engineering construction. Civil engineers configure the environment). In the series *Vorlesungen über Massivbau* (lectures on concrete structures), Springer-Verlag, Berlin, issue the volume *Grundlagen zum Bewehren im Stahlbetonbau* (fundamentals of concrete reinforcement), edited by Eduard Mönnig.

1975

Increasing theoretical confrontation with questions of mankind's future, aesthetics of the built environment, responsibility of the engineers. In January lecture at the University of Stuttgart »Bauen als Umweltzerstörung« (building as environmental degradation).

der International Association for Shell and Space Structures (IASS) in Preßburg und der Tagung des Ständigen Ausschusses der IVBH in Dresden, dort altersbedingter Rücktritt als Vorsitzender des Technischen Ausschusses.

Im September Einweihung der wiederhergestellten Barockkirche in Neresheim, deren statische Sicherung er beratend begleitet hatte. Reise in die USA zum Course on Concrete Ships and Vessels an der University of California in Berkely. Teilnahme an weiteren Kongressen in Neapel, Paris, San Francisco, Hamburg, Zürich und Chexbres am Genfer See. Vorträge in Düsseldorf und Hildesheim.

Gemeinsam mit Eduard Mönnig Publikation *Sonderfälle der Bemessung im Stahlbetonbau* in der Reihe *Vorlesungen über Massivbau* im Springer-Verlag, Berlin.

1976

Im Januar Brückenreise nach Bagdad und Kuala Lumpur. Anfang April ACI-CEB-FIP-Symposium in Philadelphia, USA. Im April in London Verleihung der Goldmedaille der britischen »Institution of Structural Engineers«. Im Mai Verdienstmedaille des Landes Baden-Württemberg. Plenarsitzung des CEB in Athen. September/Oktober vierwöchige Reise mit seiner Frau durch Japan. Aufenthalte in Tokyo mit Teilnahme am IVBH-Kongreß, in Hokkaido, Sapporo, im Nikko-Nationalpark und in Hiroshima. Auf dem Rückflug mehrere Tage in Bangkok.

Im Springer-Verlag in Berlin erscheint der vierte Teil der *Vorlesungen über Massivbau: Nachweis der Gebrauchsfähigkeit*.

1977

Im Januar Reise durch Ägypten. Im Juni zusammen mit Hermann Maier Kuraufenthalt in Vals in Graubünden. Im August mit Wilhelm Zellner in Kopenhagen wegen der projektierten Farö-Brücke.

Im September Ehrenmitglied des Comité Euro-International du Béton (CEB). Im Oktober Verleihung der Goldmedaille der Associazione Italiana Cemento Armato e Precompresso (AICAP) in Venedig. CEB-Plenarsitzung in Granada. Im November Reise durch Australien auf Einladung der Institution of Civil Engineers of Australia. Insgesamt 15 Vorträge u.a. in Perth, Adelaide, Melbourne, Sydney und Brisbane. Anschließend Urlaub auf Neuseeland.

Im Dezember Teilnahme am Symposium Cable-Stayed Bridges in Pasco, Washington. Vortrag zum hundertsten Geburtstag von Paul Bonatz an der Universität Stuttgart.

1978

Im April Tod des Büropartners Willi Baur. Teilnahme an der IABSE-Sitzung und am FIP-Kongreß in London. Im Mai Honor Award des Washington Roadside Council für die Pasco–Kennewick Bridge über den Columbia River. Einweihung der Brücke im September, was Leonhardt mit einer längeren USA-Reise verbindet. Im Juli in Rom zur Beratung über die geplante Brücke über die Straße von Messina. Baubeginn der Verbreiterung der Köln-Deutzer Rheinbrücke. Einweihung der Neckartalbrücke bei Weitingen. Beratende Tätigkeit zur Beurteilung der Risse an der Betonkuppel des Atommeilers in Grenoble. Sommerurlaub auf der Seiser Alm und in Kandersteg.

1979

Aufnahme von Horst Falkner, Bernhard Göhler und Willibald Kunzl als Gesellschafter von LAP.

USA-Flug wegen des Projekts Freeway Glenwood Canyon, Colorado. Im April Vortragsreise nach Brasilien. Mit der Tochter Christine Kreuzfahrt im östlichen Mittelmeer. Im September Ehrenmitglied der Internationalen Vereinigung für Brücken- und Hochbau (IVBH).

Paul-Bonatz-Preis der Stadt Stuttgart für die Beteiligung an der Sanierung des Stadtquartiers Calwer Straße sowie für die Fußgängerbrücken im Unteren Schloßgarten.

Im Oktober Reise in die USA, Vorträge in Portland, Chicago sowie an der Purdue University. Prüfingenieur für die Autobahnbrücke über das Kochertal bei Geislingen, mit 185 m die höchste Brücke Deutschlands.

Publikation des sechsten Teils der *Vorlesungen über Massivbau: Grundlagen des Massivbrückenbaus*, erschienen im Springer-Verlag.

1980

Im Januar Kanada-Reise wegen eines Gutachtens für den Moncton Tower in New Brunswick. Großes Verdienstkreuz des Verdienstordens der Bundesrepublik Deutschland. Im Mai Ehrendoktorwürde der Purdue University, West Lafayette, USA, sowie Ehrendoktorwürde der Universität Lüttich. Ende August IVBH-Kongreß in Wien. Bau der zusammen mit dem Architekten Hans Kammerer entworfenen Aichtalbrücke südlich von Stuttgart, ebenfalls im inzwischen weltweit üblich gewordenen Taktschiebeverfahren. Im September mit dem Auto Fahrt nach Rumänien zum FIP-Symposium in Bukarest. Im November Japan-Reise zusammen mit Wolfhart Andrä. Stationen in Tokyo, Osaka und Nagasaki.

Publikation des letzten Teils *Spannbeton* in der Reihe der *Vorlesungen über Massivbau*, erschienen im Springer-Verlag in Berlin.

1981

Vortrag »Bauen in der Verantwortung vor der Gesellschaft« auf dem Deutschen Ingenieurtag in Berlin. Bezieht eine explizit kritische Position, was den zeitgenössischen Umgang mit Natur und Ressourcen angeht, und verweist auf die gesellschaftspolitische Bedeutung der Gestaltung von Umwelt. Veröffentlichung des Buches *Der Bauingenieur und seine Aufgaben* in der Deutschen Verlags-Anstalt in Stuttgart.

Juni/Juli China-Reise auf Einladung des chinesischen Zentralamts für Rundfunk und Fernsehen. Vorträge in Peking, Guilin, Lidjiang und Shanghai.

Im Hinblick auf eine geplante Buchpublikation mehrere Besichtigungsfahrten zu Brücken an Neckar, Enz, Tauber, Mosel und Rhein sowie in der Schweiz und Frankreich. Kreuzfahrt im östlichen Mittelmeer. Teilnahme an einem Brückenseminar in Prag, am CEB-Symposium in Dresden sowie am World Congress on Joints and Bearings in Toronto.

1982

Im Januar Verleihung des Goldenen Ehrenzeichens für Verdienste um das Land Wien wegen seiner Preisrichtertätigkeit im Wettbewerb für den Wiederaufbau der eingestürzten Wiener Reichsbrücke 1977. Berufung in den Conrad-Matschoss-

35. Bauprojekte und persönliche Netzwerke auf allen Kontinenten: Leonhardt mit seinem Freund Arvid Grant bei der Einweihung der Pasco–Kennewick Bridge, September 1978.
36. Besondere Ehrung an seinem Studienort von 1933: Verleihung der Ehrendoktorwürde der Purdue University, West Lafayette, USA, 1980.

35. Building projects and personal links on all continents: Leonhardt with his friend Arvid Grant at the dedication of the Pasco–Kennewick Bridge, September 1978.
36. Being honored at his place of study in 1933: award of an honorary doctorate at Purdue University, West Lafayette, USA, 1980.

Seminar of the International Association for Bridge and Structural Engineering (IABSE) in Bombay, Bangalore and Calcutta. In June and August flights to Florida for planning the St. John's River bridge. Car trip through Austria, Hungary, Czechoslovakia and the GDR with visit of the symposium of the International Association for Shell and Space Structures (IASS) in Bratislava and the conference of the permanent committee of the IVBH in Dresden with age-related retirement as chair of the technical committee.

In September dedication of the rehabilitated Baroque church in Neresheim, having advised on its structural stabilization. Voyage to the USA for a Course on Concrete Ships and Vessels at the University of California in Berkeley. Further conferences in Naples, Paris, San Francisco, Hamburg, Zurich and Chexbres by Lake Geneva. Also lectures in Düsseldorf and Hildesheim.

With Eduard Mönnig publication of *Sonderfälle der Bemessung im Stahlbetonbau* (special cases of dimensioning in reinforced-concrete construction), part of the series *Vorlesunngen über Massivbau*, Springer-Verlag, Berlin.

1976

In January bridge trip to Baghdad and Kuala Lumpur. Early April ACI-CEB-FIP symposium in Philadelphia, USA. In April award of the Gold Medal of the British Institute of Structural Engineers. In May medal of merit by the state of Baden-Württemberg. Plenary session of CEB in Athens. September/October four-week voyage with wife through Japan. Stays in Tokyo with joining IVBH congress, also in Hakkaido, Sapporo, the Nikko National Park and Hiroshima. Return trip with few days in Bangkok.

Springer in Berlin issues the fourth part of *Vorlesungen über Massivbau* (lectures on concrete structures): *Nachweis der Gebrauchsfähigkeit* (proof of serviceability).

1977

In January trip through Egypt. In June with Hermann Maier curative stay in Vals, Switzerland. August in Copenhagen with Wilhelm Zellner for projected Farör bridge.

In September honorary member of the Comité Euro-International du Béton (CEB). In October award of the gold medal of the Associazione Italiana Cemento Armato e Precompresso (AICAP) in Venice. CEB plenary session in Granada. In November trip through Australia by invitation of the In-

stitution of Civil Engineers of Australia. A total of 15 lectures, among others in Perth, Adelaide, Melbourne, Sydney and Brisbane. Followed by vacation in New Zealand.

In December participation in symposium on cable-stayed bridges in Pasco, Washington.

The University of Stuttgart lecture on the 100th anniversary of Paul Bonatz's birth.

1978

In April death of partner Willi Baur. Participation in the IABSE conference and FIP congress in London. In May Honor Award of the Washington Roadside Council for the Columbia River Bridge Pasco–Kennewick. Leonhardt combines the dedication of the bridge in September with an extended journey in the USA. In July, again in Rome, discussions about the proposed Strait of Messina bridge. Start of widening the Köln-Deutz bridge over the Rhine. Dedication of the Neckar-valley bridge near Weitingen. Consultancy for assessing cracks in the concrete dome of the atomic pile in Grenoble. Summer vacation on the Seiser Alm and in Kandersteg.

1979

Admission of Horst Falkner, Bernhard Göhler and Willibald Kunzl as partners in LAP.

Flight to the USA for the Freeway Glenwood Canyon project, Colorado. In April lecture trip to Brazil. With daughter Christine cruise in the eastern Mediterranean. In September honorary member of the International Association for Bridge and Structural Engineering.

Paul-Bonatz-Preis of the city of Stuttgart for participation in upgrading the Calwer Straße quarter and pedestrian bridges in the Unterer Schloßgarten.

In October trip to the USA, lectures in Portland, Chicago and at Purdue University. Inspection engineer for the Autobahn bridge over the Kocher valley near Geislingen, with 185 m Germany's highest bridge.

Publication of the sixth part of *Vorlesungen über Massivbau* (lectures on concrete structures): *Grundlagen des Massivbrückenbaus* (fundamentals of concrete bridges), issued by Springer-Verlag.

1980

January trip to Canada for consultation on the Moncton Tower in New Brunswick. Großes Verdienstkreuz des Verdienstordens der Bundesrepublik Deutschland. In May receives honorary doctorate by Purdue University, West Lafayette, USA

Kreis des VDI. Ehrenmitglied der Heidelberger Akademie der Wissenschaften.

Baubeginn der Maintalbrücke bei Gemünden im Rahmen der ICE-Neubaustrecke Fulda-Würzburg. Wie im Vorjahr zahlreiche Besichtigungsfahrten zu Brücken an Rhein, Donau und Seine zur Vorbereitung seines Buches *Brücken. Ästhetik und Gestaltung*, das in der Deutschen Verlags-Anstalt Stuttgart erscheint. Neben der deutsch-englischen Ausgabe werden 1986 auch eine französisch-spanische sowie 1997 eine japanische Ausgabe herausgebracht.

Teilnahme am FIP-Kongreß in Stockholm, am IVBH-Kolloquium in Lausanne sowie an einer Tagung der Middle Eastern University in Ankara wegen der geplanten Bosporus-Brücke in Istanbul. Flug nach Florida zu Gesprächen wegen der projektierten Sunshine-Skyway-Brücke über die Tampa Bay. Vortrag in Delft.

1983

Teilnahme an der Winter Conference von Ted Happold an der University of Bath.

Im November in den USA zur Verleihung des Titels eines »Foreign Associate of the National Academy of Engineering of the United States of America«. Aufenthalt an der Purdue University. Beginn der Niederschrift der *Erinnerungen*. Besuch bei der hundertjährigen Witwe von Fritz Todt in München. Mit seiner Frau bei den Sommerfestspielen in Salzburg. Teilnahme am IVBH-Symposium in Venedig mit Rundfahrt durch Norditalien.

1984

Aufgrund der Beteiligung an den Brückenbauwerken der ICE-Neubaustrecke mehrere Besichtigungen der Trasse Hannover-Würzburg, Planung der doppelstöckigen Werratalbrücke Hedemünden, die jedoch nicht realisiert wird. Im April Kreuzfahrt im westlichen Mittelmeer.

Zum 75. Geburtstag erscheint die Autobiographie B*aumeister in einer umwälzenden Zeit. Erinnerungen* in der Deutschen Verlags-Anstalt Stuttgart. Einladung für die Büromitarbeiter zu einer Feier auf dem Fernsehturm. Um weiteren Geburtstagsfeierlichkeiten zu entgehen, reist Leonhardt mit seiner Frau mit dem Auto nach Schweden und auf die Lofoten.

Im August Vorträge in Island und Teilnahme am Betonforschungstag in Reykjavik.

Im September Teilnahme am IVBH-Kongreß in Vancouver, anschließend Alaska-Kreuzfahrt sowie Besuche bei den Freunden Carl Scheve und Arvid Grant im Staat Washington. »Honorary Distinguished Citizen of the State of Washington«.

1985

Baubeginn an der zusammen mit Hans-Peter Andrä entworfenen Maintalbrücke in Veitshöchheim für die neue Schnellbahntrasse Fulda-Würzburg. Teilnahme an der IVBH-Tagung in Luxemburg. Wanderungen im Emmental und Les Diablerets mit Besteigung eines Dreitausenders. Busreise an den Bodensee, erste der von ihm so genannten »Kulturfahrten«, an denen Leonhardt und seine Frau im Alter oft mehrmals im Jahr teilnehmen werden. Im Oktober Ernennung zum Ehrenmitglied der Concrete Association of Finland.

1986

Im Januar/Februar nach Zwischenaufenthalt in Singapur Reise durch Australien. Hält Vorträge in Sydney, Heron Island und Brisbane. Besichtigung des Bauplatzes für die geplante Second Harbour Bridge in Sydney. Im Anschluß auf dem FIP-Kongreß in New Delhi. Im September mit Vertretern des Büros LAP in Istanbul wegen des Neubaus der Galatabrücke. Kulturfahrten nach Rom, Dresden, Rothenburg und Dinkelsbühl sowie Hirsau und Alpirsbach.

Im Oktober Ernennung zum Korrespondierenden Mitglied der Schweizerischen Akademie der Technischen Wissenschaften.

1987

Teilnahme an Kongressen in Berlin und Versailles. Ende Dezember im Alter von 78 Jahren Ausscheiden als Geschäftsführer aus dem Ingenieurbüro LAP. Abschluß eines Beratervertrags zur weiteren Tätigkeit für sein ehemaliges Büro.

1988

Hans-Peter Andrä, der Sohn von Wolfhart Andrä, wird Partner bei LAP. Im Januar Ingenieurbaupreis für die Maintalbrücke bei Gemünden. Kurz nach der Winterolympiade Besuch in Calgary wegen des Brückenprojekts am Prince Edward Island.

Im Juni Verleihung der Ehrendoktorwürde der University of Bath. Ernennung zum Korrespondierenden Mitglied der Academia Nacional de Ciencias, Fisicas y Naturales der Republik Argentinien. Mitglied im Brückenbeirat des Regierungspräsidiums Stuttgart.

Teilnahme an Kongressen in Porto, Helsinki, Grenoble, Jerusalem und Bangalore, Indien. Kulturreisen in die westliche Türkei, nach Apulien sowie nach Frankreich. Im Sommer alleine auf Bergwanderungen rund um Lenk im Berner Oberland.

Veröffentlichung des gemeinsam mit Erwin Heinle geschriebenen und in der Deutschen Verlags-Anstalt in Stuttgart erschienenen Buches *Türme aller Zeiten, aller Kulturen*, das auch in englischen, französischen und italienischen Ausgaben erscheint.

1989

Beratertätigkeit für die Neugestaltung der Brückenabteilung des Deutschen Museums in München. Zu Leonhardts 80. Geburtstag strahlt der Süddeutsche Rundfunk das Porträt »Der Brückenbauer« aus, im Radio wird ein Vortrag Leonhardts gesendet. Die Universität veranstaltet ein Festkolloquium, bei dem neun Schüler Leonhardts aus ihrer Praxis berichten. Im Oktober Verleihung des Prix Albert Caquot der Association Française pour la Construction (AFPC) in Paris.

Kulturreisen nach Ägypten, Tirol, Verona und Oberbayern. Vorträge in Hannover, Stuttgart, Hamburg, Paris und Wien. Teilnahme am IASS-Kongreß in Madrid. Besuch Sevillas wegen eines Brückenauftrags des Büros LAP für die Weltausstellung 1992. Urlaub auf La Palma, am Bodensee, in Tirol sowie – zum vierzigsten Mal – am Seehamer See in Oberbayern.

1990

Bezieht den Neubau eines Hauses im Ensemble des »Hardthöfles« bei Schömberg, seit 1986 nach

37. In der *Frankfurter Allgemeinen Zeitung*: Porträt zum 80. Geburtstag, 1989.
38. Botschafter in Sachen Ästhetik von Ingenieurbauten: Leonhardt bei einem Vortrag in Wien, 1989.
39. Auch mit 80 Jahren noch auf gesellschaftlichem Parkett: Leonhardt und seine Frau bei einem Empfang auf dem FIP-Kongreß in Hamburg, 1990.
40. Populär in der Heimatstadt: Verleihung der Bürgermedaille der Stadt Stuttgart durch Oberbürgermeister Manfred Rommel an Leonhardt und den Architekten Rolf Gutbrod (rechts), 1991.

37. In the *Frankfurter Allgemeine Zeitung*: portrait at his 80th birthday, 1989.
38. Emissary in the cause of civil-engineering aesthetics: Leonhardt lecturing in Vienna, 1989.
39. Even with 80 years taking part in society events: Leonhardt and wife at a reception during the FIP congress in Hamburg, 1990.
40. Popular in his home town: award of the citizen medal of the city of Stuttgart by chief mayor Manfred Rommel to Leonhardt and the architect Rolf Gutbrod (right), 1991.

and from Lüttich University. End of August IVBH congress in Vienna. Construction of the Aich-valley bridge south of Stuttgart, designed with architect Hans Kammerer and built with step-by-step method, now worldwide in use. September trip to Romania for the FIP symposium in Bucharest. With Wolfhart Andrä November voyage to Japan. Stays in Tokyo, Osaka and Nagasaki.

Publication of the last part of *Vorlesungen über Massivbau* (lectures on concrete structures): *Spannbeton* (prestressed concrete).

1981

Lecture »Bauen in der Verantwortung vor der Gesellschaft« (building and responsibility to society) at the Deutscher Ingenieurtag in Berlin. He takes an explicit critical position regarding contemporary treatment of nature and resources, stresses the societal importance of environmental design. Publication of the book *Der Bauingenieur und seine Aufgaben* (the civil engineer and his tasks), issued by the Deutsche Verlags-Anstalt, Stuttgart.

June/July journey to China upon invitation of the Chinese central office of radio and television. Gives lectures in Beijing, Guilin, Lidjiang and Shanghai.

In view of an intended book preparation, several survey trips to bridges on the Neckar, Enz, Tauber, Moselle and Rhine rivers, also to Switzerland and France. Cruise in the eastern Mediterranean. Attendance at a bridge seminar in Prague, the CEB-Symposium in Dresden and the World Congress on Joints and Bearings in Toronto.

1982

In January award of the golden medal of merit of Vienna because of his involvement in judging the competition for the reconstruction of the Vienna Reichsbrücke, collapsed in 1977. Call to join the Conrad-Matschoss-Ring of the VDI. Honorary member of the Heidelberg Academy of Sciences and Humanities.

Start of construction of the Main-valley bridge near Gemünden as part of the new ICE (Intercity Express) track Fulda–Würzburg. As last year, many survey trips to bridges on Rhine, Danube and Seine in preparation of his book *Brücken. Ästhetik und Gestaltung / Bridges: Aesthetics and Design*), to be published by Deutsche Verlags-Anstalt, Stuttgart. In addition to the German-English version appears a French-Spanish edition in 1986 and in 1997 a Japanese edition.

Participates in the FIP-congress in Stockholm, an IVBH-colloquium in Lausanne and a conference at Middle Eastern University in Ankara, because of the envisioned Bosporus bridge at Istanbul. Flying to Florida for talks about the projected Sunshine Skyway Bridge over Tampa Bay. Lecture in Delft.

1983

Attendance at the Winter Conference of Ted Happold at the University of Bath.

In November granting of the title Foreign Associate of the National Academy of Engineering of the United States of America. Stay at Purdue University. Begins manuscript of *Erinnerungen* (memories). In Munich visiting the widow of Fritz Todt, who is hundred years of age. In summer with wife at Salzburg Festival. Participates in IVBH-symposium in Venice, sightseeing in Northern Italy.

1984

Due to participation in bridge construction of the new ICE line, several surveys of the Hanover–Würzburg track; planning a double-level bridge over the Werra valley at Hedemünden, not to be realized. In April cruise in the western Mediterranean.

At his 75th birthday appears the autobiography *Baumeister in einer umwälzenden Zeit. Erinnerungen* (master builder in a cataclysmic time. Memories), published by Deutsche Verlags-Anstalt, Stuttgart. Invitation of the office staff to a celebration on the Stuttgart television tower. To escape further birthday celebrations, Leonhardt travels by car to Sweden and the Lofotes.

In August lectures in Iceland and attendance of the concrete-research conference in Reykjavik.

In September participation in the IVBH-congress in Vancouver, followed by an Alaska cruise and visits with friends Carl Scheve and Arvid Grant in Washington State. Honorary Distinguished Citizen of the State of Washington.

1985

Construction start of the Main-valley bridge at Veitshöchheim for the new high-speed railway track Fulda–Würzburg, planned with Hans-Peter Andrä. Participation in the IVBH-Congress in Luxemburg.

Walking in the Emmen valley and Les Diablerets with climb of a three-thousand meter peak. Bus tours to Lake Constance, first of so-called Kulturfahrten (cultural tours), taken by Leonhardt and his wife during senior age several times each year. In October appointment as honorary member of the Concrete Association of Finland.

1986

January/February stopover in Singapur, voyage through Australia. Gives lectures in Sydney, Heron Island and Brisbane. Visit of the site for the planned Second Harbour Bridge in Sydney. Following the FIP congress in New Delhi. In September with representatives of the LAP office in Istanbul, concerning the new construction of the Galata bridge. Cultural tours to Rome, Dresden, Rothenburg and Dinkelsbühl, also Hirsau and Alpirsbach.

In October nomination as corresponding member of the Swiss Academy of Technical Sciences.

1987

Attendance of conferences in Berlin and Versailles. End of December, at the age of 78, withdrawal as general manager of the LAP engineering consultancy. Agreement on a consulting contract with his former office.

1988

Hans-Peter Andrä, son of Wolfhart Andrä, becomes partner of LAP. In January engineering award for the Main-valley bridge near Gemünden. Shortly after the Winter Olympics visit in Calgary for the bridge project on the Prince Edward Island.

In June award of an honorary doctorate by Bath University. Appointment as corresponding member of the Academia Nacional de Ciencias, Fisicas y Naturales of the Republic of Argentina. Member of the advisory council of the Regierungspräsidium Stuttgart.

Attendance of conferences in Porto, Helsinki, Grenoble, Jerusalem and Bangalore, India. Cultural tours to western Turkey, Apulia and France. In sum-

seinen Vorstellungen im Stil eines verschindelten Bauernhofs der Region geplant und realisiert. Bis zu Leonhardts Tod dient das Haus mehrmals im Jahr als altersgerechtes Feriendomizil. Bekenntnis zu der seit seiner Jugend engen Beziehung zum Nordschwarzwald.

Im Mai Berufung in das 17. Komitee zur Rettung des Schiefen Turms in Pisa durch den italienischen Regierungschef Andreotti. Bis 1996 großes Engagement im Kreis des international besetzten Gremiums, das bis zu sechsmal im Jahr in Pisa zusammentritt. Leonhardts Vorschläge zur Stabilisierung des Turms werden interessiert zur Kenntnis genommen, den schließlich umgesetzten Sicherungsmaßnahmen allerdings nicht zugrunde gelegt. Kritik Leonhardts an der Schwerfälligkeit der italienischen Bürokratie.

Im Juni Verleihung des Aachener-Münchener Preises für Technik und angewandte Naturwissenschaften der Dr.-Carl-Arthur-Pastor-Stiftung. Berufung in den Beirat des Südwestdeutschen Archivs für Architektur und Ingenieurbau an der Universität Karlsruhe, dessen stellvertretender Vorsitzender bis 1994.

Im September Kulturreisen zu Klöstern in Österreich, im Oktober nach Colmar und Montbéliard. Vorträge in Hannover, beim FIP-Kongreß in Hamburg sowie beim IASS-Kongreß in Dresden.

1991

Im September Verleihung der Bürgermedaille der Stadt Stuttgart. Im Dezember zehntägige Japan-Reise mit Vortrag auf einem internationalen Brückensymposium. Festrede bei der Verleihung des Schinkel-Preises in Berlin. Weitere Vorträge in Stuttgart, Berlin und Bern. Im Juli Kulturreise nach England und Schottland.

1992

Kulturreise nach Mittelengland. Teilnahme an einer Tagung über Ingenieurästhetik in London anläßlich einer Calatrava-Ausstellung. Vorträge in Innsbruck, Weihenstephan und Stuttgart.

1993

Beteiligt sich mit eigenen Vorschlägen für einen »reaktiven Stahlbetonring« an der Diskussion um den Wiederaufbau der Frauenkirche in Dresden. Kulturreisen an den Inn sowie zu Klöstern in Österreich. Teilnahme an Kongressen in Rom, London, Les Diablerets, Vorträge in Oslo.

1994

Verleihung des Goldenen Ehrenrings des Deutschen Museums in München. Fertigstellung der Maintalbrücke Nantenbach, des letzten Großprojekts, das Leonhardt im Büro LAP maßgeblich beeinflußt. Im Mai Vortrag in London. Anläßlich seines 85. Geburtstags Interview mit Klaus Stiglat. Im Oktober Kulturfahrt nach Paris und in die Normandie.

1995

Im Februar Verleihung des »Großen DAI-Preises« des Verbandes Deutscher Architekten- und Ingenieurvereine. Skizzen für die Tragwerksplanung von Norman Fosters Kuppel des Reichstagsgebäudes in Berlin.

Im April Tod der Tochter Sabine.

1996

Anfang Januar in Berlin zur Eröffnung eines Zweigbüros von LAP mit 300 geladenen Gästen. Anläßlich des 40jährigen Jubiläums des Stuttgarter Fernsehturms im Februar Festakt und Fernsehinterview mit den noch lebenden Verantwortlichen für den Bau.

Im Mai Tod von Wolfhart Andrä.

Kulturfahrt zu Klöstern in Bayern, Österreich und Tschechien sowie zusammen mit einem Enkel Besichtigung von Barockbauten in Oberschwaben und Oberbayern. Im September auf einer Tagung der FIP in London.

1997

Im Juni Reise nach Paris zur Eröffnung der Ausstellung »L'art de l'ingénieur. Constructeur, entrepreneur, inventeur«, auf der Leonhardt als eine von 26 bedeutenden Persönlichkeiten mit Photos und Modellen seiner Werke vertreten ist. Im September Teilnahme an der CEB-FIP-IABSE-Tagung in Innsbruck. Kulturreise zu Klöstern in Böhmen und Österreich.

1998

Im Juli wird die Realschule in Stuttgart-Degerloch zur großen Freude Leonhardts nach ihm benannt. Oberbürgermeister Rommel gibt dazu aufgrund des besonderen Engagements von Lehrern, Eltern und Schülern eine Sondergenehmigung gegen Bedenken der Schulverwaltung, die eine Benennung nach einer lebenden Persönlichkeit prinzipiell ablehnt. Im Oktober Reise nach Pavia, wo ihm die Universität die Ehrendoktorwürde verleiht. Hält dort einen seiner letzten Vorträge.

1999

Im Juli Teilnahme an der ersten Verleihung des nach ihm benannten, von der Ingenieurkammer Baden-Württemberg und dem Verband Beratender Ingenieure gestifteten Fritz-Leonhardt-Preises, Preisträger Michel Virlogeux. Im September Ehrenmitgliedschaft des Rotary Club Stuttgart.

Im Oktober bei einem Sturz Bruch des Oberschenkelhalses. Lehnt eine Reha-Behandlung ab und zieht sich nach Hause zurück. Stirbt am 29.12. im Alter von 90 Jahren. Urnenbestattung auf dem Stuttgarter Waldfriedhof.

Tod seiner Frau Liselotte im Mai 2000.

41. Der Stuttgarter Fernsehturm wird zur Legende: Leonhardt und der Architekt Erwin Heinle bei einem Interview anläßlich seines 40jährigen Bestehens, 1996.
42. Ehrungen bis zum Lebensende: Verleihung der Ehrendoktorwürde der Universität Pavia, 1998.

41. The Stuttgarter television tower becomes a legend: Leonhardt and architect Erwin Heinle during an interview on the occasion of its 40th anniversary, 1996.
42. Honors till the end of his life: award of a honorary doctorate by the University of Pavia, 1998.

mer solitary mountain walk around Lenk in the Berner Oberland.

Publication of the book *Türme aller Zeiten, aller Kulturen* (*Towers. A Historical Survey*), written with Erwin Heinle and appearing in the Deutsche Verlags-Anstalt Stuttgart; also English, French and Italian editions.

1989

Advises on the redesign of the bridge section of the Deutsches Museum in Munich. On the occasion of Leonhardt's 80th birthday the Süddeutscher Rundfunk presents a portrait *Der Brückenbauer* (the bridge builder) and a lecture by Leonhardt. The University stages a gala colloquium, with nine students of Leonhardt reporting about their work. In October award of the Prix Albert Caquot of the Association Française pour la Construction (AFPC) in Paris.

Cultural tours to Egypt, Tyrol, Verona and Upper Bavaria. Lectures in Hanover, Stuttgart, Hamburg, Paris and Vienna. Participates in IASS Congress in Madrid. Visit of Sevilla regarding a bridge for the World Fair 1992, commissioned to the LAP office.

Vacation on La Palma, by Lake Constance, in Tyrol and – for the 40th time – by Seehamer See in Upper Bavaria.

1990

Moves into a new house as part of the Hardthöfle near Schömberg. Since 1986 built to his specifications in the style of a shingle-covered farm of the region. Up to Leonhardt's death the house serves several times every year as a senior-friendly vacation place. Proof of his close relationship with the northern Black Forest since youthful days.

In May call to the 17th committee for the saving of the Leaning Tower of Pisa by Italian premier Andreotti. Until 1996 strong commitment by the international panel, meetings up to six times yearly in Pisa. Leonhardt's suggestions for stabilizing the tower are received with interest, but are not taken as basis for the final solution. Leonhardt criticizes the slowness of Italian bureaucracy.

In June award of the Aachener-Münchener Preis für Technik und angewandte Naturwissenschaften of the Dr.-Carl-Arthur-Pastor-Stiftung. Appointment to the advisory council of the Südwestdeutsches Archiv für Architektur und Ingenieurbau at the University of Karlsruhe, deputy chair till 1994.

In September cultural tours to monasteries in Austria, October to Colmar and Montbéliard. Lectures in Hanover, at the FIP congress in Hamburg and the IASS congress in Dresden.

1991

In September award of the citizens' medal of the city of Stuttgart. In December ten-day Japan voyage with lecture at an international bridge symposium. Ceremonial address at the conferral of the Schinkel-Preis in Berlin. Further lectures in Stuttgart, Berlin and Berne. In July cultural tour to England and Scotland.

1992

Cultural tour to Middle England. On occasion of a Calatrava exhibition, participation in a conference on engineering aesthetics in London. Lectures in Innsbruck, Weihenstephan and Stuttgart.

1993

Enters his own ideas of a »reaktiver Stahlbetonring« (reactive reinforced concrete ring) into the discussion about the reconstruction of the Frauenkirche in Dresden. Cultural tours to the Inn River and monasteries in Austria. Attends congresses in Rome, London, Les Diablerets, lectures in Oslo.

1994

Award of the golden ring of honor of the Deutsches Museum in Munich. Completion of the Mainvalley bridge at Nantenbach, the last big project of LAP, significantly influenced by Leonhardt. In May lecture in London. On occasion of his 85th birthday interview with Klaus Stiglat. In October cultural tour to Paris and Normandy.

1995

February award of the "Großer DAI-Preis" of the Verband Deutscher Architekten- und Ingenieurvereine. Sketches for the structure of Norman Foster's Reichstag cupola in Berlin.

In April death of daughter Sabine.

1996

Early January opening of a LAP branch office in Berlin with 300 invited guests. On occasion of the 40th anniversary of the Stuttgart TV tower in February, ceremonial celebration and TV interview of persons involved with its construction. In May death of Wolfhart Andrä.

Cultural tour to monasteries in Bavaria, Austria and the Czech Republic, also with a grandson visit of Baroque architecture in Upper Swabia and Upper Bavaria. In September FIP conference in London.

1997

In June journey to Paris for the opening of the exhibition »L'art de l'ingenieur. Constructeur, entrepreneur, inventeur«, featuring Leonhardt as one of 26 persons with photographs and models of his work. In September participation in the CEB-FIP-IABSE conference in Innsbruck. Cultural tour to monasteries in Bohemia and Austria.

1998

To the great joy of Leonhardt, the Realschule Stuttgart-Degerloch in July receives his name. Although the school administration, as a matter of principle, rejects the naming of schools after living persons, chief mayor Rommel gives special permission because of the extraordinary commitment by teachers, parents and pupils. In October trip to Pavia, receiving the university's honorary doctorate. Gives one of his last lectures.

1999

In July attendance at the first award of the Fritz Leonhardt prize, established and named after him, by the Ingenieurkammer Baden-Württemberg and the Verband Beratender Ingenieure. Recipient Michel Virlogeux. In September honorary membership of the Rotary Club Stuttgart. In October femoral neck fracture caused by a fall. Rejects rehabilitation treatment and withdraws to his home. Dies on December 29th at the age of 90. Buried at the Stuttgart Waldfriedhof.

Death of his wife in May 2000.

Klaus Jan Philipp
**Der Niet als Ornament. Der »Baumeister«
Fritz Leonhardt**

[1] Fritz Leonhardt, *Baumeister in einer umwälzen-den Zeit. Erinnerungen*, Stuttgart 1984, S. 75.
[2] Paul Bonatz und Fritz Leonhardt, *Brücken* (*Die blauen Bücher*), Königstein 1951, S. 5; vgl. auch Dietrich W. Schmidt, »Die Baukunst der Türme, Brücken, Tragwerke und der Begriff des Ästhe-schen. Fritz Leonhardt (1909–1999)«, in: Bundes-ingenieurkammer (Hrsg.), *Ingenieurbaukunst in Deutschland. Jahrbuch 2003/2004*, Hamburg 2003, S. 120–129.
[3] Paul Zucker, *Die Brücke. Typologie und Ge-schichte ihrer künstlerischen Gestaltung*, Berlin 1921, S. 4.
[4] Leonhardt 1984 (wie Anm. 1), S. 195.
[5] Ebd., S. 75.
[6] Fritz Leonhardt, *Zu den Grundfragen der Ästhe-tik bei Bauwerken* (*Sitzungsberichte der Heidel-berger Akademie der Wissenschaften. Mathema-tisch-naturwissenschaftliche Klasse*, Jg. 1984, 2. Abhandlung), Heidelberg 1984, S. 47–48.
[7] Leonhardt 1984 (wie Anm. 1).
[8] Ebd., S. 42.
[9] Ebd., S. 47.
[10] Bonatz und Leonhardt 1951 (wie Anm. 2), S. 6; vgl. Werner Lorenz, »›Kunst‹ läßt sich verkaufen. Oder geht es um mehr bei den ›Wahrzeichen der Ingenieurbaukunst‹?«, in: Bundesingenieurkam-mer (Hrsg.), *Ingenieurbaukunst in Deutschland – Jahrbuch 2007*, S. 162–171.
[11] Bonatz und Leonhardt 1951 (wie Anm. 2), S. 8.
[12] Harald Szeemann (Hrsg.), *Der Hang zum Ge-samtkunstwerk. Europäische Utopien seit 1800*, Aarau 1983.
[13] Frank-Andreas Bechtold und Thomas Weiss (Hrsg.), *Weltbild Wörlitz. Entwurf einer Kulturland-schaft* (*Kataloge und Schriften der Staatlichen Schlösser und Gärten Wörlitz, Oranienbaum, Lui-sium*, Bd. 1), Ostfildern 1996.
[14] Vgl. Klaus Jan Philipp, »Zur Ehrenrettung deut-scher Art und Kunst«, in: Eduard Führ und Anna Teut (Hrsg.), *David Gilly – Erneuerer der Baukultur*, Münster 2008, S. 25–32.
[15] Jacob Leupold, *Theatrum pontificale oder Schauplatz der Brücken und des Brückenbaus*, Leipzig 1726 (neue Auflage 1774).
[16] Christian Ludwig Stieglitz, *Enzyklopädie der bürgerlichen Baukunst*, Leipzig 1792–1796, Bd. 1, S. 340.
[17] Friedrich Gilly, »Gedanken über die Nothwen-digkeit, die verschiedenen Theile der Baukunst, in wissenschaftlicher und praktischer Hinsicht mög-lichst zu vereinigen«, *Sammlung nützlicher Auf-sätze die Baukunst betreffend*, 3, 1799, Nr. 2, S. 3–12.
[18] Ebd., S. 12.
[19] Ebd., S. 10.
[20] Leo von Klenze, »Versuch einer Darstellung der technischen und architektonischen Vereine und ihre Wirksamkeit«, in: *Amalthea oder Museum der Kunstmythologie und bildlichen Alterthumskunde*, Bd. 3, 1825, S. 78–110, hier S. 79.
[21] Goerd Peschken, »Technologische Ästhetik in Schinkels Architektur«, *Zeitschrift des deutschen Vereins für Kunstwissenschaft*, 22, 1968, Nr. 1/2, S. 45–81.
[22] Goerd Peschken, *Das Architektonische Lehr-buch* (*Karl Friedrich Schinkel, Lebenswerk*), Mün-

chen 1979, S. 150; vgl. Klaus Jan Philipp, »›Grob-körnig‹. Klenze als Architekturtheoretiker und Kri-tiker«, in: Winfried Nerdinger (Hrsg.), *Leo von Klenze: Architekt zwischen Kunst und Hof 1784 bis 1864*, München 2000, S. 105–115.
[23] Sergej G. Fedorov, *Carl Friedrich von Wiebeking und das Bauwesen in Russland*, München 2005; Helmut Hilz, »Carl Friedrich von Wiebeking. Ein früher Vertreter des modernen Bauingenieurwe-sens«, *Deutsche Bauzeitung*, 138, 2004, Nr. 8, S. 74–79.
[24] Carl Friedrich von Wiebeking, *Beyträge zur Brückenbaukunde*, München 1809, zit. nach Zucker 1921 (wie Anm. 3), S. 83.
[25] Fritz Leonhardt, *Ingenieurbau. Bauingenieure gestalten die Umwelt*, Darmstadt 1974, S. 208.
[26] Leonhardt, *Der Bauingenieur und seine Aufga-ben*, Stuttgart 1981, S. 278; 2., erweiterte Auflage des 1974 erschienenen Buches *Ingenieurbau* (wie Anm. 25).
[27] Leonhardt 1984 (wie Anm. 1), S. 80.
[28] Ebd., S. 87.
[29] Ebd., S. 60.
[30] Vgl. Klaus Stiglat, *Bauingenieure und ihr Werk*, Berlin 2004, S. 358.
[31] Karl Schaechterle und Fritz Leonhardt, *Die Ge-staltung der Brücken*, Berlin 1937.
[32] Stiglat 2004 (wie Anm. 30), S. 232
[33] Fritz Leonhardt, »Bauen als Umweltzerstörung. Vortrag zum Hochschulabend am 16. Januar 1975 der Universität Stuttgart«, Typoskript, Universität Stuttgart, Institut für Grundlagen moderner Archi-tektur, S. 13.
[34] Ebd., S. 20.
[35] Ebd., S. 20.
[36] Ebd., S. 20.
[37] Zürich 1973.
[38] Shadrach Woods und Joachim Pfeufer, *Stadt-planung geht uns alle an* (Projekt: Ideen für die Um-welt von morgen, 6), Stuttgart 1968, 2. Aufl. 1970.
[39] Deutsches Nationalkomitee für Denkmalschutz (Hrsg.), *Eine Zukunft für unsere Vergangenheit. Denkmalschutz und Denkmalpflege in der Bun-desrepublik Deutschland*, München 1975.
[40] Leonhardt 1975 (wie Anm. 33), S. 4.
[41] Ebd., S. 21.
[42] Ebd., S. 10.
[43] Ebd., S. 15.
[44] Ebd., S. 21.
[45] Ebd., S. 22.
[46] Fritz Leonhardt, »Geistige Brücken zur Erneue-rung der Baukultur«, Schinkelfest 1991 des AIV Berlin, 13. März 1991, S. 3–5.
[47] 13. Oktober 1992 als Vortrag der Württembergi-schen Bibliotheksgesellschaft (Manuskript in der Württembergischen Landesbibliothek: 47Ca 80158) und 1993 anläßlich der Emeritierung Volker Hahns, in: Jürgen Hering (Hrsg.), *Reden und Auf-sätze*, Bd. 44, Universität Stuttgart 1993, S. 16–31.
[48] Konrad Lorenz, *Acht Todsünden der zivilisierten Menschheit*, München 1973; Erich Fromm, *Haben oder Sein*, Stuttgart 1976; Hans Jonas, *Das Prin-zip Verantwortung*, Frankfurt am Main 1979; Hans Küng, *Projekt Weltethos*, München 1990.
[49] Leonhardt 1991 (wie Anm. 46), S. 21.
[50] Leonhardt 1975 (wie Anm. 33), S. 20.
[51] Leonhardt 1991 (wie Anm. 46), S. 21.
[52] Ebd., S. 21.
[53] Carl Friedrich von Wiebeking, *Von dem Einfluß der Baukunst auf das allgemeine Wohl und die Civilisation*, 4 Bde., Nürnberg 1816–1819.

[54] Stanford Anderson (Hrsg.), *Eladio Dieste. Inno-vation in Structural Art*, New York 2004, S. 34.
[55] Leonhardt 1991 (wie Anm. 46), S. 11.
[56] Leonhardt 1984 (wie Anm. 1), S. 232 f.

Karl-Eugen Kurrer
Fritz Leonhardts Bedeutung für die kon-struktionsorientierte Baustatik

[1] Karl-Eugen Kurrer, *The History of the Theory of Structures. From Arch Analysis to Computational Mechanics*, Berlin 2008, S. 38–40.
[2] Fritz Leonhardt, »Leichtbau – eine Forderung un-serer Zeit. Anregungen für den Hoch- und Brü-ckenbau«, *Die Bautechnik*, 18, 1940, Nr. 36/37, S. 413–423.
[3] Vgl. Kurrer 2008 (wie Anm. 1), S. 456 f.
[4] Otto Graf, »Über Leichtfahrbahnen für stählerne Straßenbrücken«, *Der Stahlbau*, 10, 1937, Nr. 14, S. 110–112 und Nr. 16, S. 123–127.
[5] Otto Graf, »Aus Untersuchungen mit Leichtfahr-bahndecken zu Straßenbrücken«, *Berichte des Deutschen Ausschusses für Stahlbau*, 1938, Aus-gabe B, Nr. 9. Hrsg. v. Deutschen Stahlbau-Ver-band. Berlin 1938.
[6] Fritz Leonhardt, *Die vereinfachte Berechnung zweiseitig gelagerter Trägerroste*, Diss. TH Stutt-gart 1937.
[7] Fritz Leonhardt und Wolfhart Andrä, *Die verein-fachte Trägerrostberechnung*, Stuttgart 1950.
[8] Hellmut Homberg, *Einflußflächen für Trägerroste*, Dahl 1949.
[9] Vgl. Klaus Stiglat, *Bauingenieure und ihr Werk*, Berlin 2004, S. 223.
[10] Vgl. Kurrer 2008 (wie Anm. 1), S. 457.
[11] Fritz Leonhardt, *Spannbeton für die Praxis*, Ber-lin 1955.
[12] Fritz Leonhardt, *Prestressed Concrete. Design and Construction*, 2nd., fully rev. ed. Berlin 1964.
[13] Leonhardt 1955 (wie Anm. 11), S. VIII.
[14] Ebd., S. 258.
[15] Zit. nach Fritz Leonhardt, *Baumeister in einer umwälzenden Zeit. Erinnerungen*, Stuttgart 1998[2], S. 169.
[16] Fritz Leonhardt, »Über die Kunst des Beweh-rens von Stahlbetontragwerken«, *Beton- und Stahlbetonbau*, 60, 1965, Nr. 8, S. 181–192 und Nr. 9, S. 212–220.
[17] Vgl. Kurrer 2008 (wie Anm. 1), S. 563.
[18] Fritz Leonhardt, »Die verminderte Schub-deckung von Stahlbetontragwerken«, *Bauinge-nieur*, 40, 1965, Nr. 1, S. 1–15.
[19] Jörg Schlaich und Kurt Schäfer, »Konstruieren im Stahlbetonbau«, *Beton-Kalender*, 73, 1984, Teil II, S. 787–1005.

Christiane Weber und Friedmar Voormann
Fritz Leonhardt. Erste Bauten und Projekte

[1] Klaus Stiglat, *Bauingenieure und ihr Werk*, Berlin 2004, S. 358.
[2] Vgl. Claudia Windisch-Hojnacki, *Die Reichsauto-bahn. Konzeption und Bau der RAB, ihre ästheti-schen Aspekte, sowie ihre Illustration in Malerei, Literatur, Fotografie und Plastik*, Diss. Bonn 1989, S. 53.
[3] Fritz Leonhardt, *Baumeister in einer umwälzen-den Zeit. Erinnerungen*, Stuttgart 1984, S. 55.

4 saai Karlsruhe, Bestand Fritz Leonhardt, Biographische Materialien, Brief Otto Nisslers an Fritz Leonhardt, 2. Dezember 1934. Zu Otto Nissler siehe Beitrag Kabierske.

5 Fritz Leonhardt, »Leichtbau – eine Forderung unserer Zeit. Anregungen für den Hoch- und Brückenbau«, *Die Bautechnik*, 18, 1940, Nr. 36/37, S. 413–423; schon 1936: Karl Schaechterle und Fritz Leonhardt, »Leichte Fahrbahndecken auf stählernen Straßenbrücken. Versuchsergebnisse«, *Die Bautechnik,* 14, 1936, Nr. 18, S. 245–248; Karl Schaechterle und Fritz Leonhardt, »Fahrbahnen der Straßenbrücken. Erfahrungen, Versuche und Folgerungen«, *Die Bautechnik*, 16, 1938, Nr. 23/24, S. 306–324.

6 Bundesarchiv (BA) Berlin, R 4601/816, Schreiben Fritz Todts an v. Kruederer, 23. November 1937.

7 Karl Schaechterle und Fritz Leonhardt, *Gestaltung der Brücken*, Berlin 1937.

8 Ebd., S. 79 ff. und 108 ff.

9 saai Karlsruhe, Bestand Fritz Leonhardt, Biographische Materialien, Schriftwechsel zwischen Fritz Leonhardt und Direktor Eberhard der MAN-Werke Gustavsburg, 2. bis 28. Dezember 1937.

10 Fritz Leonhardt, »Der Entwurf einer Reichsautobahnbrücke über den Rhein bei Köln-Rodenkirchen«, *Der Deutsche Baumeister*, 1, 1939, Nr. 7, S. 24–30; Fritz Leonhardt, »Die Autobahnbrücke über den Rhein bei Köln-Rodenkirchen«, Erweiterter Sonderdruck aus den Zeitschriften *Die Bautechnik*, 27, 1950, und 28, 1951, *Der Stahlbau*, 20, 1951, *Bauingenieur*, 26, 1951; außerdem Leonhardt 1984 (wie Anm. 3), S. 72–88.

11 Firma August Klönne, Dortmund (Unterzeichnet von Rudolf Barbré), *Festigkeitsberechnungen 1938 bis 1941*, 13 Bände (Landesbetrieb Straßenbau NRW, Archiv Außenstelle Köln. Hauptabschnitt II, Unterabschnitt 1).

12 Paul Bonatz und Fritz Leonhardt, *Brücken (Die blauen Bücher)*, Königstein im Taunus 1951, S. 108.

13 Paul Bonatz, »Die Hängebrücke der Reichsautobahn über den Rhein bei Köln«, *Die Straße*, 5, 1938, Nr. 3, S. 75–77.

14 Firma August Klönne, Dortmund (Mitarbeiter: Prof. Paul Bonatz, Stuttgart, und Siemens Bauunion, Berlin), *Erläuterungsbericht vom Oktober 1937*, Band 1/10, S. 99 (Landesbetrieb Straßenbau NRW, Archiv Außenstelle Köln. Hauptabschnitt II, Unterabschnitt 1).

15 Karl Schaechterle, »Die Gestaltung der eisernen Brücke«, *Bauingenieur*, 9, 1928, Nr. 14, S. 239–244, Nr. 15, S. 261–267.

16 Fritz Todt, »Die Hamburger Hochbrücke über die Elbe«, *Die Straße*, 5, 1938, Nr. 3, S. 68–74.

17 »Der Plan der Hamburger Elbehochbrücke«, *Die Bautechnik*, 16, 1938, Nr. 19, S. 247–248.

18 Todt 1938 (wie Anm. 16), S. 74.

19 Schaechterle und Leonhardt 1937 (wie Anm. 7), S. 61.

20 Othmar H. Ammann, »Planning and Design of Bronx–Whitestone Bridge«, *Civil Engineering Magazine*, 9, 1939, Nr. 4, S. 217–220.

21 *Schweizerische Bauzeitung*, 115, 1940, Nr. 1, S. 1–3; auch in *Der Stahlbau*, 13, 1940, Nr. 5/7, S. 31–32 beschrieben.

22 Fritz Leonhardt, *Brücken/Bridges. Ästhetik und Gestaltung*, Stuttgart 1994⁴, S. 287.

23 Fritz Stüssi, *Othmar H. Ammann. Sein Beitrag zur Entwicklung des Brückenbaus*, Basel, Stuttgart 1974.

24 Leonhardt 1984 (wie Anm. 3), S. 25; Karl Schaechterle und Fritz Leonhardt, »Hängebrücken«, *Die Bautechnik*, 19, 1941, Nr. 12, S. 1–9 sowie 11–20, Nr. 13, S. 125–133.

25 saai Karlsruhe, Bestand Fritz Leonhardt, Projekt Elbehochbrücke Hamburg, Auftragsnr. 33, »Bericht August 1939. Steinpylone«; außerdem saai Karlsruhe, Bestand Fritz Leonhardt, Projekt Elbehochbrücke Hamburg, Auftragsnr. 33, Schreiben Fritz Leonhardts an Generalinspektor Dr.-Ing. Fritz Todt, 8. August 1939; ebd., Schreiben Fritz Leonhardts an Dorsch, 31. August 1939. Dringende Bitte, den »Vortrag bei Herrn Dr. Todt anzuberaumen«; ebd., Fritz Leonhardt, »Bericht«, »am 1.8.40 Herrn Min. Dr. Todt übergeben. Leo 2.8.«

26 saai Bestand Fritz Leonhardt, Projekt Elbehochbrücke Hamburg, Auftragsnr. 33, Fritz Leonhardt, »Bericht«, »am 1.8.40 Herrn Min. Dr. Todt übergeben. Leo 2.8.«

27 BA Berlin, R 4601/1899, »Vortrag beim Generalinspektor Reichsminister Dr.-Ing. Todt am 2. August 1940 über Stand der Entwurfsarbeiten bei der Elbehochbrücke Hamburg«; BA Berlin R 4601/856 Schreiben Fritz Leonhardts an Schönleben, März 1941, mit der Bitte um Fortsetzung der Modellversuche.

28 Stadtarchiv München, Verzeichniseinheit »Erste Planungsvorstellungen vom Juli 1939«, GB 1915 bis 1922 und GB 1312/1313), Vorentwurfspläne der Firma August Klönne, Juli 1939. Zwei Pläne sind unterzeichnet mit Aug. Klönne/P. Bonatz (Stadtarchiv München GB 1367/I und GB 1367/II).

29 Vgl. Michael Früchtel, *Der Architekt Hermann Giesler. Leben und Werk (1898–1987)*, Uhldingen-Mühlhofen 2008, S. 145 ff.; Werner Durth, *Deutsche Architekten. Biographische Verflechtungen 1900–1970*, Neuauflage Stuttgart, Zürich 2001 (1. Auflage 1986), S. 159.

30 Stadtarchiv München, Verzeichniseinheiten »Übersichtspläne der Kuppelbinder von Punkt 2a bis 8, Detailpläne der Kuppelbinder von Punkt 2a bis 8, Binder (-fuß, -lager, etc.), Kuppel-Querschnitte«, darin alle Stahlbaudetailpläne 1939 bis 1942 der *Stahlbau-Gemeinschaft Klönne-Krupp*, München, unterzeichnet.

31 BA Berlin, R 4601/788, Schreiben Hermann Gieslers an Fritz Todt, München 23. September 1939.

32 Ebd., Schreiben Fritz Todts an Hermann Giesler, 13. Oktober 1939. Unterstreichungen im Original.

33 Vgl. Hans Peter Rasp, *Eine Stadt für tausend Jahre. München – Bauten und Projekte für die Hauptstadt der Bewegung*, München 1981, S. 111.

34 Stadtarchiv München, Verzeichniseinheiten »Ringbauten Laterne Schulter, kleinere Details, und Ringträger und Kopfringe«.

35 Vgl. Hitlers Handskizze »Hauptbahnhof« (Bayerisches Hauptstaatsarchiv München, Nachlaß Hitler, Nr. 64), publiziert in Früchtel 2008 (wie Anm. 29), S. 185, Abb. 166.

36 »Der Führer wies Professor Alker darauf hin, daß Professor Speer in Berlin ebenfalls einen Kuppelbau plane, er möge sich deswegen mit Sp.[eer] In Verbindung setzen, da er keine Ähnlichkeit der beiden Bauten wünsche.« saai Karlsruhe, Bestand Hermann Alker, »Neue Bahnhofstrasse mit Querverbindung zum Südbahnhof« (Typoskript), undatiert (vermutlich nach Juli 1938), S. 2.

37 Vgl. Dorothea Roos, *Der Karlsruher Architekt Hermann Reinhard Alker. Bauten und Projekte*, Diss. Karlsruhe 2008 (unveröffentlicht), o. S.

38 saai Karlsruhe, Bestand Hermann Alker, Flügel, »Niederschrift über die Besprechung mit dem Führer auf dem Obersalzberg am 13.11.37«, (Typoskript), S. 10.

39 Siehe Visualisierung der Planänderungen Gieslers in: Landeshauptstadt München (Hrsg.), *München wie geplant. Die Entwicklung der Stadt von 1158 bis 2008*, Ausstellungskatalog, München 2004, S. 97–98.

40 Stadtarchiv München, Verzeichniseinheit »Hauptbahnhof Neu – Serie 9001–9027«, GB 679, Paul Bonatz, Perspektive o. T., 9. September 1939.

41 Bahnhofsbüro unter Paul Bonatz, »Modell Münchner Hauptbahnhof« M = 1:200, Stadtmuseum München, Überlassung aus dem Stadtarchiv München (Mod. 93/4).

42 Hermann Giesler, *Ein anderer Hitler. Bericht seines Architekten Hermann Giesler. Erlebnisse, Gespräche, Reflexionen*, Landsberg a. Lech 1977, S. 174.

43 Stadtarchiv München, Verzeichniseinheit »Hauptbahnhof Neu – Serie 2505–2508«, GB 274, Plan Fritz Leonhardt und Paul Bonatz, »Neuer Hauptbahnhof. Querschnitt durch die Dachhaut«, Blatt 2, 17. Januar 1941.

44 Vgl. Hans-Peter Andrä, »Beispiele aus den Arbeiten von Fritz Leonhardt im Hoch- und Industriebau«, *Der Stahlbau*, 68, 1999, Nr. 7, S. 494.

45 Leonhardt 1984 (wie Anm. 3), S. 91: »angeblich überlebte dieses Modell den Krieg«.

46 Vgl. Archiv LAP, Hochbau/Auftragsnr. 17, »Neuer Hauptbahnhof München. Statische Voruntersuchung«, undatiert.

47 Leonhardt 1984 (wie Anm. 3), S. 92.

48 Zur Entwicklung des Kuppeldurchmessers siehe Früchtel 2008 (wie Anm. 29), S. 185.

49 Giesler 1977 (wie Anm. 42), S. 176 f.

50 Vgl. dazu Ulrich Schönemann, »Die Schalenbauwerke und -entwürfe von Franz Dischinger«, in: Manfred Specht (Hrsg.), *Spannweite der Gedanken. Zur 100. Wiederkehr des Geburtstages von Franz Dischinger*, Berlin u. a. 1987, S. 8.

51 Vgl. Matthias Kunze, *Ingenieure für Hitlers »Germania«. Technische Planungen für die große »Halle des Volkes«*, Diplomarbeit Cottbus (unveröffentlicht) 2001, S. 63 ff.

52 Vgl. Erwin Heinle und Jörg Schlaich, *Kuppeln aller Zeiten – aller Kulturen*, Stuttgart 1996, S. 158.

53 Vgl. Früchtel 2008 (wie Anm. 29), S. 156.

54 Vgl. »Neuer Hauptbahnhof München. Gepäck- und Posttunnel«, 6. Oktober 1941 (Archiv LAP, Hochbau/o. Auftragsnr., 1941), »Hauptstadt der Bewegung München. Denkmal der Partei. Statische Untersuchung«, Juni 1942 (Archiv LAP, Hochbau/Auftragsnr. 50), »Gummireifen S-Bahn München«, 7. Juli 1942, (Archiv LAP, Hochbau/Auftragsnr. 49).

55 Vgl. Plan der Reichsbahndirektion zur »Umgestaltung der Münchener Bahnanlagen«, M = 1:5000, München, November 1937 (Photoarchiv Steinmetz, Gräfelfing), publiziert in Rasp 1981 (wie Anm. 33), S. 52 f., Abb. 40.

56 Andrä 1999 (wie Anm. 44), S. 496.

57 saai Karlsruhe, Bestand Fritz Leonhardt, Projekt München Ostbahnhof, MAN-Werke Gustavsburg, Plan »Bahnsteighalle München Ost. Querschnitt durch die Stütze«, M = 1:20, 19. Dezember 1941.

58 Leonhardt 1984 (wie Anm. 3), S. 91 f.

59 Früchtel 2008 (wie Anm. 29), S. 286 und 296, Abb. 291; saai Karlsruhe, Bestand Fritz Leonhardt,

Projekt Donaubrücke Linz, Modellphoto von Gies-lers Planungen für Linz mit Hängebrücke im Vor-dergrund.
[60] saai Karlsruhe, Bestand Fritz Leonhardt, Projekt Ausstellungshalle Linz, »Ausstellungshalle Linz. 1. Skizze«, sign. und dat. »Leo 30. Juli 1942«.
[61] saai Karlsruhe, Bestand Fritz Leonhardt, Projekt Gauhochhaus Hamburg, Planmappe »Gauhoch-haus Hamburg. Bauliche Gedanken«, Dr.-Ing. Leonhardt, 28.1.–1.2.1942.

Bei den beiden Unterkapiteln »Hängebrücke Köln-Rodenkirchen« und »Elbehochbrücke Hamburg« handelt es sich um die Kurzfassung eines Aufsat-zes in: *Der Stahlbau*, 78, 2009, Nr. 6.
Das Unterkapitel »Planungen für München« wird in erweiterter Form als Tagungsbeitrag zum »Third International Congress on Construction History«, Cottbus, 20.–24. Mai 2009, erschei-nen.

Dietrich W. Schmidt
Wirtschaftlicher Wiederaufbau in Stuttgart. Beiträge Fritz Leonhardts zur Schuttver-wertung

[1] Fritz Leonhardt, *Baumeister in einer umwälzen-den Zeit. Erinnerungen,* Stuttgart 1984, S. 100 f.
[2] Genehmigt erst am 3.2.1947, seit Sommer 1947 in der Relenbergstraße 56 (Leonhardt 1984, wie Anm. 1, S. 108, 110, 114 f.).
[3] Karlheinz Fuchs, *Anpassung, Widerstand, Verfol-gung. Die Jahre 1933–1939 (Stuttgart im Dritten Reich)*, Stuttgart 1984, S. 571. Abweichende Zah-len bei Otto Borst, *Stuttgart. Die Geschichte der Stadt*, Stuttgart 1973, S. 428 (57,5 Prozent zer-störte oder beschädigte Gebäude), und bei Paul Sauer, *Württemberg in der Zeit des Nationalsozia-lismus*, Ulm 1975, S. 498 (34,6 Prozent zerstörte Wohnungen).
[4] Vgl. Kurt Leipner, *Chronik der Stadt Stuttgart 1949–1953*, Stuttgart 1977, S. 106, und ders., *Stuttgart 1945 bis heute*, Frankfurt 1973, S. 12.
[5] TVB in Stuttgart-Nord, Büchsenstraße 28.
[6] Vgl. Leipner 1977 (wie Anm. 4), S. 112.
[7] »Sorgfalt bei der Schüttbauweise! Ein ernstes Wort von Dr.-Ing. Fritz Leonhardt«, *Neue Bauwelt*, 4, 1949, Nr. 45, S. 709.
[8] Fritz Leonhardt, »Schüttbauweise in Stahlscha-lung«, *Bauen und Wohnen*, 2, 1947, Nr. 10/11, S. 292–301.
[9] Vgl. H. Gerlach, »Schüttbeton im Wohnungs-bau – Das erste Bauschiff«, *Neue Bauwelt*, 4, 1949, Nr. 13, S. 193.
[10] Darüber berichtet F. Schneider-Arnoldi 1931 in Nr. 25 der Zeitschrift *Zement* und 1932 in Nr. 31 der *Bauzeitung*.
[11] Leonhardt 1947 (wie Anm. 8), S. 293.
[12] saai Karlsruhe, Bestand Fritz Leonhardt, Brief Bernhard Wedlers an Leonhardt vom 7.5.1947 mit Hinweis auf die Veröffentlichung von Dr. Rüsch in *Die Bautechnik*, 1944 im Anschluß an die letzte Tagung des Betonvereins.
[13] Vgl. *Bauteile aus Trümmersplitt (Ziegelsplitt). Vor-schläge des Ausschusses für Trümmerverwertung*, zusammengestellt und erläutert von Bernhard Wedler, Ministerialrat a. D., Berlin o. J. [1947], S. 9.
[14] saai Karlsruhe, Bestand Fritz Leonhardt, Druck-schrift der TVB Stuttgart-Nord, Büchsenstraße 28, o. O., o. J., S. 3 bzw. S. 2.

[15] Geb. 1912 in Schwerin, gest. 2003 in Grünwald, Maschinenbauer, 1948–1958 mit eigenem Inge-nieurbüro in Stuttgart-Degerloch, gründete 1969 die Luft- und Raumfahrtfirma Messerschmidt-Bölkow-Blohm (MBB).
[16] Vgl. Leonhardt 1984 (wie Anm. 1), S. 113.
[17] Vgl. *Neue Bauwelt*, 1, 1946, Nr. 24 und *Bau-rundschau*, 37, 1947, Nr. 2.
[18] Leonhardt 1947 (wie Anm. 8), S. 297.
[19] Leonhardt 1947 (wie Anm. 8), S. 301.
[20] Vgl. Hermann Vietzen, *Chronik der Stadt Stutt-gart 1945–1948*, Stuttgart 1972, S. 636.
[21] Vgl. Paul Sauer, *Arnulf Klett. Ein Leben für Stuttgart*, Gerlingen 2001, S. 148 f.
[22] Fritz Leonhardt, »Kostensenkung im Woh-nungsbau«, *Die Bauzeitung*, 41, 1949, Nr. 3, S. 108, Abb. S. 107 (Leonhardt gibt hier die falsche Hausnummer 85 an).
[23] Von der Firma Ludwig Bauer, Stuttgart. Vgl. saai Karlsruhe, Bestand Fritz Leonhardt, Werbe-prospekt der Firma »Moderner Baubedarf mbb GmbH«, Stuttgart-Ost, Landhausstraße 82, o. J.; vgl. auch Leonhardt, »Kostensenkung im Woh-nungsbau« (wie Anm. 22), S. 108.
[24] Stadtarchiv Stuttgart, Sign. D4688, Baugesuch von Karl Schlenker (Architekt Storz) Mai 1897, ge-nehmigt 29.7.1897.
[25] Baurechtsamt der Stadt Stuttgart, Bauakte Nordbahnhofstr. 179, erstes Baugesuch von Felix Taxis (Architekt Heckel) 22.7.1946, genehmigt 19.11.1947; zweiter Nachtrag vom 8.6.1948, ge-nehmigt 8.7.1948.
[26] Firmenarchiv LAP, Stuttgart. Statische Berech-nung vom 18.4.1948 von Wolfhart Andrä.
[27] Vgl. Ulrich Schneider, »Rolf Gutbrods Wieder-aufbau eines zerstörten Wohnblocks in Stuttgart. Architektur der ›Stunde Null‹?«, *architectura. Zeit-schrift für Geschichte der Baukunst*, 27, 1997, S. 200–220, hier S. 201.
[28] Ebd., S. 204.
[29] saai Karlsruhe, Bestand Rolf Gutbrod, Bauge-suche des »Versuchswohnblocks Moserstraße, Los A«.
[30] Vgl. *Die Bauzeitung*, 40, 1948, Nr. 10, S. 10.
[31] Vgl. Schneider 1997 (wie Anm. 27), S. 216.
[32] Vgl. H. P. Eckart, »Eigenartige Wohnungsbau-ten«, *Die Bauzeitung*, 45, 1953, Nr. 4, S. 127–138.
[33] Vgl. saai Karlsruhe, Bestand Fritz Leonhardt, Werbeprospekt der Firma »Moderner Baubedarf mbb GmbH«, Stuttgart-Ost, Landhausstraße 82, o. J.
[34] Vgl. »Das Postdörfle wird noch in diesem Jahr bezogen«, *Stuttgarter Zeitung*, Nr. 199, 5.10.1949.
[35] Baugesuchspläne der Reichsbahndirektion Stuttgart, 1949 (Kopien im IfAG, Uni Stuttgart).
[36] Geb. 1898, gest. 1987, 1923–1925 Assistent des konservativen Paul Schmitthenner, 1931 a. o. Prof., 1940–1945 Mitglied der NSDAP.
[37] Vgl. Gilbert Lupfer, *Architektur der fünfziger Jahre in Stuttgart*, Tübingen 1997, S. 371 ff.
[38] Bauakten zum Max-Kade-Heim im Studenten-werk Stuttgart.
[39] Fritz Leonhardt, »Ein 15geschossiges Hochhaus in Schüttbauart«, *Der Bau und die Bauindustrie*, 6, 1953, Nr. 7, S. 128.
[40] Karl Deininger und Fritz Leonhardt, »Sechzehn-geschossiges Hochhaus in Schüttbeton für das Studentenwerk an der Technischen Hochschule Stuttgart«, *Zeitschrift des VDI*, 96, 1954, Nr. 24, S. 814.

Eberhard Pelke
Frühe Spannbetonbrücken

[1] Fritz Leonhardt, *Baumeister in einer umwälzen-den Zeit. Erinnerungen*, Stuttgart 1984, S. 142.
[2] Ebd., S. 64.
[3] Ebd., S. 65.
[4] Paul Müller, »Brücken der Reichsautobahn aus Spannbeton«, *Die Bautechnik*, 17, 1939, Nr. 10, S. 128–135.
[5] Horst Metzler, »Eine frühe Spannbeton-Straßen-brücke nach dem Verfahren Freyssinet«, in: *Beton-bau in Forschung und Praxis – Festschrift zum 60. Geburtstag von György Iványi*, Düsseldorf 1999.
[6] Leonhardt 1984 (wie Anm. 1), S. 69.
[7] Müller 1939 (wie Anm. 4).
[8] Karl Schaechterle, »Rationalisierung im Brücken-bau – Stahleinsparung bei Reichsautobahnbrü-cken«, *Die Straße*, 7, 1940, 1. Halbjahr, S. 62 bis 63.
[9] Leonhardt 1984 (wie Anm. 1), S. 98.
[10] Ebd., S. 96.
[11] Ebd., S. 98.
[12] Jupp Grote und Bernard Marrey, *Freyssinet. La précontrainte et l'Europe. Der Spannbeton und Europa. Prestressing and Europe*, Paris 2000.
[13] Leonhardt 1984 (wie Anm. 1), S. 156.
[14] Klaus Stiglat, *Bauingenieure und ihr Werk*, Berlin 2004.
[15] Arthur Lämmlein und Ulrich Wichert, »Spannbe-tonbrücke Bleibach«, *Die Bautechnik*, 26, 1949, Nr. 10, S. 300–306.
[16] Grote und Marrey 2000 (wie Anm. 12).
[17] Fritz Leonhardt und Willi Baur, »Brücken aus Spannbeton, wirtschaftlich und einfach. Das Ver-fahren Baur-Leonhardt, Begründung, Anwendung, Erfahrungen«, *Beton- und Stahlbetonbau*, 45, 1950, Nr. 8, S. 182–188, Nr. 9, S. 207–215, sowie 46, 1951, Nr. 4, S. 90–92, Nr. 5, S. 114–116 und Nr. 6, S. 131–135; Fritz Leonhardt, *Spannbeton für die Praxis*. Berlin 1955.
[18] Leonhardt 1984 (wie Anm. 1), S. 156.
[19] Arthur Lämmlein und Alfred Bauer, »Spannbe-tonbrücke Emmendingen«, *Beton- und Stahlbe-tonbau*, 45, 1950, Nr. 9, S. 197–203.
[20] Emil Klett, »Die Spannbetonbrücke der Bundes-bahn über den Neckarkanal in Heilbronn«, *Beton-und Stahlbetonbau*, 46, 1951, Nr. 7, S. 145–150 und Nr. 8, S. 180–184; Leonhardt 1984 (wie Anm. 1), S. 161–162.
[21] Stiglat 2004 (wie Anm. 14).
[22] Leonhardt 1984 (wie Anm. 1), S. 160.
[23] Fritz Leonhardt, Willy Stöhr und Hans Gass, »Neckarkanalbrücke Obere Badstraße, Heilbronn«, *Beton- und Stahlbetonbau*, 46, 1951, Nr. 12, S. 265–270.
[24] Leonhardt und Baur 1950/1951 (wie Anm. 17).
[25] Ebd.
[26] Leonhardt, Stöhr und Gass 1951 (wie Anm. 23).
[27] Emil Mörsch, *Brücken aus Stahlbeton und Spannbeton – Entwurf und Konstruktion*, Stuttgart 1958.
[28] Fritz Leonhard, »Leoba-Spannglieder und ihre Anwendung im Hoch- und Brückenbau«, *Beton-und Stahlbetonbau*, 48, 1953, Nr. 2, S. 25–33.
[29] Fritz Leonhardt, »Verschiedene Spannbeton-brücken in Süddeutschland«, *Bauingenieur*, 28, 1953, Nr. 9, S. 316–323; Leonhardt 1984 (wie Anm. 1), S. 162.
[30] Schreiben Fritz Leonhardts vom 20. Juli 1964 an den Deutschen Beton-Verein e. V. anläßlich des

Buches *Vom Caementum zum Spannbeton*, im Besitz des Autors.

[31] Leonhardt 1955 (wie Anm. 17).

[32] Eberhard Pelke, »The Development of the Prestressed Concrete Bridge in Germany after World War II«, in: Malcolm Dunkeld et al. (Hrsg.), *Proceedings of the Second International Congress on Construction History*, Cambridge 2006, Vol. 3, p. 2469–2492.

[33] Eberhard Pelke, »Entwicklung der Spannbetonbrücken in Deutschland – der Beginn«, *Bauingenieur*, 82, 2007, Nr. 6, S. 262–269; ders., »Entwicklung der Spannbetonbrücken in Deutschland – früher Erfolg und weitere Perioden«, *Bauingenieur*, 82, 2007, Nr. 7, S. 318–325.

Alfred Pauser
Die Netzwerke Fritz Leonhardts in Österreich

[1] Maximilian Ellinger, »Die neue Schwedenbrücke über den Donaukanal in Wien«, *Zeitschrift des österreichischen Ingenieur- und Architekten-Vereines*, 101, 1956, Nr. 4; Stadtbauamt Wien, »Die neue Schwedenbrücke«, *Der Aufbau. Monatsschrift für den Wiederaufbau*, 11, 1956, Nr. 26.

[2] Fritz Leonhardt und Willi Baur, *Vorspannung mit konzentrierten Spanngliedern*, Berlin 1956.

[3] Josef Aichhorn, »Die Traunbrücke bei Traun im Zuge des Autobahn-Zubringers Linz«, *Österreichische Ingenieur-Zeitschrift*, 4, 1961, Nr. 11.

[4] Ebd.

[5] Landesbaudirektion Linz, »Autobahnbrücke über die Ager S96. Technischer Bericht.«

[6] Fritz Leonhardt und Willi Baur, »Die Agerbrücke, eine aus Großfertigteilen zusammengesetzte Spannbetonbrücke«, *Die Bautechnik*, 40, 1963, Nr. 7.

[7] Ebd.; weiterhin Fritz Bauer, *Spannbetonbauten. Konstruktion und Herstellung*, Wien, New York 1971.

[8] Bauer 1971 (wie Anm. 7); Bernhard Göhler, »Der Anteil von Fritz Leonhardt an der raschen Entwicklung des Betonbrückenbaus«, *Der Stahlbau*, 68, 1999, Nr. 7.

Holger Svensson, Hans-Peter Andrä, Wolfgang Eilzer, Thomas Wickbold
70 Jahre Ingenieurbüro Leonhardt, Andrä und Partner

[1] Fritz Leonhardt, *Baumeister in einer umwälzenden Zeit. Erinnerungen*, Stuttgart 1984; »Fritz Leonhardt zum 90. Geburtstag«, *Der Stahlbau*, 68, 1999, Nr. 7; Wilhelm Zellner, *Ein Leben als Bauingenieur in der Gesellschaft*, Stuttgart 2002.

[2] Fritz Leonhardt, *Spannbeton für die Praxis*, Berlin 1955.

[3] Fritz Leonhardt und Eduard Mönnig, *Vorlesungen über Massivbau. Teil 1–6*, Berlin u. a. 1973 bis 1979.

[4] Fritz Leonhardt, *Brücken/Bridges. Ästhetik und Gestaltung*, Stuttgart 1982.

[5] Erwin Heinle und Fritz Leonhardt, *Türme aller Zeiten – aller Kulturen*, Stuttgart 1988.

[6] Hans-Peter Andrä, »Wolfhart Andrä«, in: Klaus Stiglat (Hrsg.), *Bauingenieure und ihr Werk*. Berlin 2004, S. 38–50.

[7] Gerhard Seifried, »Willi Baur«, in: ebd., S. 62–69.

[8] Kuno Boll, »Kuno Boll«, in: ebd., S. 80–88.

[9] Volker Hahn, »Jörg Schlaich«, ebd., S. 369–377.

[10] Reiner Saul, »Reiner Saul«, in: ebd., S. 345–357.

[11] Holger Svensson, »Holger Svensson«, in: ebd., S. 404–415.

[12] Fritz Leonhardt, Wolfhart Andrä und Louis Wintergerst, »Entwurfsbearbeitung und Versuche«, in: Friedrich Tamms und Erwin Beyer, *Kniebrücke Düsseldorf. Ein neuer Weg über den Rhein*, Düsseldorf 1969.

[13] Erwin Beyer u. a., »Die Oberkasseler Rheinbrücke und der geplante Querverschub«, in: Erwin Beyer und Karl Lange (Hrsg.), *Verkehrsbauten. Brücken, Hochstraßen, Tunnel. Entwicklungstendenzen aus Düsseldorf*, Düsseldorf 1974, S. 153 bis 219.

[14] Fritz Leonhardt und Wolfhart Andrä, »Fußgängersteg über die Schillerstraße in Stuttgart«, *Die Bautechnik*, 39, 1962, Nr. 4, S. 110–116.

[15] Guido Morgenthal und Reiner Saul, »Die Geh- und Radwegbrücke Kehl–Strasbourg«, *Der Stahlbau*, 74, 2005, Nr. 2, S. 121–125.

[16] Reiner Saul, Siegfried Hopf, Ulrich Weyer und Christof Dieckmann, »Die Rheinquerung A 44. Konstruktion und statische Berechnung der Strombrücke (Ilverich)«, *Der Stahlbau*, 71, 2002, Nr. 6, S. 393–401.

[17] Christian Anistoroaiei, Wolfgang Eilzer, Rolf Jung, Martin Romberg, Erik Sagner und Peter Walser, »Rheinbrücke Wesel. Konstruktion und statische Berechnung«, *Der Stahlbau*, 77, 2008, Nr. 7, S. 473–488.

[18] Wolfgang Eilzer, Falk Richter, Torsten Wille, Ulrich Heymel und Christian Anistoroaiei, »Die Elbebrücke Niederwartha. Die erste Schrägseilbrücke in Sachsen«, *Der Stahlbau*, 75, 2006, Nr. 2, S. 93–104.

[19] Fritz Leonhardt, Wilhelm Zellner und Reiner Saul, »Zwei Schrägkabelbrücken für Eisenbahn- und Straßenverkehr über den Rio Paraná, Argentinien«, *Der Stahlbau*, 48, 1979, Nr. 8 und 9, S. 225–236 und 272–277.

[20] Fritz Leonhardt, Wilhelm Zellner und Holger Svensson, »Die Spannbeton-Schrägkabelbrücke über den Columbia zwischen Pasco und Kennewick, State of Washington, USA«, *Beton- und Stahlbetonbau*, 75, 1980, Nr. 2, S. 22–36, Nr. 3, S. 64–70 und Nr. 4, S. 90–94.

[21] Holger Svensson und Siegfried Hopf, »Die Spannbeton-Schrägkabelbrücke Helgeland«, *Beton- und Stahlbetonbau*, 88, 1993, Nr. 9, S. 247–250.

[22] Reiner Saul u. a., »Die zweite Brücke über den Panamakanal. Eine Schrägkabelbrücke mit 420 m Mittelöffnung und Rekordbauzeit«, *Beton- und Stahlbetonbau*, 100, 2005, Nr. 3, S. 225–235.

[23] Jörg Schlaich und Rudolf Bergermann, »Die zweite Hooghly Brücke«, *Bauingenieur*, 71, 1969, Nr. 1, S. 7–14.

[24] Holger Svensson, Siegfried Hopf und Karl Humpf, »Die Zwillings-Verbundschrägkabelbrücke über den Houston Ship Channel bei Baytown, Texas«, *Der Stahlbau*, 66, 1997, Nr. 10, S. 57–63.

[25] Reiner Saul und Siegfried Hopf, »Die Kap-Shui-Mun-Brücke in Hong Kong«, *Beton- und Stahlbetonbau*, 92, 1997, Nr. 10, S. 261–265 und Nr. 11, S. 308–312.

[26] Reiner Saul, Karl Humpf und Mauricio Lustgarten, »Die Orinoco-Brücke in Ciudad Guayana / Venezuela«, *Der Stahlbau*, 75, 2006, Nr. 2, S. 82–92.

[27] Leonhardt 1984 (wie Anm. 1); Hans-Peter Andrä, »Beispiele aus den Arbeiten von Fritz Leonhardt im Hoch- und Industriebau«, *Der Stahlbau*, 68, 1999, Nr. 7, S. 494–506.

[28] Leonhardt 1984 (wie Anm. 1).

[29] Fritz Leonhardt, *Künftige Wohnbauweisen. Beitrag eines Ingenieurs* (Aufbau-Sonderhefte, 1), Stuttgart 1947.

Joachim Kleinmanns
Der Stuttgarter Fernsehturm. Ein Prototyp

[1] Jörg Hucklenbroich, »Eine Vision für die Television. Geschichte und Architektur des Stuttgarter Fernsehturms«, in: Fernsehturm-Betriebs-GmbH (Hrsg.), *Vom Wagnis zum Wahrzeichen. 50 Jahre Fernsehturm Stuttgart 1956–2006*, o. O. 2006, S. 26; Lieselotte Klett, *Die Entstehungsgeschichte des Stuttgarter Fernsehturms. Idee und Konstruktion Dr.-Ing. Fritz Leonhardt (1909–1999)*, Magisterarbeit am Historischen Institut der Universität Stuttgart, Abteilung für Geschichte der Naturwissenschaften und Technik, 2003, S. 23.

[2] saai Karlsruhe, Bestand Fritz Leonhardt, Stuttgarter Sendemast M = 1 : 500, abgespannt. Bearbeitet: Ing. Büro Dr.-Ing. F. Leonhardt Berat. Ing., Stuttgart, den 21. Mai 1953, Z. Nr. 408/2.

[3] Schreiben Fritz Leonhardts an Dr. Jörg Hucklenbroich, Zentralarchiv des SDR, 14.11.1985. saai, Bestand Fritz Leonhardt, Fernsehturm Stuttgart/Schriftwechsel.

[4] SWR Stuttgart, Historisches Archiv, Zeichnung vom 08. Juni 1953.

[5] Edgar Lersch, »Gewagt und gewonnen. Planung und Finanzierung einer Pioniertat«, in: Fernsehturm-Betriebs-GmbH (Hrsg.), *Vom Wagnis zum Wahrzeichen. 50 Jahre Fernsehturm Stuttgart 1956–2006*, o. O. 2006.

[6] Wie Anm. 4.

[7] SWR Stuttgart, Historisches Archiv, Ordner 52/371, Ingenieurvertrag §§ 1 und 12.

[8] Hucklenbroich 2006 (wie Anm. 1), S. 31.

[9] saai Karlsruhe, Bestand Herta-Maria Witzemann: Fernsehturm Stuttgart.

[10] Karl Deininger, *Die Entwicklung des Eisenbeton-Schornsteins in Theorie und Praxis*, Stuttgart 1932.

[11] Jörg Schlaich, »Warum kann der Turm nicht umfallen? Effizient, schön und jetzt fünfzig Jahre alt: der Stuttgarter Fernsehturm, mit dem der Bauingenieur Fritz Leonhardt Maßstäbe gesetzt hat«, *Stuttgarter Zeitung. Wochenendbeilage*, 28.01.2006.

[12] Fritz Leonhardt, »Zum Stand der Kunst, Stahlbetontürme zu bauen«, *Beton. Herstellung, Verwendung*, 17, 1967, Nr. 3, S. 73–86, hier S. 83.

[13] saai, Bestand Otto Ernst Schweizer, Projekt-Nr. 92.

[14] Schlaich 2006 (wie Anm. 11).

[15] Leonhardt 1967 (wie Anm. 12), S. 83.

[16] Vgl. Fritz Leonhardt, »Der neuartige Fernsehturm in Stuttgart«, *Die Bauzeitung*, 60, 1955, Nr. 5, S. 213–216; Fritz Leonhardt, »Der Stuttgarter Fernsehturm«, *Beton- und Stahlbetonbau*, 51, 1956, Nr. 4, S. 73–85, und Nr. 5, S. 104–111.

[17] Leonhardt 1956 (wie Anm. 16).

[18] Ebd.

[19] Leonhardt 1967 (wie Anm. 12), S. 86.

[20] So etwa *Schwäbisches Tagblatt*, 5.12.1953, und *Süddeutsche Zeitung*, 5.5.1954 und 8.5.1954.

21 Hucklenbroich 2006 (wie Anm. 1).

22 Leonhardt 1956 (wie Anm. 16).

23 Jörg Schlaich und Fritz Leonhardt, »Zur konstruktiven Entwicklung der Fernmeldetürme in der Bundesrepublik Deutschland«, *Jahrbuch des elektrischen Fernmeldewesens*, 25, 1974, S. 65–105.

24 Jörg Schlaich und Fritz Leonhardt, »Flache Kegelschalen für Antennen-Plattformen«, *Beton- und Stahlbetonbau*, 62, 1967, S. 129–132. Später gibt Leonhardt in seinen *Erinnerungen* an, er selbst habe diese Kegelschalen erfunden (Fritz Leonhardt, *Baumeister in einer umwälzenden Zeit. Erinnerungen*, Stuttgart 1984, S. 200).

Dirk Bühler
Drahtseilakte. Fritz Leonhardts seilverspannte Brücken

1 Fritz Leonhardt, *Baumeister in einer umwälzenden Zeit. Erinnerungen*, Stuttgart 1984.

2 Paul Bonatz, Karl Schaechterle und Friedrich Tamms, *Gestaltungsaufgaben beim Brückenbau der Reichsautobahn*, Berlin 1936.

3 Karl Schaechterle und Fritz Leonhardt, *Die Gestaltung der Brücken*, Berlin 1937.

4 Fritz Leonhardt, *Der Bauingenieur und seine Aufgaben*, Stuttgart 1981 (2. erw. Ausgabe des 1974 erschienen Buches *Ingenieurbau*); Fritz Leonhardt, »Neuere Geschichte der Hänge- und Schrägkabelbrücken«, in: Eberhard Schunck (Hrsg.), *Beiträge zur Geschichte des Bauingenieurwesens. Heft 3: Vorlesungen 1990–1991 Universität Stuttgart*, o. O. 1991; Reiner Saul, »Fritz Leonhardt als Stahlbrücken-Ingenieur«, *Der Stahlbau*, 68, 1999, Nr. 7, S. 486–493.

5 Fritz Leonhardt, *Brücken/Bridges. Ästhetik und Gestaltung*, Stuttgart 1984; Leonhardt 1984 (wie Anm. 1); Leonhardt 1991 (wie Anm. 4).

6 Fritz Leonhardt, »Zur Entwicklung aerodynamisch stabiler Hängebrücken«, *Die Bautechnik*, 45, 1968, Nr. 10, S. 325–336 und Nr. 11, S. 372–380; Antoine Picon, *L'art de l'ingénieur. Constructeur, entrepreneur, inventeur*, Paris 1997, S. 263.

7 Leonhardt 1991 (wie Anm. 4).

8 Leonhardt 1968 (wie Anm. 6).

9 Fritz Leonhardt, »Die neue Moselbrücke Wehlen«, *Bauingenieur*, 25, 1950, Nr. 11, S. 421–426 und Nr. 12, S. 440–445.

10 Ph. Hambach, K. Wittenkämper und G. Albrecht, »Hängebrücke Wehlen«, *Bauingenieur*, 69, 1994, Nr. 7/8, S. 279–285.

11 saai Karlsruhe, Bestand Fritz Leonhardt, Ordner 24: Handschriftliche Anmerkung im Sonderdruck zur Ertüchtigung der Moselbrücke Wehlen aus *Bauingenieur*, 69, 1994, Nr. 7/8, S. 279–285.

12 Leonhardt 1984 (wie Anm. 1).

13 Friedrich Tamms und Erwin Beyer, *Kniebrücke Düsseldorf. Ein neuer Weg über den Rhein*, Düsseldorf 1969.

14 Wilhelm Zellner, *Ein Leben als Bauingenieur in der Gesellschaft*, Stuttgart 2002.

Ursula Baus
Fritz Leonhardt. Fußgängerbrücken

1 Fritz Leonhardt, *Ingenieurbau. Bauingenieure gestalten die Umwelt*, Darmstadt 1974, S. 189.

2 Fritz Leonhardt, *Brücken/Bridges. Ästhetik und Gestaltung*, München 1994⁴, S. 9.

3 Klaus Stiglat, »Gespräch am 11.7.1994 mit Fritz Leonhardt aus Anlaß seines 85. Geburtstages«, in: Klaus Stiglat, *Bauingenieure und ihr Werk*, Berlin 2004, S. 232–238, hier S. 234.

4 Leonhardt 1974 (wie Anm. 1), S. 190.

5 Wilhelm Zellner im Gespräch mit der Autorin.

6 Leonhardt 1994 (wie Anm. 2), S. 96.

7 Stiglat 2004 (wie Anm. 3), S. 235.

8 Leonhardt 1994 (wie Anm. 2), S. 100.

Elisabeth Spieker
Die Planung des Olympiadachs in München. Fritz Leonhardts Mitwirkung und Impulse

1 saai, Bestand Günter Behnisch & Partner, Preisgerichtsbeurteilung zu den Olympiaanlagen, 13.10.1967.

2 Olympiapark München GmbH (OMG), Brief Günter Behnischs an die Olympiabaugesellschaft (OBG), 26.10.1967.

3 saai Karlsruhe, Bestand Egon Eiermann, Gutachten David Jawerths, 11.11.1967.

4 saai Karlsruhe, Bestand Günter Behnisch & Partner, Brief Fritz Leonhardts an Behnisch & Partner, 30.11.1967.

5 OMG, Stellungnahme von Leonhardt, Rüsch und Burkhardt, 14.12.1967.

6 saai Karlsruhe, Bestand Fritz Leonhardt, Brief Fritz Leonhardts an Paulhans Peters, 12.1.1968, veröffentlicht in *Baumeister*, 65, 1968, Nr. 2, S. 104–105.

7 OMG, Ergebnisprotokoll der 3. Sitzung des Aufsichtsrats der OBG, 1.3.1968.

8 OMG, Niederschrift der 4. Sitzung des Aufsichtsrats der OBG, 21.6.1968.

9 Institut für angewandte Geodäsie im Bauwesen, Universität Stuttgart.

10 Institut für Statik und Dynamik der Luft- und Raumfahrtkonstruktionen, Universität Stuttgart.

11 OMG, Brief Frei Ottos an Carl Mertz, 1.6.1970.

12 Frei Otto, *Anpassungsfähig bauen* (*Mitteilungen des Instituts für Leichte Flächentragwerke IL*, 14, Universität Stuttgart, Stuttgart 1975, S. 16.

13 High Amplitude Anchorage.

14 Fritz Leonhardt und Jörg Schlaich, *Vorgespannte Seilnetzkonstruktionen. Das Olympiadach in München* (*SFB 64, Mitteilungen*, 19), Stuttgart 1973.

15 saai Karlsruhe, Bestand Fritz Leonhardt, Manuskript, veröffentlicht u. a. in *Der Stahlbau*, 41, 1972, Nr. 9, S. 257.

Theresia Gürtler Berger
Fritz Leonhardts Erbe. Zum Umgang mit seinen Bauten

1 Daten und Fakten, Büro Leonhardt, Andrä und Partner, www.lap-consult.com/histodaten.html, 19.8.08.

2 Fritz Leonhardt, *Baumeister in einer umwälzenden Zeit. Erinnerungen*, Stuttgart 1984, S. 86–87.

3 Ebd., S. 86–87.

4 Ebd., S. 87–88.

5 Ebd., S. 88.

6 Vgl. Jürgen Müllenberg (Stadt Köln – Amt für Presse- und Öffentlichkeitsarbeit), »Zoobrücke und Deutzer Brücke werden grundlegend saniert. Verwaltung stellt im Ausschuß Sanierungskonzept

für die zwei Bauwerke vor«,http://www.stadt-koeln.de/presse/mitteilungen/artikel/2008/05/072717index.htlm, 1.9.2008. Auch die Severinsbrücke (1956–1959), von Fritz Leonhardt und Gerd Lohmer konzipiert, muß nach dem Umbau 1979/1980 gemäß der Pressemitteilung saniert werden.

7 http://de.wikipedia.org/wiki/Rodenkirchener_Autobahnbrücke, 12.7.08

8 Leonhardt 1984 (wie Anm. 2), S. 136.

9 Ebd., S. 136.

10 http://de.wikipedia.org/wiki/Deutzer_Brücke, 12.7.08.

11 Leonhardt 1984 (wie Anm. 2), S. 59–60.

12 Ebd., S. 60.

13 Nach Alfred Grupp, »Stuttgarts Wahrzeichen – lieb und teuer. Bemerkungen zu 50 Jahren Fernsehturm«, Fernsehturm-Betriebs-GmbH (Hrsg.), *Vom Wagnis zum Wahrzeichen. 50 Jahre Fernsehturm Stuttgart 1956–2006*, Stuttgart 2006, S. 13 bis 14.

14 Eduard Blaha laut Michael Deufel, »Erinnerung an einen eigenwilligen Besucher. Fritz Leonhardt ist im Fernsehturm stets präsent«, *Stuttgarter Nachrichten*, 7.1.2000, zit. nach: http://home.bawue.de/~wmwerner/stz/2000/stn2000107-1.html, 12.7.2008.

15 Blaha 2000 (wie Anm. 14).

16 Jochen Schindel und Martin Lutz, »Fassadenerneuerung am Fernsehturm Stuttgart«, *Baumarkt + Bauwirtschaft*, 105, 2006, Nr. 10, S. 74–77.

17 Leonhardt 1984 (wie Anm. 2), S. 195.

18 Schindel und Lutz 2006 (wie Anm. 16), S. 74.

19 Ebd., S. 76.

20 Ebd., S. 77.

21 Ebd., S. 77.

22 Ebd., S. 77.

23 Ebd., S. 77.

24 Aus: www.geolinde.musin.de/stadt/englischer-garten/Denkmalschutz.htm, 31.8.08.

25 Vgl. www.baufachinformation.de/artikel.jsp?v=1440; *Baufachinformation des Fraunhofer Informationszentrums Raum und Bau IRB*, 31.8.2008.

26 Vgl. Jörg Schlaich und Matthias Schüller, *Ingenieurbauführer Baden-Württemberg*, hrsg. von der Ingenieurkammer Baden-Württemberg, Berlin 1999, S. 12.

27 http://de.wikipedia.org/wiki/Düsseldorf.

28 Schlaich und Schüller 1999 (wie Anm. 26), S. 12.

29 Ebd.

30 Ebd., S. 267.

31 Fritz Wenzel im telefonischen Gespräch am 10.9.2008.

32 Ebd.

33 Michael Isenberg, Nikolai B. Forstbauer, »Baumeister in einer umwälzenden Zeit«, *Stuttgarter Nachrichten*, 5.1.2000, in: http://home.bawue.de/~wmwerner/stz/2000/stn2000105-1.htlm, 19.08.2008.

Norbert Becker
Fritz Leonhardt als Professor und Rektor der Universität Stuttgart

1 Fritz Leonhardt, *Baumeister in einer umwälzenden Zeit. Erinnerungen*, Stuttgart 1984, 1998², S. 236.

2 Universitätsarchiv (UA) Stuttgart, Z 603.

[3] Schreiben Fritz Leonhardts an Wilhelm Tiedje v. 21.12.1956, in: UA Stuttgart 17/51/2. Zum Ablauf der Berufung UA Stuttgart 17/51/2 (Akte Institut für Massivbau) sowie 21/35b (Protokolle der Fakultät für Bauwesen).

[4] Leonhardt 1998 (wie Anm. 1), S. 237.

[5] Ebd.

[6] Ebd.; UA Stuttgart Z603.

[7] Leonhardt 1998 (wie Anm. 1), S. 238.

[8] »Statistik der Studierenden 1945 bis 2004«, Norbert Becker und Franz Quarthal (Hrsg.), *Die Universität Stuttgart nach 1945. Geschichte, Entwicklungen, Persönlichkeiten*, Ostfildern 2004, S. 360 bis 361; Zahl der Professoren, wissenschaftlichen Mitarbeiter und Assistenten 1958 nach dem Personal- und Vorlesungsverzeichnis der TH Stuttgart für das Wintersemester 1958/1959 und 1969 nach Angaben Leonhardts in einem Schreiben »An die Herren ordentl. und außerordentl. Professoren der Universität Stuttgart« v. 27.3.1969, S. 2, in: UA Stuttgart 71/14.

[9] Zur Entwicklung der TH/Universität Stuttgart in diesem Zeitraum s. August Nitschke, »Aus einer Technischen Hochschule wird eine Universität – 30.6.1965«, Becker/Quarthal 2004 (wie Anm. 8), S. 49–59.

[10] UA Stuttgart Z603; Hauptstaatsarchiv Stuttgart (HStASt), EA3/150, Nr. 104.

[11] UA Stuttgart 71/27.

[12] Leonhardt 1998 (wie Anm. 1), S. 267.

[13] Ebd., S. 251.

[14] Thomas P. Becker und Ute Schröder (Hrsg.), *Die Studentenproteste der 60er Jahre. Archivführer, Chronik, Bibliographie*. Köln, Weimar, Wien 2000, S. 144, 149.

[15] Z. B. UA Stuttgart 71/56.

[16] Heinz Blenke und Kurt Bohner (Hrsg.), *30 Jahre Lehrstuhl und Institut Chemische Verfahrenstechnik (Mitteilungen aus dem Institut für Chemische Verfahrenstechnik Universität Stuttgart)*, Stuttgart 1993, S. 279 f.

[17] Kurt Bohner, »›Der Tod im Schlaufenreaktor‹ – Heinz Blenke«, in: Becker und Quarthal 2004 (wie Anm. 8), S. 273–278.

[18] Blenke und Bohner 1993 (wie Anm. 16), S. 280.

[19] Fritz Leonhardt, *Anregungen zur Bildungspolitik. Vortrag zur Rektoratsübergabe am 5. Mai 1967 an der Technischen Hochschule Stuttgart*, o. O. [Stuttgart] o. J. [1967], S. 13, 17 f., 23.

[20] Helmut Maier, »Dreistoffsysteme, Zinkzünder und Reaktormetalle – Werner Köster«, in: Becker und Quarthal 2004 (wie Anm. 8), S. 178–181, hier S. 180.

[21] Fritz Leonhardt, *Rechte, Pflichten, Freiheiten und Verantwortung des Studenten. Ansprache des Rektors Professor Dr. F. Leonhardt anlässlich der Immatrikulationsfeier der Universität Stuttgart am 7. November 1967*, o. O. [Stuttgart] o. J. [1967], S. 6.

[22] Leonhardts hochschulpolitische Reden und Publikationen: *Anregungen*, 1967 (wie Anm. 19); [»Rede vor der Vereinigung der Freunde der Technischen Hochschule Stuttgart am 12. 5. 1967«], *Vereinigung von Freunden der Technischen Hochschule Stuttgart. Jahresbericht 1966*, [Stuttgart 1967], S. 16–21; *Rechte*, 1967 (wie Anm. 21), S. 3–17; [»Rede vor der Vereinigung der Freunde der Technischen Hochschule Stuttgart am 17. 5. 1968«], *Vereinigung von Freunden der Technischen Hochschule Stuttgart. Jahresbericht 1967*, (Stuttgart 1968), S. 10–16; »Ist die akademische

Freiheit noch ein Ideal?« »Vortrag des Rektors der Universität Stuttgart, Prof. Dr. Fritz Leonhardt, Vortragsreihe des Süddeutschen Rundfunks, Heidelberger Studio ›Bildung – wozu?‹ am 23. 11. 1967« (15 S., Stuttgart 1967); »aus dem Vortrag des Rektors der Universität Stuttgart, Prof. Dr. Fritz Leonhardt, gehalten am 17. Mai 1968 anläßlich der Jahresversammlung der Vereinigung von Freunden der Universität« (TH) Stuttgart [15 S., Stuttgart 1968]; *Studentenunruhen. Ursachen – Reformen. Ein Plädoyer für die Jugend* [164 S. Stuttgart Juli 1968]; »Not und Hoffnung der Universität. Abgangsrede des Rektors der Universität Stuttgart, Professor Dr.-Ing. Fritz Leonhardt anläßlich der Rektoratsübergabe am 25. April 1969« [33 S., Stuttgart 1969], auch in *Universität Stuttgart. Reden und Aufsätze,* 35, Stuttgart 1970, S. 5–37 [Diskussionsbeitrag am 16. 7. 1969] und *Vereinigung von Freunden der Technischen Hochschule Stuttgart. Jahresbericht 1968* [Stuttgart 1969], S. 26 bis 28; »Rückblick – Mut für die Zukunft. Vortrag beim Hochschulabend der Universität Stuttgart am 12. Juli 1979« [24 S., Stuttgart 1979].

[23] Brief Leonhardts an den Stuttgarter AStA-Vorsitzenden v. 23. 4. 1969 in UA Stuttgart 71/56; zehn Jahre später: »Unser Leben hängt von Leistung ab. Nahrung, Kleidung, Wohnung und alle Wohlstandsgenüsse erfordern zuerst Leistung …«, Leonhardt 1979 (wie Anm. 22), S. 22.

[24] Leonhardt, *Rechte*, 1967 (wie Anm. 21), S. 15 f.

[25] Siehe z. B. die Korrespondenz in: UA Stuttgart 71/56.

[26] Schreiben Leonhardts an Ministerialdirigent Schlau, Kultusministerium Baden-Württemberg, v. 31.7.1969, in: UA Stuttgart 71/56.

[27] Brief C. M. Dolezaleks an Leonhardt v. 22.4. 1969, in: UA Stuttgart 71/56.

[28] Brief Leonhardts »An die Herren ordentl. und außerordentl. Professoren der Universität Stuttgart« v. 27. 3. 1969, S. 3 f., UA Stuttgart 71/14. Auch August Nitschke, »Die Grundordnung entsteht beim Streit der Professoren – 1968/69«, Becker und Quarthal 2004 (wie Anm. 8), S. 60 bis 69.

[29] Brief Leonhardts »An die Herren ordentl. und außerordentl. Professoren der Universität Stuttgart« v. 27. 3. 1969, S. 9, in: UA Stuttgart 71/14.

[30] Ebd., S. 4.

[31] Z. B. Blenke und Bohner 1993 (wie Anm. 16), S. 279 f.; Heinz Blenke, »Bericht des Rektors zur Lage der Universität im politischen Bereich. Vorgetragen im Großen Senat am 2. Dezember 1970«, *Universitätsnachrichten. Mitteilungen der Universität Stuttgart, 1 (Dez. 1970)*, S. 2–4. Vgl. auch Nitschke 2004 (wie Anm. 9), S. 60–69, hier S. 63–66.

[32] Fritz Leonhardt in einem Dankschreiben v. 15. Juli 1979 zu Glückwünschen anläßlich seines 70. Geburtstags an den Rektor der Universität Stuttgart, Karl-Heinz Hunken, in: UA Stuttgart Z603.

Jörg Peter

Meine Zeit mit Fritz Leonhardt. Begegnungen und Erlebnisse

[1] Fritz Leonhardt, *Baumeister in einer umwälzenden Zeit. Erinnerungen*, Stuttgart 1984, 1998[2].

[2] Ebd., S. 237.

[3] Fritz Leonhardt und Eduard Mönnig, *Vorlesungen über Massivbau. Teil 1–6*, Berlin u.a. 1973 bis 1979.

[4] Fritz Leonhardt, »Über die Kunst des Bewehrens von Stahlbetontragwerken«, *Beton- und Stahlbetonbau*, 60, 1965, Nr. 8 und 9.

[5] Fritz Leonhardt, *Spannbeton für die Praxis*, Berlin 1955, 2., vollst. neu bearb. Aufl. Berlin 1962, 3. Aufl. Berlin 1973, Reprint der Erstauflage Berlin 2001.

Hans-Wolf Reinhardt

Fritz Leonhardts Kontakte zur Materialprüfungsanstalt in Stuttgart

[1] Fritz Leonhardt, *Baumeister in einer umwälzenden Zeit. Erinnerungen*, Stuttgart 1984.

[2] Ebd.

[3] Fritz Leonhardt und René Walther, »Stuttgarter Schubversuche 1961«, *Beton- und Stahlbetonbau*, 56, 1961, Nr. 12, und 57, 1962, Nr. 2, 3, 6, 7 und 8; Fritz Leonhardt, René Walther und Walter Dilger, »Stuttgarter Schubversuche 1962–1964«, *Beton- und Stahlbetonbau*, 58, 1963, Nrr. 8 und 9, 59, 1964, Nr. 4 und 5, und 60, 1965, Nr. 5.

[4] Leonhardt und Walther 1961–1962 (wie Anm. 3).

[5] Leonhardt, Walther und Dilger 1963–1965 (wie Anm. 3).

[6] Ferdinand S. Rostásy, K. Roeder und Fritz Leonhardt, *Schubversuche an Balken mit veränderlicher Trägerhöhe (Deutscher Ausschuß für Stahlbeton, Heft 273)*, Berlin 1977; Fritz Leonhardt, Ferdinand S. Rostásy, J. G. MacGregor und Manfred Patzak, *Schubversuche an Balken und Platten mit gleichzeitigem Längszug (Deutscher Ausschuß für Stahlbeton, Heft 275)*, Berlin 1977.

[7] Fritz Leonhardt und René Walther, »Torsions- und Schubversuche an vorgespannten Hohlkastenträgern 1963/1964«, *Beton- und Monierbau Aktien-Gesellschaft 1889–1964. Festschrift zum 75jährigen Geschäftsjubiläum*, Düsseldorf 1956.

[8] Fritz Leonhardt und Günter Schelling, *Torsionsversuche an Stahlbetonbalken (Deutscher Ausschuß für Stahlbeton, Heft 239)*, Berlin 1974.

[9] Fritz Leonhardt und René Walther, *Wandartige Träger (Deutscher Ausschuß für Stahlbeton, Heft 178)*, Berlin 1966.

[10] Horst Falkner, *Zur Frage der Rißbildung durch Eigen- und Zwängsspannungen infolge Temperatur in Stahlbetonbauteilen (Deutscher Ausschuß für Stahlbeton, Heft 208)*, Berlin 1969.

[11] Ferdinand S. Rostásy, Rainer Koch und Fritz Leonhardt, *Zur Mindestbewehrung für Zwang von Außenwänden aus Stahlleichtbeton (Deutscher Ausschuß für Stahlbeton, Heft 267, Berlin 1976.

[12] Fritz Leonhardt, René Walther und Hannes Dieterle, *Versuche zur Ermittlung der Tragfähigkeit von Zugschlaufenstößen (Deutscher Ausschuß für Stahlbeton, Heft 226)*, Berlin 1973.

[13] Fritz Leonhardt und Karl-Theodor Teichen, *Druck-Stöße von Bewehrungsstäben und Stahlbetonstützen mit hochfestem Stahl St90 (Deutscher Ausschuß für Stahlbeton, Heft 222)*, Berlin 1972.

[14] Fritz Leonhardt und Horst Reimann, *Betongelenke. Versuchsbericht, Vorschläge zur Bemessung und konstruktiven Ausbildung (Deutscher Ausschuß für Stahlbeton, Heft 175)*, Berlin 1965.

Allgemeines Literaturverzeichnis

Aichhorn, Josef, »Die Traunbrücke bei Traun im Zuge des Autobahn-Zubringers Linz«, *Österreichische Ingenieur-Zeitschrift*, 4, 1961, Nr. 11, S. 386 bis 390.

Andrä, Hans-Peter, »Beispiele aus den Arbeiten von Fritz Leonhardt im Hoch- und Industriebau«, *Der Stahlbau*, 68, 1999, Nr. 7, S. 494–506.

Aßmann, Martin, »Der Ingenieur muss das Sagen haben. Zum Tod von Fritz Leonhardt«, *Beratende Ingenieure*, 29, 2000, Nr. 2, S. 12.

Baur, Willi, »Neues über Leoba-Spannglieder«, *Die Bauwirtschaft*, 15, 1961, Nr. 6, S. 140–141.

Baus, Ursula, und Mike Schlaich, *Fußgängerbrücken*, Basel 2008.

Becker, Norbert (Hrsg.), *Die Universität Stuttgart nach 1945. Geschichte, Entwicklungen, Persönlichkeiten*, Stuttgart 2004.

Beyer, Erwin (Hrsg.), *Brücken für Düsseldorf 1961 bis 1962*, Düsseldorf 1963.

Beyer, Erwin, und Karl Lange (Hrsg.), *Verkehrsbauten. Brücken, Hochstraßen, Tunnel. Entwicklungstendenzen aus Düsseldorf*, Düsseldorf 1974.

Bonatz, Paul, Karl Schaechterle und Friedrich Tamms, *Gestaltungsaufgaben beim Brückenbau der Reichsautobahn*, Berlin 1936.

Bonatz, Paul, »Die Hängebrücke der Reichsautobahn über den Rhein bei Köln«, *Die Straße*, 5, 1938, Nr. 3, S. 75–77.

Brinkmann, Günther (Hrsg.), *Selbstdarstellung des SFB 64*, Stuttgart 1981.

Bundesminister für Verkehr u. a. (Hrsg.), *Denkschrift zur Übergabe der wiederhergestellten Autobahnbrücke über den Rhein in Rodenkirchen bei Köln*, Bonn/Düsseldorf 1954.

Conradi, Peter, »Suche nach geistigen Brücken. Die Bundesarchitektenkammer zum Tode des Ingenieurs Fritz Leonhardt«, *Deutsches Architektenblatt*, 32, 2000, Nr. 2, S. 138.

Cozzi, Julia, *Fritz Leonhardt e la sua filosofia costruttiva: Ingegnere o architetto?*, Istituto Universitario di Architettura di Venezia, Dipartimento di Costruzione dell'Architettura 1996/1997.

Deininger, Karl, *Die Entwicklung des Eisenbeton-Schornsteins in Theorie und Praxis*, Stuttgart 1932.

Dornecker, Artur, Eberhard Völkel und Wilhelm Zellner, »Die Schrägkabelbrücke für Fußgänger über den Neckar in Mannheim«, *Beton- und Stahlbetonbau*, 72, 1977, Nr. 2, S. 29–35, Nr. 3, S. 59–64.

Durth, Werner, *Deutsche Architekten. Biographische Verflechtungen 1900–1970*, Stuttgart 1986.

Ellinger, Maximilian, »Die neue Schwedenbrücke über den Donaukanal in Wien«, *Zeitschrift des österreichischen Ingenieur- und Architekten-Vereines*, 101, 1956, Nr. 4, o. S.

Falkner, Horst, *Zur Frage der Rissbildung durch Eigen- und Zwängspannungen infolge Temperatur in Stahlbetonbauteilen* (*Deutscher Ausschuß für Stahlbeton*), Heft 208, Berlin 1969.

Göhler, Bernhard, »Der Anteil von Fritz Leonhardt an der raschen Entwicklung des Betonbrückenbaus«, *Der Stahlbau*, 68, 1999, Nr. 7, S. 507–510.

Graf, Otto, »Über Leichtfahrbahnen für stählerne Straßenbrücken«, *Der Stahlbau*, 10, 1937, Nr. 14, S. 110–112; Nr. 16, S. 123–127.

Graf, Otto, »Aus Untersuchungen mit Leichtfahrbahndecken zu Straßenbrücken«, *Berichte des Deutschen Ausschusses für Stahlbau,* hrsg. vom Deutschen Stahlbau-Verband, Nr. 9, Ausgabe B, Berlin 1938.

Grote, Jupp, und Bernard, Marrey, *Freyssinet. La précontrainte et l'Europe. Der Spannbeton und Europa. Prestressing and Europe*, Paris 2000.

Hahn, Volker, »Fritz Leonhardt. Laudatio von Volker Hahn«, *Baukultur*, 1995, Sondernr. 1/2, S. 114–116.

Hambach, Ph., K. Wittenkämper und Gert Albrecht, »Hängebrücke Wehlen«, *Bauingenieur*, 69, 1994, Nr. 7/8, S. 279–285.

Hammer, Lothar, »Persönliches. Der Brückenbauer. Zum Tode von Fritz Leonhardt«, *Der Architekt, 2000, Nr. 2, S. 7.*

Heinle, Erwin, und Jörg Schlaich*, Kuppeln aller Zeiten – aller Kulturen*, Stuttgart 1996.

Holgate, Alan, *The Art of Structural Engineering. The Work of Jörg Schlaich and his Team*, Stuttgart/London 1997.

Homberg, Hellmut, *Einflußflächen für Trägerroste*, Dahl 1949.

Hucklenbroich, Jörg »Eine Vision für die Television. Geschichte und Architektur des Stuttgarter Fernsehturms«, *Vom Wagnis zum Wahrzeichen. 50 Jahre Fernsehturm Stuttgart 1956–2006*, hrsg. von der Fernsehturm-Betriebs GmbH, Stuttgart 2006.

Keller, Giorgio, »Ponte pedonale strallato sul fiume Neckar a Mannheim. A cable-stayed pedestrian bridge over the Neckar river in Mannheim«, *L'industria Italiana del Cemento*, 52, 1982, Nr. 11, S. 817–826.

Klett, Emil, »Die Spannbetonbrücke der Bundesbahn über den Neckarkanal in Heilbronn«, *Beton- und Stahlbetonbau*, 46, 1951, Nr. 7, S. 145–150; Nr. 8, S. 180–184.

Kurrer, Karl-Eugen, *The History of the Theory of Structures. From Arch Analysis to Computational Mechanics,* Berlin 2008.

Lackner, Erna, »Fritz Leonhardt«, *FAZ-Magazin*, 1990, Nr. 540, S. 8, 10–14.

Lämmlein, Arthur, und Albrecht Bauer, »Spannbetonbrücke Emmendingen«, *Beton- und Stahlbetonbau*, 45, 1950, Nr. 9, S. 197–203.

Lämmlein, Arthur, und Ulrich Wichert, »Spannbetonbrücke Bleibach«, *Die Bautechnik*, 26, 1949, Nr. 10, S. 300–306.

Landesbaudirektion Linz (Hrsg.), *Autobahnbrücke über die Ager S 96. Technischer Bericht*, Linz o. J.

Landesbaudirektion Linz (Hrsg.), *Schlußbericht betreffend die Durchführung der Erd-, Beton-, Stahlbeton- und Nebenarbeiten zur Fertigstellung des Autobahnbauwerkes LZ 4, Traunbrücke*, Linz 1969.

Linkwitz, Klaus, »Arbeit auf Ehrenwort – Fritz Leonhardt und die Münchener Olympiadächer«, *Die Bautechnik*, 76, 1999, Nr. 7, S. 608–614.

Meyer, Ulf, »Fritz Leonhardt 1909–1999«, *Bauwelt*, 91, 2000, Nr. 3, S. 2.

Mörsch, Emil, *Brücken aus Stahlbeton und Spannbeton – Entwurf und Konstruktion*, Stuttgart 1958.

Müller, Paul, »Brücken der Reichsautobahn aus Spannbeton«, *Die Bautechnik*, 17, 1939, Nr. 10, S. 128–135.

Nerdinger, Winfried (Hrsg.), *Frei Otto. Das Gesamtwerk. Leicht bauen. Natürlich gestalten*, Ausstellungskatalog, Architekturmuseum der TU München 2005, Basel/ Boston/Berlin 2005.

Otto, Frei, »Anmerkungen zur Entwicklung weitgespannter Flächentragwerke mit lichtdurchlässiger Dachhaut«, *Plasticonstruction*, 2, 1972, Nr. 4, S. 161–166.

Pauser, Alfred: »Entwicklungsgeschichte des Massivbrückenbaues unter Berücksichtigung der Verhältnisse Österreichs«, *Die Bautechnik*, 64, 1987, Nr. 11, S. 395.

Pelke, Eberhard, »Entwicklung der Spannbetonbrücken in Deutschland – der Beginn«, *Bauingenieur*, 82, 2007, Nr. 6, S. 262–269.

Pelke, Eberhard, »Entwicklung der Spannbetonbrücken in Deutschland – früher Erfolg und weitere Perioden«, *Bauingenieur*, 82, 2007, Nr. 7, S. 318–325.

Pelke, Eberhard, »The Development of the Prestressed Concrete Bridge in Germany after World War II«, *Proceedings of the Second International Congress on Construction History*, hrsg. von Malcolm Dunkeld u. a., Cambridge 2006, Nr. 3, S. 2469–2492.

Peter, Jörg, »Fritz Leonhardt 1909–1999. Ein Baumeister«, *Deutsche Bauzeitung,* 134, 2000, Nr. 2, S. 16.

Picon, Antoine, *L'art de l'ingénieur. Constructeur, entrepreneur, inventeur*, Paris 1997.

Saul, Reiner, »Fritz Leonhardt als Stahlbrücken-Ingenieur«, *Der Stahlbau,* 68, 1999, Nr. 7, S. 486 bis 493.

Schaechterle, Karl, »Rationalisierung im Brückenbau – Stahleinsparung bei Reichsautobahnbrücken«, *Die Straße*, 7, 1940, Nr. 1, S. 62–63.

Schlaich, Jörg, und Rudolf Bergermann, »Die zweite Hooghly Brücke«, *Bauingenieur*, 71, 1969, Nr. 1, S. 7–14.

Schlaich, Jörg, und K. Schäfer »Konstruieren im Stahlbetonbau«, *Beton-Kalender*, 73, 1984, Teil II, S. 787–1005.

Schlaich, Jörg, und Hartwig Beiche, »Fußgängerbrücken für die Bundesgartenschau 1977 in Stuttgart«, *Beton- und Stahlbetonbau*, 74, 1979, Nr. 1, S. 11–16.

Schlaich, Jörg, und Matthias Schüller, *Ingenieurbauführer Baden-Württemberg*, hrsg. von der Ingenieurkammer Baden-Württemberg, Berlin 1999.

Schlaich, Jörg, »Das Olympiadach in München. Wie war das damals? Was hat es gebracht?«, in: *Behnisch & Partner. Bauten 1952–1992*. Ausstellungskatalog, Galerie der Stadt Stuttgart, hrsg. von Johann-Karl Schmidt, Stuttgart 1992.

Schmidt, Dietrich-W., »Der Ingenieur und das Schöne. Fritz Leonhardt zum 85. Geburtstag«, *Bauwelt,* 85, 1994, Nr. 26, S. 1462–1463.

Schmidt, Dietrich-W., »Die Baukunst der Türme, Brücken, Tragwerke und der Begriff des Ästhetischen: Fritz Leonhardt (1909–1999), in: *Ingenieurbaukunst in Deutschland*, Jahrbuch 2003, Hamburg 2003, S. 120–129.

Schunk, Eberhard (Hrsg.), *Beiträge zur Geschichte des Bauingenieurwesens. Heft 3: Vorlesungen 1990–1991*, Stuttgart 1991.

Skade, Roger, »Fritz Leonhardt zu Ehren. Ein Preis für Ingenieurbaukunst«, *Baukultur,* 1999, Nr. 4, S. 38–39.

Stadtbauamt Wien (Hrsg.), *Die neue Schwedenbrücke. Der Aufbau*, 2. Auflage, Nr. 26, Wien 1956.

Stiglat, Klaus, *Bauingenieure und ihr Werk*, Berlin 2004.

Stiglat, Klaus »Sie bauen und sie forschen: Bauingenieure und ihr Werk. Fritz Leonhardt«, *Beton- und Stahlbetonbau*, 89, 1994, Nr. 7, S. 181–188.

Svensson, Holger, »Fritz Leonhardts Schrägkabelbrücken«, *Der Stahlbau*, 68, 1999, Nr. 7, S. 474 bis 485.

Svensson, Holger, und S. Hopf, »Die Spannbeton-Schrägkabelbrücke Helgeland«, *Beton- und Stahlbetonbau*, 88, 1993, Nr. 9, S. 247–250.

Tamms, Friedrich, und Erwin Beyer, *Kniebrücke Düsseldorf. Ein neuer Weg über den Rhein*, Düsseldorf 1969.

Völkel, Eberhard, Wilhelm Zellner und Artur Dornecker,»Die Schrägkabelbrücke für Fußgänger über den Neckar in Mannheim«, *Beton- und Stahlbetonbau*, 72, 1977, Nr. 2, S. 29–35, Nr. 3, S. 59–64.

Walther, René, »Fritz Leonhardt. Eine Hommage«, *Deutsche Bauzeitung*, 133, 1999, Nr. 6, S. 136 bis 140.

Zan, Bruno, »Il ponte ferroviario sul fiume Meno a Gemünden, R.F.T.«, *L'industria italiana del cemento,* 57, 1987, Nr. 617, S. 792–807.

Zellner, Wilhelm, »Fritz Leonhardt (1909–1999). Ein Leben als Bauingenieur in der Gesellschaft«, in: *VDI-Gesellschaft Bautechnik, Jahrbuch 2001, Bd. 13*, Düsseldorf 2001, S. 289–342.

Zellner, Wilhelm, »Maintalbrücken. Zwei Maintalbrücken der DB-Neubaustrecke Hannover-Würzburg«, *Deutsche Bauzeitung,* 123, 1989, Nr. 7, S. 12–19.

Zellner, Wilhelm, »Fritz Leonhardt zum 90. Geburtstag«, *Der Stahlbau*, 68, 1999, Nr. 7, S. 600 bis 601.

Zucker, Paul, *Die Brücke. Typologie und Geschichte ihrer künstlerischen Gestaltung*, Berlin 1921.

Schriften von Fritz Leonhardt (Auswahl)

1935

»Beiträge zum Betonstraßenbau« (mit Karl Schaechterle), *Die Bautechnik*, 13, 1935, Nr. 22, S. 269–274.

1936

»Die konstruktive Gestaltung der Betonfahrbahndecken auf den Reichsautobahnen«, *Die Straße*, 3, 1936, Nr. 5, S. 143–147.

»Die Fußgängerstege über die Reichsautobahn« (mit Karl Schaechterle), *Die Straße*, 3, 1936, Nr. 11, S. 351–355.

»Leichte Fahrbahndecken auf stählernen Straßenbrücken. Versuchsergebnisse« (mit Karl Schaechterle), *Die Bautechnik*, 14, 1936, Nr. 18, S. 245 bis 248, Nr. 19, S. 261–263.

»Betonfahrbahndecken auf den Reichsautobahnen. Erfahrungen, Versuche und Vorschläge«, *Die Bautechnik*, 14, 1936, Nr. 40, S. 586–592.

»Stahlbrücken mit Leichtfahrbahnen. Versteifte Tonnenbleche, Versuche und Ausführungen« (mit Karl Schaechterle), *Die Bautechnik*, 14, 1936, Nr. 43, S. 626–630, Nr. 45, S. 659–662.

1937

Die Gestaltung der Brücken (mit Karl Schaechterle), Berlin 1937.

1938

»Fahrbahnen der Straßenbrücken. Erfahrungen, Versuche und Folgerungen« (mit Karl Schaechterle), *Die Bautechnik*, 16, 1938, Nr. 23/24, S. 306–324.

»Die vereinfachte Berechnung zweiseitig gelagerter Trägerroste«, *Die Bautechnik*, 16, 1938, Nr. 40/41, S. 535.

»Die Gründung der Hängebrücke der Reichsautobahn über den Rhein bei Rodenkirchen«, *Die Straße*, 5, 1938, Nr. 3, S.70–75.

1939

Die vereinfachte Berechnung zweiseitig gelagerter Trägerroste. Das Modellverfahren und Begründung der vereinfachten Berechnung (Dissertation), Berlin 1939.

»Der Entwurf einer Reichsautobahnbrücke über den Rhein bei Köln-Rodenkirchen«, *Der Deutsche Baumeister*, 1, 1939, Nr. 7, S. 24–30.

1940

Anleitung für die vereinfachte Trägerrostberechnung mit Hilfstafeln, Formeln und Beispielen, Berlin 1940.

»Brücken aus einbetonierten Stahlträgern«, *Die Bautechnik*, 18, 1940, Nr. 31, S. 359–363.

»Leichtbau – eine Forderung unserer Zeit. Anregungen für den Hoch- und Brückenbau«, *Die Bautechnik*, 18, 1940, Nr. 36/37, S. 413–423.

»Zum Einsturz der Hängebrücke über die Meerenge von Tacoma«, *Fortschritte und Forschungen im Bauwesen* (Reihe A), 1940, Nr. 9, S. 10, 20, 28 bis 32.

»Hängebrücken I« (mit Karl Schaechterle), *Die Bautechnik*, 18, 1940, Nr. 33, S. 377–386.

1941

»Hängebrücken II–III« (mit Karl Schaechterle), *Die Bautechnik*, 19, 1941, Nr. 7, S. 73–82, Nr. 12/13, S. 125–133, 200.

»Entwicklungsmöglichkeiten im Leichtbau für den Hoch- und Brückenbau«, *Die Straße*, 8, 1941, Nr. 1/2, S. 14–20.

1942

Der Brückenbau der Reichsautobahnen, Berlin 1942.

»Stählerne Baugerüste für den Hochbau«, *Fortschritte und Forschungen im Bauwesen* (Reihe A), 1942, Nr. 6, S. 9–16.

1944

»Die vereinfachte Trägerrostberechnung. Nachweis des Genauigkeitsgrades und Erweiterungen«, *Die Bautechnik*, 22, 1944, Nr. 19/22, S. 86 bis 91.

1947

Künftige Wohnbauweisen. Beitrag eines Ingenieurs (Aufbau-Sonderhefte, 1), Stuttgart 1947.

»Über die Notwendigkeit einer Maßordnung im Hochbau«, *Bauen und Wohnen*, 2, 1947, Nr. 3, S. 79–81.

»Schüttbauweise in Stahlschalung«, *Bauen und Wohnen*, 2, 1947, Nr. 10/11, S. 292–301.

»Betondachsteine – ohne Dichtungshaut«, *Baurundschau*, 37, 1947, Nr. 7/8, S. 199–205.

»Schüttbauweise in Stahlschalung. Die zunächst vorteilhafteste Bauweise für Wohnungsneubauten«, *Baurundschau*, 37, 1947, Nr. 11/12, S. 304 bis 311.

1948

Die neue Rheinbrücke Köln–Deutz, Köln 1948.

»Über den Stand der Wohnbauweisen«, *VDI-Zeitschrift*, 90, 1948, Nr. 5, S. 129–134, Nr. 6, S. 175 bis 178, Nr. 7, S. 215–218.

»Paul Bonatz zum 70. Geburtstag«, *Baurundschau*, 38, 1948, Nr. 7/8, S. 49–57.

»Betonbrücken ohne Lehrgerüst« (mit Hermann Maier), *Baurundschau*, 38, 1948, Nr. 7/8, S. 169 bis 182.

»Zur Normung der Hochbaudecken aus Betonfertigteilen«, *Bauen und Wohnen*, 3, 1948, Nr. 8/9, 213–219.

1949

Die Trägerrostberechnung. Genaue und vereinfachte Methoden mit zahlreichen Hilfstafeln, Formeln und Beispielen (mit Wolfhart Andrä), Stuttgart 1949.

»Die Schüttbauweise in Stahlgitterschalung«, *Neue Baumethoden I* (Aufbausonderhefte, 8), 1949, S. 39–64.

»Über den Stand der Wohnbauweisen«, *Der Bauhelfer*, 4, 1949, Nr. 9, S. 235–241.

»Kostensenkung im Wohnungsbau durch Schüttbauweise in Gitterschalung«, *Die Bauzeitung*, 41, 1949, Nr. 3, S. 105–113.

»Die neue Rheinbrücke in Düsseldorf«, *Die Bauzeitung*, 67, 1949, Nr. 3, S. 141–143.

»Die aussichtsreichen neuen Wohnbauweisen«, *Die Bauzeitung*, 41, 1949, Nr. 8, S. 429–439.

»Einwandfreie Schüttbauweise – Ein ernstes Wort«, *Die Bauzeitung*, 41, 1949, Nr. 11, S. 667.

»Die neue MBB-Leichtträgermassivdecke nach Bölkow«, *Die Bauzeitung*, 41, 1949, Nr. 12, S. 701 bis 702.

»Die neue Straßenbrücke über den Rhein von Köln nach Deutz«, *Die Bautechnik*, 26, 1949, Nr. 7, S. 193–199, Nr. 9, S. 269–275, Nr. 10, S. 306–315, Nr. 11, S. 331–338.

»Dreigelenkbogen für verschiebliche Widerlager. Moselbrücke Trittenheim«, *Bauingenieur*, 24, 1949, Nr. 10, S. 289–291.

»Die neue Köln–Deutzer Straßenbrücke über den Rhein«, *VDI-Zeitschrift*, 91, 1949, Nr. 20, S. 509 bis 515.

»Erfahrungen und Fortschritte mit der Schüttbauweise«, *Die Bauwirtschaft*, 3, 1949, Nr. 11, S. 252 bis 255.

»DIN-Hohlsteindecke mit Betonfertigbalken«, *Neue Bauwelt*, 4, 1949, Nr. 38, S. 595–596.

»Sorgfalt bei der Schüttbauweise«, *Neue Bauwelt*, 4, 1949, Nr. 45, S. 709.

»Hängebrücke Wehlen« (Festschrift, hrsg. von der Gemeinde Wehlen), Wehlen 1949, S. 12–14.

1950

Die vereinfachte Trägerrostberechnung (mit Wolfhart Andrä), Stuttgart 1950.

»Neue Fugenabdeckung und Geländerbefestigung für Brücken«, *Die Bautechnik*, 27, 1950, Nr. 3, S. 69–70.

»Die Autobahnbrücke über den Rhein bei Köln-Rodenkirchen«, *Die Bautechnik*, 27, 1950, Nr. 7, S. 225–232, Nr. 8, S. 246–253, Nr. 9, S. 289–295, Nr. 11, S. 351–359.

»Brücken aus Spannbeton, wirtschaftlich und einfach. Das Verfahren Baur-Leonhardt. Begründung, Anwendung, Erfahrungen« (mit Willi Baur), *Beton- und Stahlbetonbau*, 45, 1950, Nr. 8, S. 182–188, Nr. 9, S. 207–215.

»Die neue Moselbrücke Wehlen«, *Bauingenieur*, 25, 1950, Nr. 11, S. 421–426, Nr. 12, S. 440 bis 445.

»Gedanken zur baulichen Durchbildung von Durchlaufträgern in Verbund-Bauweise«, *Bauingenieur*, 25, 1950, Nr. 8, S. 284–286.

»Rationalisierung im Bauwesen«, *Der Bau*, 3, 1950, Nr. 4, S. 82–85.

»Porenbeton – Plattenbauweisen. Auszug aus einem im Oktober vorigen Jahres in Hamburg gehaltenen Vortrag«, *Baurundschau*, 40, 1950, Nr. 17/18, S. 374–376.

1951

Brücken (mit Paul Bonatz), Königstein/Taunus 1951.

»Die Autobahnbrücke über den Rhein bei Köln-Rodenkirchen«, *Die Bautechnik*, 28, 1951, Nr. 8, S. 169–177 (mit Max Schneider), Nr. 10, S. 237–245 (mit Alexis Rudakow, Rudolf Barbré, Louis Wintergerst), Nr. 11, S. 283–291 (mit Hermann Maier), Nr. 12. S. 310–314 (mit Hermann Maier).

»Brücken aus Spannbeton, wirtschaftlich und einfach. Das Verfahren Baur-Leonhardt. Begründung, Anwendung, Erfahrungen« (mit Willi Baur), *Beton- und Stahlbetonbau,* 46, 1951, Nr. 4, S 90–92.

»Zuschriften zum Aufsatz: Brücken aus Spannbeton, wirtschaftlich und einfach. Erwiderung auf die 1. Zuschrift von Dr.-Ing. E. h., Dr.-Ing. Ulrich Finsterwalder« (mit Willi Baur), *Beton- und Stahlbetonbau*, 46, 1951, Nr. 5, S. 114–116.

»Brücken aus Spannbeton, wirtschaftlich und einfach. Das Verfahren Baur-Leonhardt. Begründung, Anwendung, Erfahrungen. Erwiderung zur Zuschrift von Prof. Dr.-Ing. Dischinger« (mit Willi Baur), *Beton- und Stahlbetonbau,* 46, 1951, Nr. 6, S. 131–135.

»Bericht über amerikanische Versuche an schiefen Platten für Straßenbrücken«, *Beton- und Stahlbetonbau*, 46, 1951, Nr. 6, S. 138–142.

»Vorschlag zur Neuordnung der zulässigen Stahlspannungen für Stahlbeton«, *Beton- und Stahlbetonbau*, 46, 1951, Nr. 10, S. 222–228.

»Neckarkanalbrücke Obere Badstraße, Heilbronn« (mit Willy Stöhr, Hans Gass), *Beton- und Stahlbetonbau*, 46, 1951, Nr. 12, S. 265–270.

»Versuche über Kabelschellen anläßlich des Baues der Autobahnbrücke über den Rhein bei Köln-Rodenkirchen 1938« (mit Hermann Maier), *Bauingenieur*, 26, 1951, Nr. 2, S. 44–47, Nr. 3, S. 72–74, Nr. 5, S. 132–138, Nr. 7, S. 201–205.

»Abhängigkeiten an erdverankerten Hängebrücken als Hilfsmittel für deren Bemessung« (mit Louis Wintergerst, Adolf Hoyden), *Bauingenieur*, 26, 1951, Nr. 8, S. 230–234.

»Große Brücken der Welt«, *Westermanns Monatshefte,* 1951/1952, Nr. 8, S. 15–19.

»Neckarkanalbrücke Heilbronn im Zuge der Oberen Badstraße«, *Bautechnische Mitteilungen*, 18, 1951, Nr. 1, S. 1–14.

»Ebene Straßen«, *VDI-Zeitschrift*, 93, 1951, Nr. 26, S. 835.

»Die Hängebrücke über die Mosel bei Wehlen«, *VDI-Zeitschrift*, 93, 1951, Nr. 21, S. 665–668.

»Montage der Stahlkonstruktion der Rheinbrücke Köln-Rodenkirchen«, *Der Stahlbau*, 20, 1951, Nr. 7, S. 81–84.

1952

Die Autobahnbrücke über den Rhein bei Köln-Rodenkirchen, Berlin 1952.

»Vorgespannte Betondecken«, *Straße und Autobahn*, 3, 1952, Nr. 3, S. 97–99.

»Was behindert die Einführung rationeller Bauweisen?«, *Die Bauzeitung*, 44, 1952, Nr. 2, S. 53 bis 54, Nr. 3, S. 85–88.

»Neuzeitliches Bauen mit Stahl – insbesondere im Industriebau«, *Die Bauzeitung*, 44, 1952, Nr. 8, S. 281–284.

»Reibung von Vorspanngliedern für Spannbeton« (mit Eduard Mönnig), *Beton- und Stahlbetonbau*, 47, 1952, Nr. 2, S. 42–45.

»Frottement des Armatures dans le Béton Précontraint«, *La Technique Moderne – Construction*, 7, 1952, Nr. 12, S. 378–381.

»Architekt und Ingenieur«, *Der Architekt*, 1, 1952, Nr. 11, S. 214–219.

1953

»Neuzeitliches Bauen mit Stahl – insbesondere im Industriebau«, *VDI-Zeitschrift*, 95, 1953, Nr. 2, S. 39–42.

»Kontinuierliche Balken aus Spannbeton. Eigenarten und Vorteile durchlaufender konzentrierter Spannkabel«, *Die Bautechnik*, 31, 1953, Nr. 4, S. 89–96.

»Verschiedene Spannbetonbrücken in Süddeutschland. Nach einem Vortrag auf der Betonvereinstagung in Stuttgart am 15. April 1953«, *Bauingenieur*, 28, 1953, Nr. 9, S. 316–323.

»Prestressed Bridge with a Continuous Girder«, *Constructional Engineering*, 1953, Nr. 8, S. 281 bis 282.

»Ein 15geschossiges Hochhaus in Schüttbauart«, *Der Bau und die Bauindustrie*, 6, 1953, Nr. 7, S. 127–129.

»›Leoba‹-Spannglieder und ihre Anwendung im Brücken- und Hochbau«, *Beton- und Stahlbetonbau*, 48, 1953, Nr. 2, S. 25–33.

»Vorgespannter Skelettbau für die Württembergische Cattunmanufaktur in Heidenheim an der Brenz«, *Bautechnische Mitteilungen der Bauunternehmung Heinrich Butzer* (Sonderdruck), 20, 1953, Nr. 1, o. S.

»Architekt und Ingenieur«, *Die Bauzeitung*, 45, 1953, Nr. 3/7, S. 239–262.

1954

»Die Rosensteinbrücke über den Neckar in Stuttgart. Ein 68 m weit gespannter Rahmen aus Stahlbeton« (mit Reinhard Bauer), *Beton- und Stahlbetonbau*, 49, 1954, Nr. 3, S. 49–57.

»Sechzehngeschossiges Hochhaus in Schüttbeton für das Studentenwerk an der Technischen Hochschule Stuttgart« (mit Karl Deininger), *VDI-Zeitschrift*, 96, 1954, Nr. 24, S. 814–816.

1955

Spannbeton für die Praxis, Berlin 1955.

»Donaubrücke Möhringen« (mit Arthur Lämmlein), *Beton- und Stahlbetonbau*, 50, 1955, Nr. 8, 203 bis 210.

»Der neuartige Fernsehturm in Stuttgart«, *Die Bauzeitung*, 60, 1955, Nr. 5, S. 213–216.

1956

Vorspannung mit konzentrierten Spanngliedern (mit Willi Baur), Berlin 1956.

»Über Spannbetonbrücken, vorzugsweise mit konzentrierten Spanngliedern«, *Zement und Beton*, 55, 1956, Nr. 5, S. 2–13.

»Brückenbau«, *VDI-Zeitschrift*, 98, 1956, Nr. 17, S. 944–952.

»Das Für und Wider der n-freien Bemessung« (mit Hermann Bay, Wolfgang Gaede, Karl Deininger), *Beton- und Stahlbetonbau*, 51, 1956, Nr. 4, S. 91 bis 92.

»Der Stuttgarter Fernsehturm«, *Beton- und Stahlbetonbau*, 51, 1956, Nr. 4, S. 73–85, Nr. 5, S. 104 bis 111.

»Der ›Hermes-Turm‹ auf dem Messegelände in Hannover« (mit Reinhard Bauer, Werner Gabriel), *Beton- und Stahlbetonbau*, 51, 1956, Nr. 6, S. 121 bis 127.

»La torre televisiva di Stoccarda«, *Il Cemento*, 26, 1956, Nr. 7, S. 12–15.

»Gestaltung und technische Erkenntnisse. Beitrag zu einer Kurztagung Tragwerk und Form im Betonbau«, *Die Bauzeitung*, 48, 1956, Nr. 5, S. 199.

1957

»Über neuere deutsche Spannbetonbrücken mit konzentrierten Spanngliedern«, *Beton*, 69, 1957, Nr. 20, S. 45–54.

»Fächerverankerung großer Spannkabel«, *Beton*, 69, 1957, Nr. 28, S. 55–63.

»Neuzeitliche Spannbetonbrücken, insbesondere mit konzentrierten Spanngliedern«, *Bauplanung – Bautechnik*, 11, 1957, Nr. 7, S. 308–314.

»Entwurf eines Leichtbeton-Hängedaches und technische Überlegungen« (mit Wolfhart Andrä), *Bauingenieur*, 32, 1957, Nr. 9, S. 349–353.

»Zur Neubearbeitung der Vorläufigen Richtlinien für das Einpressen von Zementmörtel in Spannkanäle«, *Beton- und Stahlbetonbau*, 52, 1957, Nr. 12, S. 3–6.

»Spannbeton – eine Übersicht über die neuere Entwicklung«, *Bauwelt*, 48, 1957, Nr. 10, S. 217–218.

1958

Brücken aus Stahlbeton und Spannbeton – Entwurf und Konstruktion, hrsg. von Emil Mörsch, 6. neubearb. Auflage, von Herrmann Bay, Karl Deininger, Fritz Leonhardt, Stuttgart 1958.

»Vereinfachtes Verfahren zur Messung von Momenteneinflußflächen bei Platten« (mit Wolfhart Andrä, R. Krieger), *Bauingenieur*, 33, 1958, Nr. 11, S. 407–414.

»Fächerverankerung großer Vorspannkabel, 1. Teil Versuche, 2. Teil Auswertung, Bemessung und Beispiele« (mit Wolfhart Andrä), *Beton- und Stahlbetonbau*, 53, 1958, Nr. 5, S. 121–130, Nr. 9, S. 241–247.

»Brückenbau – Jahresübersicht«, *VDI-Zeitschrift*, 100, 1958, Nr. 18, S. 784–787.

1959

»Anfängliche und nachträgliche Durchbiegungen von Stahlbetonbalken im Zustand II. Vorschläge für Begrenzungen und vereinfachte Nachweise«, *Beton- und Stahlbetonbau*, 54, 1959, Nr. 10, S. 240–247.

1960

»Zur Frage der sicheren Bemessung von Zement-Silos« (mit Kuno Boll, Erich Speidel), *Beton- und Stahlbetonbau*, 55, 1960, Nr. 3, S. 49–58.

»Bauen in Rußland. Bericht über eine Studienreise« (mit Wolfgang Zerna), *Beton- und Stahlbetonbau*, 55, 1960, Nr. 4, S. 81–88.

»Stützungsprobleme der Hochstraßenbrücken« (mit Wolfhart Andrä), *Beton- und Stahlbetonbau*, 55, 1960, Nr. 6, S. 121–132.

»Einfluß des Lagerabstandes auf Biegemomente und Auflagerkräfte schiefwinkliger Einfeldplatten« (mit Wolfhart Andrä), *Beton- und Stahlbetonbau*, 55, 1960, Nr. 7, S. 151–162.

»Über die Zusammenarbeit zwischen Ingenieur und Architekt beim Brückenbau«, *Baumeister*, 57, 1960, Nr. 6, S. 366–368.

»Brückenbau – Jahresübersicht«, *VDI-Zeitschrift*, 102, 1960, Nr. 18, S. 735–742.

1961

»A Simple Method to Draw Influence Lines for Slabs« (mit Wolfhart Andrä), *RILEM–Bulletin*, 1961, Nr. 6, S. 25–29.

»Der Fernmeldeturm in Hannover« (mit G. Greiner), *Bauingenieur*, 36, 1961, Nr. 11, S. 410–416.

»Die Kniebrücke« (mit Louis Wintergerst, Wolfhart Andrä), in: *Brücken für Düsseldorf 1961–1962*, hrsg. von der Landeshauptstadt Düsseldorf, Düsseldorf 1961, S. 68–76.

»Die Mindestbewehrung im Stahlbetonbau«, *Beton- und Stahlbetonbau*, 56, 1961, Nr. 9, S. 218 bis 223.

»Beiträge zur Behandlung der Schubprobleme im Stahlbetonbau« (mit René Walther), *Beton- und Stahlbetonbau*, 56, 1961, Nr. 12, S. 277–290.

»Öl- und Treibstoffbehälter aus Beton«, *Beton- und Stahlbetonbau*, 56, 1961, Nr. 2, S. 25–32.

»Über die Brauchbarkeit von Bleigelenken. Versuchsergebnisse und Erfahrungen – Vorschlag einer neuen Bestimmung« (mit Louis Wintergerst), *Beton- und Stahlbetonbau*, 56, 1961, Nr. 5, S. 123–131.

»Beiträge zur Behandlung der Schubprobleme im Stahlbetonbau. Stuttgarter Schubversuche 1961« (mit René Walther), *Beton- und Stahlbetonbau*, 56, 1961, Nr. 12, S. 277–290

»Industriebau«, *VDI-Zeitschrift*, 103, 1961, Nr. 18, S. 811–815.

1962

Spannbeton für die Praxis, 2. Auflage, Berlin 1962.

Schubversuche an einfeldrigen Stahlbetonbalken mit und ohne Schubbewehrung (mit René Walther) (*Deutscher Ausschuß für Stahlbeton*, Heft 151), Berlin 1962.

Versuche an Plattenbalken mit hoher Schubbeanspruchung (mit René Walther) (*Deutscher Ausschuß für Stahlbeton*, Heft 152), Berlin 1962.

»Beiträge zur Behandlung der Schubprobleme im Stahlbetonbau. Stuttgarter Schubversuche 1961« (mit René Walther), *Beton- und Stahlbetonbau*, 57, 1962, Nr. 2, S. 32–44, Nr. 3, S. 54–64, Nr. 6, S. 141–149, Nr. 7, S. 161–173, Nr. 8, S. 184–190.

»Influence of the Spacing of the Bearings on Bending Moments and Reactions in Single-Span Skew Slabs«, *Cement and Concrete Association*, 12, 1962, Nr. 99, S. 1–20.

»Vom Bau des Elektronen-Synchrotrons (Desy) in Hamburg«, *VDI-Zeitschrift*, 104, 1962, Nr. 3, S. 100–103.

»Neue Verfahren zur Herstellung weitgespannter, mehrfeldriger Balkenbrücken aus Spannbeton« (mit Willi Baur), *Beton- und Stahlbetonbau*, 57, 1962, Nr. 5, S. 111–117.

»Fußgängersteg über die Schillerstraße in Stuttgart« (mit Wolfhart Andrä), *Die Bautechnik*, 39, 1962, Nr. 4, S. 110–116.

»Versuche und Erfahrungen mit neuen Kipp- und Gleitlagern« (mit Wolfhart Andrä, Erwin Beyer, Louis Wintergerst), *Bauingenieur*, 37, 1962, Nr. 5, S. 174–179.

»Neue Entwicklungen für Lager von Bauwerken, Gummi- und Gummitopflager« (mit Wolfhart Andrä), *Die Bautechnik*, 39, 1962, Nr. 2, S. 37–50.

»Brückenbau – Jahresübersicht«, *VDI-Zeitschrift*, 104, 1962, Nr. 16, S. 749.

1963

Schubversuche an Plattenbalken mit unterschiedlicher Schubbewehrung (mit René Walther) (*Deutscher Ausschuß für Stahlbeton*, Heft 156), Berlin 1963.

»Beiträge zur Behandlung der Schubprobleme im Stahlbetonbau. Versuche über den Einfluß des Schubdeckungsgrades und der Art der Schubbewehrung bei Plattenbalken« (mit René Walther), *Beton- und Stahlbetonbau*, 58, 1963, Nr. 8, S. 184–190, Nr. 9, S. 216–224.

»Die Guaiba-Brücken bei Porto Alegre, Brasilien« (mit Wolfhart Andrä), *Beton- und Stahlbetonbau*, 58, 1963, Nr. 12, S. 273–279.

»Load-Balancing Method for Design and Analysis of Prestressed Concrete Structures, Discussion of a Paper by T. Y. Lin«, *ACI Journal*, 60, 1963, Nr. 6, S. 1859.

»Die Bedeutung von Forschungsergebnissen für die Praxis des Betonbaus«, *Die Bauwirtschaft*, 17, 1963, Nr. 51/52, S. 1634–1639.

»Bericht über die Internationale Konferenz über Windwirkungen auf Bauwerke vom 26. bis 28. Juni in London«, *Bauingenieur*, 38, 1963, Nr. 9, S. 368–370.

»Die Agerbrücke. Eine aus Groß-Fertigteilen zusammengesetzte Spannbetonbrücke« (mit Willi Baur), *Die Bautechnik*, 40, 1963, Nr. 7, S. 241–245.

»Industriebau«, *VDI-Zeitschrift*, 105, 1963, Nr. 16, S. 682–687.

»Moderne Stahl- und Betonbrücken«, *Bericht über die Hauptversammlung 1963 der Forschungsgesellschaft für das Straßenwesen am 6. Dezember 1963 in Wien*, hrsg. von der Forschungsgesellschaft für das Straßenwesen im Österreichischen Ingenieur- und Architekten-Verein, Wien 1963, S. 15–54.

»Grandes puentes presforzados en Europa«, *Revista Instituto Mexicano del Cemento y del Concreto*, 1, 1963, Nr. 5, S. 29–50.

»Industriebau«, *VDI-Zeitschrift*, 105, 1963, Nr. 16, S. 682–688.

1964

Prestressed Concrete. Design and Construction, Berlin 1964.

Schubversuche an Durchlaufträgern (*Deutscher Ausschuß für Stahlbeton*, Heft 163), Berlin 1964.

»Messungen der zeitabhängigen Verformungen von hochbelasteten Wänden aus Bims-Hohlblocksteinen« (mit Eduard Mönnig), *Beton- und Stahlbetonbau*, 59, 1964, Nr. 2, S. 46–49.

»Beiträge zur Behandlung der Schubprobleme im Stahlbetonbau. Schubversuche an Platten mit geschweißten Bewehrungsmatten« (mit René Walther), *Beton- und Stahlbetonbau*, 59, 1964, Nr. 4, S. 80–86, Nr. 5, S. 105–111.

»Ergebnisse von Torsionsversuchen an vorgespannten Hohlkastenträgern« (mit René Walther), *Beton- und Stahlbetonbau* 59, 1964, Nr. 10, S. 238–239.

»Die Bedeutung von Maßordnung und Toleranzen für die Rationalisierung des Ausbaus«, *Die Bauwirtschaft*, 18, 1964, Nr. 11, S. 249.

»Influence of Ties on the Behavior of Reinforced Concrete Columns. Discussion of the Paper by J. F. Pfister«, *ACI Journal*, 61, 1964, Nr. 5, S. 1637.

»Stresses in End Blocks of a Post-tensioned Prestressed Beam. Discussion of the Paper by Ti Huang«, *ACI Journal*, 61, 1964, Nr. 7, S. 1645.

»Brückenbau – Jahresübersicht«, *VDI-Zeitschrift*, 106, 1964, Nr. 17, S. 769–774.

1965

Betongelenke – Versuchsbericht. Vorschläge zur Bemessung und konstruktiven Ausbildung (mit Horst Reimann) (*Deutscher Ausschuß für Stahlbeton*, Heft 175), Berlin 1965.

»Beiträge zur Behandlung der Schubprobleme im Stahlbetonbau. Schubversuche an Durchlaufträgern« (mit Walter Dilger, René Walther), *Beton- und Stahlbetonbau*, 60, 1965, Nr. 1, S. 5–15, Nr. 2, S. 35–42, Nr. 4, S. 92–104, Nr. 5, S. 108–123.

»Temperaturunterschiede gefährden Spannbetonbrücke« (mit Jörg Peter, Georg Kolbe), *Beton- und Stahlbetonbau*, 60, 1965, Nr. 7, S. 157–163.

»Über die Kunst des Bewehrens von Stahlbetontragwerken«, *Beton- und Stahlbetonbau*, 60, 1965, Nr. 8, S. 181–192, Nr. 9, S. 212–220.

»Die verminderte Schubdeckung bei Stahlbeton-Tragwerken. Begründung durch Versuchsergebnisse mit Hilfe einer erweiterten Fachwerkanalogie«, *Bauingenieur*, 40, 1965, Nr. 1, S. 1–15.

»Long Span Prestressed Concrete Bridges in Europe«, *Journal of the Prestressed Concrete Institute*, 10, 1965, Nr. 1, S. 62–75.

»Moderne Stahl- und Betonbrücken«, *Schweizerische Bauzeitung*, 83, 1965, Nr. 20, S. 235–332, Nr. 24, S. 421–427.

»Reducing the Shear Reinforcement in Reinforced Concrete Beams and Slabs«, *Magazine of Concrete Research*, 17, 1965, Nr. 53, S. 187–198.

»Geschweißte Bewehrungsmatten als Bügelbewehrung. Schubversuche an Plattenbalken und Verankerungsversuche« (mit René Walther), *Die Bautechnik*, 42, 1965, Nr. 10, S. 329–341.

»Industriebau«, *VDI-Zeitschrift*, 107, 1965, Nr. 17, S. 761–766.

1966

Wandartige Träger (mit René Walther) (*Deutscher Ausschuß für Stahlbeton*, Heft 178), Berlin 1966.

»Betongelenke« (mit Horst Reimann), *Bauingenieur*, 41, 1966, Nr. 2, S. 49–56.

»Brücke über den Rio Caroni, Venezuela« (mit Willi Baur, Wolfgang Trah), *Beton- und Stahlbetonbau*, 61, 1966, Nr. 2, S. 25–38.

»Temperaturspannungen in hohen Stahlbetonbauten«, *Bauingenieur*, 41, 1966, Nr. 6, S. 260–261.

»Large-Span Shells« (mit Jörg Schlaich), *IASS Proceedings*, 2, 1966, S. 369–376.

»Brückenbau«, *VDI-Zeitschrift*, 108, 1966, Nr. 17, S. 764–769.

1967

Hormigón pretensado. Proyecto y Construccion, Madrid 1967.

»Zum Stand der Kunst, Stahlbetontürme zu bauen«, *Beton*, 17, 1967, Nr. 3, S. 73–86.

»The Present Position of Reinforced Concrete Tower Design«, *IASS Bulletin*, 8, 1967, Nr. 29, S. 15–34.

»Zur statischen Berechnung« (mit Harald Egger, K. Manniche), in: *Expo '67 Montreal – Deutscher Pavillon*, hrsg. vom Bundesschatzministerium, Düsseldorf, 1967, S. 20–22.

»Flache Kegelschalen für Antennenplattformen auf Sendetürmen« (mit Jörg Schlaich), *Beton- und Stahlbetonbau*, 62, 1967, Nr. 6, S. 129–133.

»Anregungen zur Bildungspolitik. Vortrag zur Rektoratsübergabe am 5. Mai 1967 an der Technischen Hochschule Stuttgart«, *Beton- und Stahlbetonbau*, 62, 1967, Nr. 8, S. 177–183.

»Beitrag zur Berechnung von Wänden des Großtafelbaues« (mit Erich Cziesielski), *Die Bautechnik*, 44, 1967, Nr. 9, S. 2–4.

1968

Studentenunruhen. Ursachen – Reformen. Ein Plädoyer für die Jugend, Stuttgart 1968.

Torsions- und Schubversuche an vorgespannten Hohlkastenträgern (mit René Walther, Otto Vogler) (*Deutscher Ausschuß für Stahlbeton*, Heft 202), Berlin 1968.

»Où en est l'Art de Construire des Tours en Béton armé«, *Construction*, 23, 1968, Nr. 7/8, S. 301 bis 312, Nr. 11, S. 415–418.

»Estimulo para una politica de la educación«, *Boletin Colegio de Ingenieros de Venezuela*, 7, 1968, Nr. 97, S. 50–58.

»Aesthetics of Bridge Design«, *Journal of the Prestressed Concrete Institute*, 13, 1968, Nr. 1, S. 2 bis 19.

»Schubversuche an einfeldrigen und zweifeldrigen Stahlbetonbalken mit indirekter Lagerung« (mit René Walther), *Beton- und Stahlbetonbau*, 63, 1968, Nr. 4, S. 83–89.

»Versuche zur Momentenumlagerung an durchlaufenden Platten« (mit René Walther, Walter Dilger), *Beton- und Stahlbetonbau*, 63, 1968, Nr. 5, S. 110–114.

»Der Hamburger Fernmeldeturm. Entwurf und Berechnung des Tragwerkes« (mit Jörg Schlaich), *Beton- und Stahlbetonbau*, 63, 1968, Nr. 9, S. 193–203.

»Der Deutsche Pavillon auf der Expo '67 Montreal – eine vorgespannte Seilnetzkonstruktion« (mit Harald Egger, E. Haug), *Der Stahlbau*, 37, 1968, Nr. 4, S. 97–106, Nr. 5, S. 138–145.

»Probleme der Hochschul- und Studienreform«, *VDI-Zeitschrift*, 110, 1968, Nr. 33, S. 1476–1480, *DAI-Zeitschrift*, 6, 1968, Nr. 11, S. 20–23.

»Die Weiterentwicklung des Verfahrens der Caroni-Brücke, *Revue C. Tijdschrift*, 4, 1968, Nr. 11, S. 343–352.

»Zur Entwicklung aerodynamisch stabiler Hängebrücken«, *Die Bautechnik*, 45, 1968, Nr. 10, S. 325–336, Nr. 11, S. 372–380.

»Massivbau, Leichtbau und Zerferei. Leonhardts Entgegnung auf den Artikel ›Olympiatauziehen‹ im letzten Heft«, *Baumeister*, 65, 1968, Nr. 2, S. 104 bis 105.

1969

»Wasserturm ohne Wärmedämmung. Abminderung von Zwängkräften und Rissebeschränkung« (mit Hansjörg Frühauf, Dieter Netzel), *Beton- und Stahlbetonbau*, 64, 1969, Nr. 6, S. 129–136.

»Möglichkeiten der Entwicklung im Bauwesen«, *VDI-Zeitschrift*, 111, 1969, Nr. 9, S. 588–590.

»Entwurfsbearbeitung und Versuche« (mit Wolfhart Andrä, Louis Wintergerst), in: Friedrich Tamms, Erwin Beyer, *Kniebrücke Düsseldorf – Ein neuer Weg über den Rhein,* Düsseldorf 1969.

»Sources of Cracks in Concrete Structures due to Temperature Gradients and Means for their Prevention« (mit Walter Lippoth), *Concrete Construction,* 14, 1969, Nr. 9, S. 347.

»Brückenbau – Jahresübersicht «, *VDI-Zeitschrift*, 111, 1969, Nr. 15, S. 1055–1061.

1970

»I ponti strallati di grande luce« (mit Wilhelm Zellner), *Costruzioni*, 19, 1970, Nr. 179, S. 1617–1632.

»Shear and Torsion in Prestressed Concrete – Schub und Torsion im Spannbeton«, *European Engineering – Europäischer Ingenieurbau*, 1, 1970, Nr. 4, S. 157–181.

»Diagonal Tension Cracking in Concrete Beams with Axial Forces« (mit Ganpat Pandit), *Journal of the Structural Division, Proceedings of the American Society of Civil Engineers*, 96, 1970, Nr. 6, S. 1243–1246.

»Modern Design of Television Towers«, *Proceedings of the Institution of Civil Engineers*, 46, 1970, Nr. 7, S. 265–291.

»I. Poutres – Cloisons. Structures planes chargées parallèlement à leur Plan moyen, II. Recommandations Internationales du Comité Européen du Béton« (mit Maurice Albiges), *Annales de l'Institut Technique du Bâtiment et des Travaux Publics*, 23, 1970, Nr. 265, S. 115–172.

»Der Preßmuffenstoß für gerippte Bewehrungsstäbe« (mit Werner Fastenau, Volker Hahn), *Beton- und Stahlbetonbau*, 65, 1970, Nr. 7, S. 168 bis 171.

»Das Hyparschalen-Dach des Hallenbades Hamburg-Sechslingspforte. Teil I: Entwurf und Tragverhalten« (mit Jörg Schlaich), *Beton- und Stahlbetonbau*, 65, 1970, Nr. 9, S. 207–214.

»Folgerungen aus Schäden an Spannbetonbrücken« (mit Walter Lippoth), *Beton- und Stahlbetonbau*, 65, 1970, Nr. 10, S. 231–244.

»Technik ist Bildung. Plädoyer für bessere naturwissenschaftlich-technische Bildung und Ausbildung«, *VDI-Nachrichten*, 49, 1970, Nr. 49, S. 9.

1971

»Erfahrungen mit dem Taktschiebeverfahren im Brücken- und Hochbau« (mit Willi Baur), *Beton- und Stahlbetonbau*, 66, 1971, Nr. 7, S. 161–167.

»Professor Dr.-Ing. E. h., Dr.-Ing. Karl Schaechterle †«, *Beton- und Stahlbetonbau*, 66, 1971, Nr. 9, S. 232.

»Aufhängebewehrung bei indirekter Lasteintragung von Spannbetonträgern. Versuchsbericht und Empfehlungen« (mit Rainer Koch, Ferdinánd S. Rostásy), *Beton- und Stahlbetonbau*, 66, 1971, Nr. 10, S. 233–241.

»Torsionsfestigkeit und -steifigkeit von unbewehrten, schlaff bewehrten und vorgespannten Betonstäben nach Versuchen« (mit Manfred Miehlbradt, Max Herzog), *Beton- und Stahlbetonbau*, 66, 1971, Nr. 10, S. 244.

»Verpflichtung zum Schönen als dringende Bauaufgabe«, *DAI-Zeitschrift*, 9, 1971, Nr. 7/8, S. 149 bis 152.

»Stand und Aufgaben der Bauforschung in der Bundesrepublik, Rückblick und Vorausschau«, *Berichte aus der Bauforschung*, 58, 1971, Nr. 93, S. 15–20.

»Sur la Crise de la Société actuelle à la Lumière des Troubles étudiants et de la Formation de l'Ingénieur«, *Revue Universelle des Mines, de la Métallurgie, de la Mécanique, des Travaux publics, des Sciences et des Arts appliqués à l'Industrie*, 114, 1971, Nr. 1, S. 3–10.

»Bauforschung und ihre Verwertung. Vortrag zur Eröffnung der Deutschen Bauausstellung ›Deubau '71‹ in Essen, *Das Bauzentrum*, 19, 1971, Nr. 2, S. 38–41.

»Sources of Cracks in Concrete Structures due to Temperature Gradients and Means for their Pre-

vention«, *Concrete Construction*, 16, 1971, Nr. 8, S. 335–336.

»La superiorità del ponte strallato per l'attraversamento dello Stretto di Messina« (mit Fabrizio de Miranda), *Costruzioni*, 20, 1971, Nr. 186, o. S.

»Brückenbau«, *VDI-Zeitschrift*, 113, 1971, Nr. 9, S. 1–12.

1972

Brücken, Stuttgart 1972.

Druck-Stöße von Bewehrungsstäben und Stahlbetonstützen mit hochfestem Stahl St 90 (mit Karl-Theodor Teichen) (*Deutscher Ausschuß für Stahlbeton*, Heft 222), Berlin 1972.

»A Design Procedure for Continuously Reinforced Concrete Pavements for Highways (Discussion)«, *ACI Journal*, 69, 1972, Nr. 12, S. 782–783.

»Ensayos a torsión y a esfuerzo cortante de vigas cajón pretensadas« (mit René Walther), *Revista Hormigón y Acero, Instituto Eduardo Torroja De La Construccion Y Del Cemento, Costillares, Chamartin*, 1, 1972, Nr. 102, 45–56.

»Nuevas tendencias en el cálculo y proyecto de puentes de grandes luces y de viaductos Vialidad«, *Revista de la Direccion de Vialidad*, 16, 1972, Nr. 60, S. 1–39.

»Seilkonstruktionen und seilverspannte Konstruktionen«, in: *Tagungsbericht 9. IVBH-Kongress in Amsterdam vom 8.–13. Mai 1972*, Zürich 1972, S. 103–125.

»Hohe, schlanke Bauwerke«, in: *Tagungsbericht 9. IVBH-Kongress in Amsterdam vom 8.–13. Mai 1972*, Zürich 1972, S. 213–242.

»Vergleiche zwischen Hängebrücken und Schrägkabelbrücken für Spannweiten über 600 m« (mit Wilhelm Zellner), in: *Tagungsbericht 9. IVBH-Kongress in Amsterdam vom 8.–13. Mai 1972*, Zürich 1972, S. 127–165.

»Große Brücken«, *Bild der Wissenschaft*, 9, 1972, Nr. 7, S. 692–701.

»Torsionsfestigkeit und -steifigkeit von unbewehrten, schlaff bewehrten und vorgespannten Betonstäben nach Versuchen« (mit Manfred Miehlbradt, Max Herzog), *Beton- und Stahlbetonbau*, 67, 1972, Nr. 5, S. 119–120.

»Das Olympia-Dach. Tragverhalten und konstruktive Durchbildung« (mit Jörg Schlaich), *Plasticonstruction*, 2, 1972, Nr. 4, S. 172–179.

»Structural Design of Roofs over the Sports Arenas for the 1972 Olympic Games: some Problems of Prestressed Cable Net Structures« (mit Jörg Schlaich), *The Structural Engineer*, 50, 1972, Nr. 3, S. 113–119, Nr. 9, S. 375–377.

»Cable-suspended Roof for Munich Olympics« (mit Jörg Schlaich), *Civil Engineering – ASCE*, 42, 1972, Nr. 7, S. 41–44.

»Improving the Seismic Safety of Prestressed Concrete Bridges«, *Journal of the Prestressed Concrete Institute*, 17, 1972, Nr. 6, S. 2–9.

»Zur Lage: Veränderungen wollen schwer erkämpft sein. Die technische Intelligenz muß politisch aktiver werden«, *Beratende Ingenieure*, 2, 1972, Nr. 6, S. 2–3.

»Vorgespannte Seilnetzkonstruktionen – Das Olympiadach in München« (mit Jörg Schlaich), *Der Stahlbau*, 41, 1972, Nr. 9, S. 257–266, Nr. 10, S. 298–301, Nr. 12, S. 367–378.

1973

Spannbeton für die Praxis, 3. Auflage, Berlin 1973.

Vorlesungen über Massivbau. Teil 1: Grundlagen zur Bemessung im Stahlbetonbau (mit Eduard Mönnig), Berlin/Heidelberg/New York 1973.

Vorlesungen über Massivbau. Teil 1: Grundlagen zur Bemessung im Stahlbetonbau (mit Eduard Mönnig), 2. Auflage, Berlin/Heidelberg/New York 1973.

Versuche zur Ermittlung der Tragfähigkeit von Zugschlaufenstößen (mit René Walther, Hannes Dieterle) (*Deutscher Ausschuß für Stahlbeton*, Heft 226), Berlin 1973.

Schubversuche an Spannbetonträgern (mit Ferdinánd S. Rostásy, Rainer Koch) (*Deutscher Ausschuß für Stahlbeton*, Heft 228), Berlin 1973.

»Vorgespannte Seilnetzkonstruktionen – Das Olympiadach in München« (mit Jörg Schlaich), *Der Stahlbau*, 42, 1973, Nr. 2, S. 51–58, Nr. 3, S. 80 bis 86, Nr. 4, S. 107–115, Nr. 6, S. 176–185.

»Verpflichtung zum Schönen. Eine kritische Anmerkung von Prof. Dr.-Ing. Fritz Leonhardt«, *Beton-Prisma*, 10, 1973, Nr. 25, S. 19–20.

»Zur Windwirkung auf Gebäude«, *Beton- und Stahlbetonbau*, 68, 1973, Nr. 1, S. 23.

»Massige, große Betontragwerke ohne schlaffe Bewehrung, gesichert durch mäßige Vorspannung«, *Beton- und Stahlbetonbau*, 68, 1973, Nr. 5, S. 128–133.

»Procédé de Construction par Cycles de Bétonnage en Coffrage fixe et Cycles de Poussage«, *Annales de l'Institut Technique du Bâtiment et des Travaux Publics*, 26, 1973, Nr. 301, S. 47–61.

»Brücken«, *Der Deutsche Baumeister*, 34, 1973, Nr. 3, S. 144.

»Brücken – Jahresübersicht«, *VDI-Zeitschrift*, 115, 1973, Nr. 9, S. 709–717.

1974

Ingenieurbau – Bauingenieure gestalten die Umwelt, Darmstadt 1974.

Vorlesungen über Massivbau. Teil 3: Grundlagen zum Bewehren im Stahlbetonbau (mit Eduard Mönnig), Berlin 1974.

Torsionsversuche an Stahlbetonbalken (mit Günter Schelling) (*Deutscher Ausschuß für Stahlbeton*, Heft 239), Berlin 1974.

»Entwicklung von weitgespannten Schrägkabelbrücken« (mit Wolfhart Andrä, Wilhelm Zellner), in: Erwin Beyer, K. Lange, *Verkehrsbauten, Brücken, Hochstraßen, Tunnel. Entwicklungstendenzen aus Düsseldorf*, hrsg. v. der Stadt Düsseldorf, Brücken und Tunnelbauamt, Düsseldorf 1974, S. 78–95.

»Latest Developments of Cable-stayed Bridges for Long Spans«, *Bygningsstatiske Meddelelser*, 45, 1974, Nr. 4, S. 89–143.

»Zu den Grenzen der Bauingenieurkunst«, *Züblin-Rundschau*, 7, 1974, Nr. 5/6, S. 4–8.

»Zur konstruktiven Entwicklung der Fernmeldetürme in der Bundesrepublik Deutschland« (mit Jörg Schlaich), in: *Jahrbuch des elektrischen Fernmeldewesens* (Band 25), hrsg. von Dietrich Elias, Bad Windsheim, 1974, S. 65–105.

»Stahlbeton hat eine große Zukunft«, *Beratende Ingenieure*, 4, 1974, Nr. 12, S. 16–20.

»Geistige und politische Voraussetzungen für integriertes Bauen. Vortrag auf der Jahrestagung der VDI-Gesellschaft Bautechnik in Düsseldorf am 8. Oktober 1973«, *VDI-Zeitschrift*, 116, 1974, Nr. 1, S. 25–31.

»Spannbeton zu neuen Ufern«, *Beton- und Stahlbetonbau*, 69, 1974, Nr. 10, S. 225–230.

»To New Frontiers for Prestressed Concrete Design and Construction«, *Journal of the Prestressed Concrete Institute*, 19, 1974, Nr. 5, S. 2–17.

1975

Vorlesungen über Massivbau. Teil 2: Sonderfälle der Bemessung im Stahlbetonbau, (mit Eduard Mönnig), Berlin/Heidelberg/New York 1975.

Vorlesungen über Massivbau. Teil 2: Sonderfälle der Bemessung im Stahlbetonbau (mit Eduard Mönnig), 2. Auflage Berlin/Heidelberg/New York 1975.

»Schubversuche an Spannbetonträgern« (mit Ferdinánd Rostásy, Rainer Koch), *Bauingenieur*, 50, 1975, Nr. 7, S. 249–266.

»Einführung in die Studienrichtung ›Konstruktiver Ingenieurbau‹«, *Aspekte*, 8, 1975, Nr. 1, S. 20–23.

»Zusammenarbeit von Architekt und Ingenieur«, *Deutsche Bauzeitung*, 80, 1975, Nr. 1, S. 8.

»Brückenbau« (mit Werner Dietrich), *VDI-Zeitschrift*, 117, 1975, Nr. 22, S. 1085–1093.

1976

Vorlesungen über Massivbau. Teil 3: Grundlagen zum Bewehren im Stahlbetonbau (mit Eduard Mönnig), 2. Auflage, Berlin/Heidelberg/New York 1976.

Vorlesungen über Massivbau. Teil 4: Nachweis der Gebrauchsfähigkeit, Berlin/Heidelberg/New York 1976.

Versuche zum Tragverhalten von Druckübergreifungsstößen in Stahlbetonwänden (mit Ferdinánd S. Rostásy, M. Patzak) (*Deutscher Ausschuß für Stahlbeton*, Heft 267), Berlin 1976, S. 85–107.

Zur Mindestbewehrung für Zwang von Außenwänden aus Stahlleichtbeton. Versuche zum Tragverhalten von Druckübergreifungsstößen in Stahlbetonwänden (mit Ferdinánd S. Rostásy, Rainer Koch) (*Deutscher Ausschuß für Stahlbeton*, Heft 267), Berlin 1976, S. 5–83, 85–107.

»Bauen – Herausforderung an Architekt und Ingenieur«, *DAI-Zeitschrift*, 14, 1976, Nr. 1/2, S. 14–16.

»Das Bewehren von Stahlbetontragwerken«, in: *Beton-Kalender*, 65, 1976, Nr. 2, S. 701–855.

»Bauen als Umweltzerstörung – Eine Herausforderung an uns alle«, *Staatsanzeiger für Baden-Württemberg*, 25, 1976, Nr. 67, S. 3–4.

»75 Jahre ›Beton- und Stahlbetonbau‹ – Rückblick und Ausblick«, *Beton- und Stahlbetonbau*, 71, 1976, Nr. 1, S. 1–2.

»Rissebeschränkung«, *Beton- und Stahlbetonbau*, 71, 1976, Nr. 1, S. 14–20.

»Die Bauphysik – eine Aufgabe des Bauingenieurs«, *Die Bautechnik*, 53, 1976, Nr. 1, S. 1.

»Looking back on 45 Years as a Structural Engineer«, *The Structural Engineer*, 54, 1976, Nr. 3, S. 87–89, Nr. 11, S. 451–456.

»Fundationen für weitgespannte Brücken«, *Tagungsbericht 10. IVBH-Kongress, Tokyo, 6.–11. September 1976*, S. 187–194.

1977

Vorlesungen über Massivbau. Teil 3: Grundlagen zum Bewehren im Stahlbetonbau (mit Eduard Mönnig), 3. Auflage, Berlin/Heidelberg/New York 1977.

Vorlesungen über Massivbau. Teil 4: Nachweis der Gebrauchsfähigkeit, korrigierter Nachdruck, Berlin/Heidelberg/New York 1977.

Schubversuche an Balken mit veränderlicher Trägerhöhe (mit Ferdinánd S. Rostásy, Manfred Patzak, Klaus Roeder) (*Deutscher Ausschuß für Stahlbeton*, Heft 273), Berlin 1977.

Schubversuche an Balken und Platten bei gleich-seitigem Längszug (mit Ferdinánd S. Rostásy, James G. MacGregor) (*Deutscher Ausschuß für Stahlbeton*, Heft 275), Berlin 1977.

»Umweltbewußtsein und Bauen«, *VGB Kraft-werkstechnik*, 57, 1977, Nr. 5, S. 355–361.

»Ermittlung der Mindestbewehrung von Außen-wänden von Leichtbeton« (mit Ferdinánd S. Ros-tásy, R. Koch), *Kurzberichte aus der Baufor-schung*, 18 , 1977, Nr. 3, S. 285–294.

»Fußgängerstege zur Bundesgartenschau«, *Deut-sche Bauzeitung*, 111, 1977, Nr. 7, S. 32–37.

»Gedanken zur Überwindung der Krise des Archi-tektenberufes« (Vortrag, 2. Oberstdorfer Fortbil-dungskongreß 30. 3. 1977), *Deutsche Bauzeit-schrift*, 25, 1977, Nr. 8, S. 1059–1062.

»Schub bei Stahlbeton und Spannbeton. Grundla-gen der neueren Schubbemessung«, *Beton- und Stahlbetonbau*, 72, 1977, Nr. 11, S. 270–277, Nr. 12, S. 295–302.

»Recommendations for the Degree of Prestressing in Prestressed Concrete Structures«, *FIP Notes*, 69, 1977, Nr. 7/8, S. 9–14.

»Das Versagen der Architekten in künstlerisch-ästhetischer Hinsicht«, *Deutsches Architekten-blatt*, 9, 1977, Nr. 8, S. 631–632.

»Crack Control in Concrete Structures«, *IABSE Surveys*, 4, 1977, Nr. 3, S. 44–77.

»Wert der Schönheit begreifen«, *DAI-Zeitschrift*, 15, 1977, Nr. 11/12, S. 4–5.

»Wenn der Gang der Entwicklung in eine bessere Zukunft führen soll. Gedanken zur Überwindung der Krise des Architektenberufes«, *Architektur und Wohnwelt*, 85, 1977, Nr. 6, S. 451–455.

1978

Vorlesungen über Massivbau. Teil 4: Nachweis der Gebrauchsfähigkeit, 2. Auflage, Berlin/Heidel-berg/New York 1978.

»Bonatzens Mitwirkung beim Brückenbau«, in: *Paul Bonatz. Gedenkfeier zum 100. Geburtstag*, hrsg. von Universität Stuttgart, 1978, S. 11–16.

»Bauen mit Beton – heute und morgen«, *Beton*, 28, 1978, Nr. 9, S. 317–322.

»The Columbia River Bridge at Pasco–Kennewick, Washington, USA« (mit Holger Svensson, Wilhelm Zellner), *Proceedings Eighth FIP Congress,* Lon-don 1978, S. 144–153.

»Controllo delle fessurazione nelle strutture in cal-cestruzzo«, *Notiziario AICAP*, 5, 1978, Nr. 1, S. 9 bis 20.

1979

Vorlesungen über Massivbau. Teil 6: Grundlagen des Massivbrückenbaues, Berlin/Heidelberg/New York 1979.

»Die schönheitliche Gestaltung der Brücken. The Aesthetic Appearance of Bridges. La Forme Esthétique des Ponts«, *Symposiumsbericht 10. IABSE-Tagung*, Zürich 1979, S. 53–63.

»Pier Luigi Nervi – ein Vorbild«, *Deutsche Bauzei-tung*, 113, 1979, Nr. 3, S. 10–11.

»Rißschäden an Betonbrücken – Ursachen und Abhilfe«, *Beton- und Stahlbetonbau*, 74, 1979, Nr. 2, S. 36–44.

»Zwei Schrägkabelbrücken für Eisenbahn- und Straßenverkehr über den Rio Paraná, Argentinien« (mit Rainer Saul, Wilhelm Zellner), *Der Stahlbau*, 48, 1979, Nr. 8, S. 225–236, Nr. 9, S. 272–277.

»Modellversuche für die Schrägkabelbrücken Zárate–Brazo Largo über den Rio Paraná, Argen-tinien« (mit Rainer Saul, Wilhelm Zellner), *Bauinge-nieur*, 54, 1979, Nr. 9, S. 321–327.

1980

Vorlesungen über Massivbau. Teil 5: Spannbeton, Berlin/Heidelberg/New York 1980.

»Zur Ingenieurausbildung aus Erfahrung in Lehre und Praxis«, in: *Ingenieure für die Zukunft. En-gineers for Tomorrow. Referate, Diskussionen Er-gebnisse und Forderungen des Zweiten Interna-tionalen Kongresses für Ingenieurausbildung, Darmstadt 4.–6. Oktober 1978*, hrsg. von Helmut Böhme, Darmstadt/München 1980, S. 225–258.

»Mitwirkung des Betons bei Zugbeanspruchung«, (mit R. Koch), *Kurzberichte aus der Bauforschung*, 21, 1980, Nr. 7, S. 479–483.

»Die schönheitliche Gestaltung der Brücken – eine Herausforderung. Von der Notwendigkeit, sich mit der Ästhetik von Bauten zu befassen«, *Consulting*, 12, 1980, Nr. 10, S. 18, 21–22, 25.

»Die Betonpylonen und Unterbauten der Schräg-kabelbrücken Zárate–Brazo Largo über den Rio Paraná (Argentinien)« (mit Rainer Saul, Wilhelm Zellner), *Bauingenieur*, 55, 1980, Nr. 1, S. 1–10.

»Cable-Stayed Bridges« (mit Wilhelm Zellner), *IABSE Surveys*, 2, 1980, Nr. 13, S. 21–48.

»Die Spannbeton-Schrägkabelbrücke über den Columbia River zwischen Pasco und Kennewick im Staat Washington, USA« (mit Holger Svensson, Wilhelm Zellner), *Beton- und Stahlbetonbau*, 75, 1980, Nr. 2, S. 29–36, Nr. 3, S. 64–70, Nr. 4, S. 90–94.

»Der Hüne von Frankfurt. Die Bundespost funkt von hoher Warte«, *Das Neue Universum*, 97, 1980, S. 65–74.

1981

Der Bauingenieur und seine Aufgaben, 2., erw. Auflage des 1974 erschienenen Buches *Ingenieur-bau – Bauingenieure gestalten ihre Umwelt*, Stutt-gart 1981.

Vorlesungen über Massivbau. Teil 5: Spannbeton, berichtigter Nachdruck, Berlin 1981.

»From Past Achievements to New Challenges for Joints and Bearings« *ACI Special Publication*, 1981, Nr. 70, S. 735–760.

»Pont sur la vallée du Neckar à Weitingen, R.F.A« (mit Wolfhart Andrä), *TA. Techniques et Architec-ture,* 1981, Nr. 336, S. 48–49.

»Neckartalbrücke Weitingen«, *Deutsche Bauzei-tung*, 115, 1981, Nr. 3, S. 15–17.

»Bauen in der Verantwortung vor der Gesell-schaft«, *Deutsche Bauzeitung*, 114, 1981, Nr. 9, S. 1275–1277.

1982

Brücken/Bridges. Ästhetik und Gestaltung, Stutt-gart 1982.

»Bauen in der Verantwortung vor der Gesell-schaft« (Festvortrag), *100 Jahre VDI Karlsruhe 1882–1982. Festschrift zum 100jährigen Bestehen*, hrsg. von Karlsruher Bezirksverein im Verein Deut-scher Ingenieure, Karlsbad 1982, S. 16–22.

»Spannbeton. Und er bewährt sich doch«, *Kos-mos*, 78, 1982, Nr. 4, S. 44–48.

1983

»Zur Tragfähigkeit alter Brückenpfeiler mit Natur-steinvormauerung«, *Bauingenieur*, 58, 1983, Nr. 12, S. 447–451.

»Die Maintalbrücke bei Gemünden (Main) der Neubaustrecke Hannover–Würzburg« (mit Wilhelm Zellner, Peter Noack), *Eisenbahntechnische Rund-schau*, 32, 1983, Nr. 6, S. 379–386.

1984

Baumeister in einer umwälzenden Zeit. Erinnerun-gen, Stuttgart 1984.

Vorlesungen über Massivbau. Teil 1: Grundlagen zur Bemessung im Stahlbetonbau (mit Eduard Mönnig), 3. neubearb. und erweiterte Auflage, Berlin/Heidelberg/New York/Tokyo 1984.

»Gestaltungsmöglichkeiten von Ingenieurholzbau-ten«, *Bauen mit Holz*, 86, 1984, Nr. 1, S. 14–18.

»Zu den Grundfragen der Ästhetik bei Bauwer-ken«, *Sitzungsberichte der Heidelberger Akademie der Wissenschaften*, 2. Abhandlung, 1984, S. 29 bis 48.

»Die Maintalbrücke der Neubaustrecke Hannover–Würzburg bei Gemünden« (mit Ortwin Schwarz), *Eisenbahnbau für das 21. Jahrhundert. Streckenausbau bei der DB*, hrsg. von DB-Bahnbauzentrale Frankfurt am Main, Vaduz 1984, S. 40–51.

»Brücken zum anderen Ufer«, *VDI-Nachrichten*, 38, 1984, Nr. 10, S. 26–34.

»Towards Better Education of Civil Engineers«, *IABSE Proceedings*, 81, 1984, Nr. 4, S. 157–172.

»Die Sunshine-Skyway Brücke in Florida USA. Entwurf einer Schrägkabelbrücke mit Verbundüberbau« (mit Reiner Saul, Holger Svensson, Hans-Peter Andrä, Hans-Jürgen Selchow), *Die Bautechnik*, 61, 1984, Nr. 7, S. 230–238, S. 305–310.

1985

Torsions- und Schubversuche an vorgespannten Hohlkastenträgern (mit René Walther, Otto Vogler) (*Deutscher Ausschuß für Stahlbeton*, Heft 202), Berlin 1985.

»Zum 50. Jahrestag der Reichsautobahnen. Eine verweigerte Richtigstellung«, *Deutschland in Geschichte und Gegenwart*, 33, 1985, Nr. 4, S. 20 bis 21.

»Maßnahmen zur Qualitätssicherung bei neuen Eisenbahnbrücken«, in: *Qualitätssicherung im Brückenbau*, hrsg. von Forschungsgesellschaft für das Verkehrs- und Straßenwesen im Österreichischen Ingenieur- und Architekten-Verein, Wien 1985, S. 41–61.

»Zur Behandlung von Rissen im Beton in den deutschen Vorschriften«, *Beton- und Stahlbetonbau*, 80, 1985, Nr. 7, S. 179–184, Nr. 8, S. 209 bis 215.

»Mainbrücke Gemünden – Eisenbahnbrücke aus Spannbeton mit 135 m Spannweite«, *Baukultur*, 5, 1985, Nr. 6, S. 2–5, S. 14.

1986

Vorlesungen über Massivbau. Teil 2: Sonderfälle der Bemessung im Stahlbetonbau (mit Eduard Mönnig), 3. neubearb. und erweiterte Auflage, Berlin/Heidelberg/New York/London/Paris/Tokyo 1986.

»Mainbrücke Gemünden – Eisenbahnbrücke aus Spannbeton mit 135 m Spannweite«, *Beton- und Stahlbetonbau*, 81, 1986, Nr. 1, S. 1–8.

1987

»Lohmer, Gerd. Brückenbauer« *Neue Deutsche Biographie*, 15, 1987, S. 131–132.

»Cracks and Crack Control at Concrete Structures« (mit Ortwin Schwarz), *IABSE Proceedings*, 109, 1987, Nr. 1, S. 25–44.

»Zur Bemessung durchlaufender Verbundträger bei dynamischer Belastung« (mit Wolfhart Andrä, Hans-Peter Andrä, Rainer Saul, Wolfgang Harre), *Bauingenieur*, 62, 1987, 7, S. 331–324.

»Cable Stayed Bridges With Prestressed Concrete«, *PCI Journal*, 32, 1987, Nr. 5, S. 52–80. »Neues, vorteilhaftes Verbundmittel für Stahlverbund-Tragwerke mit hoher Dauerfestigkeit« (mit Wolfhart Andrä, Hans-Peter Andrä, Wolfgang Harre), *Beton- und Stahlbetonbau*, 82, 1987, Nr. 12, S. 325–331.

»Planung, Ausschreibung und Vergabe der Maintalbrücke Veitshöchheim« (mit Helmut Maak, Gerd Naumann, Dietrich Hommel), *Beton- und Stahlbetonbau*, 82, 1987, Nr. 8, S. 201–206.

1988

Türme aller Zeiten – aller Kulturen (mit Erwin Heinle), Stuttgart 1988.

»… in die Jahre gekommen – Der Fernsehturm. Vom ›Schandmal‹ zum Wahrzeichen von Stuttgart. Was würde ich heute anders machen?«, *Deutsche Bauzeitung*, 122, 1988, Nr. 4, S. 62–64.

»Cracks and Crack Control in Concrete Structures«, *PCI Journal*, 33, 1988, Nr. 4, S. 124–145.

»Die Herausforderung unserer Zeit an die jungen Bauingenieure«, *Schweizer Ingenieur und Architekt*, 106, 1988, Nr. 30/31, S. 877–878.

»Kritische Bemerkungen zur Prüfung der Dauerfestigkeit von Kopfbolzendübeln für Verbundträger«, *Bauingenieur*, 63, 1988, Nr. 37, S. 307–310.

1989

Towers (mit Erwin Heinle), New York 1989.

»Über 100 Meter. Großbrücken der Gegenwart«, *Deutsche Bauzeitung*, 123, 1989, Nr. 7, S. 20–27.

1990

Karl Schaechterle. Ein Leben für fortschrittlichen Brückenbau, *Herausragende Ingenieurleistungen in der Bautechnik*, hrsg. von der VDI-Gesellschaft Bautechnik, Düsseldorf 1990.

»Beginn und Entwicklung des Sonderforschungsbereichs 64«, in: *Leicht und Weit. Zur Konstruktion weitgespannter Flächentragwerke*, hrsg. von Günther Brinkmann, Weinheim 1990, S. 1–3.

»Der Bauingenieur vor den Aufgaben der Zukunft«, *Deutsche Bauzeitung*, 124, 1990, Nr. 3, S. 64–71.

»Der Bauingenieur vor den Aufgaben der Zukunft«, *Ingenieurblatt für Baden-Württemberg*, 36, 1990, Nr. 4, S. 163–167.

»Türme. Geschichte und Zukunft«, *Die Waage*, 29, 1990, Nr. 3, S. 90–110.

»Hölzerne Brücken« (mit Wolfgang Ruske), *Deutsche Bauzeitschrift*, 38, 1990, Nr. 6, S. 843–850.

1991

»P. L. Nervi – Seine Bedeutung für die deutsche Baukunst«, *Baukultur*, 11, 1991, Nr. 2, S. 6–9.

»Die Mainbrücke Nantenbach. Fachwerkbrücke mit Doppelverbund und Rekordspannweite« (mit Ortwin Schwarz, Reiner Saul), *Eisenbahntechnische Rundschau*, 40, 1991, Nr. 12, S. 813–819.

1992

»Bauen will gelernt sein. Anmerkungen zu Deutsche Bauzeitung, 1992, Nr. 8«, *Deutsche Bauzeitung*, 126, 1992, Nr. 9, S. 150, 153.

1993

»Architektur als Ausdruck unserer Zeit«, *Technik und Kultur*, Nr. 6, Düsseldorf 1993.

1994

»Sie bauen und forschen. Bauingenieure und ihr Werk« (mit Klaus Stiglat), *Beton- und Stahlbetonbau*, 89, 1994, Nr. 7, S. 181–188.

1996

»Wiederaufbau der Frauenkirche Dresden. Eine Alternative zur Sicherung des Tragwerks«, *Beton- und Stahlbetonbau*, 91, 1996, Nr. 1, S. 7–12.

»The Significance of Aesthetics in Structures«, *Structural Engineering International*, 6, 1996, Nr. 2, S. 74–76.

1997

»The Committee to Save the Tower of Pisa: A Personal Report«, *Structural Engineering International*, 7, 1997, Nr. 3, S. 201–212.

1998

Baumeister in einer umwälzenden Zeit. Erinnerungen, 2. Auflage, Stuttgart 1998.

»Gedanken zu Stuttgart 21«, *Baukultur*, 18, 1998, Nr. 2, S. 10–11.

Bauten und Projekte (Auswahl)

Die folgende Zusammenstellung ist eine Auswahl aus dem ungemein produktiven Schaffen Fritz Leonhardts, das in diesem Umfang jedoch ohne seine Mitarbeiter nicht vorstellbar wäre. Angeführt sind bei den ausgewählten Bauten und Projekten daher nicht nur die Planungs- und Bauzeit – soweit sich diese ermitteln ließ – bis zum Jahr der Einweihung, sondern auch die wichtigsten beteiligten Ingenieure aus dem Büro und von außerhalb. Ebenso sind bei Hochbauten die entsprechenden Planer und Architekten genannt.

1931/1932
Karlsruhe-Rheinhafen, Braunkohlenlagerhalle
Studentischer Wettbewerb
Nicht realisiert

1934
Denkendorf bei Stuttgart, Sulzbachtalbrücke der Reichsautobahn
Als Mitarbeiter der OBR Stuttgart
Stahlbetonbalkenbrücke auf Stahlrahmenstützen, Spannweite 180 m

1934
Jungingen bei Ulm, Überführung der Reichsautobahn
Als Mitarbeiter der OBR Stuttgart
Stahlleichtkonstruktion mit Stahlzellenplatte, Vorläufer der orthotropen Platte

1938–1941
Köln-Rodenkirchen, Reichsautobahnbrücke über den Rhein
Beteiligter Architekt: Paul Bonatz mit Gerd Lohmer
Mit Wolfhart Andrä, Hermann Maier, Helmut Mangold, Louis Wintergerst
Erste echte Hängebrücke der Reichsautobahn, Gesamtlänge 600 m, Spannweiten von 94,5–378–94,5 m, zwei Pylone, je 59 m hoch
Brücke 1945 zerstört und 1952–1954 nahezu identisch von Hellmut Homberg wieder aufgebaut, unter Verwendung der alten Pylone, Strompfeiler und Widerlager
1990–1995 Verbreiterung durch LAP, Doppelung der Pylone

1938–1941
Hamburg, Elbehochbrücke
Gutachten zusammen mit Karl Schaechterle
Hängebrücke, Spannweite 700 m, Entwurfsvarianten mit Pylonen in Stahl und Stahlbeton mit Werksteinverkleidung
Nicht realisiert

Ende 1939 Gründung des ersten eigenen Büros unter dem Namen »Ingenieurbüro Dr.-Ing. Fritz Leonhardt, Regierungsbaumeister« als Beratender Ingenieur in München; Mitarbeiter: Wolfhart Andrä, Willi Baur, Hermann Maier, Helmut Mangold, Louis Wintergerst

1939–1943
München, Kuppel des Neuen Hauptbahnhofs
Architekt: Paul Bonatz im Rahmen der Neuplanungen für München durch Hermann Giesler
Stahl-Leichtmetallkonstruktion, Durchmesser 285 m
Nicht realisiert

1940/1941
München, Ostbahnhof, Dachkonstruktion Bahnsteighallen
Architekt: Paul Bonatz im Rahmen der Neuplanungen für München durch Hermann Giesler
Dachkonstruktion mit Oberlichtern in Stahlleichtbauweise, 400 x 150 m
Nicht realisiert

1941
Dänemark–Schweden, Öresundbrücke für Autobahn und Eisenbahn
Beteiligter Architekt: Paul Bonatz mit Adolf Mielebacher
Berater: Gottwalt Schaper
Stahlhängebrücke, Gesamtlänge 4 km, fünf Felder von 760 m Spannweiten
Nicht realisiert

1941–1944
Trier, Brücke über die Bahnanlagen Trier-West
Entwurfsvarianten in Stahl und Spannbeton
Erster Entwurf Leonhardts in Spannbeton
Nicht realisiert

1942
München, Denkmal der Partei
Architekt: Hermann Giesler
Statische Untersuchung
Nicht realisiert

1942
Linz, Donaubrücke
Beteiligter Architekt: Paul Bonatz, im Rahmen der Neuplanungen für Linz durch Hermann Giesler
Hängebrücke, Spannweite 270 m
Nicht realisiert

1942
Linz, Überdachung Ausstellungshalle
Im Rahmen der Neuplanungen für Linz durch Hermann Giesler
Hallendach in Leichtbauweise, 53 x 83 m
Nicht realisiert

1942
Hamburg, Gauhochhaus
Architekt: Konstanty Gutschow
Stahlskelettbau, 50 Geschosse
Nicht realisiert

1943
München, Ortsgüterbahnhof
Untersuchungen zur Überdachung
Nicht realisiert

1943/1944
Estland, Baltölwerke
Als »Hauptbauleiter« der Organisation Todt (OT), Leitung eines Technischen Büros im Planungsstab der OT-Einsatzgruppe Rußland-Nord unter Hermann Giesler
Mit Wolfhart Andrä, Willi Baur, Willy Stöhr
Stahlbetonskelettbauten und Baracken in Holzbau

1943/1944
Eulengebirge, südwestlich von Breslau (Schlesien), Führerhauptquartier »Riese«
Architekt: Herbert Rimpl
Leitung des Konstruktionsbüros
Bunkerbauten, Baracken

1944/1945
Oberbayern
Leiter der Abteilung »Bauforschung – Entwicklung und Normung« innerhalb der OT
Planung bombensicherer Fabriken
Nicht realisiert

Juli 1946 Neuetablierung des »Ingenieurbüros Dr.-Ing. Fritz Leonhardt, Regierungsbaumeister« in Stuttgart, am 3. Februar 1947 Genehmigung zur offiziellen Wiedereröffnung; erste Mitarbeiter: Wolfhart Andrä, Willi Baur, Helmut Mangold, Eduard Mönnig, Louis Wintergerst

1946–1948
Köln-Deutz, Rheinbrücke
Beteiligter Architekt: Gerd Lohmer
Entwurf, Ausführungsberechnung
Mit Wolfhart Andrä, Louis Wintergerst
Schlanke Hohlkastenbrücke in Stahl, Spannweiten von 132,1–184,5–120,7 m
Ersatz für die im Krieg zerstörte Brücke unter Weiterverwendung der Widerlager
1976–1880 Erweiterung durch Zwillingsbrücke aus Spannbeton neben der vorhandenen Brücke

1947–1949
Wehlen, Moselbrücke
Hängebrücke, Hauptspannweite 132 m
Unter Wiederverwendung der Seile der kriegszerstörten Rheinbrücke Köln-Rodenkirchen

1948/1949
Bleibach bei Gutach, Elzbrücke
Spannbetonbrücke, Spannweite 33,6 m
Erste realisierte Spannbetonbrücke Leonhardts

1949
Emmendingen, Elzbrücke
Mit Willi Baur
Spannbetonbrücke, Gesamtlänge 60 m, Spannweite 30 m
Zweite Spannbetonbrücke im später so bezeichneten Leoba-Spannverfahren

1949–1951
Köln-Mülheim, Rheinbrücke
Alternativentwurf im Wettbewerb
Echte Hängebrücke, Spannweiten von 96–315–96 m
Ersatz für die kriegszerstörte, in sich selbst verankerte Hängebrücke

1950
Heilbronn–Böckingen, Brücke Obere Badstraße (Böckinger Brücke)
Mit Willy Stöhr
Spannbetonbrücke, Spannweite 96 m
1996 abgebrochen

1950/1951
Heilbronn, Eisenbahnbrücke über den Neckarkanal
Entwurf und Beratung
Mit Willy Stöhr
Spannbetonbrücke, Gesamtlänge 107 m
Erste deutsche Spannbetonbrücke für Eisenbahnlasten

1951
Heilbronn–Neckargartach, Neckarbrücke
Entwurf und Beratung
Mit Willi Baur
Spannbetonbrücke mit Leoba-Spanngliedern

1951–1953
Stuttgart, Rosensteinbrücke über den Neckar
Mit Willi Baur
Spannbetonbrücke unter Weiterverwendung der
    Widerlager der zerstörten Brücke

1952
Heidenheim, Württembergische Cattunmanufaktur
Stahlbetonskelettbau, Unterzüge mit Leoba-
    Spanngliedern vorgespannt

1952
Tancarville, Seinebrücke
Hängebrücke, Hauptspannweite 608 m
Nicht realisiert

1952/1953
Stuttgart, Max-Kade-Wohnheim der TH Stuttgart
Architekten: Wilhelm Tiedje, Ludwig Kresse
16stöckiges Wohnhochhaus in Schüttbauweise
    mit Stahlgitterschalung nach dem System
    Leonhardt-Bossert

**Aufnahme von Wolfhart Andrä als Büropart-
ner; neuer Name des Büros: »Leonhardt und
Andrä« (L+A)**

1953
Untermarchtal, Donaubrücke
Mit Willi Baur
Spannbetonbrücke, Gesamtlänge 375 m

1953
Mergelstetten, Shedschalendach über der Woll-
    fabrik Zoeppritz
Dachkonstruktion mit Shedschalen in Stahlbeton
    mit Leoba-Spanngliedern vorgespannt, 48 x
    96 m

1953–1956
Stuttgart, Fernsehturm auf dem Hohen Bopser
Beteiligter Architekt/Innenarchitektin: mit Erwin
    Heinle, Herta-Maria Witzemann
Stahlbetonturm mit Spannbetonfundament, Höhe
    216 m
Erster Fernsehturm in Stahlbeton, weltweit rezi-
    piert

1953–1957
Ludwigshafen, BASF-Hochhaus (Friedrich-Engel-
    horn-Haus)
Architekten: Helmut Hentrich, Hubert Petschnigg
Tragwerksplanung
Stahlbetonkonstruktion mit steifem Kern

1953–1957
Düsseldorf, Theodor-Heuss-Brücke (Nordbrücke)
Beteiligter Architekt: Friedrich Tamms
Mit Louis Wintergerst, H. Grassl
Schrägkabelbrücke, Spannweiten von 108–260–
    108 m, vier Pylone ohne Querträger, je 40 m
    hoch
Erste Schrägkabelbrücke

1953–1957
Düsseldorf, Betonhochstraße zur Theodor-Heuss-
    Brücke

1954
Ziegelhausen, Fußgängeraufgang zur Neckar-
    brücke
Stützenloser gewendelter Treppenaufgang
Stahlbeton

1954–1957
Wuppertal, Hängedach über der Schwimmhalle
    (Schwimmoper)
Architekt: Friedrich Hetzelt
Tragwerksplanung
Hängedach in Spannbeton, 65 x 40 m

1954–1960
Porto Alegre (Brasilien), Brücke über den Rio
    Guaíba
Vorentwurf, Entwurf und Ausführungsplanung
Mit Wolfhart Andrä
Stahlbetonbrücke, Gesamtlänge 777 m, mit be-
    weglicher Hubbrücke in Stahl mit orthotropem
    Deck, Spannweite 55,8 m, Hubtürme für Ge-
    gengewichte aus Stahlbeton
Erste Hubbrücke mit Stahlbetontürmen

1954–1969
Düsseldorf, Kniebrücke
Beteiligter Architekt: Friedrich Tamms
Vorentwurf, ausschreibungsreife Planung
Asymmetrische Schrägseilbrücke in Harfenform,
    Stahlkonstruktion, Gesamtlänge 561 m, Haupt-
    spannweite 320 m, zwei frei stehende Pylone
    am Rand der Fahrbahn, je 114 m hoch
Eine der größten Rheinbrücken, im Freivorbau
    montiert

1955
Wien (Österreich), Schwedenbrücke über den
    Donaukanal
Mit Willi Baur
Spannbetonbrücke

1955
Stuttgart, Hängedach Kaufhaus Gaissmaier an
    der Gerokstraße
Architekt: Eduard Hanow
Tragwerksplanung
Hängedach

1955–1957
Köln, Eingangsbogen für die Bundesgarten-
    schau
Architekt: Frei Otto
Tragwerksplanung
Zeltkonstruktion

1955–1960
Düsseldorf, Hochhaus der Phoenix-Rheinrohr AG
    (Thyssen-Hochhaus, Dreischeibenhochhaus)
Architekten: Helmut Hentrich, Hubert Petschnigg
Tragwerksplanung
Mit Kuno Boll
Stahlskelettkonstruktion

1956–1961
Stuttgart, Ferdinand-Leitner-Steg über die Schiller-
    straße (Schillersteg)
Entwurf, Ausführungsplanung

Mit Wolfhart Andrä
Schrägkabelsteg

1956–1973
Hamburg, Hallenschwimmbad Sechslingspforte
    (Alsterschwimmhalle)
Architekten: Niessen & Störmer
Mit Jörg Schlaich
Tragwerksplanung
Hyperschalendach, 96 x 64 m

1958/1959
Wiesbaden-Schierstein, Autobahnbrücke über
    den Rhein
Entwurf
Stahlbalkenbrücke, Hauptspannweite 205 m

1959
Lissabon (Portugal), Brücke über den Tejo
Wettbewerbsbeitrag
Monokabelhängebrücke mit aerodynamischer
    Fahrbahntafel, Hauptspannweite 1104 m,
    zwei A-förmige Pylone
Nicht realisiert

1959–1961
Seewalchen (Österreich), Agerbrücke
Mit Willi Baur
Spannbetonbrücke, Gesamtlänge 280 m
Erster Schritt in der Entwicklung des Taktschiebe-
    verfahrens

1961
Emmerich–Kleve, Rheinbrücke
Beteiligter Architekt: Gerd Lohmer
Wettbewerbsbeitrag
Monokabelhängebrücke, Spannweiten von 151,5–
    500–151,5 m, mit aerodynamischer Fahrbahn-
    tafel, zwei A-förmige Pylone, je 85 m hoch
Nicht realisiert

1961/1962
Düsseldorf, Betonhochstraße über den Jan-Wel-
    lem-Platz
Beteiligter Architekt: Friedrich Tamms
Spannbetonbrücke

1961–1963
Hamburg, Unilever-Haus
Architekten: Helmut Hentrich, Hubert Petschnigg
Tragwerksplanung
Stahlbetonkonstruktion mit massivem Kern

1961–1965
Mühlacker, Fußgängersteg über die Enz
Entwurf, Ausführungsplanung
Flacher Spannbetonbogensteg

1962
Göteborg (Schweden), Göta-Älv-Brücke (Älvs-
    borg-Brücke)
Hängebrücke mit diagonal gespannten Hängern
Nicht realisiert

1962–1964
Ciudad Guyana (Venezuela), erste Brücke über
    den Rio Caroni
Mit Willi Baur
Spannbetonbrücke, Gesamtlänge 500 m
In ganzer Länge betoniert und verschoben

1977–1979 von Wilhelm Zellner und Rainer Saul
durch eine weitere Brücke ergänzt

1964/1965
Stuttgart-Sonnenberg, Dachkonstruktion der
evangelischen Kirche
Architekten: Ernst Giesel, Frei Otto
Mit Wilhelm Zellner
Tragwerksplanung
Hängedach in Stahlbeton

1964/1965
Lahore (Pakistan), Brücke über den Ravi-Fluß
Ingenieurbüro I. A. Zafar and Associates
Mit Jörg Peter
Spannbetonbalkenbrücke, Gesamtlänge 430 m

1964–1966
Hamburg, Finnlandhaus
Architekten: Helmut Hentrich, Hubert Petschnigg
Mit Kuno Boll
Stahlbetonkonstruktion im Lift-slab-Verfahren

1964–1968
Hamburg, Heinrich-Hertz-Fernmeldeturm
Beteiligter Architekt: Fritz Trautwein
Mit Jörg Schlaich
Spannbetonturm, Höhe 272 m
Turmkopf und Plattformen als vorgespannte Stahl-
betonschalen

1965
Ludwigsburg, Wasserbehälter
Beteiligter Architekt: Wilhelm Tiedje
Tragwerksplanung
Spannbetonturm, Höhe 38 m, Kopfdurchmesser
27 m

1965–1967
Montreal (Kanada), Deutscher Pavillon auf der
Weltausstellung 1967
Architekten: Rolf Gutbrod, Frei Otto
Tragwerksplanung
Mit Harald Egger
Stahlnetzkonstruktion
Als Versuchsbau hierzu 1966/1967: Pavillon des
Instituts für leichte Flächentragwerke, Stuttgart-
Vaihingen

1965–1972
Winningen, Moseltalbrücke
Beteiligter Architekt: Gerd Lohmer
Mit Wolfhart Andrä, Wilhelm Zellner
Stahlbalkenbrücke auf Stahlbetonpfeilern, Ge-
samtlänge 935 m, Hauptspannweite 218 m,
Pfeilerhöhe max. 150 m

1966–1969
Kufstein (Österreich), Innbrücke
Mit Willi Baur
Erste Spannbetonbrücke im Taktschiebeverfahren

1966–1970
Stuttgart, Fernmeldeturm auf dem Frauenkopf
Mit Willibald Kunzl
Spannbetonturm, Höhe 196 m

1966–1972
Ludwigshafen–Mannheim, Nordbrücke über den
Rhein (Kurt-Schumacher-Brücke)

Vorentwurf, Ausschreibungsentwurf, Ausschrei-
bung, Prüfung
Mit Wolfhart Andrä
Schrägkabelbrücke, 287 m Mittelöffnung als
Stahlkonstruktion, Seitenöffnungen 60,16–
65,00 m aus Spannbeton, A-förmiger Pylon,
71,5 m hoch über dem Brückendeck
Entwicklung von Paralleldrahtbündel im HiAm-
Verguß

1966–1992
Kalkutta (Indien), zweite Hooghly River Bridge
Entwurf und Bauausführung
Mit Jörg Schlaich, Rudolf Bergermann
Schrägkabelbrücke, Gesamtlänge 1645 m, Haupt-
spannweite 457 m, Verbundbalken mit geniete-
ten Baustellenstößen

1967
Bonn, Rheinbrücke Bonn-Süd
Beteiligter Architekt: Gerd Lohmer
Machbarkeitsstudie und Vorentwurf
Mit Wolfhart Andrä, Wilhelm Zellner
Schrägkabelbrücke, Gesamtlänge 480 m, Haupt-
spannweite 235 m

1967/1968
Neresheim, Instandsetzung Klosterkirche, stati-
sche Ertüchtigung Dachstuhl
Leonhardt Mitglied der technischen Kommission
Ausführung: Klaus Pieper, Fritz Wenzel

1967–1969
Bad Hersfeld, Überdachung Stiftsruine
Architekt: Frei Otto
Mit Harald Egger
Tragwerksplanung
Mobile Zeltkonstruktion

1967–1972
München, Dächer der Olympiabauten
Architekten Gesamtentwurf: Behnisch & Partner
Architekt Dachkonstruktionsentwurf: Frei Otto
Tragwerksplanung
Mit Jörg Schlaich
Stahlnetzkonstruktion

1968
Vancouver (Kanada), Brücke über den Burrard
Inlet
Beratung
Schrägkabelbrücke und Hängebrücke als Varian-
ten, Spannweite 700 m
Nicht realisiert

1968–1973
Tauberbischofsheim, Taubertalbrücke der Auto-
bahn Heilbronn–Würzburg
Spannbetonbalkenbrücke

1968–1982
Messina (Italien), Brücke über die Straße von Mes-
sina
Machbarkeitsstudie, Vorentwurf, Entwicklung von
Montage und Bauausführungsmethoden
1. Preis im Wettbewerb mit Gruppe Lambertini
Mit Wilhelm Zellner, Dietrich Hommel
Schrägkabelbrücke, Gesamtlänge 3,3 km, Haupt-
spannweite 1300 m

Variante mit Abspannseilen zur Fixierung der
Schrägkabel, um Durchhangsänderung zu ver-
hindern
Nicht realisiert

1969/1970
Wunsiedel, Erweiterung und Überdachung des
Freilichttheaters
Architekt: Frei Otto
Tragwerksplanung
Zeltdach

1969–1977
Windenergiekraftwerke/Aufwindkraftwerke
Studien
Mit Jörg Schlaich
Stahlbau
Ausgeführt: Pilotversuchsanlage in Manzanares
(Spanien) von Jörg Schlaich, 200 m hoch

**6. Mai 1970 Gründung der »Leonhardt, Andrä
und Partner GmbH« (LAP), im Jahr 1999 geht
L+A in LAP auf; damalige Partner: Willi Baur,
Kuno Boll, Horst Falkner, Bernhard Göhler,
Willibald Kunzl, Jörg Schlaich, Wilhelm Zell-
ner; heutige geschäftsführende Gesellschafter:
Holger Svensson (Vorsitz), Hans-Peter Andrä,
Wolfgang Eilzer, Thomas Wickbold**

1970
Stuttgart, Allianz-Versicherungsgebäude
Wolfhart Andrä
Bodenverankerung

1970–1976
Düsseldorf, Oberkassler Brücke
Vorentwurf für Montage und Querverschub
Wolfhart Andrä, Wilhelm Zellner
Schrägkabelbrücke, Hauptspannweite 258 m, ein
Pylon, 100 m hoch
Bau zunächst 52 m stromaufwärts, nach Demon-
tage der bestehenden Dauerbehelfsbrücke
1976 Querverschub um 47,5 m in endgültige Lage

1971
Istanbul (Türkei), Brücke über das Goldene Horn
Machbarkeitsstudie, Vorentwurf, Detailentwurf
Schrägkabelbrücke, Gesamtlänge 424 m, Spann-
weiten je 212 m
Nicht realisiert

1971
Patna (Indien), Gangesbrücke
Schrägkabelbrücke
Nicht realisiert

1971–1978
Zárate–Brazo Largo (Argentinien), zwei Brücken
über den Rio Paraná
Vorentwurf, Beratung Ausführungsplanung, tech-
nische Leitung für die Montage der Überbauten
einschließlich Qualitätskontrolle, Entwurf und
Abnahme der Montagegeräte
Reiner Saul
Zwei identische Schrägkabelbrücken, Haupt-
spannweite 330 m, 16 km lange Vorland-
brücken
Erste Schrägkabelbrücken für Volleisenbahn
Erste Schrägkabelbrücken mit Stahlüberbau und
Betonpylonen

1971–1981
Köln, Fernmeldeturm (Colonius)
Beteiligter Architekt: Erwin Heinle
Spannbetonturm, Höhe 252 m

1972
Bonn, Autobahnbrücke Bonn-Süd über den
 Rhein
1. Preis bei einem Entwurfs- und Bauwettbewerb
 in Ingenieurgemeinschaft
Stahlbalkenbrücke, Hauptspannweite 230 m

1972
Kiel, Fernmeldeturm
Beteiligter Architekt: Gerhard Kreisel
Spannbetonturm, Höhe 230 m

1972/1973
Val Restel (Italien), Talbrücke
Bernhard Göhler
Gekrümmte Spannbetonbrücke im Taktschiebe-
 verfahren, Gesamtlänge 260 m, Krümmungs-
 radius 150 m

1972–1974
Herrenberg, Sanierung Stiftskirche
Prüfung
Mit Institut für Massivbau
Ausführung: Fritz Wenzel

1972–1975
Mannheim, Fernsehturm
Beteiligte Architekten: Heinle, Wischer & Partner
Spannbetonturm, Höhe 213 m, mit zusätzlicher
 Pfahlgründung

1972–1975
Hamm-Schmehausen, Stahlnetzkühlturm
Jörg Schlaich, Hermann Mayer, Rudolf Berger-
 mann
Stahlnetzkonstruktion

1972–1978
Pasco–Kennewick (USA/Washington), Brücke
 über den Columbia River
Mit Ingenieurbüro Arvid Grant, Olympia, WA
Holger Svensson, Wilhelm Zellner
Schrägkabelbrücke mit Stahlbetondeck aus Groß-
 fertigteilen, 763 m Gesamtlänge, Hauptspann-
 weite 300 m, zwei Betonpylone
Erste Betonschrägkabelbrücke in den USA

1972–1978
Basra (Irak), Brücke über den Shatt Al-Arab
Mit Ingenieur Al Khazen, Bagdad
Spannbetonbrücke im Taktschiebeverfahren, Ge-
 samtlänge 652 m mit beweglicher Schiffsbrücke

1973
Pisa, Sicherung Schiefer Turm
Wettbewerb
Vorschlag zur Sicherung des Turms mittels 50 m
 langer, vertikaler Erdanker
Nicht realisiert
1989 Berufung Leonhardts in das internationale
Komitee zur Rettung des Schiefen Turmes in
Pisa

1973–1975
Mannheim, Fußgängerbrücke am Neckar Center
Entwurf, Ausführungsplanung

Mit Wilhelm Zellner
Schrägkabelsteg, zwei Stahlpylone

1974
Colón–Paysandú (Argentinien/Uruguay), Brücke
 über den Rio Uruguay
Mit Ingenieur Helmut Cabjolsky, Buenos Aires
Spannbetonbrücke, Hauptspannweite 140 m

1974–1978
Weitingen, Neckartalbrücke der Autobahn Stutt-
 gart–Singen
Beteiligter Architekt: Hans Kammerer
Entwurf, Ausführungsüberwachung, Prüfung
Wolfhart Andrä, Wilhelm Zellner, Dietrich Hommel
Talbrücke mit Stahlbetondeck, Gesamtlänge 900
 m, Spannweiten 234–134–134–134–264 m,
 Pfeilerhöhe max. 127 m

1974–1979
Düsseldorf-Flehe, Rheinbrücke
Entwurfsplanung, Montageberechnung für die Sei-
 tenöffnung
Wolfhart Andrä, Wilhelm Zellner, Holger Svensson
Schrägkabelbrücke, Gesamtlänge 1165 m, Spann-
 weite 364 m, ein λ-förmiger Betonpylon, 145 m
 hoch

1974–1980
Nürnberg, Fernsehturm
Beteiligter Architekt: Erwin Heinle
Jörg Schlaich, Wilhelm Zellner
Spannbetonturm, Höhe 316 m

1975
Typenentwürfe für Fernmeldetürme
Beteiligter Architekt: Erwin Heinle
Mit FTZ Darmstadt
Horst Falkner, Klaus Horstkötter, Jörg Schlaich
Für das Richtfunknetz der Deutschen Bundespost
 jeweils mehrfach gebaut, mit Variationen der
 Fundamente und Antennenplattformen

1975–1979
Geislingen, Kochertalbrücke der Autobahn Heil-
 bronn–Nürnberg
Beteiligter Architekt: Hans Kammerer
Mit den Ingenieuren Peter Bonatz, H. Birkner, H.
 Baumann, K. Wössner
Vorentwurf, Prüfung der Ausführungsplanung
Holger Svensson, Hans-Peter Andrä
Spannbetontalbrücke, Gesamtlänge 1176 m, Pfei-
 lerhöhe max. 190 m
Zur Bauzeit eine der höchsten Autobahnbrücken
 Europas

1975–1981
Waiblingen, Fußgängersteg über die Rems
Entwurf, Ausschreibung und Prüfung
Stahlbetonbogensteg, Spannweite 28 m, 24 cm
 starke Gehwegplatte

1976/1977
Stuttgart, Rosensteinpark, Fußgängerbrücken I
 und II für die Bundesgartenschau Stuttgart
Entwurf und Ausführungsplanung
Jörg Schlaich, Günter Mayr, Klaus Horstkötter
Hängebrücke und Kurzsteg mit Gehwegplatten
 aus Stahlbeton

1976–1979
Frankfurt a. M., Fernmeldeturm (Europaturm)
Beteiligter Architekt: Erwin Heinle
Wilhelm Zellner, U. Hinke
Spannbetonturm, Höhe 331 m
Höchster Fernmeldeturm der Bundesrepublik
 Deutschland

1977/1978
Mainflingen, Mainbrücke
Genehmigungs- und Ausführungsplanung
Wolfhart Andrä, Wilhelm Zellner, Dietrich Hommel
Spannbetonbrücke aus zwei Spannbetonhohlkäs-
 ten, Gesamtlänge 756 m, Hauptspannweite
 133 m

1978
Insel Farø (Dänemark), Farø-Brücke
Vorentwurf, Untersuchungen zur aerodynami-
 schen Stabilität bei Stahl und Stahlbeton
Mit Ingenieurbüro Christiani & Nielssen, Kopen-
 hagen
Schrägkabelbrücke, Hauptspannweite 280 m,
 zwei rautenförmige Pylone
Nicht realisiert

1978–1982
Marktbreit, Mainbrücke
Detail- und Ausführungsplanung
Gerhard Seifried
Spannbetonbrücke im Taktschiebeverfahren, Ge-
 samtlänge 928 m

1979
Londonderry (Nordirland), Brücke über den Foyle
 River
Machbarkeitsstudie, Vorentwurf, Entwicklung von
 Montagemethoden und Baustelleneinrichtung
Schrägkabelbrücke mit Betonüberbau, Gesamt-
 länge 380 m, Hauptspannweite 231 m

1981/1982
Tampa Bay (USA/Florida), Sunshine-Skyway
 Bridge über Tampa Bay
Ausschreibungsentwurf als Sub-Consultant von
 Greiner Engineering, Tampa
Schrägkabelbrücke mit Verbunddeck, Haupt-
 spannweite 366 m
Holger Svensson, Hans-Peter Andrä
Erstmals Pylon in Rhombusform
Nicht realisiert

1981–1983
Bei Esslingen, Aichtalbrücke
Gerhard Seifried
Spannbetonbalkenbrücke im Taktschiebever-
 fahren, Gesamtlänge 1161 m, Pfeilerhöhe max.
 50 m

1981–1985
Gemünden, Mainbrücke für Hochgeschwindigkeitszüge der Neubaustrecke Hannover–Würzburg
Allgemeine Beratung, Anwendbarkeitsuntersu-
 chung von Systemen, Vorentwurf und Beratung
 für die Gestaltung, Ausführungsplanung, Montageberechnung
Gerhard Seifried, Wilhelm Zellner
Zweigleisige Eisenbahnbrücke, Hauptspannweite
 135 m, Gesamtlänge 793 m
Weitestgespannte Eisenbahn-Spannbetonbrücke

1983/1984
Hedemünden, Werratalbrücke
Wettbewerbsentwurf (1. Preis), Gestaltungskonzept, Vorentwurf, Betreuung von Versuchen
Reiner Saul
Talbrücke mit stählernem Fachwerküberbau mit zwei Decks, Gesamtlänge 416 m
Aufgelagert auf mit Sandsteinmauerwerk verblendeten Betonpfeilern der 1935–1937 erbauten Autobahnbrücke
Nicht realisiert
Ausgeführt: zwei unmittelbar benachbarte Brücken in Verbundkonstruktion

1984/1985
East Huntington (USA/West Virginia), Brücke über den Ohio River
Baureifer Entwurf
Mit Ingenieurbüro Arvid Grant, Olympia, WA
Holger Svensson
Schrägkabelbrücke, Hauptspannweite 274 m, ein A-förmiger Pylon

1985
Zeitlofs, Sinntalbrücke für Hochgeschwindigkeitszüge der Neubaustrecke Hannover–Würzburg
Zweigleisige Eisenbahnbrücke, fugenlos, Gesamtlänge 704 m

1985–1987
Veitshöchheim, Mainbrücke für Hochgeschwindigkeitszüge der Neubaustrecke Hannover–Würzburg
Wilhelm Zellner, Dietrich Hommel
Zweigleisige Eisenbahnbrücke, Gesamtlänge 1280 m

1985–1995
Baytown–La Porte (USA/Texas), Brücke über den Housten Ship Channel
Holger Svensson, Siegfried Hopf, Karl Humpf
Zwillings-Schrägkabelbrücke mit Verbundbalken, Hauptspannweite 381 m, zwei rautenförmige Zwillingspylone

1988
Waiblingen, Galgenbergsteg
Entwurf, Ausführungsplanung, Bauüberwachung
Bernhard Göhler
Einhüftiger Schrägkabelsteg, Gesamtlänge 62 m, Hauptspannweite 42 m, A-förmiger Stahlpylon

1988–1992
Sevilla (Spanien), La-Cartuja-Brücke über den Rio Guadalquivir
Entwurf und Ausführungsplanung
Reiner Saul
Stahlbrücke, Hauptspannweite 170 m

1989–1991
Sandnessjoen (Norwegen), Helgelandbrücke über den Leir-Fjord
Entwurf, Detailbearbeitung und Montageberechnung
Mit Ingenieurbüro Aas-Jakobsen, Oslo
Holger Svensson
Schrägkabelbrücke mit Ortbetonfahrbahn, Spannweite 425 m

1990
Fünen–Seeland (Dänemark), östliche Brücke über den Großen Belt
Machbarkeitsstudie einer Spannbetonlösung
Schrägkabelbrücke, Gesamtlänge 7 km, Varianten mit 915 m und 1204 m Hauptspannweite, A-förmige Pylone
Nicht realisiert

1992
Istanbul (Türkei), Galata-Brücke
Sonderentwurf und Detailplanung
Wilhelm Zellner, Reiner Saul
Klappbrücke, Gesamtlänge 465 m, Breite 42 m, Spannweite der Klappbrücke in Stahl 80 m
Bemessen für Erdbeben und den Anprall eines Schiffes

1992
Dresden, Wiederaufbau Frauenkirche
Alternativentwurf
Ausführung: Fritz Wenzel, Wolfram Jäger

1992
Stuttgart, IGA-Stege Heilbronner Straße
Prüfung der Ausführungsplanung
Seilverspannte Hängekonstruktionen für Fußgängerstege für die Internationale Gartenschau in Stuttgart 1993

1992–1997
Hongkong, Kap Shui Mun Bridge
Entwurf, Detailbearbeitung und Montageberechnung
Mit Ingenieurbüro Greiner
Reiner Saul, Siegfried Hopf
Schrägkabelbrücke in Verbundkonstruktion, Spannweite 430 m

1993/1994
Nantenbach, Mainbrücke für Hochgeschwindigkeitszüge der Neubaustrecke Würzburg–Frankfurt a. M.
Untersuchung von Varianten, Vorentwurf und Beratung, Gestaltung, Baureifplanung, Bauüberwachung
Reiner Saul
Gebaut: Stahlfachwerkträger mit kastenförmigen Stäben und Betonfahrbahnplatte, Hauptspannweite 208 m, Gesamtlänge 694 m

1998
Berlin, Umbau Reichstagsgebäude
Architekten: Foster + Partners, London
Tragwerksplanung aller Rückbau-, Umbau- und Neubaumaßnahmen inkl. Fachbauleitung als Partner der Planungsgemeinschaft Technik
Hans-Peter Andrä
Insbesondere begehbare Stahl-Glas-Kuppel, Höhe 23 m

Autoren

Dr.-Ing. Hans-Peter Andrä
Bauingenieur, Geschäftsführender Gesellschafter der Leonhardt, Andrä und Partner GmbH, Stuttgart

Dr.-Ing. Ursula Baus
Freie Architekturwissenschaftlerin und -kritikerin, frei04 publizistik, Stuttgart

Dr. Norbert Becker
Historiker, Leiter des Universitätsarchivs Stuttgart

Prof. Dr. Johann Josef Böker
Bauhistoriker, Leiter des Instituts für Baugeschichte der Universität Karlsruhe und des Südwestdeutschen Archivs für Architektur und Ingenieurbau (saai), Karlsruhe

Dr.-Ing. Dirk Bühler
Architekt, Kurator der Ausstellungen zum Bauwesen im Deutschen Museum, München

Dipl.-Ing. Wolfgang Eilzer
Bauingenieur, Geschäftsführender Gesellschafter der Leonhardt, Andrä und Partner GmbH, Stuttgart

Prof. Dipl.-Ing. Theresia Gürtler Berger
Architektin, Professorin für Bauwerkserhaltung und Denkmalpflege im Institut für Architekturgeschichte der Universität Stuttgart

Dr. Gerhard Kabierske
Kunsthistoriker, Südwestdeutsches Archiv für Architektur und Ingenieurbau (saai), Karlsruhe

Dr. Joachim Kleinmanns
Bauhistoriker, Südwestdeutsches Archiv für Architektur und Ingenieurbau (saai), Karlsruhe

Dr.-Ing. Karl-Eugen Kurrer
Bauingenieur, Chefredakteur von *Stahlbau* und *Steel Construction – Design and Research*, Ernst & Sohn Verlag für Architektur und technische Wissenschaften, Berlin

Em. o. Univ.-Prof. Baurat h. c. Dipl.-Ing. Dr. techn. h. c. Alfred Pauser
Bauingenieur, Wien

Dipl.-Ing. Eberhard Pelke
Bauingenieur, Mainz

Prof. Dr.-Ing. Jörg Peter
Bauingenieur, Stuttgart

Prof. Dr. Klaus Jan Philipp
Kunsthistoriker, Leiter des Instituts für Architekturgeschichte der Universität Stuttgart

Prof. Dr.-Ing. Prof. h. c. Dr.-Ing. E. h. Hans-Wolf Reinhardt
Bauingenieur, Stuttgart

Em. Prof. Dr.-Ing. Drs. h. c. Jörg Schlaich
Bauingenieur, Geschäftsführer von Schlaich, Bergermann und Partner, Stuttgart

Dr.-Ing. Dietrich W. Schmidt
Architekt, Institut für Architekturgeschichte der Universität Stuttgart

Prof. Dr.-Ing. Werner Sobek
Bauingenieur und Architekt, Leiter des Instituts für Leichtbau, Entwerfen und Konstruieren der Universität Stuttgart

Dr.-Ing. Elisabeth Spieker
Architekturhistorikerin, Südwestdeutsches Archiv für Architektur und Ingenieurbau (saai), Karlsruhe

Dipl.-Ing. Holger Svensson
Bauingenieur, Geschäftsführender Gesellschafter der Leonhardt, Andrä und Partner GmbH, Stuttgart

Dr.-Ing. Friedmar Voormann
Bauingenieur, Fachgebiet Baustoffe und Produkte, an der Universität Karlsruhe

Dipl.-Ing. Christiane Weber M. A.
Architekturhistorikerin, Südwestdeutsches Archiv für Architektur und Ingenieurbau (saai), Karlsruhe

Prof. Dr. rer. pol. Fritz Weller
Volkswirt, Plüderhausen

Em. Prof. Dr.-Ing. Dr.-Ing. E. h. Fritz Wenzel
Bauingenieur, Karlsruhe

Dipl.-Ing. Thomas Wickbold
Bauingenieur, Geschäftsführender Gesellschafter der Leonhardt, Andrä und Partner GmbH, Stuttgart

Authors

Dr.-Ing. Hans-Peter Andrä
Structural engineer, executive director of Leonhardt, Andrä und Partner GmbH, Stuttgart

Dr.-Ing. Ursula Baus
Architecture expert and critic, frei04 publizistik, Stuttgart

Dr. Norbert Becker
Historian, director of the archives of the University of Stuttgart

Prof. Dr. Johann Josef Böker
Architectural historian, head of the institute of building history of the University of Karlsruhe and of the Südwestdeutsches Archiv für Architektur und Ingenieurbau (saai), Karlsruhe

Dr.-Ing. Dirk Bühler
Architect, curator, exhibitions on building matters in the Deutsches Museum, Munich

Dipl.-Ing. Wolfgang Eilzer
Structural engineer, executive director of Leonhardt, Andrä und Partner GmbH, Stuttgart

Prof. Dipl.-Ing. Theresia Gürtler Berger
Architect, professor of building conservation and preservation of historical monuments in the institute of history of architecture of the University of Stuttgart

Dr. Gerhard Kabierske
Art historian, Südwestdeutsches Archiv für Architektur und Ingenieurbau (saai), Karlsruhe

Dr. Joachim Kleinmanns
Architectural historian, Südwestdeutsches Archiv für Architektur und Ingenieurbau (saai), Karlsruhe

Dr.-Ing. Karl-Eugen Kurrer
Civil engineer, editor in chief of *Stahlbau* and *Steel Construction – Design and Research,* Ernst & Sohn Verlag für Architektur und technische Wissenschaften, Berlin

Prof. emeritus, Baurat h. c. Dipl.-Ing. Dr. techn. h. c. Alfred Pauser
Civil engineer, Vienna

Dipl.-Ing. Eberhard Pelke
Civil engineer, Mainz

Prof. Dr.-Ing. Jörg Peter
Civil engineer, Stuttgart

Prof. Dr. Klaus Jan Philipp
Art historian, head of the institute of history of architecture of the University of Stuttgart

Prof. Dr.-Ing. Prof. h. c. Dr.-Ing. E. h. Hans-Wolf Reinhardt
Civil engineer, Stuttgart

Prof. emeritus Dr.-Ing. Drs. h. c. Jörg Schlaich
Civil engineer, manager of Schlaich, Bergermann und Partner, Stuttgart

Dr.-Ing. Dietrich W. Schmidt
Architect, institute of history of architecture of the University of Stuttgart

Prof. Dr.-Ing. Werner Sobek
Civil engineer and architect, head of the Institute for Lightweight Structures and Conceptual Design of the University of Stuttgart

Dr.-Ing. Elisabeth Spieker
Architectural historian, Südwestdeutsches Archiv für Architektur und Ingenieurbau (saai), Karlsruhe

Dipl.-Ing. Holger Svensson
Structural engineer, executive director of Leonhardt, Andrä und Partner GmbH, Stuttgart

Dr.-Ing. Friedmar Voormann
Civil engineer, section of building materials and components of the University of Karlsruhe

Dipl.-Ing. Christiane Weber M.A.
Architectural historian, Südwestdeutsches Archiv für Architektur und Ingenieurbau (saai), Karlsruhe

Prof. Dr. rer. pol. Fritz Weller
Economist, Plüderhausen

Prof. emeritus, Dr.-Ing. Dr.-Ing. E. h. Fritz Wenzel
Civil engineer, Karlsruhe

Dipl.-Ing. Thomas Wickbold
Structural engineer, executive director of Leonhardt, Andrä und Partner GmbH, Stuttgart

Abbildungsnachweis
Illustration credits

Sandra Adolf (Institut für Baugeschichte, Universität Karlsruhe) 33.5

Virgilio Badulescu 20.10

Karl Heinz Bendzulla (saai, Bestand Leonhardt) 183.31

Heiner Blum (saai, Bestand Leonhardt) 188.37

Ludwig Bölkow (saai, Bestand Leonhardt) 51.7

Albrecht Brugger (LMZ) 88.1

Wilfried Dechau 114.1, 115.2, 116.3, 117.4

Doris Eckard (saai, Bestand Leonhardt) 93.7, 100.2

Rudolf Eimke (saai, Bestand Leonhardt) 64.18

Gauls (saai, Bestand Leonhardt) 64.19

Leif Geiges (saai, Bestand Leonhardt) 54.1, 55.2

Gerlach (saai, Bestand Leonhardt) 66.2

E. Glesmann (saai, Bestand Behnisch) 118.1, 119.5

Goertz (saai, Bestand Leonhardt) 111.10

Arvid Grant (saai, Bestand Leonhardt) 113.14, 113,15

Manfred Grohe (saai, Bestand Leonhardt) 21.11, 62.15, 63.16, Umschlag

Haarfeld (saai, Bestand Leonhardt) 57.6, 57.7, 59.13

Hallery (saai, Bestand Leonhardt) 183.30

Hans-Joachim Heyer, Boris Miklautsch (Werkstatt für Photographie, Universität Stuttgart) 47.23, 86.23, 87.25, 99.17

Julian Hanschke (Institut für Baugeschichte, Universität Karlsruhe) 34.7

Höltgen (saai, Bestand Leonhardt) 159.2

Heinrich Hoffmann (saai, Bestand Leonhardt) 170.13

Richild Hold 149.2

Burghard Hüdig (saai, Bestand Leonhardt) 148.1

Institut für leichte Flächentragwerke 83.21

Christian Kandzia (saai, Bestand Behnisch) 120.5, 123.9, 123.10

Klönne (saai, Bestand Leonhardt) 45.17

Landesmedienzentrum Baden-Württemberg 48.1, 50.6

LAP 56.3, 73.1, 73.2, 76.3, 76.4, 77.5, 77.6, 78.7, 78.8, 79.9, 79.10, 79.11, 80.12, 80.13. 80.14, 81.15, 81.16, 81.17, 83.18, 83.19, 83.20

Dr. Lossen & Co (saai, Bestand Leonhardt) 49.2, 49.3, 50.5, 53.10

W. Matthäus (saai, Bestand Leonhardt) 45.20

Gabriela Metzger (ILEK) 161.1

Hans Meyer-Veden (saai, Bestand Leonhardt) 102.3

Fred Naleppa (saai, Bestand Leonhardt) 51.8

Alfred Pauser 66.1, 69.6

Max Prugger (saai, Bestand Behnisch) 125.11

saai, Bestand Günter Behnisch & Partner 119.3, 120.4, 122.6, 122.7, 122.8

saai, Bestand Leonhardt 9.1, 15.1, 15.2, 15.3, 15.4, 15.5, 22.12, 23.14, 23.15, 23.16, 30.1, 31.2, 32.4, 37.10, 38.12, 41.13, 43.14, 44.15, 44.16, 45.18, 45.19, 46.21, 46.22, 47.24, 49.4, 52.9, 55.2, 57.5, 58.8, 58.9, 58.10, 58.11, 59.12, 61.14, 63.17, 65.20, 65.21, 70.7, 70.8, 71.9, 71.10, 86.22, 89.2, 93.5, 93.6, 94.8, 94.9, 95.10, 95.11, 96.12, 96.13, 97.14, 97.15, 98.16, 101.2, 106.1, 107.2, 107.4, 108.5, 109.6, 109.7, 110.8, 110.9, 112.11, 112.12, 112.13, 130.6, 131.7, 132.1, 133.2, 133.3, 134.4, 134.5, 135.6, 136.7, 136.8, 137.9, 141.1, 143.4, 159.1, 164.1, 164.2, 165.3, 166.4, 167.6, 167.7, 168.9, 168.10, 169.11, 170.12, 171.14, 172.15, 172.16, 173.17, 174.18, 174.19, 175.20, 175.21, 176.22, 177.23, 177.24, 178.25, 179.26, 180.27, 181.28, 184.32, 186.35, 187.36, 189.38, 189.39, 189.40, 191.41, 119.42

saai, Bestand Otto Ernst Schweizer 91.3

Oscar Savio 20.8

Hugo Schmölz (saai, Bestand Leonhardt) 32.3, 138.10

Herbert Seiler (Schlaich, Bergermann & Partner) 118.2

Werner Sobek Stuttgart GmbH & Co. KG 163.2

Stadtarchiv München 38.11

Paul Swiridoff (saai, Bestand Leonhardt) 141.2, 182.29

SWR, Historisches Archiv 92.4

William Tribe (saai, Bestand Leonhardt) 107.3

Reinhard Truckenmüller 103.4

Vittmar (saai, Bestand Leonhardt) 166.5

Peter Walser 126.1

Warren (saai, Bestand Leonhardt) 168.6

Wayss & Freitag AG (saai, Bestand Leonhardt) 22.13

Fritz Wenzel 127.2, 127.3, 128.4, 129.5

Karl Werkgarner (saai, Bestand Leonhardt) 69.5

Herbert Wiesemann (saai, Bestand Leonhardt) 184.33, 185.34

Zumstein 20.9

Beton- und Stahlbetonbau, 57, 1962, Nr. 5, S. 111–117 67.3, 67.4

Beton- und Stahlbetonbau, 58, 1963, Nr. 9, S. 216 28.6

Beton- und Stahlbetonbau, 60, 1965, Nr. 8, S. 189 29.7

Beton- und Stahlbetonbau, 66, 1971, Nr. 4, S. 95 104.5, 104.6

Die Bautechnik, 18, 1940, Nr. 36/37, S. 413–423 24.1

Die Straße, 5, 1938, 3, S. 71 34.6

Schweizerische Bauzeitung, 115, 1940, Nr. 1, S. 1 35.8

Hermann Giesler, Ein anderer Hitler, Landsberg a. Lech 1977, S. 160 37.9

Fritz Leonhardt, Die vereinfachte Berechnung zweiseitig gelagerter Trägerroste, Berlin 1939, S. 8, 13 25.2, 25.3

Fritz Leonhardt, Spannbeton für die Praxis, Berlin 1955, S. VIII 26.4

Fritz Leonhardt, Prestressed Concrete, Design and Construction, 2. Auflage, Berlin 1964, S. XI 27.5

Fritz Leonhardt, Studentenunruhen. Ursachen – Reformen, Stuttgart 1968, Titelblatt 143.3

Fritz Leonhardt, Baumeister in einer umwälzenden Zeit. Erinnerungen, Stuttgart 1984, S. 161, 167 56.4, 87.24

Jörg Müller, Alle Jahre wieder saust der Pressluft-hammer nieder oder Die Veränderung der Landschaft, Aarau 1973 17.6, 17.7